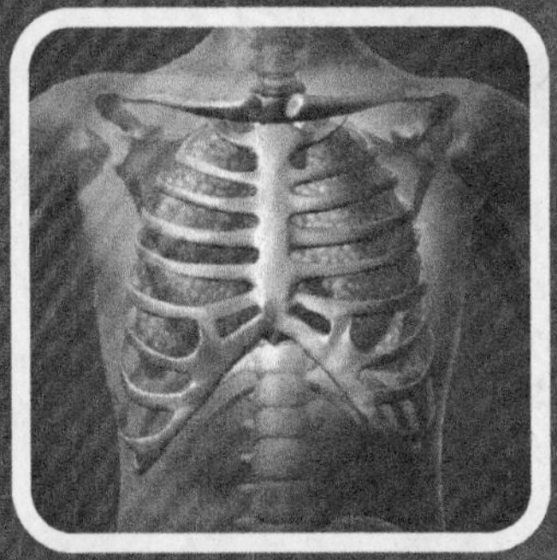

供检验、检疫、口腔、营养、康复、美容等专业使用

人体结构与功能

主　编　章　皓　陶冬英

副主编　陈慧玲　倪晶晶　张　玲　任典寰

编　者　(以姓氏笔画为序)

于纪棉　万　勇　王建红　石予白

龙香娥　任典寰　李伟东　况　炜

张玉琳　张岳灿　张　玲　陈慧玲

孟香红　倪晶晶　陶冬英　章　皓

曾　斌

華中科技大學出版社

http://www.hustp.com

中国·武汉

内容简介

本书将组织学、解剖学和生理学的内容融合优化，形成综合性基础医学教材。

本书内容包括绪论、细胞与组织、血液、运动系统、脉管系统、消化系统、呼吸系统、泌尿系统、生殖系统、能量代谢与体温、感觉器官、神经系统、内分泌系统、人体胚胎学概论、实验部分等。

本书主要供检验、检疫、口腔、营养、康复、美容等专业使用，也可供相关专业人员参考。

图书在版编目(CIP)数据

人体结构与功能/章皓，陶冬英主编. —武汉：华中科技大学出版社，2015.5（2023.1 重印）
ISBN 978-7-5680-0850-1

Ⅰ.①人… Ⅱ.①章… ②陶… Ⅲ.①人体结构-高等学校-教材 Ⅳ.①Q983

中国版本图书馆 CIP 数据核字(2015)第 099657 号

人体结构与功能 章 皓 陶冬英 主编

策划编辑：周 琳
责任编辑：童 敏 周 琳
封面设计：原色设计
责任校对：何 欢
责任监印：周治超
出版发行：华中科技大学出版社（中国·武汉） 电话：(027)81321913
武汉市东湖新技术开发区华工科技园 邮编：430223
录 排：华中科技大学惠友文印中心
印 刷：武汉邮科印务有限公司
开 本：787mm×1092mm 1/16
印 张：18.5 插页：1
字 数：460 千字
版 次：2023 年 1 月第 1 版第 9 次印刷
定 价：59.00 元

前言

Qianyan

人体结构与功能课程是为顺应当前医学技术类专业基础医学课程建设的发展趋势，以淡化学科界限、强调人的整体意识为原则，将组织学、解剖学和生理学的内容融合优化后形成的一门综合性基础医学课程。

融合后的教材内容回归了基础医学课程的知识结构特点和认知规律性，体现了人体功能与结构之间的内在联系，于有限的教学时数框架内强化了医学技术类专业知识体系的医学背景。教材编写围绕医学技术类专业职业知识技能需要，知识点以“必需、够用”为度，内容兼顾各专业，对基础医学知识要求的异同点实行优化，提取专业要求的共性，并重视专业的特定需求，以实验项目为载体开发了适合各专业特色的教学内容。

本教材的主要内容包括正常人体形态、结构与微细结构、人体胚胎发育概况，正常情况下人体的生命指标、功能活动、功能调节、机能变化及其发展规律等。内容按医学技术类各专业的教学目标和课时数安排，对传统内容的系统框架加以简化或弱化；对非核心内容，不常用或重复的概念、现象、机制等做了删减和调整，同时兼顾了各专业支撑性强的基础知识。

使用本教材时，请依据授课专业的课程标准对教学内容的侧重做适当调整。

章　皓　陶冬英

2015 年 8 月

目录

Mulu

第一章　绪　论

第一节　概　述

一、人体结构与功能的内容和学习目的

人体结构与功能描述的是正常情况下，人体的形态结构和人体生命活动及其规律。人体结构是指组成人体各系统、器官的位置、形态及其组织、细胞的构造，也涵盖了人胚胎时期不同发育阶段的构造特点。获取人体的构造往往是借助“解剖”的方法实现的，也叫人体解剖，同时以显微设备观察人体组织和细胞中的微细结构。人体功能是指人体在这些形态结构基础上表现出的各种生命活动及其规律和代谢变化，亦即人体生理，如在一定条件下人的运动、心跳、呼吸、消化、排泄、体温、思维等。

学习人体结构与功能的目的在于获得医学教育背景下必须具备的人体解剖与生理的基本知识，在学习中养成严谨求实的科学态度，为学习专业课程奠定必要的基础，进而为个体、家庭和社会的卫生、保健、预防和治疗疾病提供科学的理论依据。

二、学习人体结构与功能的基本观点和方法

（一）形态结构与功能相联系

人体的形态结构与功能是互相依存、互相影响的。一定的形态结构表现出一定的功能，例如，红细胞内丰富的血红蛋白决定其具有携带氧和二氧化碳的功能。功能的改变可导致形态结构的发展变化，而形态结构的变化亦可引起功能的改变。例如，上、下肢的分工不同，其形态结构就有了显著的差别；病理性心腔肌源性扩张，这类形态结构的改变可使心脏的工作能力下降。

（二）局部与整体相统一

组成人体的各器官、系统通过神经、体液调节相互配合，彼此协调，构成一个完整的机体进行着有规律的活动。某一器官的功能不是独立的，往往与其他器官、系统乃至整体的功能密切关联。例如运动时，骨骼肌收缩驱动人体运动，肌收缩需要能量，大量能量的产生需要足够的氧气，由此，人体呼吸加深加快增强摄氧，心脏活动增强，血液循环加速，骨骼肌组织中血管舒张，血流量增多；与此同时，消化、泌尿等活动减弱，消化系统和肾的血流量减少，这一切都是围绕着完成运动这一中心而展开的。

（三）理论与实际相结合

人体结构与功能课程是建立在实验基础上的，所学知识均为前人实验结果、结论的积

累。学习人体形态与结构，须对照标本、模型、组织切片观察，在活体探寻骨性肌性标志、器官等构造在人体的体表投影，化抽象为具体；学习人体功能，须结合日常生活及临床实践中观察到的现象，用所学知识去思考这些现象是如何出现的、为什么会出现、其意义何在等问题，并通过实验设计来加以验证，加深对人体功能及其活动规律的理解。

第二节　人体的组成与分部

正常人体结构和功能的基本单位是细胞(cell)。细胞的形态和功能多种多样，许多形态相似、功能相近的细胞与细胞间质结合在一起，构成组织(tissue)。人体组织有四大类型：上皮组织、结缔组织、肌组织和神经组织。几种不同的组织构成具有一定形态，并能完成一定功能的结构，称器官(organ)，如脑、心、肝、肺和肠等。许多功能相关的器官共同组成一系列有规律的功能单位，称系统(system)，如运动系统、消化系统等。人体的各器官、系统在神经系统和内分泌系统的调节下，相互联系、紧密配合，使人体成为一个有机的统一体。

人体按外形可分为头、颈、躯干和四肢四部分。头的前部称面，颈的后部称项。躯干前面是胸、腹、会阴部，后面是背部。四肢分为上肢和下肢，上肢又分肩、臂、前臂和手；下肢又分臀、大腿(股)、小腿和足。

人体内部有颅腔和体腔，颅腔容纳脑，体腔分胸腔和腹腔。胸腔内有心、肺等器官；腹腔内有胃、肠、肝、脾等，腹腔的最下部称盆腔，内有膀胱等器官。

一、人体结构基本术语

为了正确地描述人体各结构、各器官的形态、位置及其相互关系，国际上规定了标准姿势，确定了常用方位、轴和面的术语。

(一)标准姿势

标准姿势也称解剖学姿势。身体直立，两眼向正前方平视，上肢下垂于躯干的两侧，手掌向前，两足并拢，足尖向前。

(二)方位

1. 上和下　靠近头顶的为上，靠近足底的为下。

2. 前和后　近腹者为前，也称腹侧；近背者为后，也称背侧。

3. 内和外　常用于对空腔性器官的描述，近内腔者为内，远离内腔者为外。

4. 内侧和外侧　近正中矢状面的为内侧，远正中矢状面的为外侧。

5. 近侧和远侧　多用于四肢。距肢体附着部较近者为近侧，较远者为远侧。

6. 浅和深　近皮肤或器官表面的为浅，远离皮肤或器官表面的为深。

(三)轴

根据解剖学姿势，假设人体有三种互相垂直的轴(图 1-1)。

1. 矢状轴　前后方向，与身体的长轴呈垂直的轴。

2. 冠状轴　左右方向，与矢状轴呈直角交叉的轴。

3. 垂直轴　与人体的长轴平行，即与地平面相垂直的轴。

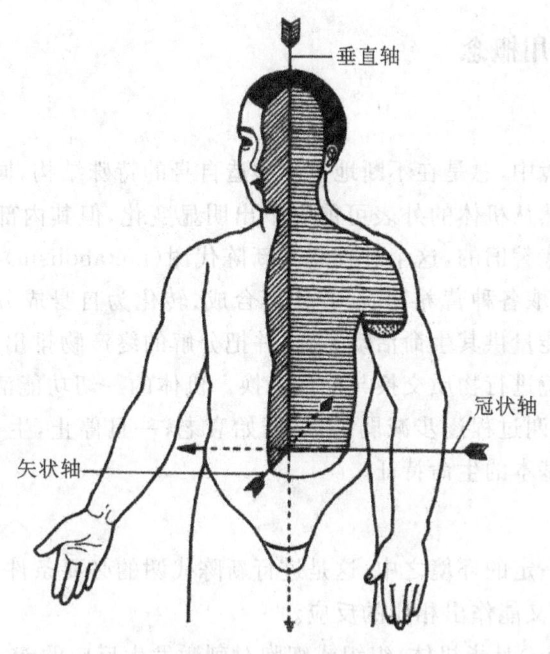

图 1-1 人体的轴

（四）面

根据上述三种轴，人体可设下列三个面（图 1-2）。

1. 矢状面 按矢状轴方向，将人体纵切为左右两部分的面为矢状面。通过正中线的矢状面为正中矢状面。

2. 冠状面 按冠状轴方向，将人体纵切为前后两部分的面为冠状面，又称额状面。

3. 水平面 与矢状面和冠状面都互相垂直的面，将人体分为上下两部分，又称横断面。

器官的切面以器官本身的长轴为准，与器官长轴平行的切面称纵切面，与长轴垂直的切面称横切面（图 1-3）。

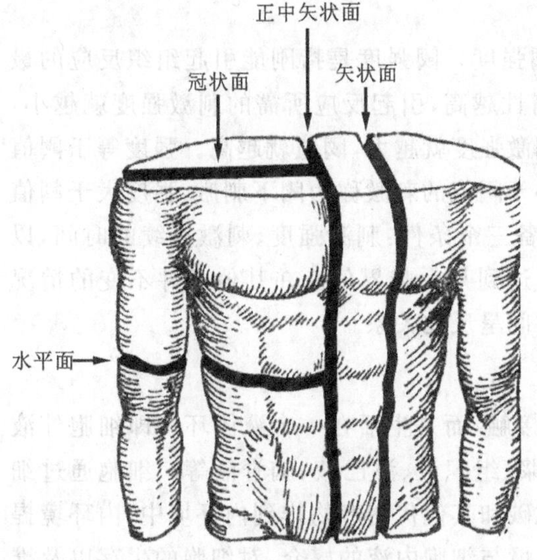

图 1-2 人体的面

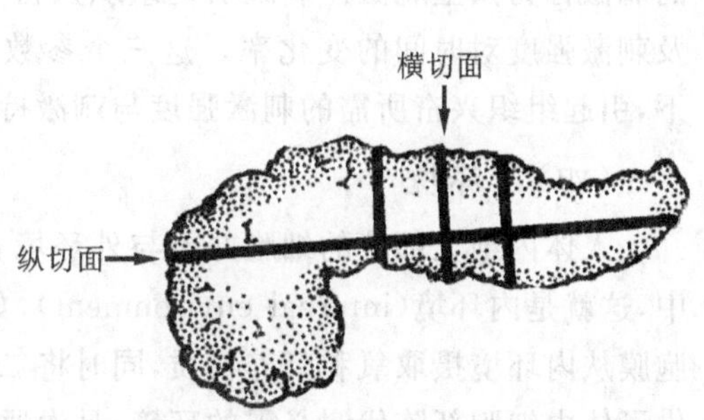

图 1-3 器官（胰）的切面

二、人体功能常用概念

(一)新陈代谢

机体在适宜的环境中,总是在不断地重新建造自身的特殊结构,同时又在不断地破坏自身已衰老的结构。虽然从机体的外表可能看不出明显变化,但其内部各个部分都不间断地以新合成的生物分子代替旧的,这个过程就是新陈代谢(metabolism),或称为自我更新。一方面,机体从环境中摄取各种营养物质,并使其合成、转化为自身成分和结构;另一方面,机体通过物质分解释放能量供其生命活动需要,并把分解的终产物排出体外。因此,新陈代谢的实质就是机体与环境进行物质交换与能量交换。机体的一切功能活动均以新陈代谢为基础,例如人体的新陈代谢过程逐步减弱,人就开始衰老;一旦停止,生命将终结。可以认为,新陈代谢是生物体最基本的生命特征。

(二)兴奋性

生物体都生存于一定的环境之中,这是进行新陈代谢的必要条件,而当它所处的环境发生某些变化时,生物体又能作出相应的反应。

兴奋性(excitability)是指机体、组织或细胞对刺激发生反应的能力或特性。

作用于机体或细胞的各种环境变化统称为刺激(stimulus)。机体接受刺激后出现的体内代谢和外部活动的变化称之为反应(response)。反应可以有两种不同的表现形式:一种是功能状态由相对静止转变为活动状态,或由较弱的活动转变为较强的活动,这类反应称为兴奋(excitation);另一种是功能状态由活动状态转为相对静止,或由较强的活动转变为较弱的活动,称为抑制(inhibition)。通常将受到刺激后容易产生反应的组织称为可兴奋组织,亦即兴奋性高的组织;神经、肌肉、腺体这三类组织只需接受较小强度的刺激即能发生某种形式的反应,通常把它们称为可兴奋组织。体内各种组织兴奋性的高低有较大的差异,即使同一组织在不同的功能状态下其兴奋性高低也有所不同。

(三)阈值

衡量组织、细胞兴奋性高低的客观指标是阈强度。阈强度是指刚能引起组织反应的最小刺激强度,简称阈值(threshold)。组织的兴奋性越高,引起反应所需的刺激强度就越小,阈值就越低;反之,组织的兴奋性越低,所需的刺激强度就越大,阈值就越高。强度等于阈值的刺激称为阈刺激(threshold stimulus),强度小于阈值的刺激称为阈下刺激,强度大于阈值的刺激称为阈上刺激。刺激引起组织兴奋要具备三个条件:刺激强度、刺激持续的时间,以及刺激强度对时间的变化率。这三个参数必须达到某个临界值。在其他条件不变的情况下,引起组织兴奋所需的刺激强度与刺激持续时间呈反比关系。

(四)内环境

人体内绝大部分的细胞并不与外环境直接接触,而是生活在一个液体环境即细胞外液中,这就是内环境(internal environment),如血浆、组织液、淋巴液、脑脊液等。细胞通过细胞膜从内环境摄取氧和营养物质,同时将二氧化碳和其他代谢产物排到内环境中;内环境提供了体内细胞新陈代谢必需的环境,是沟通外环境与细胞内液的媒介,对细胞的生存以及维持细胞的正常功能十分重要。

（五）稳态

正常机体，其内环境的理化性质如温度、渗透压、pH值、离子浓度等经常保持相对的稳定，这种内环境理化性质相对稳定的状态称为稳态（homeostasis）。在高等动物中，内环境的稳态是细胞维持正常生理功能的必要条件，也是机体维持正常生命活动的必要条件。内环境的稳态包含两方面的含义：一方面是指内环境理化性质总是在一定水平上保持相对恒定，不随外环境的变化而出现明显的变动；另一方面，内环境的理化因素并不是静止不变的，在正常状态下有一定的波动，但其变动范围很小。因此，内环境稳态是一个动态的、相对稳定的状态。疾病就是机体在一定条件下受病因作用后，其维持生命的稳态调节紊乱而发生的异常生命活动过程。人如果是健康的，即使稳态受各种环境因素的影响产生暂时的紊乱，由于是在自动调节范围之内，这种紊乱是可以回复的。这种回复过程是机体维持稳态的表现，而对疾病来说则为自然治愈。如果致病因素强大，机体不能通过自身的调节能力维持稳态，便表现出患病症状。此时，必须施加干预以帮助机体回复稳态，这就是治疗。为了进行正确的治疗，必须掌握发病的原因以及患者的功能状态。

稳态也可以拓展到机体的各级水平，凡某一生物化学反应，某一细胞、器官、系统的活动乃至整个机体通过调节机制所维持的动态平衡状态都可称为稳态。

（六）反馈

反馈是人体功能调控的一种模式。反馈控制系统是一个闭环系统（图1-4），在控制部分和受控部分之间存在着双向的信息联系，即控制部分发出信号指示受控部分发生活动，受控部分发出反馈信息返回到控制部分，使控制部分根据反馈信息改变自己的活动，从而对受控部分的活动进行调节。根据受控部分的反馈信息对控制部分的作用（原有效应）不同，可将反馈分为两种：负反馈和正反馈。

反馈信息的效果是减弱控制部分的功能活动，使反馈后的效应向原效应的相反方向变化，这种反馈称为负反馈（negative feedback）。负反馈系统的作用是使系统保持稳态，是可逆的过程，是机体内普遍存在而有效的调节方式。机体内环境之所以能维持稳态，就是因为有许多负反馈存在和发挥作用。如体内激素的分泌、血糖浓度、血压和体温的相对恒定等均是通过负反馈调节实现的。如动脉血压高于正常时，压力感受器就立即将信息通过传入神经反馈到心血管中枢，使心血管中枢的活动发生改变，从而调节心脏和血管的活动，使动脉血压向正常水平回复；反之，如血压低于正常，则通过负反馈调节使血压回复正常。

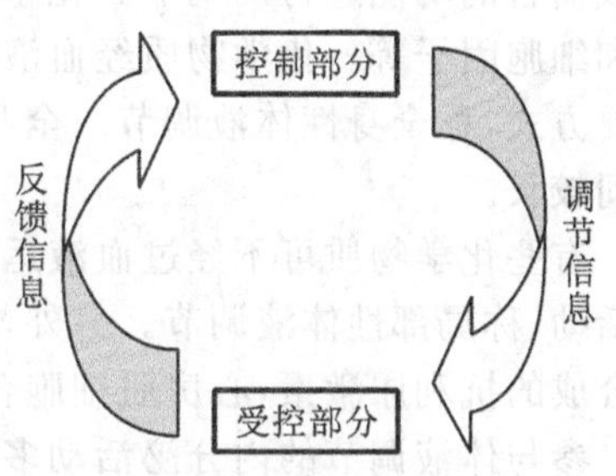

图1-4 反馈控制系统

反馈作用与原效应作用一致，起到促进或加强原效应的作用，这种反馈称为正反馈（positive feedback）。人体内正反馈数量有限，在血液凝固、排尿和排便反射、排卵调节和分娩等少数生理过程中有正反馈机制的参与。如当小血管破裂时，各种凝血因子相继激活，最后形成血凝块，将血管破口封住。在病理情况下，如心力衰竭失代偿期、癌症后期机体功能的恶性循环等有正反馈机制的参与。

第三节　人体功能的调节

人体功能的调节是指人体对内、外环境变化所作出的适应性反应的过程。通过机体各部分功能活动的相互协调和配合，可使机体适应各种不同的生理情况和外界环境的变化，也可使被扰乱的内环境重新得到恢复。机体对各种功能活动调节的方式主要有三种，即神经调节、体液调节和自身调节。

一、神经调节

通过神经系统的活动对机体功能进行的调节称为神经调节(neural regulation)。神经调节在机体的所有调节方式中占主导地位。神经调节的基本方式是反射(reflex)，反射是指在中枢神经系统的参与下，机体对刺激作出的反应。反射活动的结构基础是反射弧，由感受器、传入神经、神经中枢、传出神经和效应器这五个环节组成。感受器能够感受体内外的各种刺激，并将刺激能量转变成体内可传导的电信号(动作电位)，通过传入神经传至相应的神经中枢，神经中枢对传入信号进行分析、处理或整合后发出指令，指令以动作电位的形式通过传出神经到达效应器，效应器完成反射动作。反射的完成有赖于反射弧结构的完整和功能的正常，五个组成环节的任何一个部分结构被破坏或功能障碍均可导致反射不能完成。神经调节的特点是产生效应迅速、调节作用精确、作用时间较短暂。

二、体液调节

体液调节(humoral regulation)是指化学物质通过体液途径(血液、组织液等)对相应组织或器官的功能进行的调节。化学物质有内分泌细胞分泌的激素，某些组织细胞分泌的肽类和细胞因子等。化学物质经血液这种体液途径运输到达特定组织发挥作用是体液调节的主要方式，称全身性体液调节。全身性体液调节的特点是产生效应较缓慢、作用广泛、持续时间较长。

有些化学物质可不经过血液运输，而是经组织液扩散作用于邻近的细胞，调节这些细胞的活动，称局部性体液调节。另外，某些激素可由非内分泌细胞合成和分泌，如下丘脑视上核合成的抗利尿激素，心房肌细胞合成的心房钠尿肽等。

参与体液调节的内分泌活动多数直接或间接地接受神经系统的控制，这类体液调节可看作神经调节传出途径的一个环节，这类调节被称为神经-体液调节或复合调节，如交感-肾上腺髓质系统的调节等。一般来讲，神经系统主要调节机体肌肉的活动和腺体的分泌，而体液系统则主要参与代谢的调节。

三、自身调节

自身调节(autoregulation)是指机体的器官、组织、细胞自身不依赖于神经和体液调节，由自身对刺激产生适应性反应的过程。例如肾血流量的自身调节，心肌的等长与异长自身调节等。自身调节是一种局部调节，其特点是调节幅度较小、灵敏度较低，但在某些器官和组织仍具有重要的生理意义。

(章　皓　陶冬英)

第二章　细胞与组织

第一节　细胞的基本功能

体内所有的生理功能和生化反应都是以细胞为基础进行的。对细胞结构和功能的学习，能够揭示出众多的生命现象，并对人体和组成人体各部分的功能及其发生机制有更深入的理解和认识。

本节主要讨论各种细胞共有的基本功能，如细胞膜的物质转运功能、细胞的跨膜信号转导功能、细胞的生物电现象等。

一、细胞膜的物质转运功能

机体为维持生命，其细胞就要不断地进行新陈代谢，即从外界摄取自身需要的营养物质，并将代谢产物或分泌物等排到细胞外，各种物质进出细胞就必须通过细胞膜。由于细胞膜的基架是脂质双分子层，脂溶性的物质通过细胞膜不存在障碍，而水溶性物质则不能直接通过细胞膜，它们借助细胞膜上某些物质的帮助才能通过，其中细胞膜结构中具有特殊功能的蛋白质起着关键性的作用。细胞膜转运物质的形式是多种多样的，有不同的分类方法。

（一）被动转运

被动转运(passive transport)是指物质或离子顺浓度差或电位差通过细胞膜扩散的过程，不需要细胞供给能量。被动转运包括单纯扩散和易化扩散。

1. 单纯扩散　单纯扩散(simple diffusion)是指脂溶性物质从高浓度侧向低浓度侧跨膜转运的过程，即直接通过细胞膜的脂质分子间隙，如溶解的氧气和二氧化碳、氨、甾体类激素等。其扩散特点：单纯依靠浓度差进行跨细胞膜转运，无需额外能量，属于被动转运。其扩散量主要取决于两个因素：细胞膜两侧物质的浓度差和细胞膜对该物质的通透性。

2. 易化扩散　水溶性小分子或离子(Na^+、K^+、Ca^{2+}等)在特殊膜蛋白的帮助下，由细胞膜的高浓度一侧向低浓度一侧扩散的过程，称为易化扩散(facilitated diffusion)。例如，细胞外液中的葡萄糖进入细胞；Na^+、K^+、Ca^{2+}等离子顺浓度差进入或移出细胞。根据参与帮助的膜蛋白的不同，又可将易化扩散分为两类。

(1)以载体为中介的易化扩散：细胞膜的载体蛋白在被转运物质浓度高的一侧与被转运物质结合，这一结合引起膜蛋白的构象变化，把物质转运到浓度低的另一侧，然后与物质分离。在转运中载体蛋白并不消耗，可以反复使用(图 2-1)。

载体蛋白具有以下特性：①结构特异性：某种载体只选择性地与某种物质分子做特异性结合，类似钥匙和锁的对应关系。②饱和现象：被转运物质在细胞膜两侧的浓度差超过一定

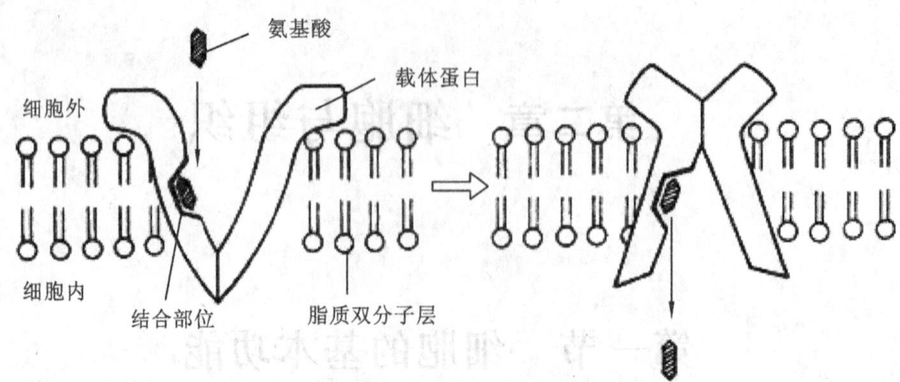

载体蛋白在细胞膜的一侧与被转运物氨基酸结合　　载体蛋白在细胞膜的另一侧与氨基酸分离

图 2-1　载体运输示意图

限度时，扩散量保持恒定。其原因是载体蛋白分子的数目或与物质结合位点的数目有限。③竞争性抑制：如果一个载体可以同时运载 A 和 B 两种物质，而且物质通过细胞膜的总量又是一定的，那么当 A 物质扩散量增多时，B 物质的扩散量必然会减少，这是因为量多的 A 物质占据了更多的载体的缘故。

(2)以通道为中介的易化扩散：通道运输是在镶嵌于膜上的通道蛋白质的帮助下完成的。蛋白质通道开放时，离子从浓度高的一侧经过通道向浓度低的一侧扩散；关闭时，即使细胞膜两侧存在离子的浓度差，离子也不能通过细胞膜。细胞膜有 Na^+、K^+、Ca^{2+} 等通道，开放时 Na^+、K^+、Ca^{2+} 由膜的高浓度一侧向膜的低浓度一侧快速移动。当通道开放后，离子流动产生离子电流，可引起膜电位的改变。一般来说，通道的开放(激活)或关闭(失活)是通过"阀门"来调控的，此类通道称为门控通道。根据引起通道开放和关闭的条件不同，可大体将通道分成电压门控通道、化学(配体)门控通道和机械门控通道等(图 2-2)。

易化扩散的动力是膜两侧该物质的电-化学梯度，它不需要细胞另外提供能量，属于被动转运。

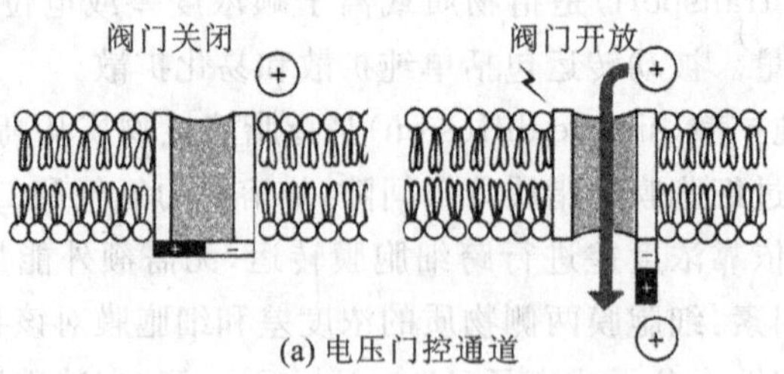

(a) 电压门控通道

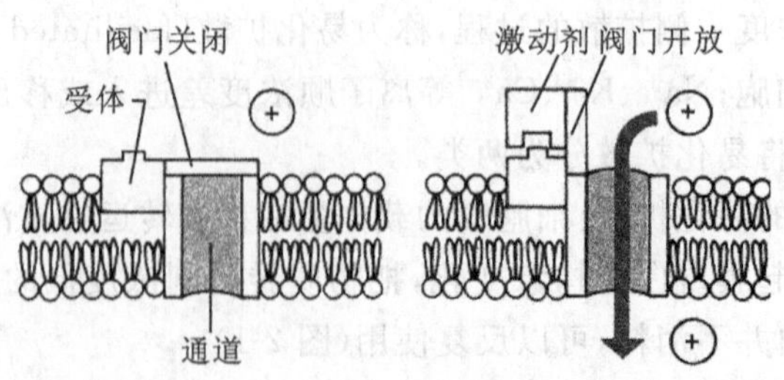

(b) 化学门控通道

图 2-2　通道运输模式图

（二）主动转运

主动转运(active transport)是指细胞通过本身的耗能过程，将物质分子或离子由膜的低浓度一侧移向高浓度一侧的过程。它是通过生物泵的活动来完成的，就像举起重物或推物体沿斜坡上移，必须由外部供给能量。主动转运按其利用能量形式的不同，可分原发性主动转运(primary active transport)和继发性主动转运(secondary active transport)。

1. 原发性主动转运 物质的原发性主动转运中，以 Na^+、K^+ 的转运最重要，研究也最充分，其所需能量直接来自 ATP 的分解。钠泵是镶嵌在细胞膜中具有 ATP 酶活性的特殊蛋白质，其作用是主动转运 Na^+、K^+。在一般生理情况下，每分解 1 个 ATP 分子，可以逆电-化学梯度使 3 个 Na^+ 移到膜外，同时有 2 个 K^+ 移入膜内，保持了膜内高 K^+ 和膜外高 Na^+ 的不均衡离子分布(图 2-3)。钠泵蛋白质是由 α 和 β 两个亚单位组成的。α-亚单位有转运 Na^+、K^+ 和促使 ATP 分解的功能，β-亚单位为保持酶活性所必需的。细胞外 K^+ 浓度升高或细胞内 Na^+ 浓度升高均可激活钠泵。

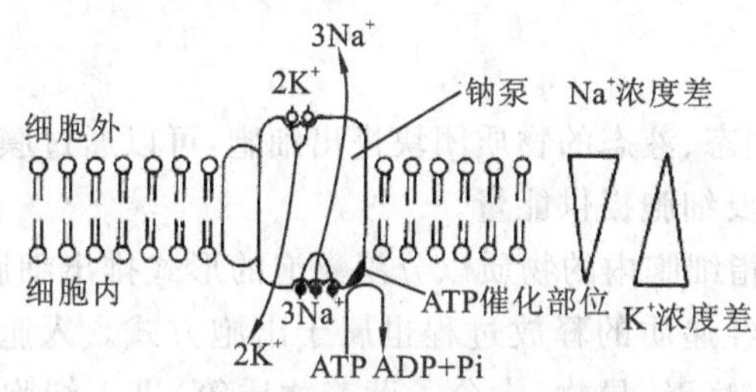

图 2-3 钠泵主动转运示意图

钠泵活动的意义在于：①保持细胞外高 Na^+、细胞内高 K^+ 的离子分布态势，是产生生物电现象和神经、肌肉等组织具有兴奋性的物质基础。②钠泵活动形成的细胞内高 K^+ 是许多代谢反应进行的必需条件。③钠泵活动能阻止细胞外 Na^+ 进入膜内，进而防止水向细胞内渗透，从而维持了细胞的正常形态与功能。④细胞外高 Na^+ 也是许多物质继发性主动转运的动力，如葡萄糖、氨基酸的主动吸收以及 Na^+-H^+ 交换等。可以认为，正常生命活动正是基于钠泵的活动得以体现。

生物体内除钠泵外，还有许多其他的生物泵，常以被它转运的物质命名。例如转运 Ca^{2+} 的钙泵、转运 H^+ 的质子泵等。这些生物泵活动时，细胞要为生物泵的运转提供能量，而能量来源于细胞的代谢过程，所以它与细胞的代谢紧密相关。如果细胞代谢障碍，生物泵的功能就会受到影响。

2. 继发性主动转运 小肠和肾小管上皮细胞等处葡萄糖和氨基酸转运过程的耗能，并不直接伴随供能物质 ATP 的分解，它们的跨膜转运取决于细胞外 Na^+ 的存在。现认为上皮管腔侧细胞膜上的转运葡萄糖载体蛋白有两个结合位点，分别与葡萄糖和 Na^+ 结合，因此，转运时两者一起进入细胞内，同时细胞又不断地依靠基底侧膜上的钠泵分解 ATP 提供能量，将 Na^+ 由细胞内泵出而形成 Na^+ 在细胞内浓度低、腔内浓度高的势能储备，势能储备又被用来驱动葡萄糖逆浓度梯度进入细胞。这里葡萄糖之所以能够主动转运，所得能量并不直接来自 ATP 的分解，而是来自细胞内外 Na^+ 的势能差，但造成势能差的钠泵活动是需要分解 ATP 的，因此，葡萄糖的主动转运所需的能量还是间接来自 ATP。这种不直接利用分解 ATP 释放的能量，而利用膜内外势能差进行的主动转运称继发性主动转运(图 2-4)。

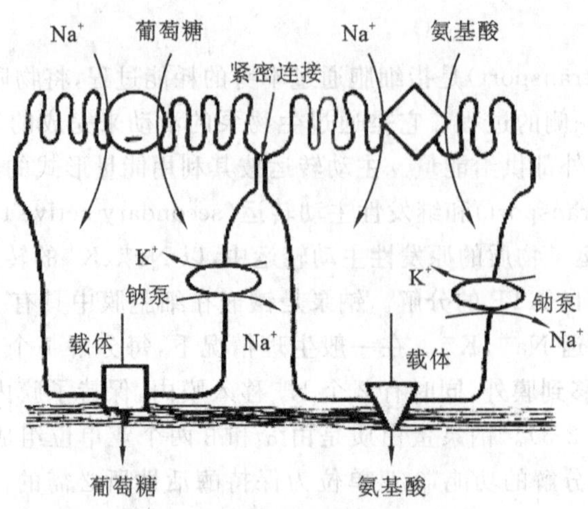

图 2-4 继发性主动转运模式图

（三）出胞与入胞

一些大分子物质或固态、液态的物质团块进出细胞，可以通过膜的更为复杂的结构和功能改变进行，这些过程需要细胞提供能量。

出胞（exocytosis）是指细胞内的物质以分泌囊泡的形式排出细胞的分泌过程，主要见于各种细胞的分泌活动，神经递质的释放过程也属于出胞方式。入胞（endocytosis）是指细胞外某些团块物质（如细菌、病毒、异物、大分子营养物质等）进入细胞的过程，胰岛素、抗体等物质通过受体介导式入胞形式进入细胞（图 2-5）。

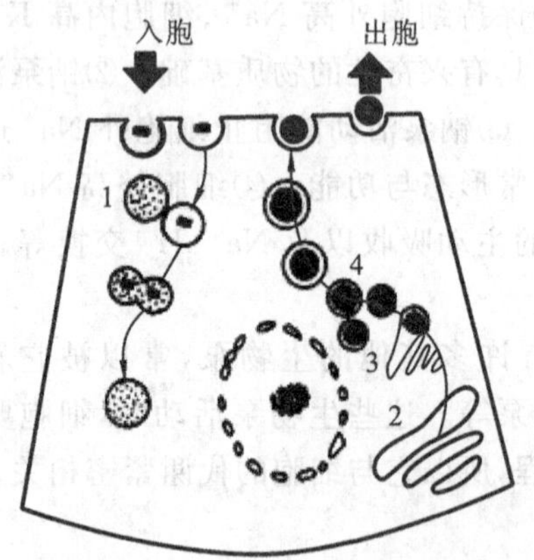

图 2-5 入胞和出胞示意图

1—溶酶体；2—粗面内质网；3—高尔基复合体；4—分泌颗粒

二、细胞的跨膜信号转导功能

人体内存在着数万亿的细胞，它们绝大多数都直接浸浴在细胞外液（内环境）中。内环境中的各种化学信号分子，如神经递质、激素、体液调节因子等，需与靶细胞的特异性受体结合才能发挥其生理作用。

细胞外液中各种化学信息物质作用于细胞膜表面的受体蛋白，通过膜特殊蛋白质的变构作用，将外界环境的变化信息以新的信号形式传递到细胞内，然后再引起细胞的功能活动发生相应改变，这一过程称为跨膜信号转导(transmembrane signal transduction)。脂溶性的类固醇激素、甲状腺素等可穿过细胞膜进入细胞内，与胞内受体结合，不需膜受体的转导。

(一)离子通道受体介导的跨膜信号转导

某些细胞膜上的化学门控通道，其本身就具有受体的作用，具有与信号分子(主要是神经递质)结合的位点。信号分子与它结合后，可引起离子通道的开放(或关闭)，通过引起跨膜离子流动的变化使细胞膜电位发生改变，这种信号转导途径称为离子通道受体介导的跨膜信号转导，如神经-肌接头的兴奋传递属于这种方式。当神经冲动即动作电位到达神经末梢处时，先是由末梢释放一定数量的乙酰胆碱分子，后者同肌细胞膜上终板处的受体相结合，引起终板膜产生电变化，最后引起整个肌细胞的兴奋和收缩。终板电位的出现，标志着乙酰胆碱这个化学信号在肌细胞膜跨膜信号转导的完成，因为肌细胞后来出现的兴奋和收缩都是以终板电位为起因的。由于这种通道性结构只有在其中部分亚单位同乙酰胆碱分子结合时才开放，因而属于化学门控通道，称为乙酰胆碱门控通道。

(二)由G-蛋白偶联受体介导的跨膜信号转导

G-蛋白偶联受体是存在于细胞膜上的一种蛋白质，它与信号分子结合后可激活细胞膜上的G-蛋白(鸟苷酸结合蛋白)；激活的G-蛋白进而再激活G-蛋白效应器酶(如腺苷酸环化酶)；G-蛋白效应器酶再催化某些物质(如ATP)产生第二信使(如cAMP)；第二信使再通过蛋白激酶或离子通道发挥信号的转导作用。这类膜受体必须通过G-蛋白才能发挥作用，因此称为G-蛋白偶联受体；因为这种跨膜信号转导是通过G-蛋白偶联受体进行的，所以称为G-蛋白偶联受体介导的跨膜信号转导。含氮类激素(如肾上腺素)多是通过该种途径实现信号转导的。

(三)酶偶联受体介导的跨膜信号转导

酶偶联受体也是位于细胞膜上的蛋白质，它既具有受体的作用又具有酶的作用。酶偶联受体上具有与信号分子结合的位点，当信号分子与其结合后便使其酶的活性被激活，从而产生催化作用。这种通过酶偶联受体的双重作用完成的信号转导，称为酶偶联受体介导的跨膜信号转导。人体内大部分生长因子通过这种方式实现信号转导，胰岛素也是通过细胞膜中一类称作酪氨酸激酶受体的特殊蛋白质完成跨膜信号转导后发挥其生理作用。

三、细胞的生物电现象

细胞在生命活动过程中所表现出来的电现象称为生物电(bioelectricity)。生物电已被广泛应用于医学的实验研究和临床。例如，临床上常用的心电图、肌电图、脑电图就是用特殊仪器将心肌细胞、骨骼肌细胞、大脑神经细胞产生的电位变化进行检测和处理后记录的图形，它们对相关疾病的诊断有重要的参考价值。就目前所知，人体和各器官所表现的电现象是以细胞水平的生物电活动为基础。细胞水平的生物电现象主要有两种表现，即在安静时具有的静息电位和受刺激后产生的动作电位。

(一)静息电位及其产生机制

1.细胞的静息电位 静息电位(resting potential)是指细胞未受刺激时存在于细胞膜内外两侧的电位差(图2-6)。它是一切生物电产生或变化的基础。安静时细胞膜内电位比膜

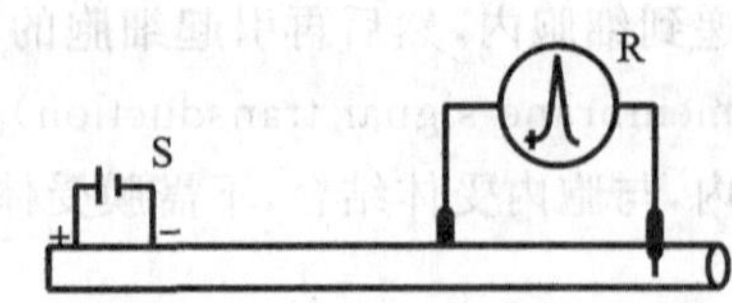

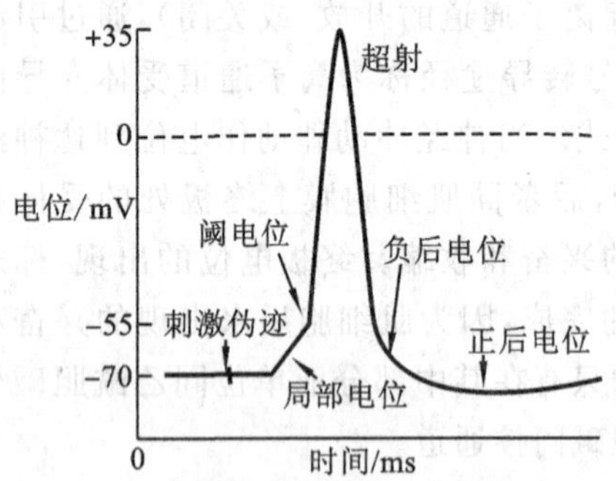

图 2-6　单一神经纤维静息电位和动作电位模式图

R—记录仪器；S—电刺激器

注：当测量电极中的一个微电极刺入轴突内部时可发现膜内持续处于较膜外低 70 mV 的负电位状态。当神经受到一次短促的外加刺激时，膜内电位快速上升到 +35 mV的水平，经 0.5～1.0 ms 后再逐渐恢复到刺激前的状态。

外低，如果细胞膜外电位为 0，细胞膜内的电位则为负值，这表明细胞膜内外之间存在着电位差，静息电位就是此时的膜内电位。不同细胞的静息电位大小是不一样的，骨骼肌细胞、普通心室肌细胞的静息电位约为 −90 mV，神经细胞的静息电位约为 −70 mV。应该指出的是静息电位的负值是指膜内电位低于膜外电位的数值，膜内负值减小表明膜内外电位差减小，膜内的负值增大则表明膜内外电位差增大。只要细胞未受到外来刺激而且保持着正常的新陈代谢，静息电位就稳定在某一相对恒定的水平。细胞在静息时膜外带正电、膜内带负电的状态称为极化（polarization）。静息电位与极化是一个现象的两种表达方式，它们都是细胞处于静息状态的标志。

2. 静息电位的产生机制　静息电位的产生与细胞膜内、外离子的不均衡分布和细胞膜对各种离子的选择性通透有关。正常时细胞内 K^+ 浓度高于细胞外，细胞外 Na^+ 浓度高于细胞内。如果细胞膜在安静时只对 K^+ 有通透性，当 K^+ 外流时，膜内带负电荷的蛋白质（A^-）因为不能通过细胞膜而留在细胞内，流出膜外的 K^+ 所产生的外正内负的电场力将阻碍 K^+ 继续外流，随着 K^+ 外流的增加，这种阻止 K^+ 外流的力量（膜两侧的电位差）也不断加大。当促使 K^+ 外流的浓度差与阻止 K^+ 外移的电位差的两种力量达到平衡时，膜内外不再有 K^+ 的净移动，此时膜的电位差称为 K^+ 的平衡电位。细胞内高 K^+ 浓度和安静时膜主要对 K^+ 有通透性是大多数细胞产生和维持静息电位的主要原因。

（二）动作电位及其产生机制

1. 细胞的动作电位　当神经或肌肉细胞受到刺激发生兴奋时，细胞膜在静息电位的基础上发生一次迅速而短暂的可向周围扩布的电位波动，称为动作电位（action potential）。例如，当神经纤维在安静情况下受到一次足够强度的刺激时，膜内的负电位迅速减小，原有的极化状态去除（即去极化），并变成正电位，即膜内电位在短时间内可由原来的 −90～−70 mV 变为 +20～+40 mV，原来的内负外正变为内正外负。这样整个膜内电位变化的幅度为 90～130 mV。动作电位变化曲线的上升支，称为去极相。动作电位上升支中零电位以上的部分，称为超射值。但是，由刺激所引起的这种膜内电位的倒转只是暂时的，很快就出现膜内电位下降并恢复到刺激前原有的负电位或极化状态（即复极化，repolarization），构成了动作电位的下降支，称为复极相（图 2-6）。由此可见，动作电位是细胞膜受到刺激后在原有的静息电位基础上发生的一次膜两侧的快速而可逆的倒转和复原。在神经纤维，它一般在 0.5～2.0 ms 的时间内完成，因此动作电位的曲线呈尖锋状，故称为锋电位。

2. 动作电位的离子机制　在细胞静息时，细胞膜外 Na^+ 浓度大于膜内，Na^+ 有向膜内扩散的趋势，而且静息时膜内外的电场力也吸引 Na^+ 向膜内移动，但是由于静息时膜上的 Na^+ 通道多数处于关闭状态，膜对 Na^+ 相对不通透，因此 Na^+ 不可能大量内流。当细胞受到一个足够强度的刺激时，电压门控式 Na^+ 通道开放，此时膜对 Na^+ 的通透性突然增大，并且超过了膜对 K^+ 的通透性，Na^+ 迅速大量内流，以至膜内负电位因正电荷的增加而迅速消失。由于膜外高 Na^+ 所形成的浓度势能，使得 Na^+ 在膜内负电位减小到零电位时仍可继续内移，进而出现正电位，直到膜内正电位增大到足以阻止由浓度差所引起的 Na^+ 内流时为止，此时膜两侧的电位差称为 Na^+ 的平衡电位。

然而，膜内电位并不停留在正电位状态，而是很快出现动作电位的复极相，这是因为 Na^+ 通道开放的时间很短，它很快就进入失活状态，从而使膜对 Na^+ 通透性变小。与此同时，电压门控式 K^+ 通道开放，膜内 K^+ 在浓度差和电位差的推动下又向膜外扩散，膜内电位由正值向负值发展，直至恢复到静息电位水平。

简而言之，动作电位的去极相主要是由于 Na^+ 大量、快速内流所引起；动作电位的复极相主要是由于 K^+ 外流形成。无论是去极时的 Na^+ 内流还是复极时的 K^+ 外流，此时的离子跨膜移动都是不耗能的易化扩散。细胞每兴奋一次或每产生一次动作电位，细胞内 Na^+ 浓度的增加及细胞外 K^+ 浓度的增加都是十分微小的变化，但是足以激活细胞膜上的钠泵，使钠泵加速运转，逆浓度差将细胞内的 Na^+ 主动转运至细胞外，将细胞外的 K^+ 主动转运入细胞内，迅速恢复静息时细胞内外的离子分布，为再次受到刺激产生兴奋做好准备。

（三）兴奋的引起与传导

1. 兴奋的引起与阈电位 刺激只要达到足够的强度，就可以使细胞产生动作电位。在实验研究和临床上，常用易于控制的电刺激作为刺激方式。电刺激作用于细胞时，一对刺激电极阳极下方的细胞膜内负电荷增加，静息电位增大，细胞膜的极化状态加强，称为超极化(hyperpolarization)；而阴极下方的细胞膜内正电荷增加，静息电位减小，引起去极化，当减小到某一临界值时，引起细胞膜上大量钠通道的开放，触发动作电位的产生。这个能触发动作电位的临界膜电位数值称为阈电位(threshold potential)。从静息电位去极化达到阈电位是产生动作电位的必要条件。阈电位的数值比静息电位的绝对值小 10～20 mV。

至此，兴奋性的概念可表述为细胞产生动作电位的能力。一般说来，细胞兴奋性的高低与细胞的静息电位和阈电位的差值呈反比关系，即差值愈大，细胞愈不容易产生动作电位，兴奋性愈低；差值愈小，细胞愈容易产生动作电位，兴奋性愈高。例如，超极化时静息电位增大，使它与阈电位之间的差值扩大(图 2-7)，受刺激时静息电位去极化较不容易达到阈电位，所以超极化使细胞的兴奋性降低。可见，所谓阈强度是作用于细胞使膜的静息电位去极化到阈电位的刺激强度。刺激引起膜去极化，只是使膜电位从静息电位达到阈电位水平，而动作电位的暴发则是膜电位达到阈电位后其本身进一步去极化的结果，与施加给细胞刺激的强度没有关系。这就体现出动作电位的“全或无(all-or-none)”现象：动作电位一旦产生就达到最大值，其变化幅度不会因刺激的加强而增大。也就是说，动作电位要么不产生(无)，一旦产生就达到最大(全)。

刺激强度低于阈强度的阈下刺激虽不能触发动作电位，但它也会引起少量的 Na^+ 内流，从而产生较小的去极化，只不过这种去极化的幅度不足以使膜电位达到阈电位的水平，而且只限于受刺激的局部。这种产生于膜的局部、较小的去极化反应称为局部反应(local response)(图 2-7)。局部反应的特点：①电位幅度小且呈衰减性传导，传播距离短；②非“全

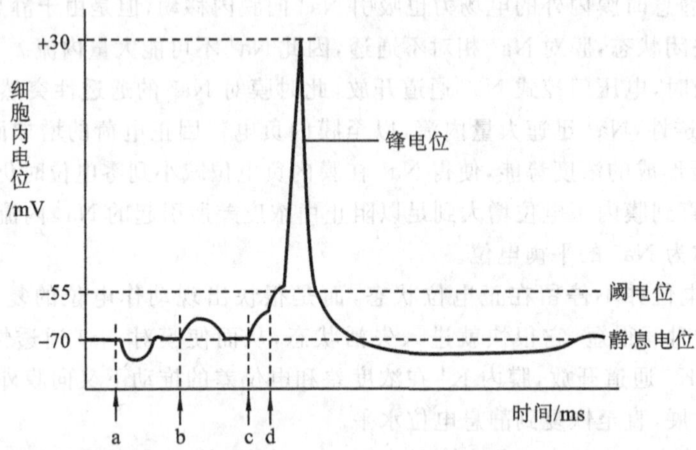

图 2-7　刺激引起膜超极化、局部反应及其在时间上的总和效应

a—刺激引起膜超极化，与阈电位的距离加大；b—阈下刺激引起的局部反应，达不到阈电位，不产生动作电位；c，d—均为阈下刺激，但 d 在 c 引起的局部反应的基础上给予，产生总和效应，引发动作电位

或无"式，局部反应可随阈下刺激强度的增强而增大；③总和效应，一次阈下刺激引起的一个局部反应固然不能引发动作电位，但如果多个阈下刺激引起的多个局部反应在时间上（在同一部位连续给予多个刺激）或空间上（同时在相邻的部位给予多个刺激）叠加起来，就可能使膜的去极化达到阈电位，从而引发动作电位（图 2-7）。因此，动作电位可以由一次阈刺激或阈上刺激引起，也可以由多个阈下刺激的总和引发。

2. 动作电位的传导　动作电位一旦在细胞膜的某一点产生，就会迅速沿着细胞膜向周围传播，整个过程中动作电位的幅度不会发生衰减，并传遍细胞膜。这种在同一细胞上动作电位的传播称为传导（conduction）。如果发生在神经纤维上，传导的动作电位又称为神经冲动。

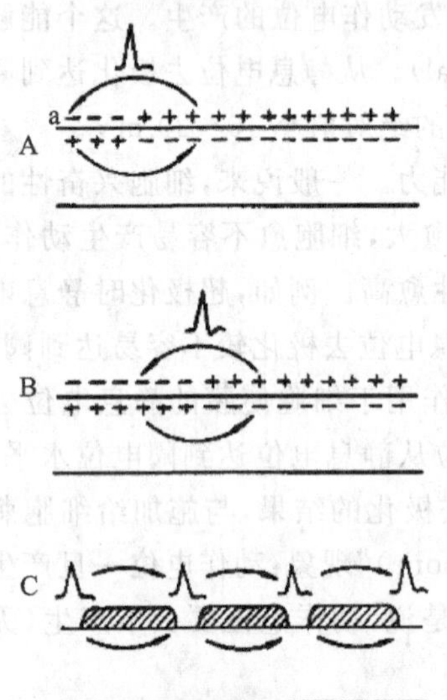

图 2-8　动作电位在神经纤维上的传导

A，B—动作电位在无髓神经纤维上依次传导；
C—动作电位在有髓神经纤维上跳跃式传导

无髓神经纤维在膜的 a 点产生动作电位，细胞膜出现外负内正的反极化状态。这时兴奋的 a 点膜外侧为负，它相邻部位没有兴奋仍然为正；而膜内侧则相反，兴奋的 a 点为正，它的相邻部位为负（图 2-8）。这样必然会产生由正到负的电流流动，其流动的方向是，在膜外侧，电流由未兴奋点流向兴奋点 a；在膜内侧，电流则由兴奋点 a 流向未兴奋点，这种在兴奋区域周围局部流动的电流称为局部电流（local current）。局部电流流动的结果，造成与 a 点相邻的未兴奋点膜内侧电位上升，膜外侧电位下降，即产生去极化，这种去极化如达到阈电位水平，相邻未兴奋点触发动作电位，使它转变为新的兴奋点。就这样兴奋膜与相邻未兴奋膜之间产生的局部电流不断地向前移动（图 2-8），就会使产生在 a 点的动作电位迅速地传播开去，一直到整个细胞膜都发生动作电位为止。可见，动作电位的传导是局部电流作用的结果，其传导是不衰减的。

有髓神经纤维外面包裹着一层既不导电又不允许离子通过的髓鞘，因此动作电位只能在没有髓鞘的郎飞结处进行传导。传导时，出现在某一郎飞结的动作电位与它相邻的郎飞结之间产生局部电流，使相邻的郎飞结兴奋，表现为跨越一段有髓鞘的神经纤维而呈跳跃式传导(图 2-8)。加上有髓神经纤维较粗、电阻较小，所以它的动作电位传导速度要比无髓神经纤维快得多。例如，人类坐骨神经干的传导速度超过 100 m/s，而属于无髓神经的内脏感觉神经传导速度还不到 1 m/s。

第二节 上皮组织

上皮组织(epithelial tissue)由排列紧密的上皮细胞组成，上皮细胞形状较规则，细胞间质很少，大部分上皮覆盖于身体表面和衬贴在有腔器官的腔面，称被覆上皮。上皮组织的细胞呈现明显的极性，即细胞的两端在结构和功能上具有明显的差别。上皮细胞的一面朝向身体表面或有腔器官的腔面，称游离面；与游离面相对的另一面朝向深部的结缔组织，称基底面。上皮细胞基底面附着于基膜，基膜是一薄膜，上皮细胞借此膜与结缔组织相连。上皮组织中一般没有血管，细胞所需的营养依靠结缔组织内的血管透过基膜供给。上皮组织具有保护、吸收、分泌和排泄等功能。

一、被覆上皮

被覆上皮是按照上皮细胞层数和细胞形状进行分类的。单层上皮由一层细胞组成，所有细胞的基底面都附着于基膜，游离端可伸到上皮表面。复层上皮由多层细胞组成，最深层的细胞附着于基膜上。

1. 单层扁平上皮(simple squamous epithelium) 又称单层鳞状上皮，很薄，只由一层扁平细胞组成。从表面看，细胞呈不规则形或多边形；核椭圆形，位于细胞中央；细胞边缘呈锯齿状或波浪状，互相嵌合。从上皮的垂直切面看，细胞核呈扁形，胞质很薄，只有含核的部分略厚(图 2-9)。

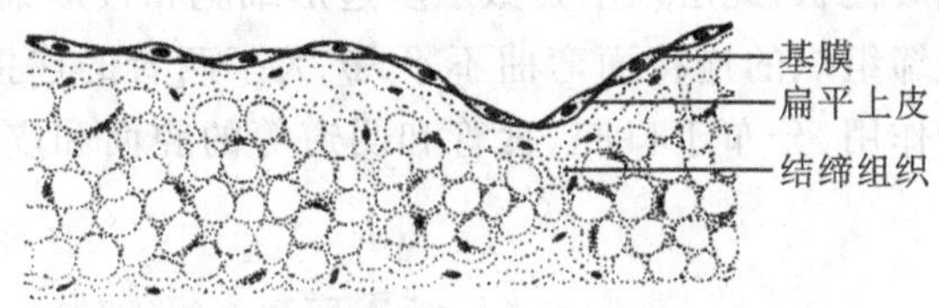

图 2-9 单层扁平上皮模式图(侧面观)

衬贴在心、血管和淋巴管腔面的单层扁平上皮称内皮。内皮细胞很薄，大多呈梭形，游离面光滑，有利于血液和淋巴液流动及物质透过。分布在胸膜、腹膜和心包表面的单层扁平上皮称间皮，细胞游离面湿润光滑，便于内脏运动。

2. 单层立方上皮(simple cuboidal epithelium) 由一层立方形细胞组成(图 2-10)。从上皮表面看，每个细胞呈六角形或多角形；从上皮的垂直切面看，细胞呈立方形。细胞核圆形，位于细胞中央。这种上皮见于肾小管等处。

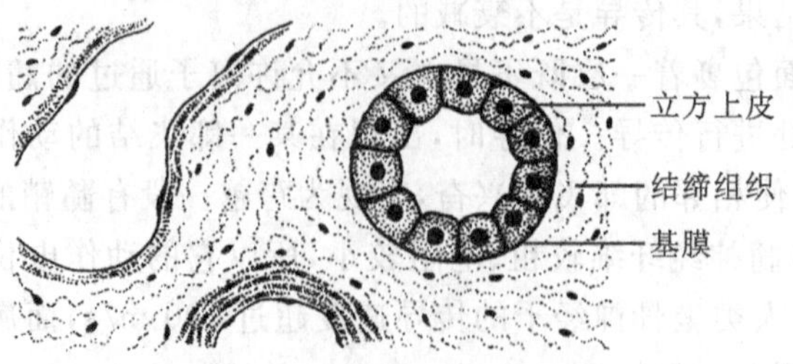

图 2-10　单层立方上皮模式图

3. 单层柱状上皮(simple columnar epithelium)　主要由柱状细胞组成,柱状细胞间有许多散在的杯状细胞。从表面看,细胞呈六角形或多角形;由上皮垂直切面看,细胞呈柱状,细胞核长圆形,多位于细胞近基底部(图 2-11)。此种上皮大多有吸收或分泌功能,主要分布在胃肠道。

4. 假复层纤毛柱状上皮(pseudostratified ciliated columnar epithelium)　由柱状细胞、梭形细胞、锥体形细胞、杯状细胞组成(图 2-12)。柱状细胞游离面具有纤毛。细胞核的位置深浅不一,故从上皮垂直切面看很像复层上皮。但这些高低不等的细胞基底面都附在基膜上,故实际仍为单层上皮。这种上皮主要分布在呼吸管道的腔面。

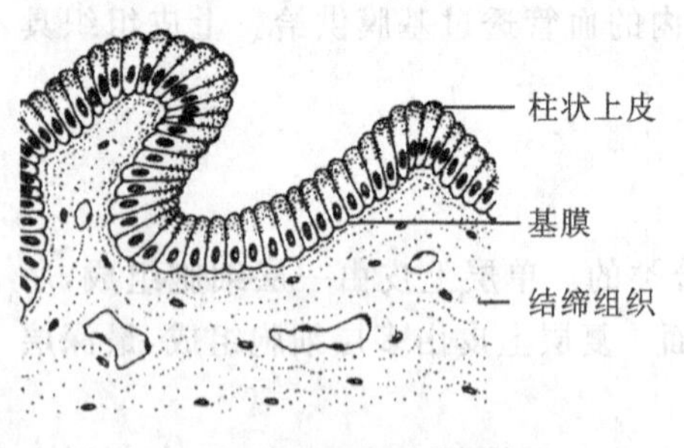

图 2-11　单层柱状上皮模式图

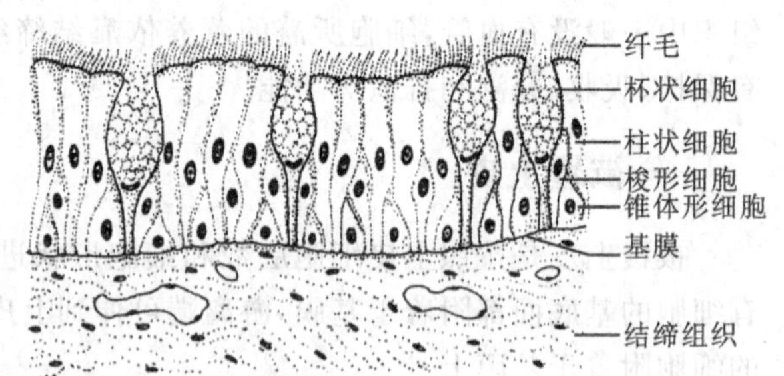

图 2-12　假复层纤毛柱状上皮模式图

5. 复层扁平上皮(stratified squamous epithelium)　又称复层鳞状上皮。由多层细胞组成,是最厚的一种上皮(图 2-13)。从上皮的垂直切面看,细胞的形状和厚薄不一。紧靠基膜的一层细胞为立方形或矮柱状,此层以上是数层多边形细胞和梭形细胞,浅层为几层扁平细胞。这种上皮与深部结缔组织的连接面弯曲不平,扩大了两者的连接面积。复层扁平上皮具有很强的机械性保护作用,分布于口腔、食管和阴道等的腔面和皮肤表面,具有耐摩擦和阻止异物侵入等作用。

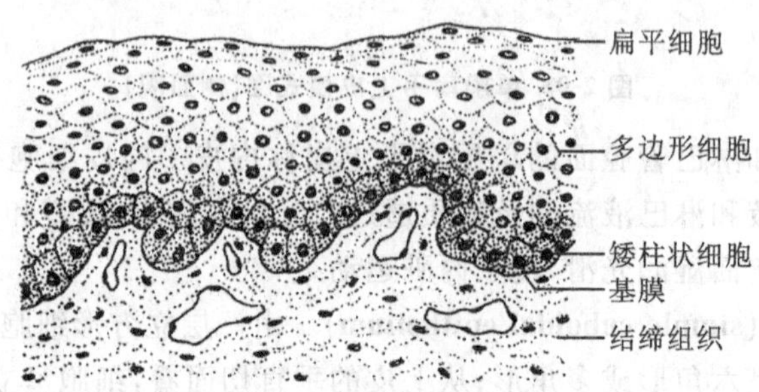

图 2-13　复层扁平上皮模式图

6. 变移上皮(transitional epithelium) 又名移行上皮，衬贴在排尿管道(肾盏、肾盂、输尿管和膀胱)的腔面。变移上皮的细胞形状和层数可随所在器官的收缩与扩张而发生变化(图 2-14)。如膀胱缩小时，上皮变厚；当膀胱充尿扩张时，上皮变薄，细胞层数减少，细胞形状也变扁。

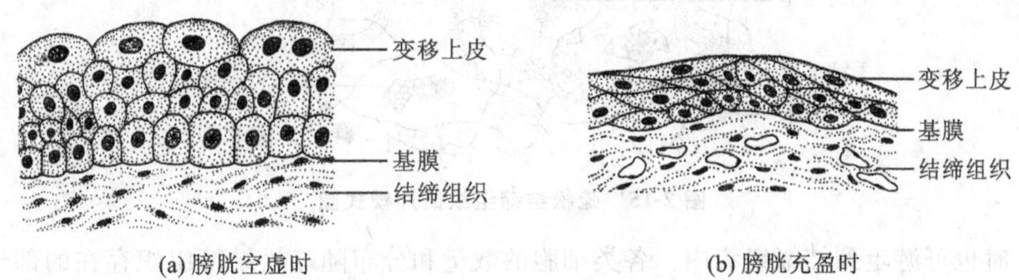

(a) 膀胱空虚时　　(b) 膀胱充盈时

图 2-14　变移上皮模式图

二、腺上皮和腺

司分泌功能的细胞称腺细胞。由腺细胞构成的上皮称腺上皮。由腺上皮为主要成分组成的器官称腺。

胚胎时期，一些原始上皮细胞增生形成细胞索，深入到结缔组织中，进一步发育、分化，形成具有分泌功能的腺上皮及腺。如果形成的腺有导管连通器官腔面和体表就叫做外分泌腺，如汗腺、唾液腺等。如果没有导管，腺细胞群周围有丰富的毛细血管，分泌物需经体液输送，这种腺叫内分泌腺，如甲状腺、肾上腺等。有关内分泌腺的内容，将在专门章节论述。

第三节　结缔组织

结缔组织(connective tissue)由细胞和大量细胞间质构成，结缔组织的细胞间质包括基质、细丝状的纤维和不断循环更新的组织液。细胞散居于细胞间质内，分布无极性。广义的结缔组织，包括液状的血液(具体见本书第三章)、松软的固有结缔组织和较坚固的软骨与骨；一般所说的结缔组织仅指固有结缔组织。结缔组织在体内广泛分布，具有连接、支持、营养、保护等多种功能。本节仅介绍固有结缔组织、软骨组织和软骨。

一、固有结缔组织

固有结缔组织按其结构和功能的不同分为疏松结缔组织、致密结缔组织、脂肪组织和网状组织。

(一)疏松结缔组织

疏松结缔组织又称蜂窝组织，其特点是细胞种类较多，纤维较少，排列稀疏(图 2-15)。疏松结缔组织在体内广泛分布，位于器官之间、组织之间及细胞之间，起连接、支持、营养、防御、保护和修复等作用。

1. 细胞　疏松结缔组织的细胞种类较多，其中包括成纤维细胞、巨噬细胞、浆细胞、肥大细胞、脂肪细胞等。此外，血液中的白细胞，如中性粒细胞、嗜酸性粒细胞、淋巴细胞等在炎

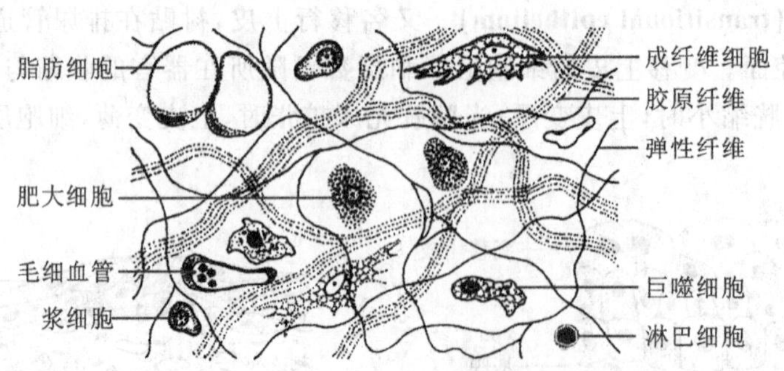

图 2-15　疏松结缔组织铺片模式图

症反应时也可游走到结缔组织内。各类细胞的数量和分布随疏松结缔组织存在的部位和功能状态而不同。

(1)成纤维细胞:疏松结缔组织的主要细胞成分。细胞扁平,多突起,呈星状,胞质较丰富,呈弱嗜碱性。胞核较大,扁卵圆形,染色质疏松、着色浅,核仁明显。成纤维细胞既合成和分泌胶原蛋白、弹性蛋白,生成胶原纤维、网状纤维和弹性纤维,也合成和分泌糖胺多糖和糖蛋白等基质成分。

(2)巨噬细胞:体内广泛存在的具有强大吞噬功能的细胞。在疏松结缔组织内的巨噬细胞又称为组织细胞,常沿纤维散在分布,在炎症和异物等刺激下活化成游走的巨噬细胞。巨噬细胞是由血液内单核细胞穿出血管后分化而成的。巨噬细胞有重要的防御功能,它具有趋化性定向运动、吞噬和清除异物及衰老伤亡细胞、分泌多种生物活性物质以及参与和调节人体免疫应答等功能。

(3)浆细胞:细胞呈卵圆形或圆形,核圆形,多偏居细胞一侧,染色质成粗块状沿核膜内面呈辐射状排列,形似车轮状。胞质丰富,嗜碱性,核旁有一浅染区。具有分泌多种生物活性物质(如抗体)以及参与和调节人体免疫应答等功能。

(4)肥大细胞:较大,呈圆形或卵圆形,胞核小而圆,多位于中央。胞质内充满异染性颗粒,颗粒易溶于水。肥大细胞分布很广,常沿小血管和小淋巴管分布。肥大细胞与变态反应有密切关系。

(5)脂肪细胞:常沿血管分布,单个或成群存在。胞质被一个大脂滴推挤到细胞周缘,包绕脂滴。核被挤压成扁圆形,连同部分胞质呈新月形,位于细胞一侧。在 HE 染色切片中,脂滴被溶解,细胞呈空泡状。脂肪细胞有合成和储存脂肪、参与脂质代谢的功能。

2. 纤维　有三种类型,即胶原纤维、弹性纤维和网状纤维。

(1)胶原纤维:数量最多。HE 染色切片中呈嗜酸性,着粉红色。纤维粗细不等,呈波浪形,并互相交织。胶原纤维的韧性大,抗拉力强。

(2)弹性纤维:在 HE 染色切片中,着色较浅。弹性纤维较细、直行,分支交织,粗细不等,表面光滑,断端常卷曲。弹性纤维富于弹性而韧性差,与胶原纤维交织在一起,使疏松结缔组织既有弹性又有韧性,有利于器官和组织保持形态、位置的相对恒定,又具有一定的可变性。

(3)网状纤维:较细,分支多,交织成网。在 HE 染色切片中不易显示,而用银染法染色呈黑色,故又称嗜银纤维。

3. 基质　基质是一种由生物大分子构成的胶状物质,具有一定黏性。构成基质的大分子物质包括蛋白多糖和糖蛋白。

4. 组织液(tissue fluid) 组织液是从毛细血管动脉端渗入基质内的液体,经毛细血管静脉端和毛细淋巴管回流入血液或淋巴液,组织液不断更新,有利于血液与细胞进行物质交换,成为组织和细胞赖以生存的内环境。当组织液的渗出、回流或机体水、盐、蛋白质代谢发生障碍时,基质中的组织液含量可增多或减少,导致组织水肿或脱水。

(二)致密结缔组织

致密结缔组织(dense connective tissue)的特点是细胞和基质成分少而纤维成分多,排列紧密,细胞主要是成纤维细胞。纤维主要是胶原纤维和弹性纤维,具有支持和连接功能。主要分布在肌腱、硬脑膜及多数器官的被膜。

(三)脂肪组织

脂肪组织(adipose tissue)由大量脂肪细胞聚集而成(图 2-16)。疏松结缔组织将成群的脂肪细胞分隔成若干小叶,结缔组织小隔中含有丰富的毛细血管网。脂肪细胞呈圆形或多边形,胞质内充满脂肪滴,常将细胞核挤向细胞一侧,在 HE 染色切片上,脂肪被溶剂溶解,故细胞呈空泡状。脂肪组织主要储存脂肪,是机体内最大的“能量库”,同时具有支持、缓冲、保护和保持体温等作用,主要分布于皮下、网膜和系膜等处。

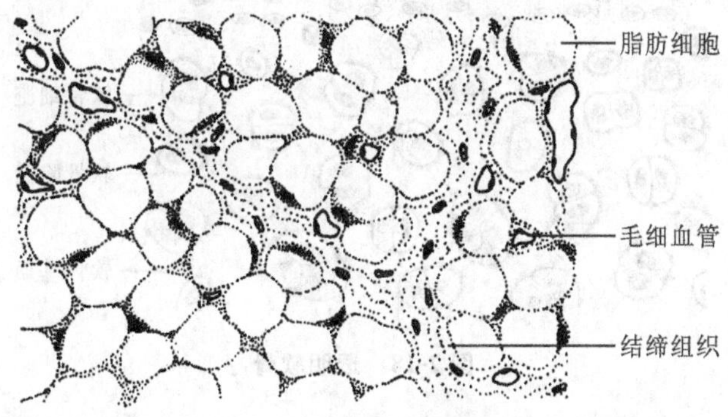

图 2-16 脂肪组织

(四)网状组织

网状组织(reticular tissue)主要由网状细胞、网状纤维、基质及少量巨噬细胞构成(图2-17)。网状细胞突起彼此相互连接,网状纤维沿网状细胞分布,共同构成网架,它是淋巴组织、淋巴器官及骨髓的结构基础,网状组织在造血器官内可提供血细胞发育所需要的微环境。

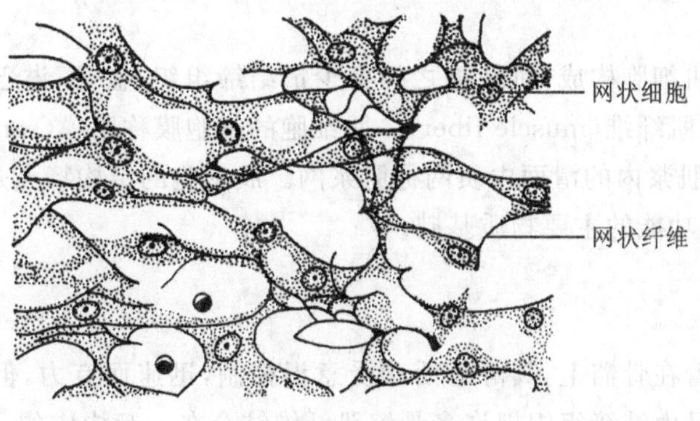

图 2-17 网状组织

二、软骨组织和软骨

(一)软骨组织

软骨组织(cartilage tissue)由软骨细胞和细胞间质构成。软骨细胞的大小、形状和分布有一定的规律。在软骨周边部分为幼稚软骨细胞,较小,呈扁圆形,常单个分布。越靠近软骨中央,细胞越成熟,体积逐渐增大,变成圆形或椭圆形。细胞间质呈均质状,由凝胶状基质和纤维构成,基质主要成分为蛋白多糖和水分,其中水分占90%。软骨没有血管、淋巴管和神经,但具有良好的可渗透性。软骨细胞所需的营养由软骨膜血管渗出供给。

(二)软骨

1. 软骨的构造及其分类 软骨是一种器官,由软骨组织及其周围的软骨膜构成。根据其间质中所含纤维成分的不同,软骨可分为三种,即透明软骨(图2-18)、弹性软骨和纤维软骨。透明软骨主要分布于肋软骨、关节软骨、呼吸道内的软骨等处,弹性软骨主要分布于耳廓、咽喉及会厌等处,纤维软骨主要分布于椎间盘、耻骨联合及关节盘等处。

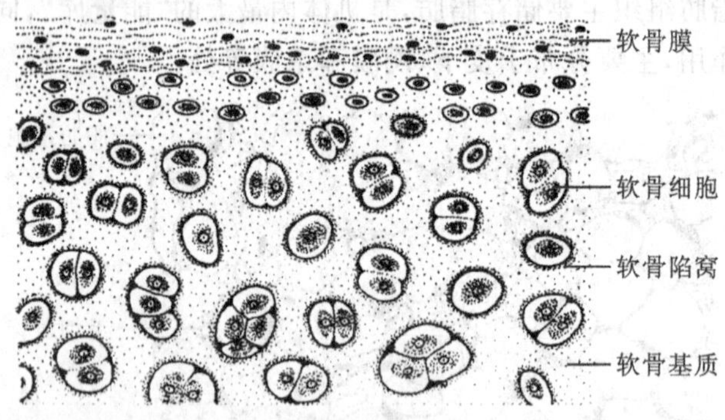

图 2-18 透明软骨

2. 软骨膜 除关节软骨外,软骨表面被覆薄层致密结缔组织,即软骨膜。软骨膜分为两层:外层胶原纤维多,主要起保护作用;内层细胞多,近软骨组织处有骨原细胞,能分裂分化形成软骨细胞。软骨膜还含有血管、淋巴管和神经,其血管可为软骨提供营养。

第四节 肌组织

肌组织主要由肌细胞构成,肌细胞之间有少量结缔组织、血管、淋巴管和神经。肌细胞细长呈纤维状,又称肌纤维(muscle fiber)。肌细胞的细胞膜称肌膜(sarcolemma),细胞质称肌浆(sarcoplasm),肌浆内的滑面内质网称肌浆网。肌细胞的结构特点是肌浆内含有大量肌丝,它是肌纤维舒缩功能的主要物质基础。

一、骨骼肌

骨骼肌一般附着在骨骼上,其舒缩活动受意识控制,迅速而有力,但不持久、易疲劳,故称随意肌。骨骼肌是由结缔组织把许多骨骼肌纤维结合在一起构成的。包在整块肌外面的结缔组织称肌外膜，即深筋膜。肌外膜深入肌内将肌分隔成许多肌束，包在肌束外面的结缔组织称肌束膜。肌束膜伸入肌束内，包在每条肌纤维外面的结缔组织称肌内膜。

（一）骨骼肌纤维的光镜结构

骨骼肌纤维一般呈细长、圆柱状，长 1～40 mm，直径 10～100 μm。骨骼肌纤维为多核细胞，核多者可达数百个，核呈扁椭圆形，位于细胞周边近肌膜处（图 2-19）。肌浆内有许多与肌纤维长轴平行排列的肌原纤维，肌原纤维间有肌浆网、线粒体、糖原及少量的脂滴。

肌原纤维（myofibril）呈细丝状，每条肌原纤维上都有许多明暗相间的条纹，明带又称 I 带，暗带又称 A 带，相邻肌原纤维的明带和暗带都准确地排列在同一平面上，因此构成了骨骼肌纤维明暗相间的横纹。暗带中央有一条浅染窄带，称 H 带，H 带中央有一条深染的 M 线。明带中央有一条深染的 Z 线。相邻两 Z 线之间的一段肌原纤维称肌节，一个肌节包括 1/2 I 带＋A 带＋1/2 I 带，是肌原纤维结构和功能的基本单位（图 2-20）。

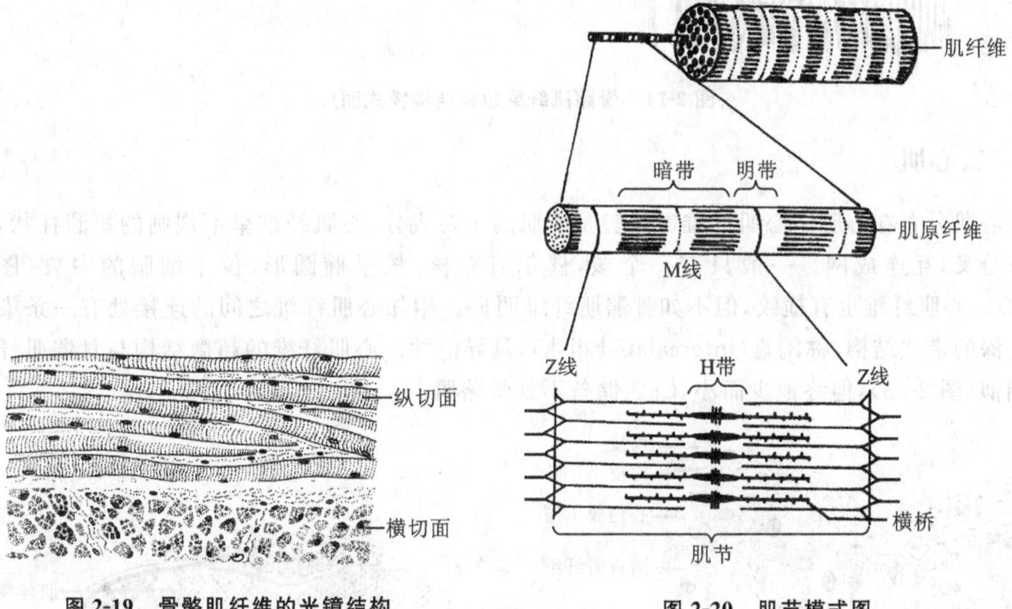

图 2-19　骨骼肌纤维的光镜结构

图 2-20　肌节模式图

（二）骨骼肌纤维的超微结构

在肌纤维内有两套既独立又相互联系的肌管系统，即横管和纵管。这些肌管系统是骨骼肌兴奋引起收缩偶联过程的形态学基础（图 2-21）。横管位于明带与暗带的交界处或 Z 线处，形成包绕肌原纤维的垂直管道系统。它是由肌膜向细胞内凹陷形成的，所以横管实质上是肌膜的延续，管中的液体就是细胞外液。当动作电位在肌膜产生并传导时，能沿横管向肌细胞内部传播。纵管又称肌质网，分布在肌节的中间部位，与肌原纤维平行排列，它们互相连通形成网状包绕肌原纤维，但不与细胞外液或胞质沟通，只是在接近肌节两端的横管时管腔出现膨大，称为终池（又称钙池）。终池是细胞内储存 Ca^{2+} 的场所，Ca^{2+} 释放是引起肌细胞收缩的直接原因。每一横管和来自两侧肌节的纵管终池，构成所谓三联体结构。横管和纵管的膜在三联体结构处并不接触，中间被约 12 nm 的胞质隔开。三联体的作用是把从横管传来的电信息和终池的 Ca^{2+} 释放连接起来，完成横管向肌浆网的信息传递。

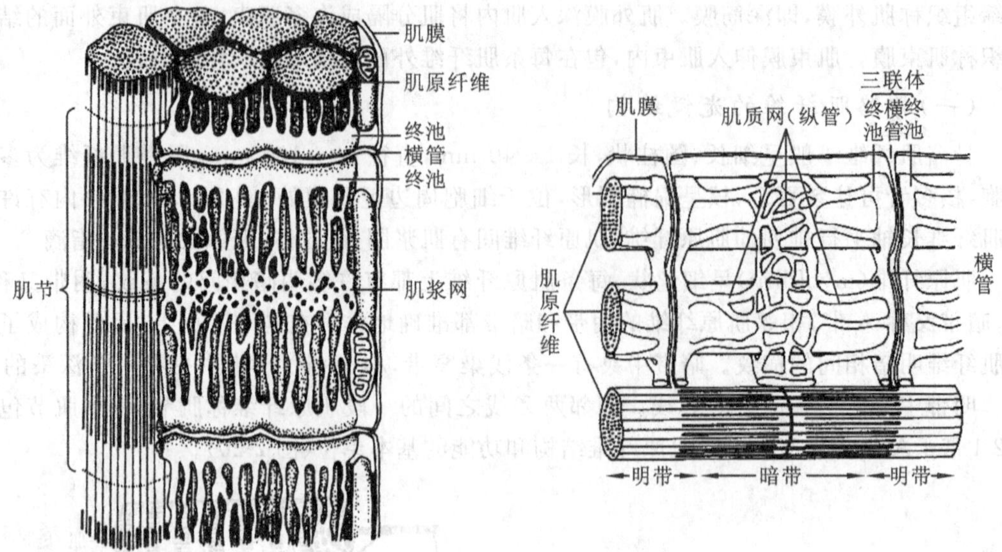

图 2-21 骨骼肌纤维超微结构模式图

二、心肌

心肌分布在心脏。心肌纤维(细胞)是心肌的主要成分,心肌纤维呈不规则的短圆柱状,常有分叉,互连成网。一般只有一个核,偶尔有双核,核呈椭圆形,位于细胞的中央(图 2-22)。心肌纤维也有横纹,但不如骨骼肌纤维明显。相邻心肌纤维之间的连接处有一条染色较深的带状结构,称闰盘(intercalated disk),具导电性。心肌纤维的超微结构与骨骼肌纤维相似(图 2-23),但终池少而小,Ca^{2+} 储备不如骨骼肌。

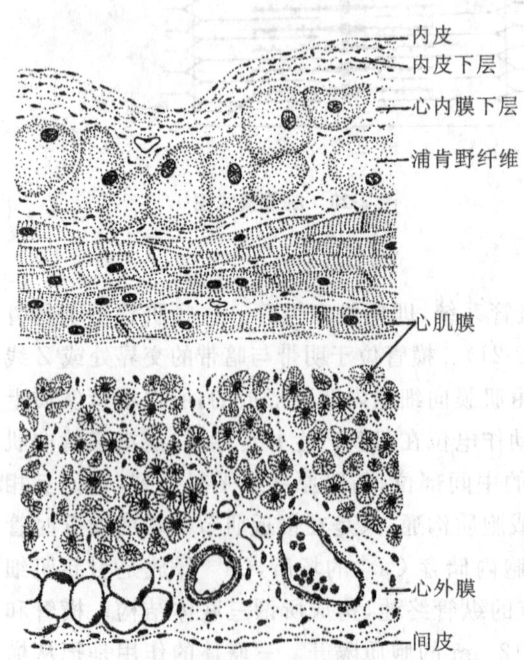

图 2-22 心肌光镜结构

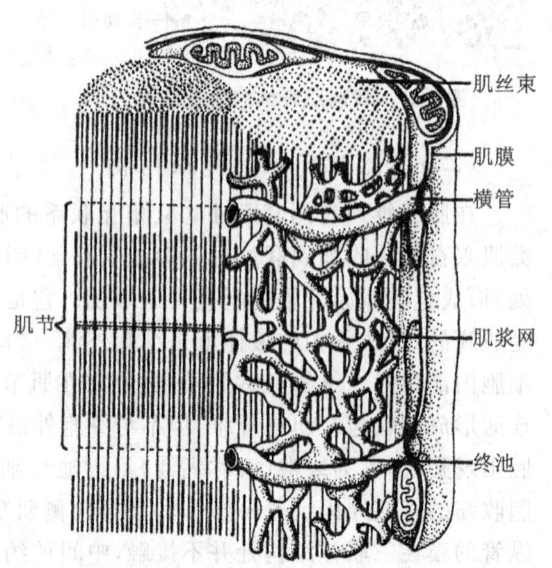

图 2-23 心肌纤维超微结构模式图

三、平滑肌

平滑肌(smooth muscle)主要由平滑肌纤维构成,纤维间有少量的结缔组织、血管及神经等。平滑肌纤维呈长梭形,长短不一,无横纹,有一个椭圆形的核,位于细胞中央(图2-24)。主要分布于内脏器官和血管等中空性器官的管壁内。平滑肌的舒缩不受意识控制,缓慢持久而有节律,不易疲劳。

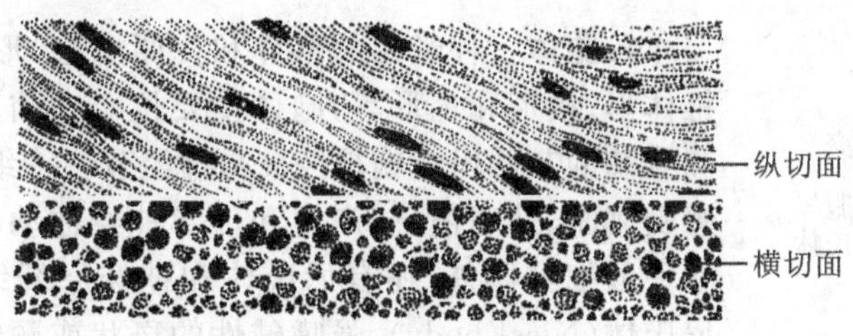

图 2-24 平滑肌

四、肌细胞的收缩原理

肌细胞的收缩或舒张,实际上就是肌节的缩短或延长。

以骨骼肌细胞为例,肌节的明带和暗带是由不同的肌丝成分组成的,暗带的长度固定,组成暗带的肌丝主要是粗肌丝,其中 H 带只有粗肌丝,在 H 带的两侧各有一个粗、细肌丝重叠区。而明带的长度是可变的,它只由细肌丝组成。由于明带的长度可变,肌节的长度在不同情况下可变动于 1.5～3.5 μm,通常在体骨骼肌安静时肌节的长度为 2.0～2.2 μm。M 线是把许多粗肌丝联结在一起的结构,Z 线是联结许多细肌丝的结构。由于细肌丝的一部分伸入到相邻的粗肌丝之间,所以粗、细肌丝有一部分重叠。

(一)肌丝滑行

粗肌丝表面的横桥借分解 ATP 获得能量,与细肌丝结合后向 M 线方向扭动,将细肌丝拉入暗带,此过程引起肌节缩短、肌细胞收缩。横桥与细肌丝的结合是可逆的,当横桥与细肌丝脱离,则细肌丝滑回 Z 线方向,肌节变长、肌细胞舒张。整个过程中粗、细肌丝平行位移,肌丝长度并未缩短或延长。

(二)肌细胞的兴奋-收缩偶联

肌纤维的收缩总是在动作电位发生后数毫秒才开始出现。肌膜上的动作电位在兴奋过程中通过某种中介环节引起以肌丝滑行为基础的肌肉收缩。以肌膜的电变化为特征的兴奋过程和以肌丝滑行为基础的收缩过程之间的中介过程称为兴奋-收缩偶联(excitation-contraction coupling)。Ca^{2+} 在偶联过程中起了关键性作用,肌浆内 Ca^{2+} 浓度增高,触发肌收缩;Ca^{2+} 浓度降低,引起肌舒张。

第五节 神经组织

神经组织(nervous tissue)由神经细胞和神经胶质细胞组成。神经细胞(nerve cell)是神经组织的结构和功能单位,也称神经元(neuron),具有感受刺激、整合信息和传导冲动的功

能;神经胶质细胞(neuroglial cell)对神经元起着支持、保护、营养和绝缘等作用。

一、神经元

(一)神经元的形态和结构

神经元由胞体和突起两部分组成。胞体包括细胞膜、细胞质和细胞核三部分,突起分树突和轴突(图 2-25)。

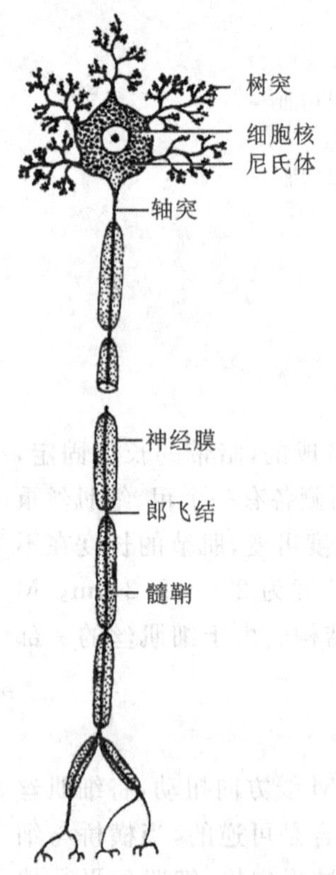

图 2-25 神经元的模式图

1. 胞体 神经元的营养和代谢中心,形态多样化,有圆形、锥体形、梭形和星形等,胞体主要位于大脑和小脑的皮质、脑干和脊髓的灰质以及脑神经核与神经节。①细胞膜:单位膜,具有感受刺激、处理信息、产生和传导神经冲动的功能。②细胞质:除一般细胞器外,还有尼氏体和神经原纤维两种特有的结构。尼氏体(Nissl body):强嗜碱性的斑状或颗粒状,轴丘处无尼氏体。电镜观察,尼氏体由发达的粗面内质网和游离核糖体构成。这表明神经元具有活跃的合成蛋白质的功能,它能合成酶、神经递质及一些分泌性蛋白质。当神经元受损时,尼氏体减少或消失;当神经元功能恢复时,尼氏体重新出现或增多,因此,尼氏体可作为判断神经元功能状态的一种标志。神经原纤维(neurofibril)在 HE 染色切片上不能分辨;在镀银染色切片中,神经原纤维被染成棕黑色,呈细丝状,交错排列成网,并伸入到树突和轴突内。它们除了构成神经元的细胞骨架外,还与营养物质、神经递质及离子运输有关。③细胞核:大而圆,位于细胞中央,核仁明显。

2. 突起 胞体局部胞膜和胞质向表面伸展形成突起,可分为树突和轴突两种。①树突:每个神经元有一至数个树突,较粗短,形如树枝状,树突内的胞质结构与胞体相似。在其分支上又有许多短小的突起,称树突棘。树突的功能主要是接受刺激。②轴突:每个神经元只有一个轴突,细而长,长者可达 1 m 以上。胞体发出轴突的部位常呈圆锥形,称轴丘。轴丘及轴突内无尼氏体。轴突末端分支较多,形成轴突终末。轴突的功能主要是传导神经冲动和释放神经递质。

(二)神经元的分类

神经元数量庞大,形态和功能各不相同,一般按其形态及功能分类如下。

1. 按神经元突起的数量分类(图 2-26)

(1)多极神经元:从胞体发出一个轴突和多个树突,是人体中最多的一种神经元,如脊髓前角的运动神经元。

(2)双极神经元:从胞体两端分别发出一个树突和一个轴突,如视网膜内的双极神经元。

(3)假单极神经元:从胞体发出一个突起,但在离胞体不远处即分为两支。一支伸向中枢神经系统,称中枢突(相当于轴突);另一支伸向周围组织和器官内的感受器,称周围突(相当于树突)。

2. 按神经元的功能分类

(1)感觉神经元:又称传入神经元,多为假单极神经元,分布于脑神经核、脊神经节内。

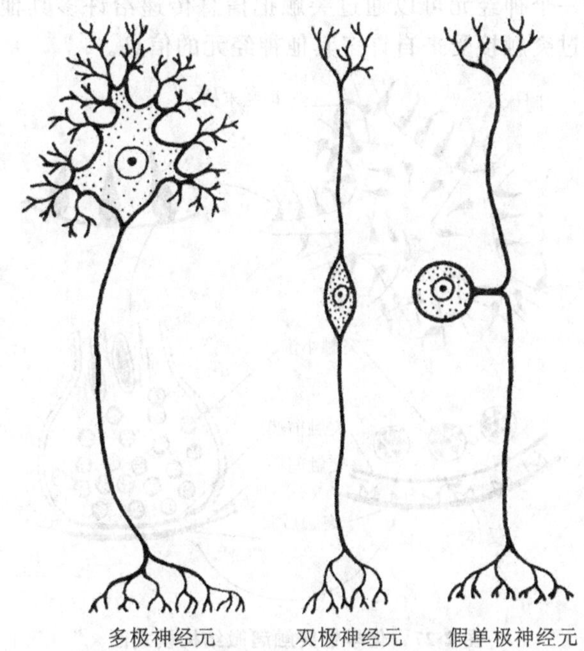

图 2-26　各类神经元的形态结构模式图

(2)中间神经元：又称联络神经元，主要为多极神经元，介于感觉神经元和运动神经元之间。

(3)运动神经元：又称传出神经元，多为多极神经元，主要分布于大脑皮层和脊髓前角。

二、突触

神经元与神经元之间或神经元与效应细胞(肌细胞、腺细胞)之间传递信息的部位称突触(synapse)。突触是一种细胞连接方式，最常见的是一个神经元的轴突终末与另一个神经元的树突或胞体连接，分别形成轴-树突触、轴-体突触。

(一)突触的类型

突触可分为电突触和化学性突触两类。电突触实为缝隙连接，以电流作为信息载体。化学性突触以神经递质作为传递信息的媒介，是最常见的一种连接方式。

(二)化学性突触的结构

在银染法的光镜标本中可见轴突终末呈现为棕黑色球状或纽扣状。运动神经末梢与骨骼肌细胞之间传递信息的接触部位称为神经-肌接头，电镜观察可见突触由突触前膜、突触间隙和突触后膜(骨骼肌的突触后膜又称为终板膜)三部分构成(图 2-27)。

1. 突触前膜　轴突终末与另一个神经元相接触处胞膜特化增厚的部分，其内含有线粒体、微丝、微管和大量的突触小泡，突触小泡内含神经递质。神经递质以出胞方式释放到突触间隙内，它能与突触后膜上的相应受体结合。

2. 突触间隙　突触前膜与突触后膜之间的狭小间隙，间隙宽 20～30 nm。

3. 突触后膜　与突触前膜相对应的神经元胞体或树突胞膜特化增厚的部分。突触后膜上有特异性受体及离子通道，一种受体只能与一种神经递质结合，因此，不同递质对突触后膜所起的作用不同。一个神经元可以通过突触把信息传递给许多其他神经元或效应细胞，一个神经元也可以通过突触接受来自许多其他神经元的信息。

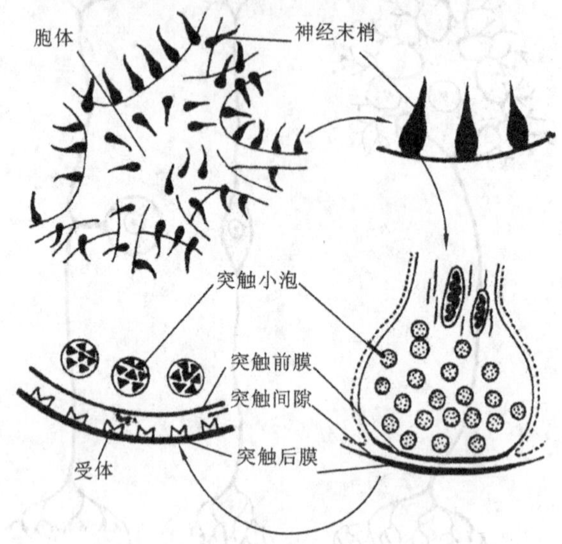

图 2-27 化学性突触超微结构模式图

三、神经胶质细胞

神经胶质细胞广泛存在于中枢神经系统和周围神经系统。分布在中枢神经系统的神经胶质细胞是一种有许多突起的细胞，但无树突和轴突之分。神经胶质细胞具有分裂能力，尤其是在脑或脊髓受伤时能大量增生。神经胶质细胞主要有可分泌神经营养因子的星形胶质细胞，可形成髓鞘的少突胶质细胞和神经膜细胞（施万细胞），以及具吞噬功能的小胶质细胞（图 2-28）。

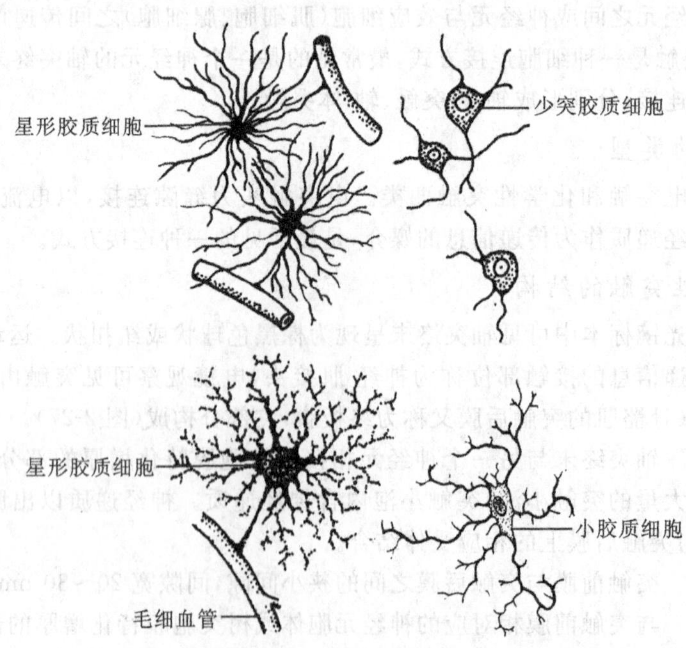

图 2-28 神经胶质细胞模式图

四、神经纤维

神经纤维(nerve fiber)由神经元的轴突或感觉神经元的长突起(两者统称轴索)及包绕在其外面的神经胶质细胞构成。根据神经胶质细胞在轴索外是否形成髓鞘,可将其分为有髓神经纤维和无髓神经纤维两种。

(一)有髓神经纤维

脑神经和脊神经大多数属于有髓神经纤维,是轴索表面包绕一层由施万细胞构成的髓鞘,髓鞘呈节段性包绕轴索,相邻节段间有一无髓鞘的狭窄处,称神经纤维节,又称郎飞结(图 2-29)。

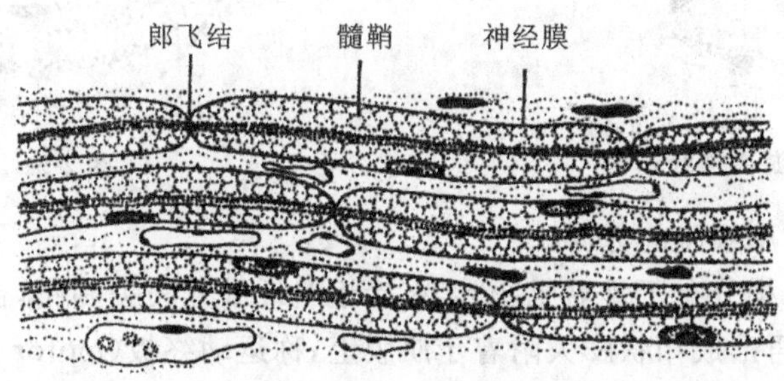

图 2-29 周围神经系统的有髓神经纤维(纵切面)

(二)无髓神经纤维

周围神经系统的无髓神经纤维,由轴索及包在其外的施万细胞构成,没有髓鞘和郎飞结。内脏神经的节后纤维、嗅神经和部分感觉神经都属于此类纤维。

五、神经末梢

神经末梢(nerve ending)是神经纤维的终末部分,在组织和器官内形成末梢装置,按功能分为感觉神经末梢和运动神经末梢两类。

(一)感觉神经末梢

感觉神经末梢(sensory nerve ending)是感觉神经元(假单极神经元)周围突的末端,它分布到皮肤、肌肉、内脏器官及血管等处共同构成感受器。感受器能感受体内、外各种刺激,并把刺激转化为神经冲动,通过感觉神经纤维传至中枢从而产生感觉。感受器按其形态结构,可分为两类。

1. 游离神经末梢 由较细的有髓或无髓神经纤维的终末反复分支而成(图 2-30)。其裸露的细支广泛分布于表皮、黏膜、角膜和毛囊的上皮细胞之间及真皮、骨髓、血管外膜、脑膜、关节囊、韧带、肌腱、筋膜、牙髓等处,能感受冷、热和痛的刺激。

2. 有被囊的神经末梢 神经末梢的外面都有结缔组织被囊包裹,包括:①触觉小体:分布于皮肤真皮的乳头层,以手指掌侧皮肤内最多,其数量随着年龄增加而递减,能感受触觉。②环层小体(图 2-31):广泛分布于皮下组织、韧带和肠系膜等处,能感受压觉和振动觉。

(二)运动神经末梢

运动神经末梢(motor nerve ending)是运动神经元的轴突在肌组织和腺体的终末结构,

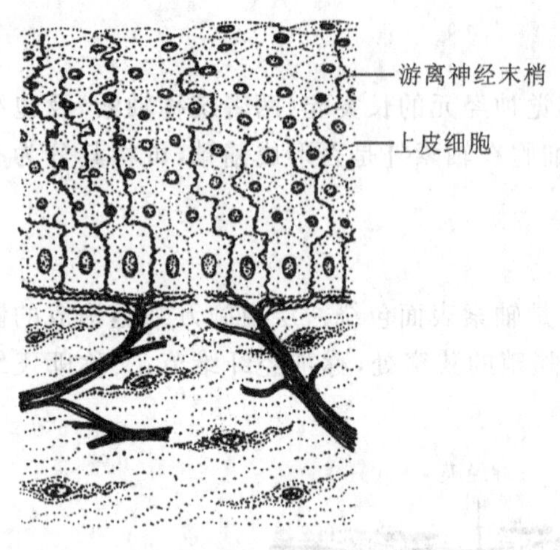

图 2-30 游离神经末梢

图 2-31 环层小体

支配肌的活动和调节腺细胞的分泌。

躯体运动神经末梢分布于骨骼肌纤维，在接近肌纤维处失去髓鞘，裸露的轴索在肌细胞表面形成爪状分支，再形成扣状膨大附着于肌膜上，称运动终板(motor end plate)或称神经-肌接头，属于一种突触结构(图 2-32)。

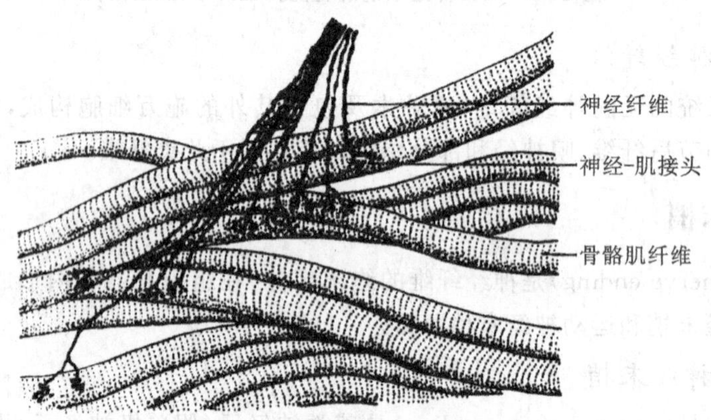

图 2-32 神经-肌接头模式图

(三)神经-肌接头处的兴奋传递

每一个骨骼肌细胞都受到来自运动神经元的轴突分支的支配，只有当支配骨骼肌的运动纤维兴奋，动作电位传至骨骼肌才能引起骨骼肌先兴奋、后收缩。

由于细胞之间膜的不连续性，兴奋一般不能以电信号直接传给另一个细胞，兴奋在细胞之间的传播过程称为传递。

神经-肌接头处的前膜内有储存乙酰胆碱(ACh)的小囊泡。接头后膜上有乙酰胆碱酯酶和能与 ACh 特异性结合的 N_2 型 ACh 受体，N_2 型 ACh 受体是化学门控通道，属于离子通道偶联受体。接头前膜与接头后膜并不接触，它们之间形成一个充满细胞外液的间隙，即接头间隙。

当动作电位到达神经末梢时，接头前膜去极化，由此引发接头前膜电压门控钙通道开放。大量 Ca^{2+} 由细胞外进入，触发轴浆内的囊泡向接头前膜方向移动。一次动作电位引起的 Ca^{2+} 内流，可导致 200～300 个囊泡几乎同步地在突触前膜以胞吐形式将其中的 ACh 分子释放到突触间隙。每一个 ACh 囊泡中的 ACh 分子数为 5000～10000 个。这种以囊泡为单位的“倾囊”释放被称为量子释放(图 2-33)。

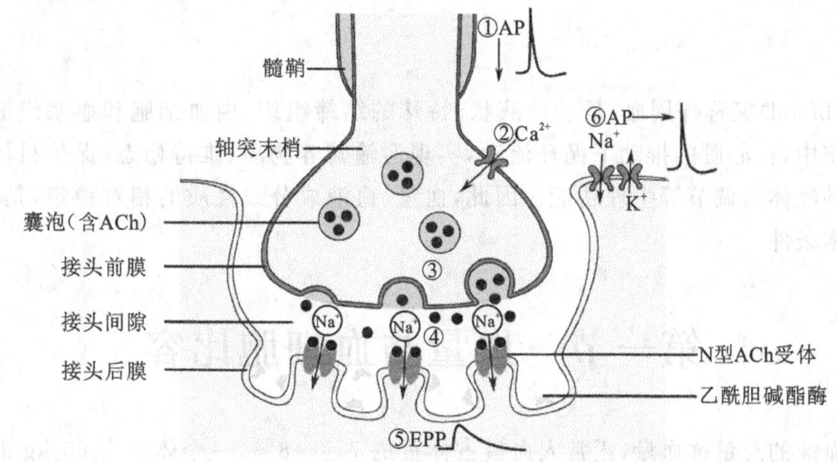

图 2-33 神经-肌接头的结构和化学传递过程示意图

①—动作电位(AP)到达神经轴突末梢；②—细胞外 Ca^{2+} 进入轴突末梢；③—囊泡向接头前膜方向移动；④—囊泡与接头前膜融合并破裂，释放 ACh；ACh 进入接头间隙与接头后膜上的 ACh 受体通道结合；⑤—终板电位(EPP)形成；⑥—肌膜暴发动作电位

ACh 通过接头间隙到达接头后膜(终板膜)时，立即与接头后膜上 N 型 ACh 受体结合，使离子通道开放，允许 Na^+、K^+ 等通过，但以 Na^+ 内流为主，因而引起终板膜静息电位减小，即产生终板膜的去极化，称为终板电位(end plate potential)。终板电位不是动作电位，属于局部反应，不表现“全或无”，没有不应期，具有总和效应。它的幅度与接头前膜释放的 ACh 的多少呈正比关系。一次终板电位一般都大于相邻肌膜阈电位的 3～4 倍，所以它很容易引起邻近肌膜暴发动作电位，也就是引起骨骼肌细胞的兴奋。接头前膜释放的 ACh 很快被存在于接头间隙中和接头后膜上的乙酰胆碱酯酶分解而失效，这样就保证了一次神经冲动仅引起一次肌细胞兴奋，表现为一对一的关系。否则，释放的 ACh 在接头间隙中积聚起来，将使骨骼肌细胞持续地兴奋和收缩而发生痉挛。

神经-肌接头的传递易受药物和环境变化的影响，这是由于突触传递是一个复杂的电化学过程且接头间隙与细胞外液相交通。这一点具有重要的实用价值，人们可以通过调控这一过程的任一环节来研究药物、毒物对骨骼肌收缩的影响。例如：筒箭毒是胆碱能受体的阻断剂，能与 ACh 争夺受体，使之不能引发终板电位，起到抑制肌细胞兴奋使骨骼肌松弛的作用。有机磷能与乙酰胆碱酯酶结合使其失去活性，从而使得 ACh 在终板膜处堆积，导致骨骼肌持续兴奋和收缩，所以有机磷中毒时出现肌肉痉挛、震颤；而药物解磷定能恢复乙酰胆碱酯酶的活性，是治疗有机磷中毒的特效解毒剂。新斯的明可造成 ACh 在接头间隙积蓄，在一定程度上可以缓解肌无力患者的症状。

(倪晶晶　石予白)

第三章 血液

血液(blood)又称外周血，是一种液状、特殊的结缔组织，由血细胞和血浆组成，充满于心血管系统中，在心脏的推动下循环流动，实现运输营养物质、维持稳态、保护机体、传递信息及参与神经体液调节等生理功能。因此，血量、血液成分或性质的相对稳定，是生命正常活动的基本条件。

第一节 血量与血细胞比容

体内血液的总量称血量，正常人血量占体重的7%～8%，一个体重为60 kg的成人，其血量为4.2～4.8 L。幼儿体内的含水量较多，血液总量占体重的10%以上。人体血液约90%在心血管内循环流动，称循环血量；另有10%的血液储存在肝、肺、肠系膜、皮下静脉等处，称储存血量。机体在剧烈运动、情绪激动或大量失血时，储存血量可参与血液循环，以补充循环血量。

从体内抽取全血样本，抗凝处理后，以每分钟3000转的速度离心30 min，使血细胞下沉压紧，即可测出血细胞占全血的容积百分比值，称血细胞比容(hematocrit,Hct)。正常时血细胞比容男性为40%～50%，女性为37%～48%。由于血细胞中绝大多数是红细胞，故血细胞比容又称红细胞比容。临床中测定红细胞比容有助于了解血液浓缩和稀释的情况，也有助于诊断脱水、贫血。

失血是引起血量减少的主要原因。失血对机体的危害程度通常与失血速度、失血量及人体机能状态有关，快速失血对机体危害较大。一次失血不超过血量的10%，一般不会影响健康，如无偿献血等，因为这种失血所损失的水分和无机盐在1～2 h内就可从组织液中得到补充；所损失的血浆蛋白可由肝脏加速合成而在1～2天内得到恢复；所损失的血细胞可由储备血液的释放而得到暂时补充，并由造血器官生成血细胞来逐渐恢复。若是一次急性失血达血量的20%，生命活动将受到明显影响。倘若一次急性失血超过血量的30%，则会危及生命。

第二节 血浆

血浆是血液的液体部分，约占全血容积的55%，也是有机体内环境的重要组成部分，血浆成分的改变更多的是受机体其他组织、器官的活动和外环境变化的影响。在生理或病理情况下，机体组织、器官代谢或功能活动常发生改变，往往会引起血浆成分的变化。

一、血浆的成分

血浆是含多种溶质的复杂的淡黄色液体，其主要成分是水、电解质、小分子有机物、血浆蛋白和 O_2、CO_2 等。

(一)水和电解质

水在血浆中占 90%～92%，水是良好的溶剂，对于实现血液的运输功能、调节功能具有重要的作用。电解质包括 Na^+、K^+、Ca^{2+}、Mg^{2+}、Cl^-、HCO_3^-、HPO_4^{2-} 等，绝大多数电解质呈离子化状态，其中阳离子主要是 Na^+，阴离子主要是 Cl^-、HCO_3^-。它们在形成血浆晶体渗透压、缓冲酸碱平衡、维持神经肌肉兴奋性等方面具有重要作用。

(二)血浆蛋白

血浆中蛋白质占 6%～8%，主要有白蛋白(或称清蛋白)、球蛋白和纤维蛋白原。其中用电泳法可将球蛋白再区分为 α_1、α_2、β、γ 球蛋白等，正常成人血浆蛋白浓度为 65～85 g/L，其中白蛋白(A)为 40～48 g/L、球蛋白(G)为 15～30 g/L，A/G 为 1.5～2.5。纤维蛋白原为 1～4 g/L。由于白蛋白在肝脏合成，当肝功能异常时，A/G 下降。

血浆蛋白的生理作用主要有：①形成血浆胶体渗透压；②作为载体运输激素、脂质、代谢产物等小分子物质；③抵御病原微生物和毒素，参与免疫反应；④参与血液凝固和纤维蛋白溶解；⑤营养功能等。

(三)非蛋白有机物

血浆非蛋白有机物包括非蛋白含氮化合物和非蛋白不含氮化合物两大类。

非蛋白含氮化合物主要有氨基酸、尿素、尿酸、肌酸、肌酐等，这些非蛋白含氮化合物中的氮通常又称非蛋白氮(NPN)，正常人血液中 NPN 浓度为 14～25 mmol/L，其中 1/3～2/3 为尿素氮。尿素、尿酸、肌酸、肌酐等是蛋白质和核酸的代谢产物，主要经肾排泄。当肾功能不良时，血浆中 NPN 浓度常升高。在感染、高热、消化道出血、严重营养不良等情况下，体内蛋白质代谢增强，都会造成血浆中 NPN 明显升高。所以，通过测定血浆中的总 NPN 或尿素氮，可以了解肾功能和体内蛋白质代谢的情况。

血浆中非蛋白不含氮化合物主要是葡萄糖以及各种脂类、酮体、乳酸等。此外，血浆中还含有溶解的气体分子和一些微量物质如酶、维生素、激素等。

二、血浆渗透压

血浆具有多种理化特性，如颜色、比重、黏滞性、酸碱度及渗透压等。

血浆渗透压由无机盐、葡萄糖等小分子物质组成的晶体渗透压(crystalloid osmotic pressure)和由大分子血浆蛋白组成的胶体渗透压(colloid osmotic pressure)两部分构成，正常值约为 300 mOsm(5800 mmHg)，其中血浆晶体渗透压占 99%以上。

(一)血浆晶体渗透压

血浆晶体渗透压是形成血浆渗透压的主要部分，主要由 NaCl 等小颗粒物质构成。由于无机盐、葡萄糖等物质的相对分子质量较小，可以自由通过毛细血管壁，所以其血浆浓度与组织液中的浓度相同。细胞膜对水溶性小分子物质的通透性不同，大多数小分子晶体物质不能自由透过细胞膜。细胞外液和细胞内液的溶质分子构成虽有差异，两者渗透压却基本相等，使水分子的移动保持平衡。当血浆晶体渗透压升高时，可吸引红细胞内水分透过细胞膜进入血浆，引起红细胞皱缩。反之，当血浆晶体渗透压下降时，可使进入红细胞内的水分增加，引起红细胞膨胀，甚至红细胞膜破裂而致血红蛋白溢出，引起溶血。由此可见，血浆晶体渗透压保持相对稳定，对于调节细胞内外水分的交换、维持红细胞的正常形态和功能具有重要的作用。

（二）血浆胶体渗透压

血浆胶体渗透压正常值约 1.5 mOsm(29 mmHg)，主要由血浆蛋白构成，其中白蛋白含量多、相对分子质量较小，是构成血浆胶体渗透压的主要成分。由于血浆蛋白相对分子质量较大，难以透过毛细血管壁，而且血液中血浆蛋白浓度远高于组织间液。因此，血浆胶体渗透压明显高于组织间液胶体渗透压，能够吸引组织间液的水分透过毛细血管壁进入血液，维持血容量的平衡。当血浆蛋白浓度下降，导致血浆胶体渗透压降低时，进入毛细血管的水分减少，易引起水肿。由此可见，血浆胶体渗透压对于调节血管内外水分的交换，维持血容量的平衡具有重要的作用。

（三）等渗溶液与等张溶液

在临床或实验室工作中常将与血浆渗透压相等的溶液称为等渗溶液，如 0.9% NaCl 溶液、5%葡萄糖溶液、1.9%尿素溶液等。高于或低于血浆渗透压的溶液，称为高渗溶液或低渗溶液。将能使悬浮于其中的红细胞保持正常形态和体积的盐溶液，称等张溶液。这里所指的“张力”是指溶液中不能透过红细胞膜的颗粒所形成的渗透压。一般而言，将红细胞置于等渗溶液中，可保持其形态的正常而不至于发生溶血。由于 NaCl 不能自由透过红细胞膜，所以 0.9% NaCl 溶液既是等渗溶液，又是等张溶液。但红细胞并非在所有的等渗溶液中均可保持完整，如 1.9%尿素溶液虽是等渗溶液，但由于尿素分子可自由通过红细胞膜，红细胞置于其中将立即发生溶血，所以 1.9%尿素溶液不是等张溶液。

第三节 血 细 胞

血细胞约占血液容积的 45%。正常人各种血细胞的数量和比例相对呈动态平衡。临床上将血细胞的形态、数量、比例和血红蛋白含量的测定称为血象。血象对于了解机体状况和诊断疾病十分重要。用 Wright 染色法染血涂片，是最常用的观察血细胞形态的方法（图 3-1、彩图）。血细胞包括红细胞、白细胞和血小板。

一、红细胞

我国成年男性红细胞(erythrocyte，RBC)数为(4.5～5.5)$\times 10^{12}$/L，女性为(3.5～5.0)$\times 10^{12}$/L。红细胞数量与年龄、性别及生活条件有关，高原居民的红细胞数量偏多。

在扫描电镜下，正常红细胞呈双凹圆碟形，直径为 7～8 μm，周边最厚处为 2.5 μm，中央最薄处为 1 μm。红细胞的这一形态特征，使红细胞的表面积与容积之比大大增加，红细胞具有可塑变形性、悬浮稳定性和渗透脆性等生理特性，并有利于红细胞实现其生理功能（图 3-2）。在血涂片上，红细胞中央染色较浅，周缘较深。每天有大量新生红细胞从骨髓进入血

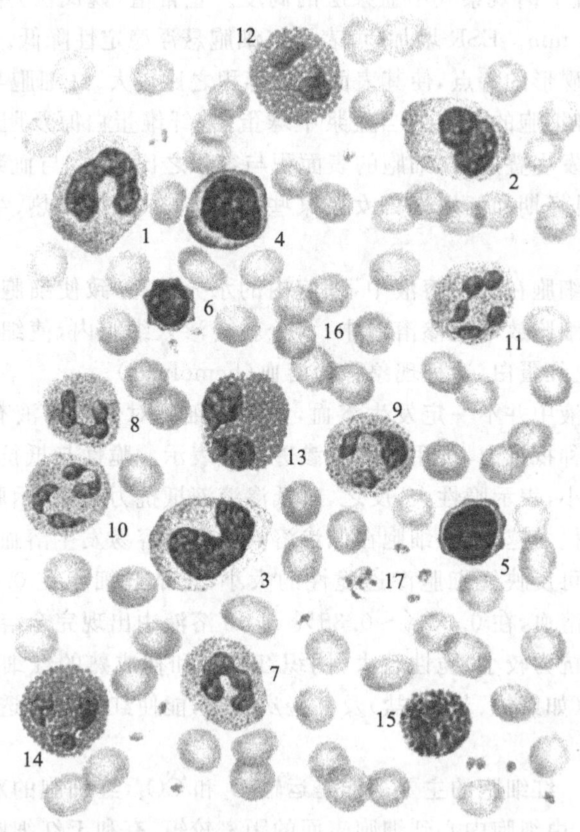

图 3-1 血细胞

1～3—单核细胞；4～6—淋巴细胞；7～11—中性粒细胞；12～14—嗜酸性粒细胞；15—嗜碱性粒细胞；16—红细胞；17—血小板

液，这些细胞内尚残留部分核糖体，用煌焦油蓝染色呈细网状，故称网织红细胞。新生的红细胞在血流中大约经过 1 天后完全成熟，核糖体消失。

红细胞内的主要成分是血红蛋白(hemoglobin)，其正常值成年男性为 120～160 g/L，女性为 110～150 g/L。新生儿血红蛋白浓度可达 200 g/L 以上，出生后 6 个月降至最低，1 岁后又逐渐升高，至青春期达到成人范围。若成人红细胞数量或血红蛋白浓度低于正常值的下限，称贫血。

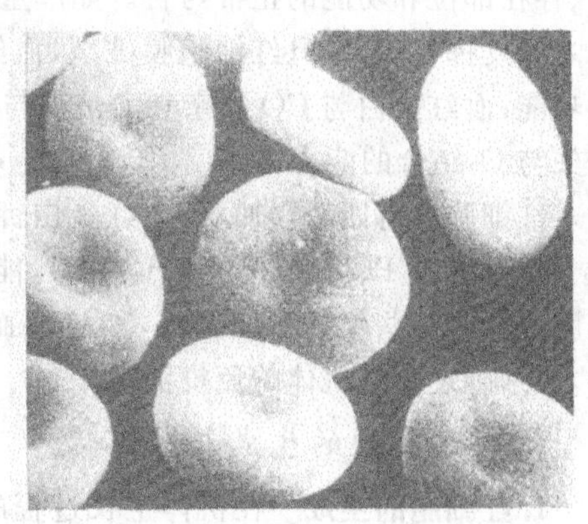

图 3-2 红细胞扫描电镜图

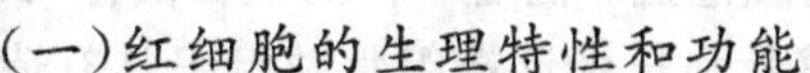

（一）红细胞的生理特性和功能

1. 红细胞的生理特性 红细胞具有悬浮稳定性和渗透脆性等生理特性。

(1)悬浮稳定性：红细胞的比重大于血浆，但红细胞在血浆中下沉却较为缓慢，能较长时间保持悬浮状态，这一特征称红细胞的悬浮稳定性(suspension stability)。红细胞的悬浮稳定性通常可用红细胞沉降率(erythrocyte sedimentation rate，ESR)来反映，即将抗凝全血置于血沉管中，垂直静置 1 h，观察其中血浆层的高度。正常值（魏氏法）第 1 h 末，男性为 0～15 mm，女性为 0～20 mm。ESR 增加，可表示红细胞悬浮稳定性降低。

红细胞呈双凹圆碟形的特点，使其表面积与容积之比较大，红细胞与血浆之间产生的摩擦力也较大，阻碍了红细胞的下沉。当血浆中球蛋白、纤维蛋白原及胆固醇增多时，易使红细胞彼此以凹面相贴发生叠连，红细胞的表面积与容积之比减小，与血浆之间的摩擦力也减小，此时血沉加快。月经期和妊娠期妇女及某些临床疾病（如风湿热、结核病、恶性肿瘤）患者的 ESR 常增加。

(2)渗透脆性：红细胞在高渗溶液中，细胞内的水分外移，致使细胞皱缩，正常的形态和功能受到影响。将红细胞放入低渗溶液中，水分就会渗入细胞内，使细胞膨胀，最终导致细胞膜破裂，并释放出血红蛋白，这种现象称为溶血（hemolysis）。

红细胞在低渗溶液中并不一定发生溶血，说明红细胞对低渗溶液有一定的抵抗力。红细胞对低渗溶液的这种抵抗力，可用红细胞渗透脆性表示。脆性与抵抗力呈反比关系：红细胞对低渗溶液抵抗力小，表示脆性大；反之，对低渗溶液抵抗力大，表示脆性小。红细胞膜对低渗溶液所具有的抵抗力越大，红细胞在低渗溶液中越不容易发生溶血，即红细胞渗透脆性越小。渗透脆性试验可反映红细胞渗透脆性的大小，正常红细胞在 0.40%～0.45% NaCl 溶液中开始出现部分溶血，在 0.30%～0.35% NaCl 溶液中出现完全溶血。

衰老红细胞的抵抗力较小，脆性较大；网织红细胞和初成熟的红细胞抵抗力较大，脆性较小。某些化学物质（如氯仿、苯、胆盐）及某些疾病等，能使红细胞渗透脆性有所增大，不同程度地引起溶血。

2. 红细胞的功能 红细胞的主要功能是运输 O_2 和 CO_2，红细胞的双凹圆碟形特点使其气体交换的面积较大，由细胞中心到细胞表面的距离较短，有利于红细胞运输气体功能的实现。红细胞运输气体的功能主要是由血红蛋白来完成，血液中的 O_2 约有 98.5% 是以氧合血红蛋白（HbO_2）的形式来运输的。需要指出的是，红细胞运输气体的功能依赖于血红蛋白数量、存在部位和功能的正常与否。如严重贫血者极易引起缺氧；血红蛋白只有存在于红细胞内才能发挥作用，一旦红细胞膜破裂，血红蛋白溢出到血浆中（如溶血），将丧失其运输气体的功能；血红蛋白与 CO 的亲和力是其与 O_2 亲和力的 210 倍，血红蛋白一旦与 CO 结合，将丧失与 O_2 结合的能力。

红细胞内有四对缓冲对（血红蛋白钾盐/血红蛋白、氧合血红蛋白钾盐/氧合血红蛋白、K_2HPO_4/KH_2PO_4、$KHCO_3/H_2CO_3$），能缓冲血液中酸碱度的变化。近年来的研究发现红细胞能合成某些生物活性物质，如抗高血压因子，对心血管活动具有一定的调节作用。此外，红细胞还参与机体的免疫活动。

（二）红细胞的生成与破坏

1. 红细胞的生成 在机体生长过程的不同阶段，红细胞生成的部位有所不同。胚胎时期分别在卵黄囊、肝、脾和骨髓，出生以后主要在红骨髓造血。随着个体的生长发育，长骨骨干骨髓组织逐渐被脂肪组织填充，只有胸骨、肋骨、髂骨和长骨近端等骨髓组织具有造血功能。若骨髓造血功能受物理因素（X 射线、放射性同位素等）或化学因素（苯、有机砷、抗肿瘤药、氯霉素等）影响而抑制时，将使红细胞和其他血细胞生成减少，引起再生障碍性贫血。

红细胞的生成和成熟大致可分为三个阶段：第一阶段是造血干细胞分化为髓系造血干

细胞和淋巴系干细胞。髓系造血干细胞具有较强的多向分化能力,可分化为髓系红细胞及粒系、巨核系、单核系造血干细胞;第二阶段是髓系红细胞分化为红系造血祖细胞;第三阶段是红系造血祖细胞经早、中、晚幼红细胞三个阶段,发育为网织红细胞,最后成为成熟的红细胞。在红细胞的生成和成熟过程中,其细胞体积逐渐减小,细胞核逐渐消失,血红蛋白逐渐增加。

红细胞合成血红蛋白所需的原料主要是铁和蛋白质,在发育成熟过程中,需要维生素 B_{12} 和叶酸作为辅酶参与。

(1)铁:合成血红蛋白所必需的原料,成人每天需 20～30 mg 用于血红蛋白的合成,其中约 95%来自体内铁的再生利用,再利用的铁主要来自衰老破坏了的红细胞。衰老的红细胞被巨噬细胞吞噬后,血红蛋白被分解而释放出血红素中的铁(Fe^{2+}),Fe^{2+} 与血浆中的铁蛋白结合后成为高价铁(Fe^{3+}),聚集成铁黄素颗粒,储存于巨噬细胞内。合成血红素时,Fe^{3+} 先还原为 Fe^{2+},并与铁蛋白分离,然后与血浆中的转铁蛋白结合,将 Fe^{2+} 转运至幼红细胞合成新的血红素。若食物中长期缺铁(外源性铁缺乏)或长期慢性失血(内源性铁缺乏)均可导致体内缺铁,使血红蛋白合成减少,引起缺铁性贫血,其特征是红细胞色素淡而体积小。

(2)维生素 B_{12}:一种含钴的 B 族维生素,多存在于动物类食品中,是红细胞分裂成熟过程所必需的辅助因子,可加强叶酸在体内的利用。胃黏膜壁细胞分泌的内因子,可与其结合形成维生素 B_{12}-内因子复合物,保护维生素 B_{12} 不被胃肠消化液破坏,并与回肠末端上皮细胞膜上特异受体结合,促进维生素 B_{12} 的吸收。当胃大部切除或胃黏膜受损时,可因内因子缺乏引起维生素 B_{12} 吸收减少,影响红细胞的分裂成熟,导致巨幼红细胞性贫血,其特征是红细胞体积大而幼稚。

(3)叶酸:食物中的叶酸进入体内后被还原和甲基化成为四氢叶酸,进入细胞内转变为多聚谷氨酸后,作为多种一碳基团的传递体参与 DNA 的合成。当叶酸缺乏时,红细胞的分裂成熟过程延缓,也可导致巨幼红细胞性贫血。叶酸的活化需维生素 B_{12} 的参与,因此,维生素 B_{12} 缺乏可引起叶酸的利用率下降。

2. 红细胞的破坏 红细胞在血液中的平均寿命约 120 天。衰老或受损红细胞的变形能力减弱而脆性增加,在通过骨髓、脾等处的微小孔隙时,易发生滞留而被巨噬细胞所吞噬(血管外破坏),也可因受湍急血流的冲击而破损(血管内破坏)。

红细胞在血管内破坏后释放的血红蛋白与某些血浆蛋白结合后被肝摄取,经处理后血红素脱铁转变为胆色素,铁则以铁黄素的形式沉积于肝细胞内。在肝脾内被吞噬的衰老红细胞中的铁可被再利用。当发生严重溶血,血浆中的血红蛋白达到 1.0 g/L 时,游离的血红蛋白将经肾随尿排出体外,形成血红蛋白尿。

(三)红细胞生成的调节

目前已经证明红细胞的生成主要受体液因素的调节,包括爆式促进因子、促红细胞生成素(erythropoietin,EPO)和雄激素。

爆式促进因子是一类相对分子质量为 25000～40000 的糖蛋白,作用于早期红系造血祖细胞,使早期红系造血祖细胞增殖活动加强。

EPO 是一种相对分子质量为 34000 的糖蛋白,主要由肾皮质管周细胞产生,其他组织如肝脏亦能合成分泌少量 EPO。当机体缺氧时可使肾脏产生 EPO,它促进晚期红系造血祖细胞增殖和分化,加速红系前体细胞的增殖分化并促进骨髓释放网织红细胞,对早期红系造血祖细胞的增殖分化亦有促进作用。当红细胞数量增加，血液运氧能力增强时，缺氧得到改善，此时血氧分压升高可负反馈抑制肾脏分泌 EPO，从而使红细胞数量保持相对稳定（图 3-3）。

红细胞数量和血红蛋白浓度的男女性别差异，在青春期前并不存在。男性进入青春期后，睾酮分泌量增多，一方面直接刺激骨髓造血，促进有关血红蛋白合成酶系的活性，加速血红蛋白的合成和有核红细胞的分裂，另一方面促进肾脏分泌 EPO 从而促进骨髓造血。

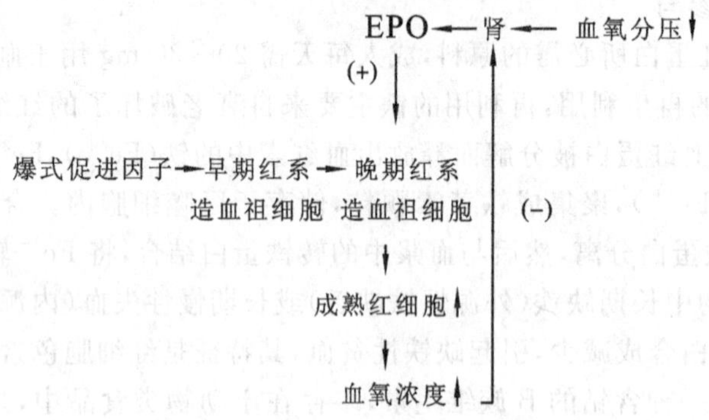

图 3-3　红细胞生成调节示意图

二、白细胞

白细胞（leukocyte，white blood cell）是有核的球形细胞，一般较红细胞大。白细胞能做变形运动，穿过血管壁，进入周围组织，发挥防御和免疫功能。根据白细胞胞质内有无特殊颗粒，可将其分为有粒白细胞和无粒白细胞。前者常简称粒细胞，根据其特殊颗粒的染色性，又可分为中性粒细胞、嗜酸性粒细胞和嗜碱性粒细胞三种；后者则有单核细胞和淋巴细胞两种。

（一）白细胞数量和分类计数

正常成人外周血白细胞总数为 $(4.0\sim10.0)\times10^9/L$。分别计数各类白细胞占白细胞总数的百分比，称白细胞分类计数，其正常值如下：中性粒细胞占 50%～70%；嗜酸性粒细胞占 0～7%；嗜碱性粒细胞占 0～1%；单核细胞占 2%～8%；淋巴细胞占 20%～40%。白细胞数量随机体生理状态而发生较大变化，如下午高于早晨，幼年高于成年，剧烈运动、进食后增多，也存在个体差异。虽然其数量变化较大，但各类白细胞之间的百分比是相对恒定的。

（二）白细胞的生理特性和功能

1. 中性粒细胞（neutrophilic granulocyte，neutrophil）　中性粒细胞是白细胞中数量最多的一种，占白细胞总数的 50%～70%。细胞核呈腊肠形的称为杆状核；呈分叶状的称为分叶核，一般分为 2～5 叶，以 2～3 叶者居多，分叶数随其老化而增加。若血液中出现大量分叶少的中性粒细胞，称细胞核左移，常提示可能有严重感染。细胞质内有很多细小的淡紫红色的中性颗粒，分布均匀，颗粒内含有吞噬素和溶菌酶等。吞噬素有杀菌作用，溶菌酶能溶解细菌表面的糖蛋白。中性粒细胞具有较强的变形运动能力，它可以很快穿过毛细血管进入组织而发挥作用。中性粒细胞具有非特异性细胞免疫功能，其吞噬能力虽不及单核细胞，但其数量多、变形能力强，处于机体抵抗病原体，尤其是化脓性细菌的第一线，在急性化脓性炎症时，其数量常明显增加。当炎症发生时，中性粒细胞受细菌或细菌毒素等趋化性物质的吸引，游走到炎症部位吞噬细菌，并利用细胞内含有的大量溶酶体酶分解杀死细菌。当体内中性粒细胞减少至 1×10^9/L 时，机体对化脓性细菌的抵抗力将明显下降，极易引发感染。此外，中性粒细胞还可吞噬衰老受损的红细胞和抗原-抗体复合物。中性粒细胞在吞噬、处理了大量细菌后，自身也死亡，成为脓细胞。中性粒细胞从骨髓进入血液，停留 6～8 h，然后离开，在结缔组织中存活 4～5 天。

2. 单核细胞(monocyte) 单核细胞是血液中体积最大的白细胞，呈圆形或椭圆形，细胞核常呈肾形、马蹄铁形或扭曲折叠的不规则形，细胞质较多，弱嗜碱性，常染成灰蓝色。单核细胞在血液中停留 2～3 天后迁移到周围组织，并进一步成熟为巨噬细胞(单核-巨噬细胞)，并使其吞噬能力大大增强。单核-巨噬细胞能合成、释放多种细胞因子，如集落刺激因子、白介素、肿瘤坏死因子、干扰素等，并在抗原信息传递、特异性免疫应答的诱导和调节中起重要作用。单核细胞内含有大量的非特异性酯酶并具有更强的吞噬能力，在某些慢性炎症时，其数量常常增加。

3. 嗜碱性粒细胞(basophilic granulocyte，basophil) 细胞核分叶或呈"S"形、不规则形，着色较浅。细胞质内含有大小不等、分布不均的嗜碱性颗粒，颗粒内含有肝素、组胺、嗜酸性粒细胞趋化因子等。组胺、过敏性慢反应物质可使毛细血管壁通透性增加、细支气管平滑肌收缩，引起荨麻疹、哮喘等过敏症状。嗜酸性粒细胞趋化因子能吸引嗜酸性粒细胞，聚集于局部以限制嗜碱性粒细胞在过敏反应中的作用。肝素具有抗凝血作用，并可作为酯酶的辅基加快脂肪的分解。

4. 嗜酸性粒细胞(eosinophilic granulocyte，eosinophil) 细胞核多分为 2 叶，细胞质内充满粗大、均匀的鲜红色嗜酸性颗粒，颗粒内含有酸性磷酸酶和组胺酶等。嗜酸性粒细胞变形和吞噬能力较弱，缺乏溶菌酶，故基本上无杀菌作用，其功能与过敏反应有关。嗜酸性粒细胞可抑制嗜碱性粒细胞合成和释放生物活性物质，吞噬嗜碱性粒细胞所释放的活性颗粒，破坏嗜碱性粒细胞所释放的组胺等活性物质，从而限制嗜碱性粒细胞的活性。嗜酸性粒细胞可通过释放碱性蛋白和过氧化酶损伤寄生虫体，参与对寄生虫感染时的免疫反应。当机体发生速发型过敏反应、寄生虫感染时，其数量常增加。嗜酸性粒细胞在血液中一般停留 6～8 h后，进入结缔组织，特别是肠道结缔组织，可存活 8～12 天。

5. 淋巴细胞(lymphocyte) 可分大、中、小三种。小淋巴细胞数量最多，细胞核圆形，一侧常有浅凹，染色质浓密呈块状，着色深；细胞质很少，在核周形成很薄的一圈，嗜碱性，染成天蓝色。淋巴细胞具有后天获得性特异性免疫功能，在免疫应答反应过程中起核心作用。其中主要在胸腺发育成熟的淋巴细胞(T 细胞)可通过产生多种淋巴因子完成细胞免疫；主要在骨髓发育成熟的淋巴细胞(B 细胞)可通过产生免疫球蛋白(抗体)完成体液免疫。此外，还有第三类淋巴细胞，又称自然杀伤细胞(NK 细胞)，具有抗肿瘤、抗感染和免疫调节等作用。

(三)白细胞数和质的异常变化

1. 白细胞减少症和粒细胞缺乏症 当周围血液的白细胞计数持续低于 2.0×10^9/L 时称为白细胞减少症。由于白细胞中的成分以中性粒细胞为主，故大多数情况下，白细胞减少是中性粒细胞减少所致。白细胞减少症患者自觉症状不多，以疲乏、头晕为最常见，此外还有食欲减退、四肢酸软、失眠多梦等，但不贫血。

当中性粒细胞计数低于 0.5×10^9/L 时，称为中性粒细胞缺乏症。由于中性粒细胞缺乏，机体抵抗力会降低，易感染、发热、衰竭。中性粒细胞缺乏症的常见原因是骨髓内白细胞生成受到抑制，或中性粒细胞在血液及组织中破坏及耗损过多。如辐射、肿瘤、化疗药物等，均可抑制骨髓内白细胞生成。严重的败血症使中性粒细胞大量破坏，感染或免疫性疾病引起中性粒细胞耗损过多。

2. 白血病 白血病是造血组织的恶性疾病，发病率为十万分之五左右。当某种因素改变了造血细胞增殖与分化平衡，骨髓及其他造血组织中白细胞及原始粒细胞呈恶性、无限制地增生，并抑制红细胞和血小板生成。这类细胞充斥骨髓，并在肝、脾、淋巴结等处快速繁殖，致循环血液中未成熟白细胞数量激增，而且在形态和代谢方面也发生质的变化，浸润全身各组织和脏器，产生不同症状，与癌细胞很相似，故白血病又称“血癌”。

白血病患者临床可见有不同程度的贫血、出血、感染、发热以及肝、脾、淋巴结肿大和骨骼疼痛等表现。

RNA 肿瘤病毒感染、辐射、遗传和各种化学因素均可引起白血病。如接触苯及其衍生物和亚硝胺类物质的人群，白血病发病率高于一般人群；整个身体或部分躯体受到中等剂量或大剂量 X 射线辐射后都可诱发白血病。

三、血小板

血小板(platelets，thrombocyte)是从骨髓成熟的巨核细胞质裂解脱落下来的，具有生物活性的小块胞质，体积很小，一般呈双凸盘状。正常成人血小板的数量为$(100\sim300)\times10^9$/L。在血涂片标本中，血小板多成群分布，外形不规则，周围部染成浅蓝色，中央部有紫蓝色颗粒分布。正常人血小板的数量可随季节、昼夜和部位等而发生变化，如冬季高于春季、午后高于清晨、静脉高于毛细血管，其变化幅度一般在 6%～10%。

血小板主要参与生理性止血功能。所谓生理性止血(hemostasis)是指正常情况下，小血管破损后血液流出，经数分钟后出血自然停止的现象。当小血管破损出血后，破损的血管内皮细胞及黏附于血管内皮下胶原组织的血小板释放一些缩血管物质，如 5-羟色胺、血栓烷 A_2、内皮素等，使血管破损口缩小或封闭；同时血管内膜下组织激活血小板，使血小板黏着、聚集于血管破损处，形成松软的止血栓堵塞破损口实现初步止血；与此同时，血浆中的血液凝固系统被激活，使血浆中纤维蛋白原转变为纤维蛋白，网罗血细胞形成血凝块。血凝块中的血小板内收缩蛋白在 Ca^{2+} 的参与下发生收缩，使血凝块回缩变硬，形成牢固的止血栓，从而达到止血目的。血小板数量减少或功能有缺陷时，出血时间常延长。临床上常用小针刺破指尖或耳垂使血液自然流出，测定出血的延续时间，称出血时间，正常为 1～3 min。出血时间的长短可反映生理性止血功能的状态。

血小板还可以维持血管内皮的完整性。用放射性同位素标记血小板示踪和电子显微镜观察，发现血小板可以融入血管内皮细胞，成为血管壁的一个组成部分，表明血小板对血管内皮的修复具有重要作用。当血小板数量减少至 50×10^9/L 以下时，血管内皮的完整性常受破坏，微小创伤或血管内压力稍有升高，便可使皮肤、黏膜下出现淤点，甚至出现大片的紫癜或淤斑。

若血小板不发生解体、释放反应，可使血液较长时间保持液态，若加入血小板匀浆，则血液立即发生凝固，说明血小板对于血液凝固具有重要的作用。主要是由于血小板膜表面可吸附一些凝血因子，同时在血小板内还含有一些血小板因子(PF)。当发生血管破损时，血小板的黏附、聚集，可使局部凝血因子的浓度升高，促进血液凝固的进程。

第四节 血液凝固和纤维蛋白溶解

一、血液凝固

血液由流动的液体经一系列酶促反应转变为不能流动的凝胶状半固体的过程称为血液凝固(blood coagulation)。血液凝固的实质是血浆中可溶性纤维蛋白原转变为不可溶性纤维蛋白(血纤维)，血纤维网罗血细胞形成血凝块。血液凝固 1～2 h 后血凝块回缩，析出淡黄色透明的液体称血清(serum)。血清与血浆的区别在于血清中不含某些在凝血过程中被消耗的凝血因子如纤维蛋白原等，增添了在血液凝固过程中由血管内皮和血小板所释放的化学物质。

(一)凝血因子

血液和组织中参与血液凝固的化学物质统称为凝血因子(blood coagulation factors)。根据世界卫生组织(WHO)的统一命名，凝血因子以罗马数字Ⅰ～ⅩⅢ编号，共有 12 个(表 3-1)。在凝血因子中除因子Ⅳ(Ca^{2+})和磷脂外，其余均为蛋白质。因子Ⅶ以活性形式存在于血浆中，但需与因子Ⅲ结合后才能发挥作用。由于因子Ⅲ存在于血浆外，故因子Ⅶ在血浆中一般不发挥作用。肝是合成凝血因子的重要器官，其中因子Ⅱ、Ⅶ、Ⅸ、Ⅹ在合成过程中需维生素 K 的参与。因子Ⅴ、因子Ⅷ、Ca^{2+} 和高分子激肽原在凝血过程中起辅因子作用。当因子Ⅷ缺乏时可引起甲种血友病。正常情况下，大多数凝血因子以无活性状态存在，凝血时被激活后通常在其代号后加“a”表示。

表 3-1 按 WHO 命名编号的凝血因子

编号	同义名	编号	同义名
Ⅰ	纤维蛋白原	Ⅷ	抗血友病因子
Ⅱ	凝血酶原	Ⅸ	血浆凝血激酶
Ⅲ	组织凝血激酶	Ⅹ	斯图亚特因子
Ⅳ	Ca^{2+}	Ⅺ	血浆凝血激酶前质
Ⅴ	前加速素	Ⅻ	接触因子
Ⅶ	前转变素	ⅩⅢ	纤维蛋白稳定因子

(二)血液凝固过程

20 世纪 40 年代起相继发现各种凝血因子，至 20 世纪 70 年代中期形成了已被广泛接受的凝血因子相互作用的接力式连续酶促反应的“瀑布学说”，即认为血液凝固是一系列凝血因子相继被激活的过程，其最终结果是凝血酶和纤维蛋白形成。据此可将血液凝固过程大致分为凝血酶原激活物形成、凝血酶形成、纤维蛋白形成三个阶段(图 3-4)。

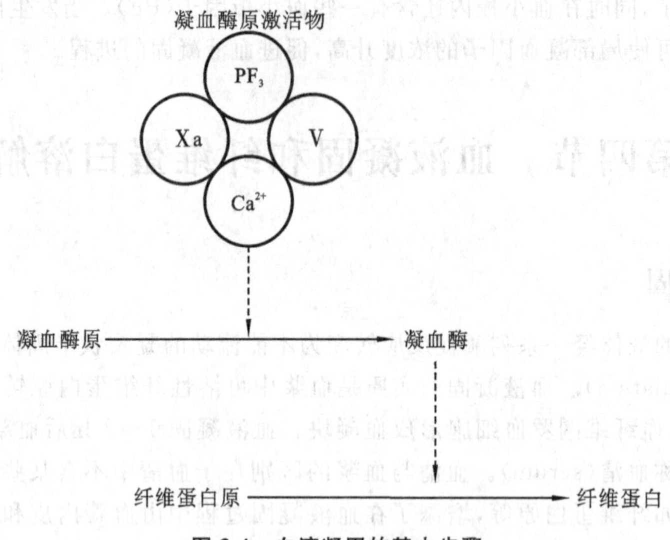

图 3-4 血液凝固的基本步骤

——►:变化方向 ---►:作用方向

1. 凝血酶原激活物形成 凝血酶原激活物是因子Ⅹa 和因子Ⅴ、Ca^{2+}、PF_3 共同形成的复合物，凝血途径根据因子Ⅹ激活过程的不同，可分为内源性凝血（参与凝血的因子全部来自血液）和外源性凝血（启动凝血的因子Ⅲ来自组织）两条途径。

（1）内源性凝血：血管内皮受损后，血浆中的接触因子（因子Ⅻ）与带负电荷的胶原组织接触后，导致因子Ⅻ激活而启动内源性凝血。

（2）外源性凝血：由于血管、组织受损，血管壁及组织中的组织因子（因子Ⅲ）进入血管内，与血管内的凝血因子共同作用而启动的。组织因子是一种跨膜糖蛋白，存在于大多数组织细胞，而以脑、肺、胎盘等组织尤为丰富。

2. 凝血酶形成 在凝血酶原激活物的作用下，凝血酶原（因子Ⅱ）被激活成为凝血酶（因子Ⅱa）。

3. 纤维蛋白形成 凝血酶形成后可催化血浆中可溶性纤维蛋白原转变为纤维蛋白单体，在ⅩⅢa 和 Ca^{2+} 的作用下，形成不可溶性纤维蛋白（血纤维），并网罗血细胞形成凝胶状的血凝块。

（三）血液中的抗凝因素

在正常情况下，血液中虽含有各种凝血因子，但不会发生血管内广泛凝血，其原因主要有三个方面：①生理情况下血管内皮保持光滑完整，因子Ⅻ不易激活，因子Ⅲ不易进入血管内启动凝血过程；②血液循环速度快，可将少量被活化的凝血因子稀释运走而不能完成凝血过程；③血浆中存在抗凝系统，如抗凝血酶Ⅲ、肝素和蛋白质C等。

二、纤维蛋白的溶解

在生理止血过程中，小血管内的血凝块常可成为血栓，填塞了这段血管。出血停止、血管损伤愈合后，在血浆纤维蛋白溶解系统（纤溶系统）的作用下，构成血栓的血纤维又可逐渐溶解，使血管恢复通畅。纤维蛋白和血浆中纤维蛋白原被溶解液化的过程，称纤维蛋白溶解（简称纤溶）。纤溶系统包括纤维蛋白溶解酶原（纤溶酶原）、纤溶酶、纤溶酶原的激活物和抑制物。抑制物既可抑制纤溶，又可抑制凝血，这对于保持体内凝血系统和纤溶系统活动的动态平衡，使凝血和纤溶局限于创伤局部具有重要的意义。

第五节 血型和输血

一、血型

血细胞膜表面特异抗原的类型，称为血型（blood group），包括红细胞血型、白细胞血型和血小板血型。人类红细胞血型也可划分为许多类型，其中1901年由Landsteiner发现的ABO血型系统是人类最基本和重要的血型系统。

（一）ABO血型系统

ABO血型系统是以红细胞膜表面A、B凝集原（抗原）的有无及其种类来作为其分类依据的。凡红细胞膜上只有A凝集原的为A型，只有B凝集原的为B型，A、B凝集原均有的为AB型，A、B凝集原均无的为O型。人类ABO血型系统中，还有溶解在血浆中的不同的凝集素（抗体）。当特异性凝集素与红细胞膜相应的凝集原相遇时，可引起红细胞凝聚成团，并发生溶血，称凝集反应。但ABO血型系统中不含有能使自身红细胞发生凝集的凝集素。A型血血浆中含抗B凝集素，B型血血浆中含抗A凝集素，O型血血浆中含抗A和抗B凝集素，AB型血血浆中既不含有抗A也不含有抗B凝集素（表3-2）。

表3-2 ABO血型系统中的凝集原和凝集素

血型		红细胞上的凝集原	血浆中的凝集素
A型	A_1	$A+A_1$	抗B
	A_2	A	抗B+抗A_1
B型		B	抗A
AB型	A_1B	$A+A_1+B$	无
	A_2B	A+B	抗A_1
O型		无A，无B	抗A+抗B

在ABO血型系统中还存在着亚型，其中与临床较为密切的是A型血的A_1、A_2亚型。我国汉族人群中A_2、A_2B型在A型血和AB型血中不超过1%，但在临床输血时仍需注意。

（二）Rh血型

1940年Landsteiner和Wiener将恒河猴（Rhesus monkey）的红细胞注人家兔体内引起免疫反应，使家兔产生抗恒河猴红细胞的抗体（凝集素），该凝集素除能凝集恒河猴的红细胞外，还能凝集大多数人的红细胞，表明人类红细胞上有与恒河猴红细胞相同的抗原，称Rh抗原。

1. Rh血型系统的抗原和抗体 Rh血型系统有C、c、D、E、e五种抗原，其中D抗原的抗原性最强，故通常将含有D抗原的红细胞称为Rh阳性，不含有D抗原的称Rh阴性。我国汉族和大部分少数民族人群中，属Rh阳性的约占99%。Rh血型的重要特点是无论Rh阳性还是 Rh 阴性，其血浆中均不存在天然（先天性）的抗 Rh 抗体。但 Rh 阴性者接受 Rh 阳性者红细胞后，可发生特异性免疫反应，产生后天获得性抗 Rh 抗体，凝集 Rh 阳性红细胞。

2. Rh 血型的临床意义

(1)Rh 血型不合引起输血溶血：当 Rh 阴性受血者首次接受 Rh 阳性供血者的红细胞后，因 Rh 阴性受血者体内无天然抗 Rh 抗体，一般不发生因 Rh 血型不合而引起的凝集反应。但供血者的 Rh 阳性红细胞进入受血者体内，可通过体液免疫刺激机体产生抗 Rh 抗体。当 Rh 阴性受血者再次或多次接受 Rh 阳性供血者的红细胞时，其体内的抗 Rh 抗体可与供血者红细胞发生凝集反应而发生溶血。

(2)新生儿溶血：当 Rh 阴性的母亲孕育了 Rh 阳性的胎儿（第一胎），因 Rh 阴性母亲体内无天然抗 Rh 抗体，此胎儿一般不发生因 Rh 血型不合而引起的新生儿溶血。但在分娩过程中由于胎盘与子宫的剥离，胎儿的 Rh 阳性红细胞可进入母体，刺激母体产生抗 Rh 抗体。Rh 抗体属不完全抗体 IgG，相对分子质量较小，能透过胎盘。当母亲再次孕育了 Rh 阳性的胎儿（第二胎）时，母体内的抗 Rh 抗体可通过胎盘进入胎儿体内，引起凝集反应而发生溶血，严重时可导致胎儿死亡。若 Rh 阴性母亲在生育第一胎后，及时常规注射特异性抗 D 免疫球蛋白，可防止胎儿 Rh 阳性红细胞致敏母体。

二、输血

(一)ABO 血型与输血的关系

前已述及，由于凝集原与相应的凝集素相遇时，可发生特异性免疫反应，使红细胞凝集成团并解体，即发生凝集反应。因此在输血时必须选择相同的血型，以避免发生凝集反应。ABO 血型系统各型之间的输血关系见表 3-3。

表 3-3　ABO 血型系统各型之间的输血关系

供血者红细胞（凝集原）	受血者血浆（凝集素）			
	O 型（抗 A、抗 B）	A 型（抗 B）	B 型（抗 A）	AB 型（无）
O 型	－	－	－	－
A 型	＋	－	＋	－
B 型	＋	＋	－	－
AB 型	＋	＋	＋	－

注：＋表示有凝集反应；－表示无凝集反应。

从表中可见，O 型血可输给其他各型血，AB 型血可接受其他各型血。这是因为在输血时主要应考虑避免供血者红细胞被受血者血浆中的凝集素所凝集。由于 O 型供血者红细胞膜上不含有 A、B 凝集原，因而其红细胞不会被受血者血浆中凝集素所凝集。同样，AB 型受血者血浆中不含有抗 A、抗 B 凝集素，因而不会使供血者红细胞发生凝集。尽管如此，异型输血只能应急，且应注意输入的量不宜过多，速度不宜过快。临床输血仍坚持同型输血。

(二)输血原则

为了保证输血的安全，提高输血的效果，避免由于输血误差造成对患者的严重损害，必须注意遵守输血原则。

1. 鉴定血型 在准备输血时首先必须进行血型鉴定，选择相同的血型，保证供血者与受血者的血型相合，以免因血型不相容而引起严重的输血反应。

2. 交叉配血试验 在输血时为避免供血者红细胞被受血者血浆中的凝集素所凝集，输血前必须做交叉配血试验，根据结果决定能否输入及输入的量和速度。交叉配血试验是将供血者的红细胞与受血者的血清相混合（主侧），同时将受血者的红细胞与供血者的血清相混合（次侧）（图 3-5）。凡主侧凝集的禁止输入。主侧不凝集、次侧凝集的一般不宜输入，在特殊情况下进行异型输血时，输入的量不宜过多，速度不宜过快，并严密观察。同型血尤其是 A 型或 AB 型之间输血，也须做交叉配血试验（防止 A 亚型不合）。重复输血（同一供血者）仍须做交叉配血试验，以防止 Rh 血型不合引起的输血反应。

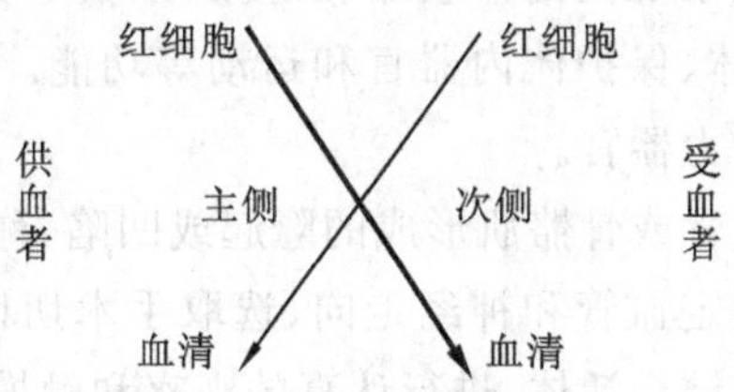

图 3-5 交叉配血试验示意图

注：粗线代表主侧；细线代表次侧。

（石予白 倪晶晶）

第四章　运动系统

运动系统(locomotor system)由骨、骨连结和骨骼肌三部分组成，其重量约占成人体重的 60%。全身各骨借助骨连结构成人体的支架，称骨骼(图 4-1)。骨骼能支持体重、保护内脏。骨骼肌附着于骨，在神经系统支配下收缩和舒张，以关节为支点牵引骨改变位置，产生运动。运动系统具有支持人体、保护体内器官和运动等功能。运动中，骨起杠杆作用，关节是运动的枢纽，骨骼肌则是动力器官。

人体表面可观察、触摸到骨或骨骼肌形成的隆起或凹陷，称为骨性标志或肌性标志。它们常被作为确定器官位置、判定血管和神经走向、选取手术切口位置的依据。因此，对这些骨性和肌性标志，在学习时应结合活体，进行认真的观察和触摸。

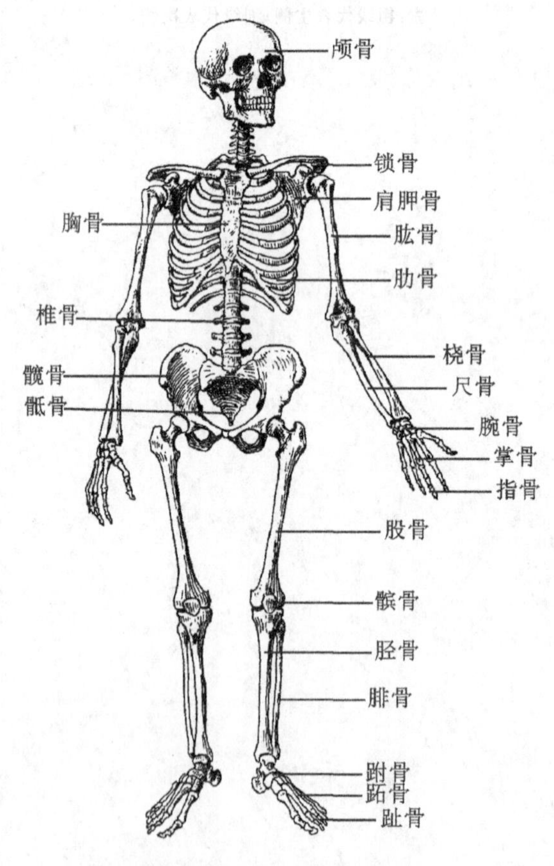

图 4-1　人体的骨骼(前面)

第一节 骨与骨连结

一、概述

(一)骨

骨(bone)是一种器官,具有一定的形态和结构,主要由骨组织构成,外被骨膜,内容骨髓,不断进行新陈代谢和生长发育,并具有修复、再生和改建自身结构的能力。

1. 骨的分类和形态 成人有206块骨,可分为躯干骨、颅骨和附肢骨三部分。根据骨的形态,可分为长骨、短骨、扁骨和不规则骨。长骨呈长管状,分一体两端,体又称为骨干或骨体,内为髓腔,含骨髓;两端膨大称骺,有光滑的关节面。长骨分布于四肢,如肱骨和股骨等。短骨短小,近似立方形,如腕骨和跗骨。扁骨扁薄呈板状,如颅盖诸骨、胸骨和肋骨等。不规则骨形状不规则,如椎骨。有些不规则骨内含有空腔,称含气骨,如上颌骨。

2. 骨的构造 骨由骨质、骨膜和骨髓等构成(图4-2)。

(1)骨质:由骨组织构成,分骨密质和骨松质。骨密质致密坚实、耐压性较大,分布于骨的表面。骨松质呈海绵状,分布于骨的内部,能承受较大的重量。颅盖诸扁骨有内、外两层骨密质,分别称为内板和外板,二板之间的骨松质称板障。

(2)骨膜:除关节面外,新鲜骨的表面都覆盖有骨膜。骨膜由纤维结缔组织构成,含有丰富的血管、神经,对骨的营养、再生和感觉有重要作用。骨膜分内、外两层,内层有成骨细胞和破骨细胞,分别有产生新骨质和破坏骨质的作用。

(3)骨髓:充填于髓腔和骨松质的间隙内,质地柔软。胎儿及幼儿的骨髓含不同发育阶段的红细胞和某些白细胞,呈深红色,是造血的场所。5岁以后,长骨髓腔内的红骨髓逐渐被脂肪组织代替,变成黄色的黄骨髓,失去造血功能。但当失血过多或重度贫血时,黄骨髓可转化为红骨髓,恢复造血功能。在髂骨、胸骨、肋骨和椎骨等处,终生都是红骨髓,临床上常在这些骨的一定部位(如髂结节)进行穿刺,检查骨髓象。

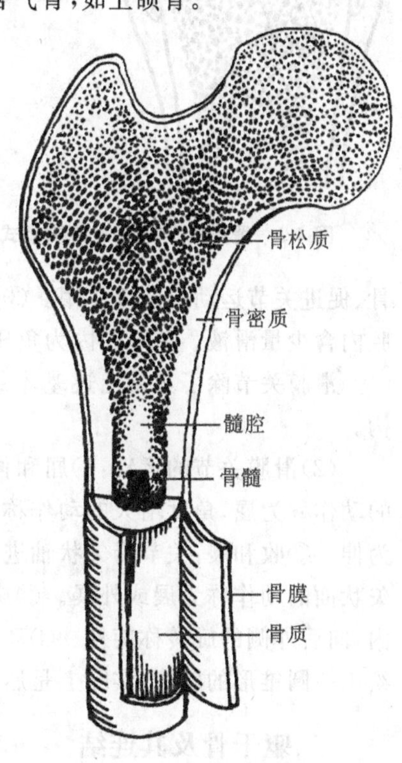

图 4-2 长骨的结构

3. 骨的化学成分和物理性质 骨主要由无机质、有机质组成。有机质主要是骨胶原纤维和黏多糖蛋白,它使骨具有韧性和弹性;无机质主要是碱性磷酸钙,它使骨坚硬。有机质与无机质的比例随年龄增长而发生变化。幼儿的骨,有机质和无机质各占一半,骨的弹性和韧性较大,易弯曲变形,故儿童应养成良好的坐、立姿势,以免骨弯曲变形。成年人骨两种成分的比例约为3∶7,最为合适,使骨既有很大的硬度,又有一定的弹性和韧性,能承受较大的压力而不变形。老年人的骨,无机质的比例增高,骨质出现多孔性,脆性较大,易骨折。

（二）骨连结

骨与骨之间借助连结装置（如纤维组织、软骨或骨）相连，称骨连结，其形式可分为直接连结和间接连结两类。

1. 直接连结 骨与骨之间借致密结缔组织、软骨或骨直接相连，其间没有腔隙，运动性很小或完全不活动。如颅骨之间的缝、椎骨之间的椎间盘等。

2. 间接连结 又称滑膜关节（synovial joint），常简称关节，是骨连结的最高分化形式。骨与骨之间借结缔组织囊相连，在相对的骨面之间有腔隙，内含滑液。滑膜关节具有较大的运动性能，是骨连结的主要形式。

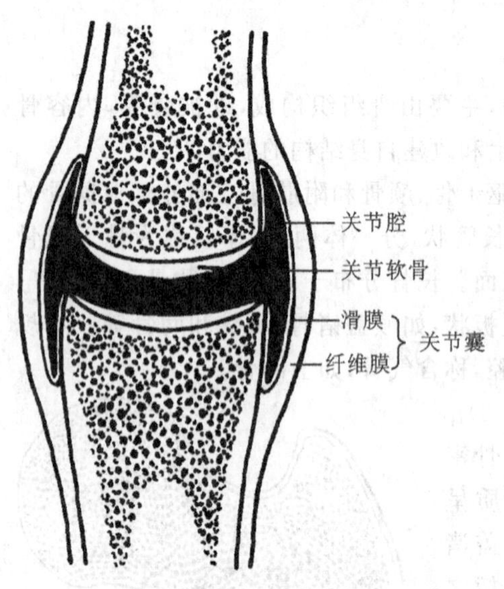

图 4-3 滑膜关节的基本结构模式图

（1）滑膜关节的结构：具有关节面、关节囊和关节腔三个基本结构（图 4-3）。①关节面是构成关节各相关骨的接触面，其表面覆盖一层透明软骨，称关节软骨，表面光滑，可减小关节运动时的摩擦以及缓冲震荡和冲击。②关节囊为纤维结缔组织构成的膜性囊，附着于关节面周缘的骨面上，与骨膜融合，可分为内、外两层。外层称纤维膜，厚而坚韧，由致密结缔组织构成，富含血管、淋巴管和神经；内层称滑膜，由疏松结缔组织膜构成，薄而柔软，能产生滑液。滑液具有润滑关节、营养关节软骨、促进关节运动效能等作用。③关节腔是关节囊的滑膜层和关节软骨所围成的密闭腔隙，腔内含少量滑液。关节腔内为负压，对维持关节的稳固性有一定作用。

滑膜关节除了具备上述基本结构外，有些关节还具有韧带、关节盘或关节唇等特殊结构。

（2）滑膜关节的运动：①屈和伸：关节沿冠状轴进行的运动。通常将两骨之间角度变小的动作称为屈，角度增大的动作称为伸。如膝关节运动时，小腿向后贴近大腿称屈，反之称为伸。②收和展：关节沿矢状轴进行的运动。骨向正中矢状面靠拢称为收或内收；远离正中矢状面的动作称为展或外展。③旋转：关节沿垂直轴进行的运动。骨向前内侧的旋转称旋内，向后外侧的旋转称旋外。④环转：骨的近侧端在原位转动，远侧端做圆周运动，运动时描绘出一圆锥形的轨迹，实际上是屈、展、伸、收依次连续运动。

二、躯干骨及其连结

躯干骨共 51 块，包括 24 块椎骨、1 块骶骨、1 块尾骨、1 块胸骨和 12 对肋骨，分别参与构成脊柱和骨性胸廓，骶骨和尾骨还参与骨盆的构成。

（一）脊柱

脊柱（vertebral column）位于躯干后壁的正中，由 24 块椎骨、1 块骶骨和 1 块尾骨连结而成，构成人体的中轴，具有支持体重、运动和保护内脏器官等作用。

1. 椎骨（vertebrae） 幼年时椎骨为 32 或 33 块，即颈椎 7 块、胸椎 12 块、腰椎 5 块、骶椎

5块和尾椎3～4块。成年后5块骶椎合成骶骨,3～4块尾椎愈合成尾骨。

椎骨的一般形态:椎骨由前部的椎体和后部的椎弓组成(图4-4、图4-5)。椎体呈短圆柱状,是负重的主要部分。椎弓为弓形骨板,与椎体共同围成椎孔。所有椎骨的椎孔连成一条椎管,管内容纳脊髓。椎弓的前部较窄厚,紧连椎体,称椎弓根。根的上、下缘各有一切迹,相邻椎骨的上、下切迹围成的孔称椎间孔,有脊神经和血管通过。椎弓的后部较宽薄,称椎弓板。椎弓发出7个突起:向后方或后下方伸出一个棘突,向两侧伸出一对横突,向上方和下方各伸出一对上关节突和下关节突。

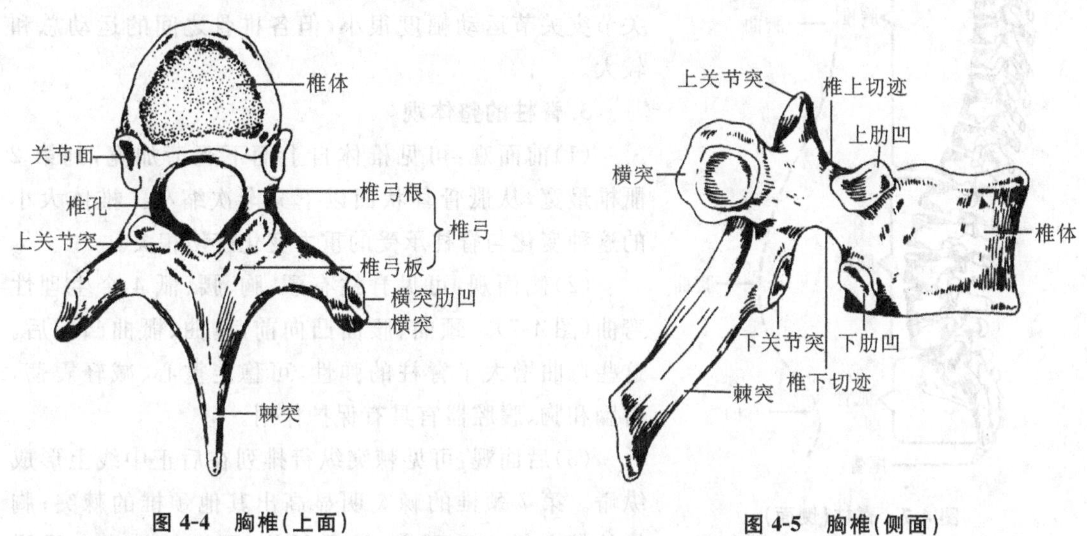

图4-4 胸椎(上面)　　图4-5 胸椎(侧面)

2. 椎骨间的连结　各椎骨之间借椎间盘、韧带和滑膜关节相连。

(1)椎间盘:连结相邻两个椎体的纤维软骨盘,分两部分,其周围部为纤维环,由多层呈同心圆排列的纤维软骨环构成;中央部为髓核(图4-6)。颈腰部的纤维环前厚后薄,尤其是

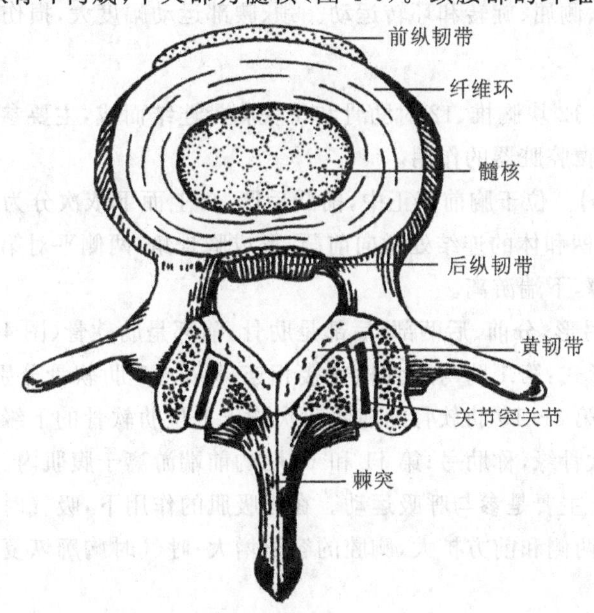

图4-6 椎间盘和关节突关节(上面)

后外侧部缺乏韧带加强，故当猛力弯腰或劳损引起纤维环破裂时，髓核可突入椎间孔或椎管，压迫脊神经或脊髓，临床上称为椎间盘脱出症。

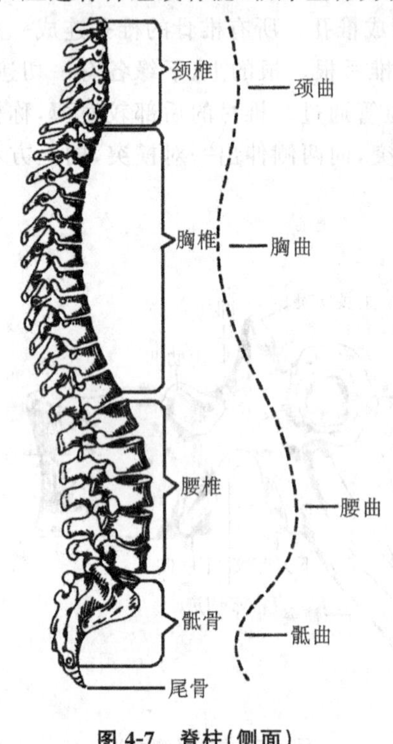

图 4-7　脊柱(侧面)

(2)韧带：连结椎骨的韧带有长、短两种。长韧带连结脊柱全长，共有 3 条，即前纵韧带、后纵韧带和棘上韧带。短韧带连结相邻的两个椎骨，主要有黄韧带和棘间韧带。

(3)滑膜关节：椎骨间的关节主要是关节突关节。关节突关节运动幅度很小，但各椎骨之间的运动总和较大。

3. 脊柱的整体观

(1)前面观：可见椎体自上而下逐渐加宽，到第 2 骶椎最宽，从骶骨耳状面以下又渐次缩小。椎体大小的这种变化与脊柱承受的重力变化密切相关。

(2)侧面观：可见脊柱有颈、胸、腰、骶 4 个生理性弯曲(图 4-7)。颈曲、腰曲凸向前，胸曲、骶曲凸向后。这些弯曲增大了脊柱的弹性，可稳定重心、减轻震荡，对脑和胸、腹腔器官具有保护作用。

(3)后面观：可见棘突纵行排列在后正中线上形成纵嵴。第 7 颈椎的棘突明显高出其他颈椎的棘突；胸椎的棘突斜向后下方，呈叠瓦状；腰椎的棘突向后平伸，棘突间的距离较大。

4. 脊柱的运动　相邻两个椎骨之间的运动幅度有限，但整个脊柱总合起来运动幅度较大。脊柱可做屈、伸、侧屈、旋转和环转运动。颈、腰部运动幅度大，损伤也较多见。

(二)胸廓

胸廓(thorax)由 12 块胸椎、12 对肋骨和 1 块胸骨连结而成，主要参与呼吸运动，此外还具有支持和保护胸、腹腔脏器的作用。

1. 胸骨(sternum)　位于胸前壁正中，前凸后凹，自上而下依次分为胸骨柄、胸骨体和剑突三部分(图 4-8)。柄和体的连结处微向前凸，形成胸骨角，两侧平对第 2 肋，是计数肋的重要标志。剑突扁而薄，下端游离。

2. 肋(rib)　呈弓形，分前、后两部，后部是肋骨，前部是肋软骨(图 4-9)。

肋前端的连结形式：第 1 肋与胸骨柄直接相连；第 2～7 肋软骨分别与胸骨的外侧缘形成微动的胸肋关节；第 8～10 肋软骨的前端依次连于上位肋软骨的下缘形成软骨间关节，从而组成一条连续的软骨缘，称肋弓；第 11 和 12 肋的前端游离于腹肌内。

3. 胸廓的运动　主要是参与呼吸运动。在呼吸肌的作用下，吸气时肋的前部上提，肋体向外扩展，使胸廓向两侧和前方扩大，胸腔的容积增大；呼气时胸廓恢复原状，胸腔的容积缩小。

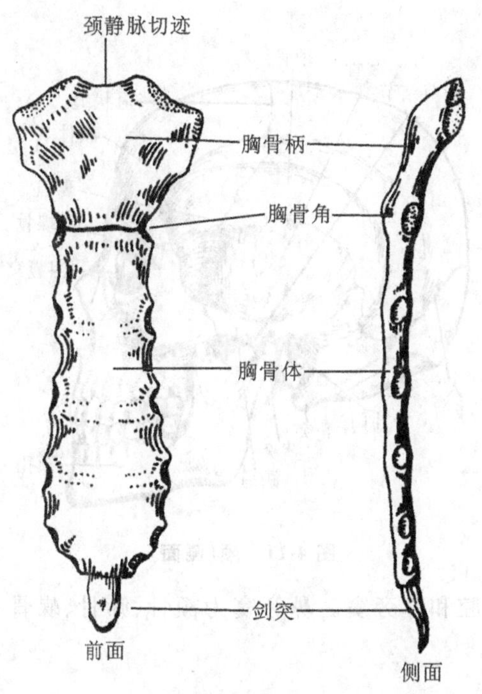

图 4-8 胸骨(前面、左侧面)

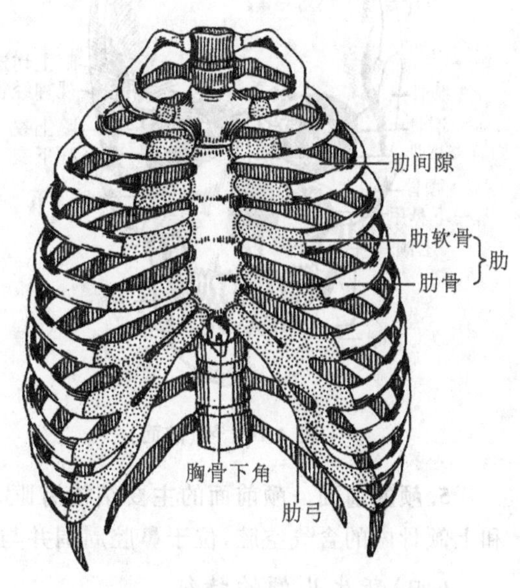

图 4-9 胸廓(前面)

三、颅骨及其连结

颅骨共 23 块(中耳 3 对听小骨未计入),为扁骨和不规则骨,由骨连结连成颅。颅(skull)位于脊柱的上方,可分为位于上部的脑颅和下部的面颅,以眶上缘和外耳门上缘的连线为界。

(一)脑颅骨

脑颅骨共 8 块,包括额骨、筛骨、蝶骨、枕骨各 1 块,顶骨、颞骨各 2 块(图 4-10)。脑颅骨围成颅腔,腔内容纳脑。颅腔的顶呈穹隆状,称颅盖,由额骨、枕骨和顶骨构成。颅腔的底称颅底,由位于中央的蝶骨、前方的额骨和筛骨、后方的枕骨以及两侧的颞骨构成。

(二)面颅骨

面颅骨有 15 块,包括不成对的犁骨、下颌骨、舌骨和成对的上颌骨、鼻骨、泪骨、颧骨、腭骨、下鼻甲(图 4-10)。它们构成面部的骨性基础,围成眶、鼻腔和口腔。

(三)颅的整体观

1. 颅的顶面 有呈“工”字形的 3 条缝,前方位于额骨与两侧顶骨之间的称冠状缝;两侧顶骨之间的称矢状缝;后方两侧顶骨与枕骨之间的称人字缝。

2. 颅的侧面 由额骨、蝶骨、顶骨、颞骨和枕骨组成(图 4-11)。上方大而浅的窝称颞窝,窝内额、顶、颞、蝶四骨的会合处呈“H”形,骨质薄弱,称翼点。

3. 颅底内面 凹凸不平,呈阶梯状,从前到后分别称颅前窝、颅中窝和颅后窝。

4. 颅底外面 高低不平,孔裂甚多,分前、后两部。颅底后部中央有枕骨大孔。枕骨大孔后上方有一隆起,称枕外隆凸。

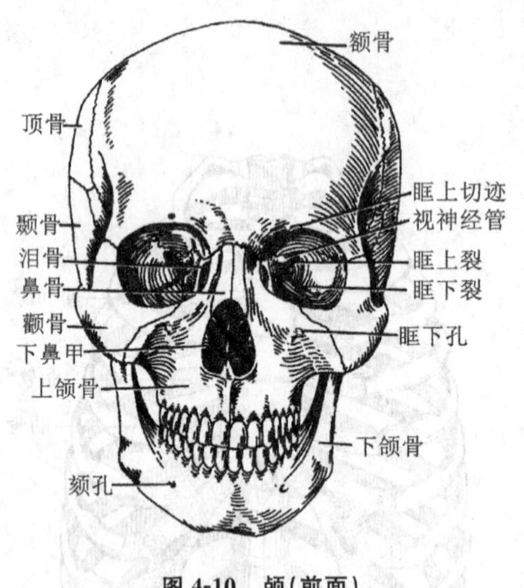

图 4-10　颅(前面)

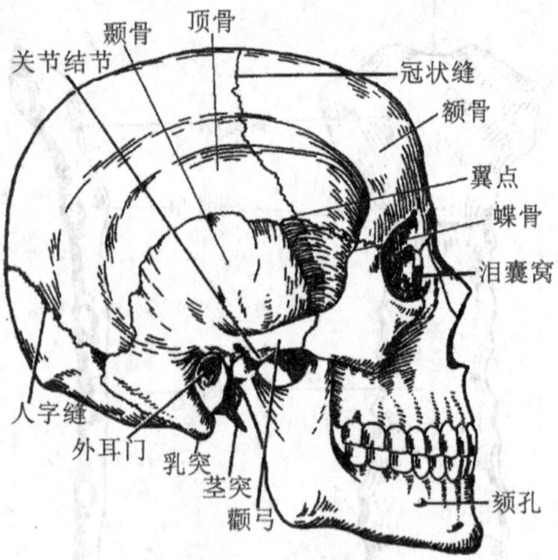

图 4-11　颅(侧面)

5. 颅的前面　颅前面的主要结构有眶、骨性鼻腔和鼻旁窦。鼻旁窦为额骨、筛骨、蝶骨和上颌骨内的含气空腔,位于鼻腔周围并与其相通。

(四)新生儿颅的特征

新生儿颅骨尚未完全骨化,颅顶各骨之间存在结缔组织膜,称颅囟(图 4-12)。位于冠状缝与矢状缝之间的菱形结缔组织膜,称前囟,面积最大,1～2 岁时闭合;位于矢状缝与人字缝之间的后囟和分别位于顶骨前、后下角的前、后外侧囟都在生后不久闭合。

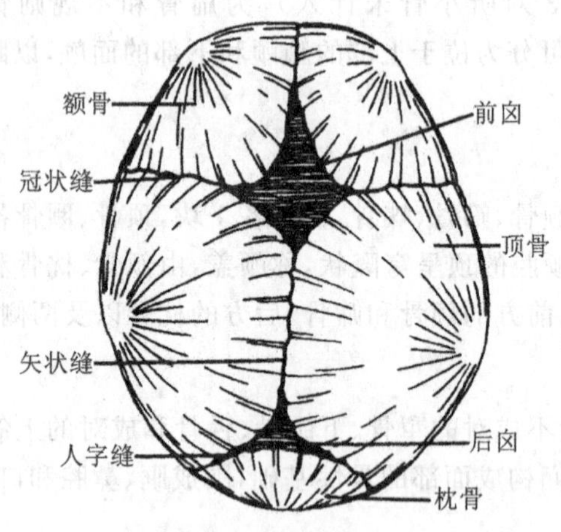

图 4-12　新生儿颅(上面)

(五)颅骨的连结

颅骨之间多以缝或软骨直接相连,而下颌骨与颞骨之间以颞下颌关节相连,舌骨与颅骨之间以韧带相连。

颞下颌关节(temporomandibular joint)由下颌骨和颞骨构成(图 4-13)。关节囊较松弛,关节腔内有一关节盘。两侧颞下颌关节须同时运动,使下颌骨上提、下降、前移、后退和侧移。张口过大且关节囊过分松弛时,下颌头可滑脱至关节结节前方,造成颞下颌关节脱位。

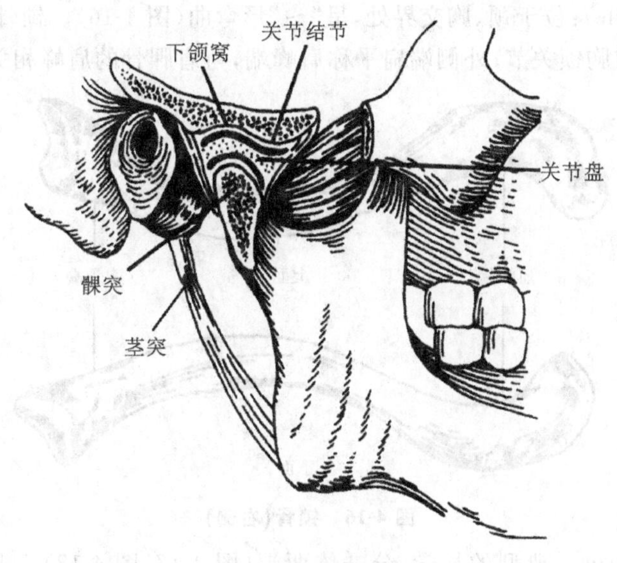

图 4-13 颞下颌关节

四、附肢骨及其连结

人类由于身体直立，上肢成为灵活的劳动器官，故上肢骨形体纤细轻巧，关节灵活；下肢的功能主要是支持和移动身体，因而下肢骨粗大坚实，关节稳固。

(一)上肢骨及其连结

1. 上肢骨 每侧共 32 块。

(1)肩胛骨(scapula)：位于胸廓后面的外上方，略呈三角形(图 4-14、图 4-15)。肩胛骨前面微凹，称为肩胛下窝。后面有一斜向外上方的高嵴，称肩胛冈，其末端向外延伸的扁平突起，称肩峰，是肩部最高点。肩胛骨的上角平对第 2 肋，下角平对第 7 肋或第 7 肋间隙，常作为背部计数肋和肋间隙的标志。外侧角肥大，有一朝向外侧的浅窝，称关节盂。

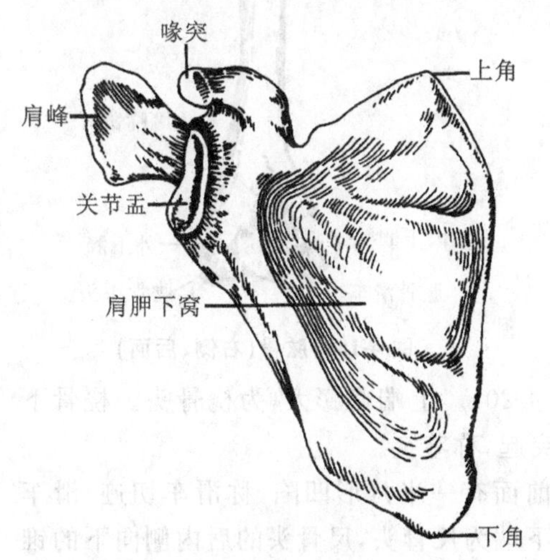

图 4-14 肩胛骨(右侧、前面)

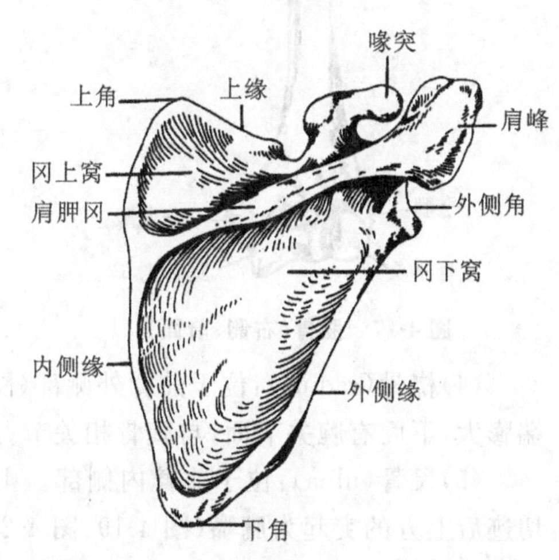

图 4-15 肩胛骨(右侧、后面)

(2)锁骨(clavicle):位于颈、胸交界处,呈"～"形弯曲(图 4-16)。锁骨的内侧端圆钝称胸骨端,与胸骨柄构成胸锁关节;外侧端扁平称肩峰端,与肩胛骨的肩峰相关节。

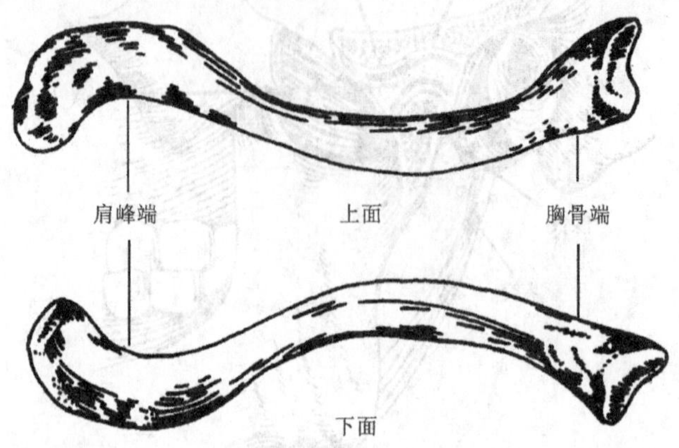

图 4-16 锁骨(右侧)

(3)肱骨(humerus):典型的长骨,分一体两端(图 4-17、图 4-18)。上端膨大,其内上部呈半球形,称肱骨头,与肩胛骨关节盂相关节。上端与体交界处较细,称外科颈,是骨折的易发部位。

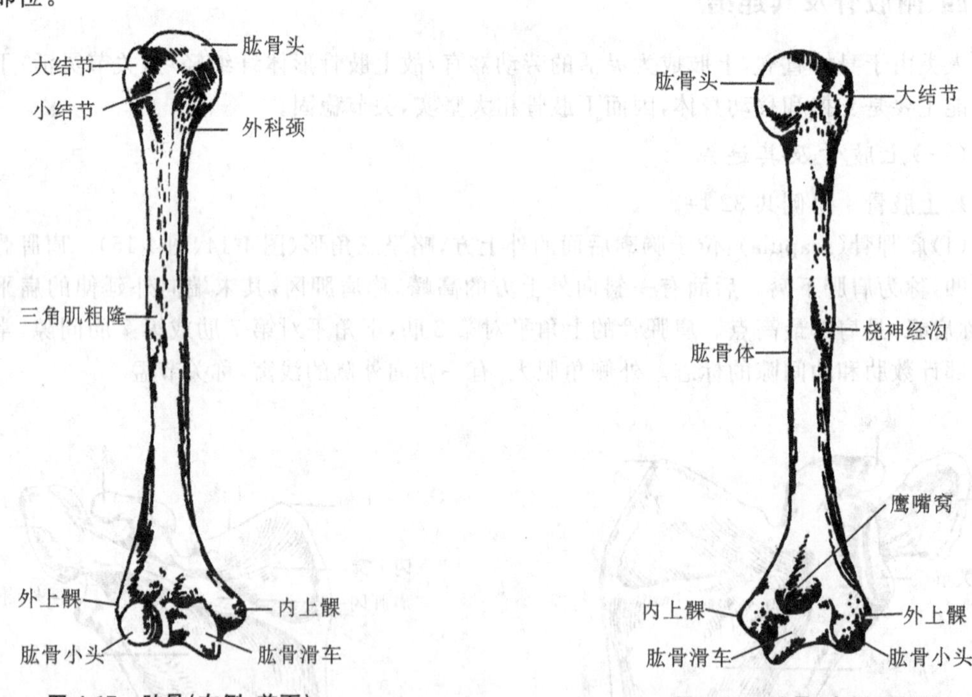

图 4-17 肱骨(右侧、前面)

图 4-18 肱骨(右侧、后面)

(4)桡骨(radius):位于前臂外侧部(图 4-19、图 4-20)。上端略膨大,为桡骨头。桡骨下端膨大,下面有腕关节面,与腕骨相关节;外侧向下突起,称茎突。

(5)尺骨(ulna):位于前臂内侧部。上端膨大,前面有一半月形凹陷,称滑车切迹,滑车切迹后上方的突起为鹰嘴(图 4-19、图 4-20)。尺骨下端为尺骨头,尺骨头的后内侧向下的锥状突起,称茎突。

(6)手骨:包括腕骨、掌骨和指骨(图 4-21)。

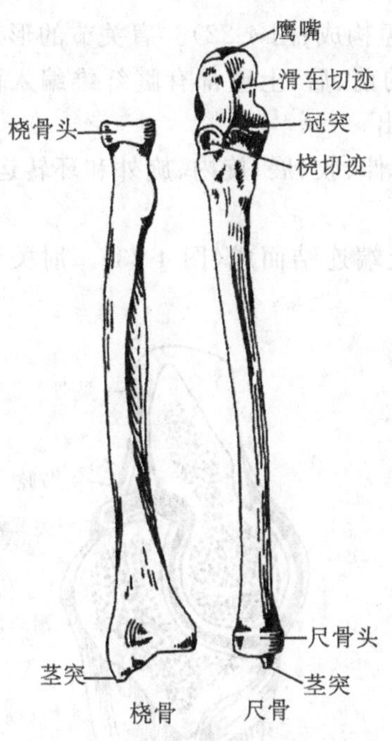

图 4-19 桡骨和尺骨(右侧、前面)

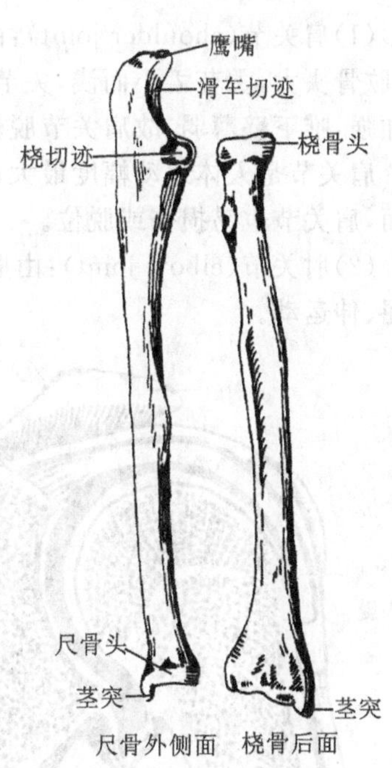

图 4-20 桡骨和尺骨(右侧)

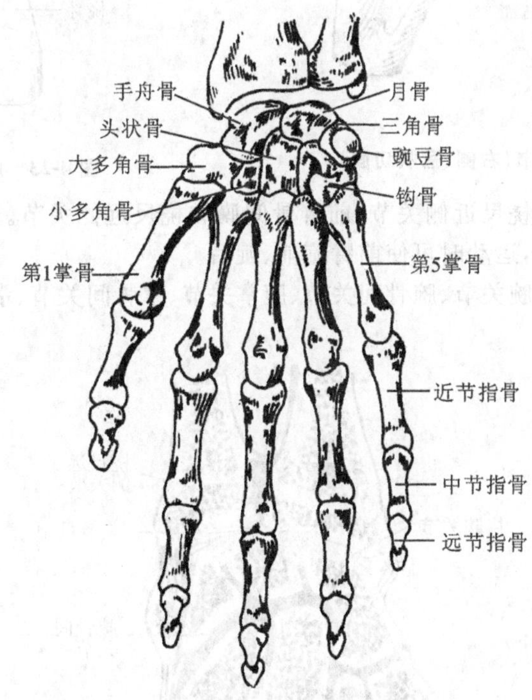

图 4-21 手骨(右侧、前面)

腕骨共 8 块,属短骨,排列成近、远两列。掌骨共 5 块,属长骨,由桡侧至尺侧,依次为第 1～5 掌骨。指骨共 14 块,属长骨。拇指为 2 块,其余各指均为 3 块,分别称为近节指骨、中节指骨和远节指骨。

2. 上肢骨的连结 除胸锁关节和肩锁关节外,主要有以下几个。

（1）肩关节（shoulder joint）：由肱骨头与肩胛骨关节盂构成（图 4-22）。肩关节的形态特点：肱骨头大，关节盂小而浅，关节囊薄而松弛。关节囊的前、后、上壁都有腱纤维编入而使其加强，唯下壁薄弱，故肩关节脱位时肱骨头常从下壁脱出。

肩关节是人体运动幅度最大、最灵活的关节，可做屈、伸、收、展、旋内、旋外和环转运动。因而，肩关节也易损伤或脱位。

（2）肘关节（elbow joint）：由肱骨下端与桡、尺骨的上端连结而成（图 4-23）。肘关节可做屈、伸运动。

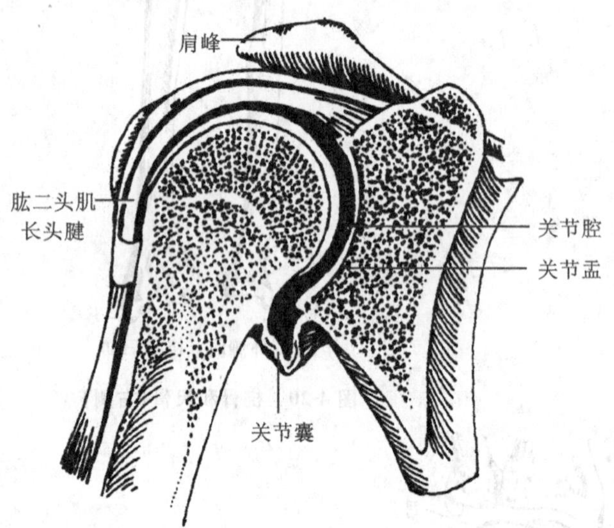

图 4-22 肩关节（右侧、冠状切面）

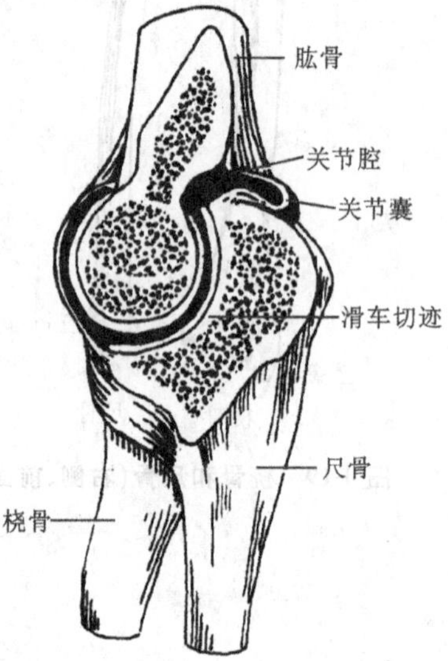

图 4-23 肘关节（右侧、矢状切面）

（3）桡尺连结：包括桡尺近侧关节、前臂骨间膜和桡尺远侧关节。桡尺近侧关节和桡尺远侧关节必须同时运动，运动时可使前臂旋前、旋后。

（4）手关节：包括桡腕关节、腕骨间关节、腕掌关节、掌骨间关节、掌指关节和指骨间关节（图 4-24）。

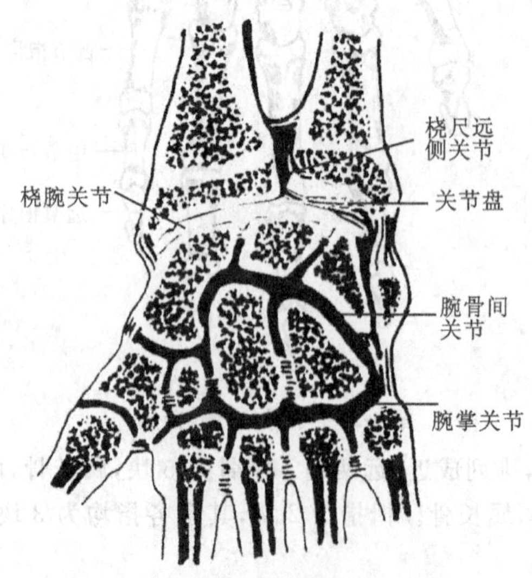

图 4-24 手关节（右侧、冠状切面）

桡腕关节(radiocarpal joint)又称腕关节,关节囊松弛,前、后和两侧均有韧带加强,可做屈、伸、收、展和环转运动。

(二)下肢骨及其连结

1. 下肢骨 每侧 31 块。

(1)髋骨(hip bone):位于盆部,属不规则骨。髋骨由髂骨、耻骨和坐骨构成,16 岁左右完全融合(图 4-25、图 4-26)。三骨融合部有一深窝,称髋臼,其前下方有一卵圆形大孔,称闭孔。

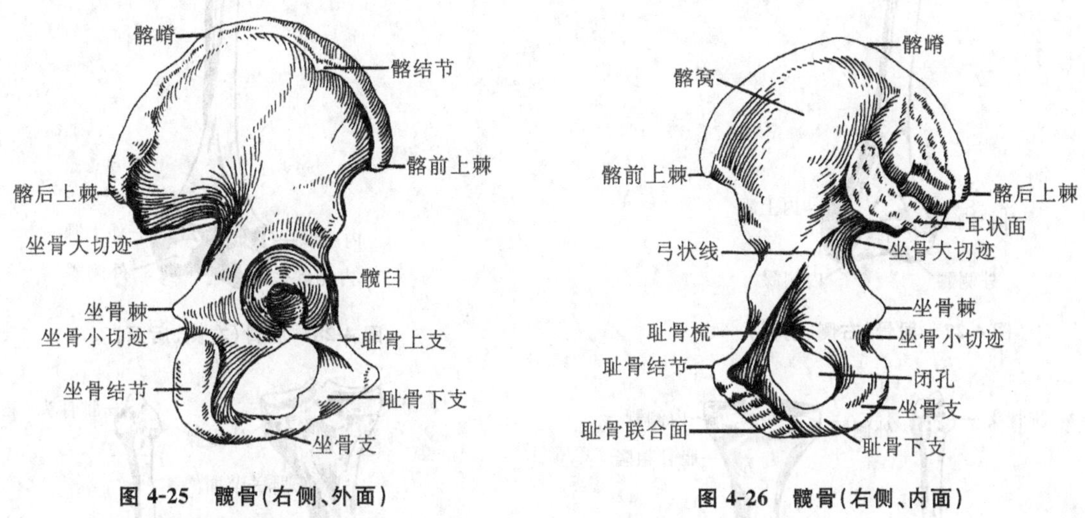

图 4-25 髋骨(右侧、外面)

图 4-26 髋骨(右侧、内面)

髂骨构成髋骨的上部,髂骨的上缘肥厚,称髂嵴。两侧髂嵴最高点的连线,约平对第 4 腰椎棘突,是腰椎穿刺时的定位标志。髂嵴前端的突起,称为髂前上棘。在髂前上棘的后上方 5～7 cm 处,髂嵴向外突出,称髂结节。

坐骨构成髋骨的下部,分坐骨体和坐骨支两部分,两者移行处的后部有粗糙的坐骨结节。坐骨结节后上方的尖形突起称坐骨棘。

耻骨构成髋骨的前下部。耻骨的内侧面粗糙,为耻骨联合面。

(2)股骨(femur):位于股部,是人体最长、最粗壮的长骨,上端有朝向内上方的球形股骨头,与髋臼相关节(图 4-27、图 4-28)。股骨头外下方缩细的部分为股骨颈,股骨颈以下为股骨体。股骨下端膨大并向后突出,形成内侧髁和外侧髁。

(3)髌骨(patella):位于股骨下端的前面,被股四头肌腱包被,是人体最大的籽骨,上宽下尖,扁椭圆形。

(4)胫骨(tibia):粗壮的长骨,位于小腿内侧部。上端膨大,向两侧突出,称内侧髁和外侧髁(图 4-29、图 4-30)。上端前面的隆起为胫骨粗隆。胫骨下端略膨大,其内下有一突起,称为内踝。

(5)腓骨(fibula):细长,位于小腿外侧部、胫骨后外侧。上端略膨大称腓骨头,下端膨大称外踝(图 4-29、图 4-30)。

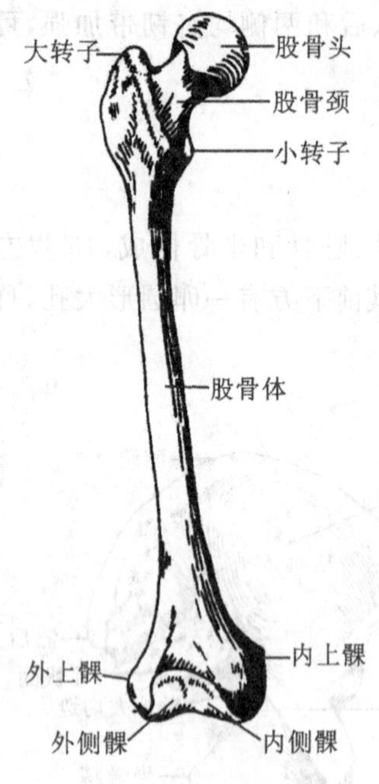

图 4-27 股骨(右侧、前面)

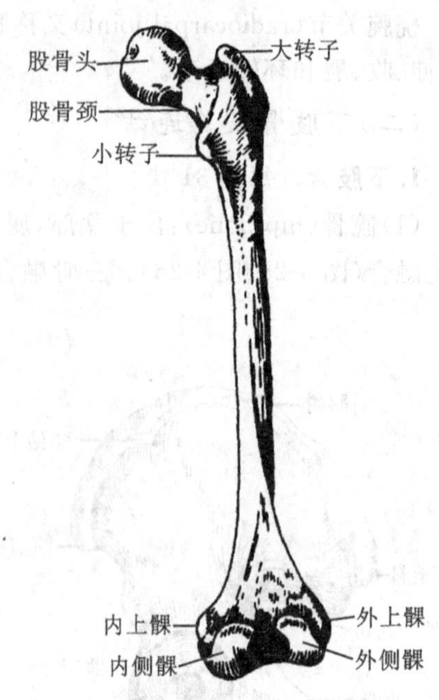

图 4-28 股骨(右侧、后面)

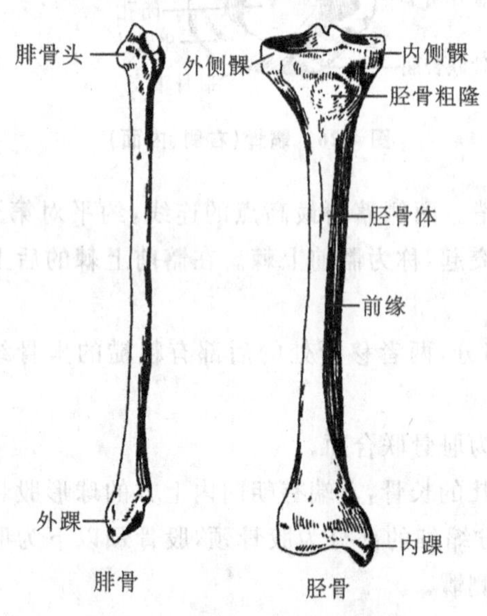

图 4-29 胫骨和腓骨(右侧、前面)

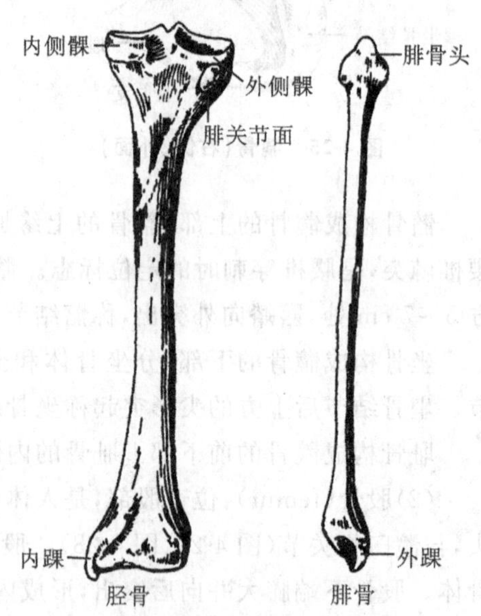

图 4-30 胫骨和腓骨(右侧、后面)

(6)足骨(bones of foot):包括跗骨、跖骨和趾骨(图 4-31)。跗骨共 7 块,属短骨。跖骨共 5 块,属长骨,自内向外,依次为第 1～5 跖骨。趾骨共 14 块,属长骨。

2. 下肢骨的连结

(1)髋骨的连结:两侧髋骨的后部借骶髂关节、韧带与骶骨相连;前部借耻骨联合相互连结。

骨盆(pelvis)由骶骨、尾骨和左、右髋骨以及其间的骨连结构成(图 4-32),具有保护骨盆腔内脏器和传递重力等功能。

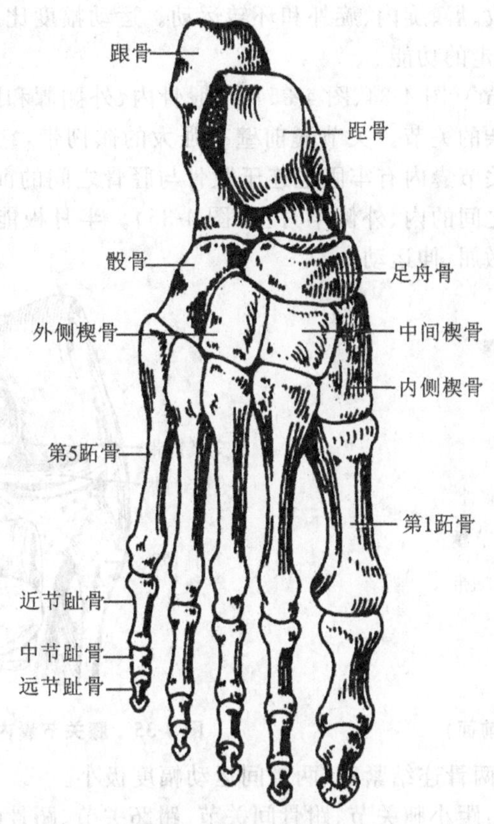

图 4-31 足骨(右侧、上面)

骨盆的性别差异:女性骨盆由于要适应妊娠、分娩的需要,因此与男性骨盆比较,其形态有明显差别。

(2)髋关节(hip joint)(图 4-33):由髋臼和股骨头构成。股骨头全部纳入髋臼内。关节囊厚而坚韧。

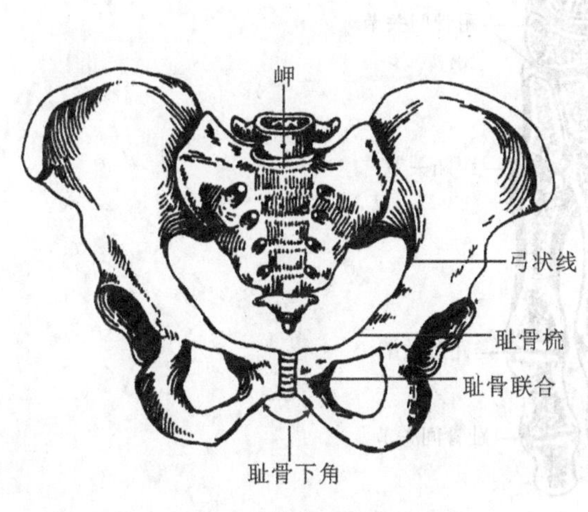

图 4-32 骨盆(前上观)

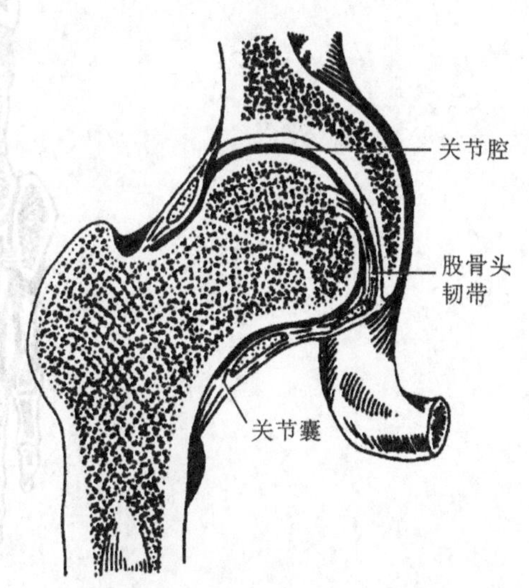

图 4-33 髋关节(右侧、冠状切面)

髋关节可做屈、伸、收、展、旋内、旋外和环转运动。运动幅度比肩关节小，具有较大的稳固性，以适应其承重和行走的功能。

(3)膝关节(knee joint)(图 4-34、图 4-35)：由股骨内、外侧髁和胫骨内、外侧髁以及髌骨组成，是人体最大、最复杂的关节。关节囊前壁有强大的髌韧带，它是股四头肌腱从髌骨下缘至胫骨粗隆的部分。关节囊内有牢固地连于股骨与胫骨之间的前、后交叉韧带，以及分别位于股骨与胫骨同名髁之间的内、外侧半月板(图 4-35)。半月板能缓冲压力，吸收震荡，起弹性垫作用。膝关节可做屈、伸运动。

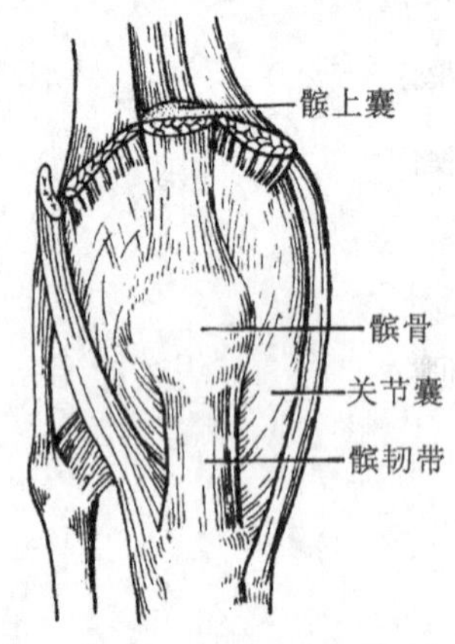

图 4-34　膝关节(右侧、前面)

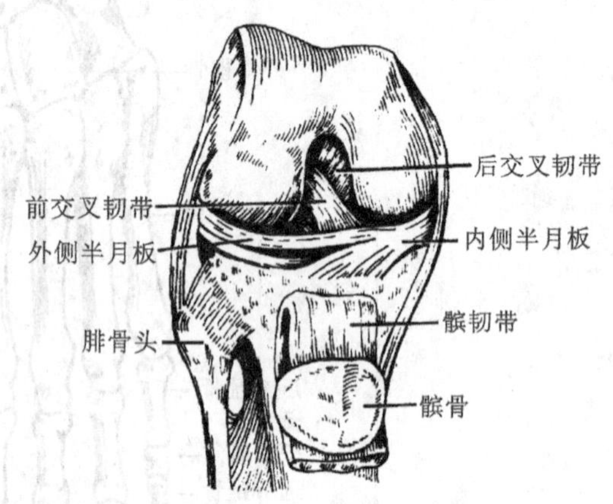

图 4-35　膝关节囊内结构(右侧、前面)

(4)胫腓连结：胫、腓两骨连结紧密，两骨间运动幅度极小。

(5)足关节(图 4-36)：距小腿关节、跗骨间关节、跗跖关节、跖骨间关节、跖趾关节和趾骨间关节。

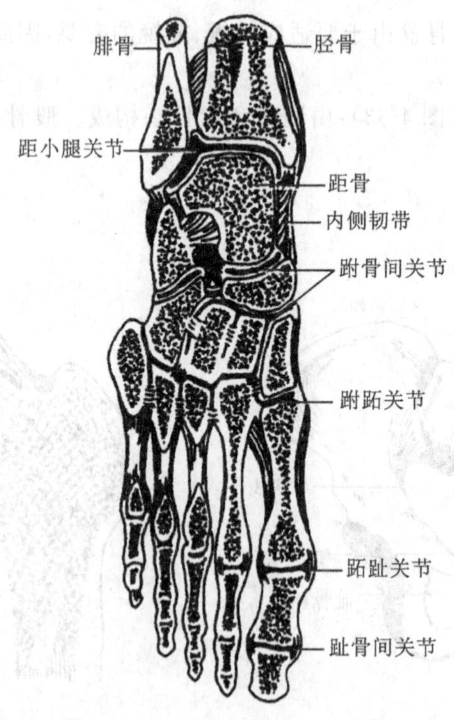

图 4-36　足关节(右侧、前面)

距小腿关节(talocrural joint)(又称踝关节)由胫、腓两骨的下端和距骨组成。在踝关节跖屈且足过度内翻时易发生损伤。踝关节可做背屈(伸)和跖屈(屈)运动;与跗骨间关节协同作用时,可使足内翻和外翻。

(6)足弓(图 4-37):跗骨和跖骨借关节和韧带紧密相连,在纵、横方向上都形成凸向上方的弓形。足弓增加了足的弹性,在行走、跑跳和负重时,可缓冲地面对人体的冲击力,以保护体内器官。

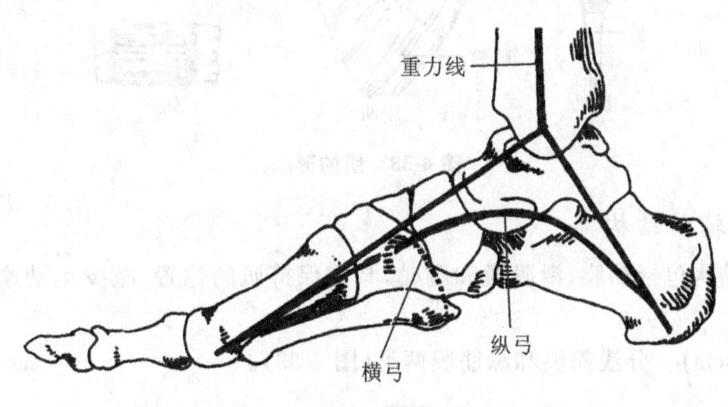

图 4-37 足弓

第二节 骨骼肌

一、概述

骨骼肌(skeletal muscle)在人体内广泛分布,共有 600 多块,约占成人体重的 40%,属横纹肌,大多附着于骨骼,可以根据人的意志收缩、舒张。每一块肌都具有一定的形态、结构和功能,有丰富的血管、淋巴管分布,接受一定的神经支配,故每块肌都可看作是一个器官。若肌的血液供应受阻或支配肌的神经遭受损伤,可分别引起肌的坏死或瘫痪。

(一)肌的大体形态和结构

肌的形态多种多样,按外形大致可分长肌、短肌、扁肌和轮匝肌 4 种(图 4-38)。长肌多见于四肢,收缩时明显缩短,故可产生幅度较大的运动。短肌多见于躯干深层,具有明显的节段性,收缩幅度较小。扁肌多见于躯干浅层,如胸腹壁,除运动外,还有保护和支持器官的作用。轮匝肌呈环形,位于孔、裂的四周,收缩时可关闭孔、裂。

肌由肌腹和腱构成。肌腹位于肌的中部,呈红色,具有收缩功能。腱位于肌的两端,色白而坚韧,没有收缩功能,主要传递力的作用。肌腹借腱附着于骨。扁肌的腱呈薄片状,称腱膜。

(二)肌的起止和配布

肌常以两端附于两块或两块以上的骨面上,中间跨过一个或多个关节。肌收缩时,两骨位置靠近从而产生运动。肌在固定骨上的附着点称为起点或定点,在移动骨上的附着点称为止点或动点。

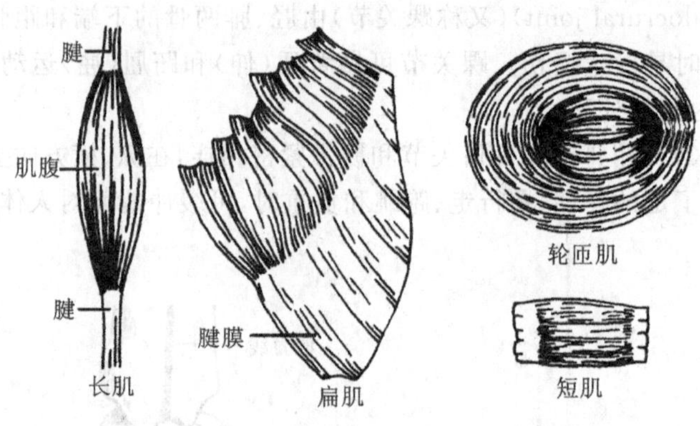

图 4-38　肌的形态

（三）肌的辅助结构

肌的辅助结构包括筋膜、滑膜囊和腱鞘，具有保持肌的位置、减少运动摩擦及保护等功能。

1. 筋膜（fascia）　分浅筋膜和深筋膜两类（图 4-39）。

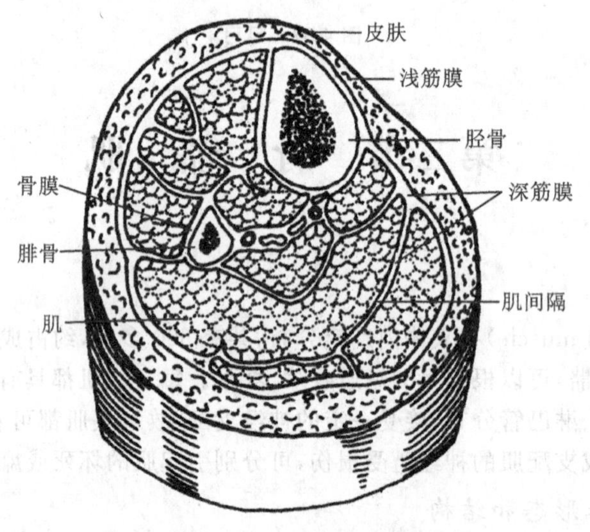

图 4-39　小腿横切面模式图

（1）浅筋膜：位于皮肤深面，又称皮下筋膜，内含脂肪、浅动脉、皮下静脉、浅淋巴管和皮神经等。

（2）深筋膜：又称固有筋膜，位于浅筋膜的深面，包被体壁、肌和肌群以及血管、神经等。

2. 滑膜囊（synovial bursa）　密闭的结缔组织囊，壁薄，内含滑液，多位于腱与骨面之间，可减小摩擦。

3. 腱鞘（tendinous sheath）　包绕长肌腱的鞘管，主要位于手、足部，以减小运动摩擦。

（四）骨骼肌的收缩形式及影响因素

骨骼肌的收缩可表现为肌肉长度或张力的机械变化，其收缩形式取决于外加刺激的条件和收缩时所遇负荷的大小以及肌肉本身的机能状态。

1. 等长收缩与等张收缩

(1)等长收缩(isometric contraction):肌肉收缩时只有张力的增加而长度不变的收缩形式。在整体情况下,试图移动一个大大超过肌肉本身张力的负荷时,肌肉即产生等长收缩。

(2)等张收缩(isotonic contraction):肌肉收缩时只有长度缩短而张力不变的收缩形式。肌肉在开始缩短前,先有肌张力的增加,当张力超过负荷时,才表现为肌肉的缩短,从肌肉开始缩短直至收缩结束,张力不再变化而保持恒定。

肌肉做等张收缩时,出现了长度的缩短,故可完成一定的机械外功;外功的大小等于位移与所移动负荷重量的乘积。等长收缩无位移,因此肌肉没有做功。

整体情况下的肌肉收缩一般不表现单纯的等张收缩或等长收缩,而是两者兼有却有所侧重的复合形式。例如,维持身体姿势及肌肉负重时,以张力变化为主,近于等长收缩;而四肢的运动往往以长度变化为主,近于等张收缩。

2. 单收缩与强直收缩

(1)单收缩(single twitch):肌肉受到一次短促的有效刺激而产生的一次收缩。单收缩的全过程可分为 3 个时期。①潜伏期:从刺激开始到肌肉开始收缩的一段时间,其中包括肌肉接受刺激后兴奋的产生、传导以及兴奋-收缩偶联所耗费的时间。②收缩期:从肌肉开始收缩到肌肉收缩的顶峰点(长度最短或张力最大)的一段时间。③舒张期:从收缩高峰开始到恢复原状的一段时间。

(2)强直收缩:如果给肌肉连续电脉冲刺激,当刺激频率较低时,每一个新的刺激出现在上一次刺激引起的单收缩全过程结束之后,产生一连串独立的单收缩;当刺激频率增加到一定程度时,每一个新刺激出现在前一次收缩的舒张期,则肌肉在自身尚处于一定程度收缩的基础上进行新的收缩,各刺激引起的收缩发生不完全的互相融合,在记录曲线上呈锯齿形,称为不完全强直收缩;如果刺激频率继续增加,使肌肉在前一收缩的收缩期即开始新的收缩,各次收缩的张力或长度变化可以完全融合而叠加起来,记录曲线上的锯齿形消失,称为完全强直收缩(图 4-40)。肌肉强直收缩产生的力大于单收缩,这可能与连续刺激肌肉时,从肌浆网重复释放的 Ca^{2+} 维持了横桥运动所需的 Ca^{2+} 浓度,使横桥得以有较长时间的持续活动有关。在整体上,骨骼肌的收缩都属于强直收缩。

3. 影响肌肉收缩的主要因素

(1)前负荷(preload):肌肉收缩前所承受的负荷。前负荷决定了肌肉在收缩前的长度,即肌肉的初长度。如其他条件不变,增加前负荷,可使肌肉的初长度增加,在一定范围内,前负荷与肌肉的收缩张力成正比。使肌肉产生最大收缩张力的肌肉初长度称最适初长度。大于或小于最适初长度,肌肉收缩产生的张力减小。

(2)后负荷(afterload):肌肉开始收缩时才遇到的负荷或阻力。其他条件不变,随着后负荷的增大,肌肉收缩前产生的最大张力增加。当后负荷增加到使肌肉不能缩短时,肌肉只能进行等长收缩。所以后负荷的大小决定肌肉的收缩形式是发生等长收缩还是等张收缩。

(3)肌肉收缩能力:影响肌肉收缩效果的肌肉内部功能状态,它与影响肌肉收缩的外部条件即前、后负荷不同。影响兴奋-收缩偶联过程中肌浆中 Ca^{2+} 浓度和横桥 ATP 酶活性的因素都能改变肌肉的收缩能力。如缺氧、酸中毒、肌肉中能源物质缺乏等都可降低肌肉收缩能力;而 Ca^{2+}、咖啡因、肾上腺素等可使肌肉收缩能力增强。

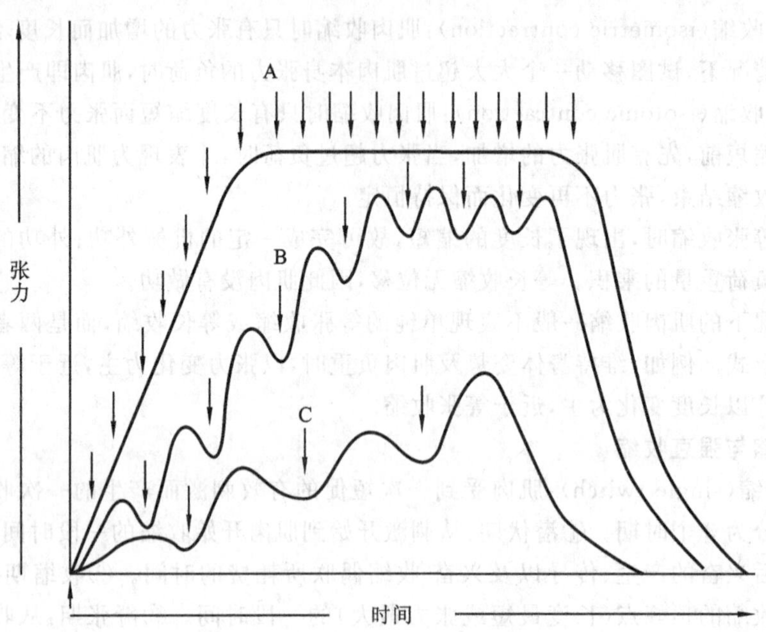

图 4-40　骨骼肌的强直收缩曲线

A—完全强直收缩曲线；B、C—不完全强直收缩曲线

注：曲线上的箭头表示刺激。

二、躯干肌

躯干肌分为背肌、胸肌、膈、腹肌和会阴肌。

(一)背肌

背肌位于躯干后面，分浅、深两群(图 4-41)。

1. 背浅层肌　位于脊柱与上肢骨之间，主要有斜方肌和背阔肌等。

(1)斜方肌(trapezius)：位于项部和背上部，一侧呈三角形，左、右两侧合成斜方形。

(2)背阔肌(latissimus dorsi)：人体最大的扁肌，位于背下部和胸侧壁。

2. 背深层肌　位于脊柱两侧，背浅层肌深面。背深层肌中最重要的是竖脊肌(erector spinae)，它纵位于棘突两侧的沟内。

(二)胸肌

胸肌可分两群，一群起自胸廓，止于上肢骨，称胸上肢肌；另一群起止均在胸廓上，称胸固有肌(图 4-42)。

1. 胸上肢肌

(1)胸大肌(pectoralis major)：位于胸前壁浅层，宽而厚，呈扇形。此肌收缩时使臂内收、内旋和前屈。当上肢固定时可上提躯干，与背阔肌共同完成引体向上的动作；还可提肋助吸气。

(2)胸小肌(pectoralis minor)：位于胸大肌深面，呈三角形。

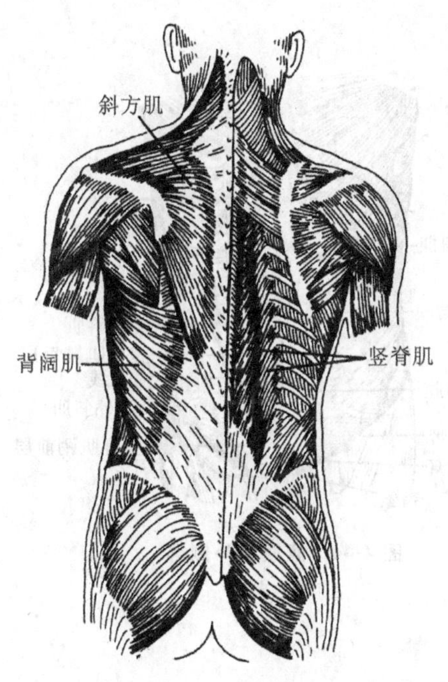

图 4-41 背肌

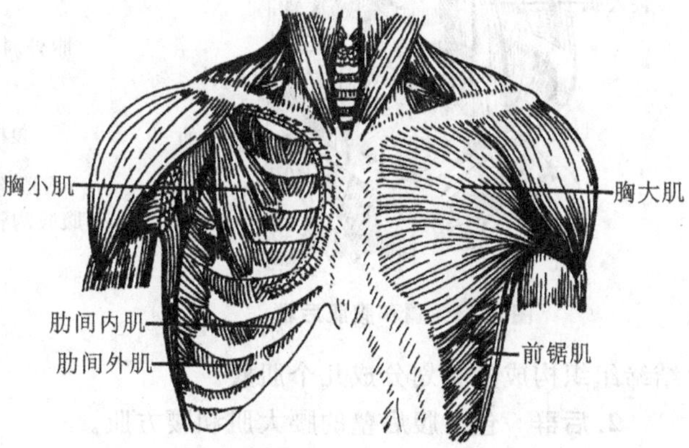

图 4-42 胸肌

2. 胸固有肌

(1)肋间外肌:位于各肋间隙的浅层,收缩时提肋助吸气。

(2)肋间内肌:位于肋间外肌的深面,收缩时降肋助呼气。

(三)膈

膈(diaphragm)是分隔胸、腹腔的一块向上膨隆呈穹窿形的扁肌,中央移行为腱膜,称中心腱(图 4-43)。膈有 3 个裂孔:位于第 12 胸椎体前方的是主动脉裂孔,内有主动脉和胸导管通过;主动脉裂孔的左前上方,约在第 10 胸椎水平有食管裂孔,内有食管和迷走神经通过;在食管裂孔右前上方的中心腱内的有腔静脉孔,约在第 8 胸椎水平,内有下腔静脉通过。

膈是主要的呼吸肌,收缩时膈穹窿下降,胸腔容积扩大,引起吸气;松弛时膈穹窿升复原位,胸腔容积缩小,引起呼气。

(四)腹肌

腹肌位于胸廓与骨盆之间,是腹壁的主要组成部分,可分前外侧群和后群(图 4-43、图 4-44)。

1. 前外侧群 构成腹前外侧壁的肌群,包括三层扁肌和长带形的腹直肌。

(1)腹外斜肌(obliquus externus abdominis):位于腹前外侧壁浅层的扁肌,腱膜的下缘卷曲增厚,连于髂前上棘和耻骨结节之间,称腹股沟韧带。在耻骨结节的外上方,腱膜形成一个略呈三角形的裂孔,称腹股沟管浅(皮下)环。腹股沟管是男性的精索或女性的子宫圆韧带所通过的腹前外侧壁下部肌和腱膜之间的潜在性裂隙。

(2)腹内斜肌(obliquus internus abdominis):位于腹外斜肌的深面。

(3)腹横肌(transversus abdominis):位于腹内斜肌的深面。

(4)腹直肌(rectus abdominis):纵列于腹前壁正中线的两侧,肌的全长被 3～4 条横行的

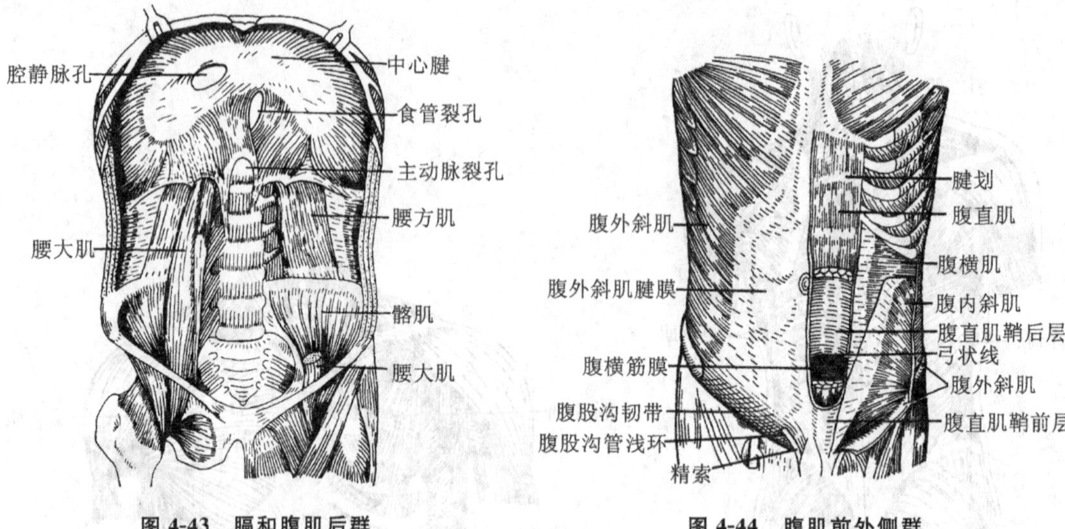

图 4-43　膈和腹肌后群　　　　图 4-44　腹肌前外侧群

结缔组织构成的腱划分成几个肌腹。

2. 后群　包括腹后壁的腰大肌和腰方肌。

三、头肌

头肌分面肌和咀嚼肌两部分(图 4-45)。

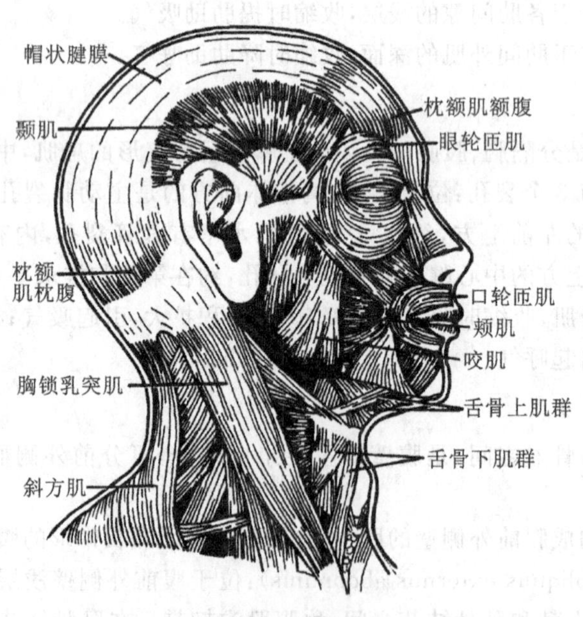

图 4-45　头颈肌

(一)面肌

面肌位于面部和颅顶，大多起自颅骨，止于面部皮肤，收缩时牵动皮肤，显示各种表情，故又称表情肌。面肌主要有眼轮匝肌、口轮匝肌及枕额肌等。

（二）咀嚼肌

咀嚼肌位于颞下颌关节的周围，包括咬肌、颞肌等，收缩可上提下颌骨。

四、颈肌

颈肌可分浅群和深群。胸锁乳突肌（sternocleidomastoid）位于颈外侧部，起自胸骨柄和锁骨的胸骨端，肌束斜向后上，止于颞骨乳突。一侧胸锁乳突肌收缩，使头向同侧倾斜，面部转向对侧；两侧同时收缩，使头后仰（图 4-45）。深群主要有前、中、后斜角肌。

五、上肢肌

上肢肌按部位分为肩肌、臂肌、前臂肌和手肌（图 4-46）。

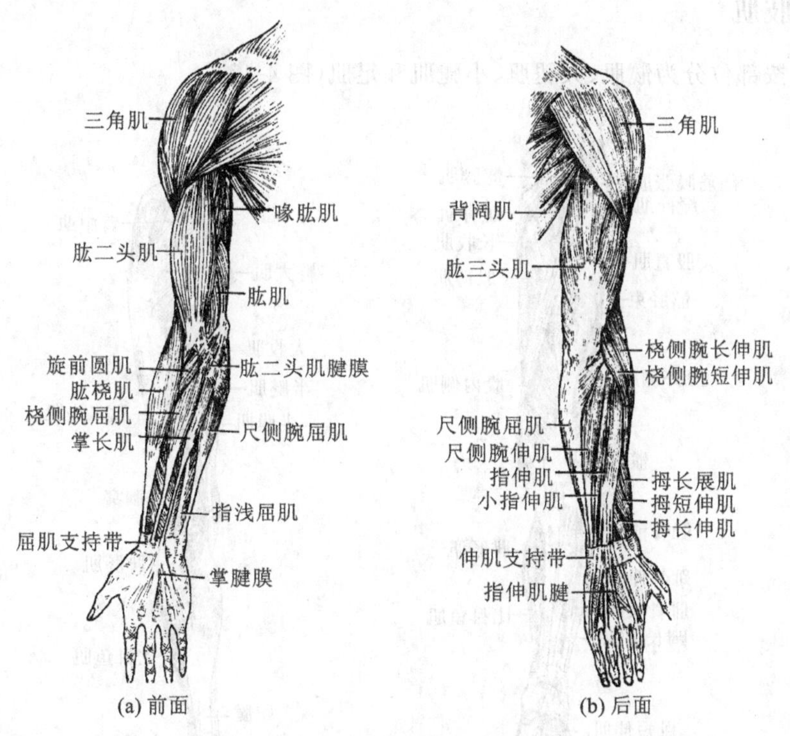

图 4-46 上肢肌(右侧)

（一）肩肌

肩肌配布于肩关节的周围，能运动肩关节，并可增加肩关节的稳固性。肩肌主要有三角肌（deltoid），略呈三角形，肌束从前、后和外侧三面包围肩关节并向外下方集中，三角肌收缩使肩关节外展。

（二）臂肌

臂肌配布于肱骨周围，分前、后两群，前群是屈肌，后群是伸肌。

1. 前群 有肱二头肌及其深面的喙肱肌和肱肌。肱二头肌（biceps brachii）呈梭形，起端有长、短两头，两头合成一个肌腹，向下移行为腱止于桡骨。肱二头肌收缩时屈肘关节并使前臂旋后，还可协助屈肩关节。

2. 后群 肱三头肌(triceps brachii)起端有三个头,三个头会合后以扁腱止于尺骨鹰嘴。肱三头肌收缩时伸肘关节,其长头还可使肩关节后伸和内收。

(三)前臂肌

前臂肌位于桡、尺骨的周围,多数为起自肱骨下端(深层起自桡、尺骨及前臂骨间膜)的长肌,腱细长,向下止于腕骨、掌骨或指骨。前臂肌分前、后两群,前群是屈肌和旋前肌,后群是伸肌和旋后肌。前臂肌的作用大多与其名称相一致。

(四)手肌

手肌位于手掌,由一些运动手指的小肌组成,分为外侧、内侧和中间三群。外侧群形成明显的隆起称鱼际,内侧群形成的隆起称小鱼际。

六、下肢肌

下肢肌按部位分为髋肌、大腿肌、小腿肌和足肌(图 4-47)。

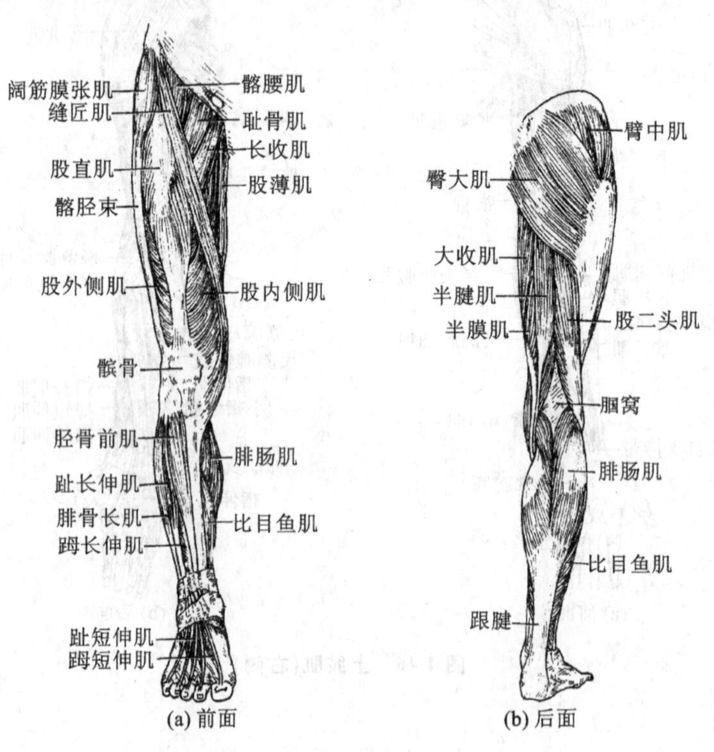

图 4-47 下肢肌(右侧)

(一)髋肌

髋肌多数起自骨盆,跨过髋关节,止于股骨上部,主要运动髋关节。髋肌分前、后两群。

1. 前群 主要有髂腰肌和阔筋膜张肌。髂腰肌(iliopsoas)由髂肌和腰大肌合成。髂腰肌收缩时使髋关节前屈和外旋;下肢固定时,可使躯干前屈,与腹直肌等共同完成仰卧起坐的动作。

2. 后群 主要有臀大肌、臀中肌、臀小肌和梨状肌。

(1)臀大肌(gluteus maximus):位于臀部浅层,略呈四边形,大而肥厚。臀大肌收缩时使髋关节后伸并外旋；人体直立时，可制止躯干前倾。臀大肌的外上部为肌内注射的常选部位。

(2)臀中肌：位于臀部上外侧方，前上部位于皮下，后下部在臀大肌深面。

(3)臀小肌：在臀中肌的深面。

(4)梨状肌：位于臀大肌的深面和臀中肌的下方，收缩时使髋关节外展、外旋。

(二)大腿肌

大腿肌配布于股骨周围，分前群、内侧群和后群。

1. 前群　位于股前部，有缝匠肌和股四头肌。

(1)缝匠肌(sartorius)：扁带状，是人体最长的肌，收缩时可屈髋关节和膝关节。

(2)股四头肌(quadriceps femoris)：人体最大的肌，有四个头，分别称为股直肌、股内侧肌、股外侧肌和股中间肌。四个头会合向下移行为腱，向下延续为髌韧带，止于胫骨粗隆。股四头肌收缩时伸膝关节，股直肌还可屈髋关节。

2. 内侧群　位于股内侧部，收缩时使髋关节内收。

3. 后群　位于股后部，包括外侧的股二头肌和内侧的半腱肌、半膜肌。股后群肌收缩时屈膝关节、伸髋关节。

(三)小腿肌

小腿肌配布于胫、腓骨周围，分为前群、外侧群和后群。

1. 前群　收缩时可伸(背屈)踝关节，此外还能使足内翻、伸趾。

2. 外侧群　收缩时屈(跖屈)踝关节并使足外翻。

3. 后群　分浅、深两层。浅层有强大的小腿三头肌(triceps surae)，它由浅面的腓肠肌(gastrocnemius)和深面的比目鱼肌(soleus)合成，两肌结合形成膨大的肌腹，向下移行为粗大的跟腱止于跟骨。小腿三头肌收缩时可屈(跖屈)踝关节和膝关节。在站立时，小腿三头肌能固定踝关节和膝关节，防止身体前倾。

(四)足肌

足肌分为足背肌和足底肌。足背肌收缩时助伸趾。足底肌分内侧、中间和外侧三群，其作用是维持足弓并能协助屈趾。

(任典寰　龙香娥)

第五章　脉管系统

脉管系统(vascular system)是一系列密闭而连续的管道系统,包括心血管系统和淋巴系统两部分。脉管系统的主要功能是把氧气、营养物质及激素等物质运送到全身各器官、组织及细胞;同时将各细胞、组织和器官的代谢产物运送到肺、肾、皮肤等排泄器官排出体外。

第一节　心

一、心的位置、外形和体表投影

(一)心的位置和外形

心脏(heart)位于胸腔的中纵隔内,膈肌中心腱的上方。整个心 2/3 偏位于身体正中线的左侧。

心的外形略呈倒置的圆锥形,大小约相当于本人的拳头(图 5-1)。心尖朝向左前下方,心底朝向右后上方。上、下腔静脉分别从上、下方注入右心房,左、右肺静脉分别从两侧注入左心房。心脏表面有三个浅沟,可作为心脏分界的表面标志。在心底附近有环形的冠状沟,分隔上方的心房和下方的心室。心室的前、后面各有一条纵沟,分别叫做前室间沟和后室间沟,是左、右心室表面分界的标志。

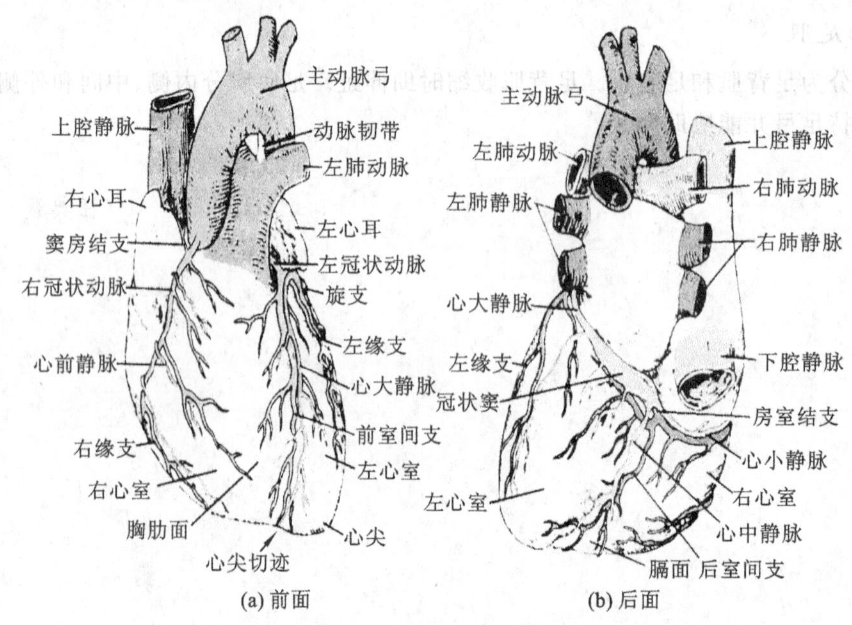

图 5-1　心的外形和血管

（二）心的体表投影

心在胸前壁的体表投影通常采用下列四点连线来确定（图 5-2）。

1. 左上点 左侧第 2 肋软骨下缘，距胸骨左缘约 12 mm 处。

2. 右上点 右侧第 3 肋软骨上缘，距胸骨右缘约 10 mm 处。

3. 左下点 左侧第 5 肋间隙，左锁骨中线内侧 10～20 mm 处（距正中线 70～90 mm）。

4. 右下点 右侧第 6 胸肋关节处。

左、右上点连线为心上界，左、右下点连线为心下界，右上、下点连线为心右界，左上、下点连线为心左界。

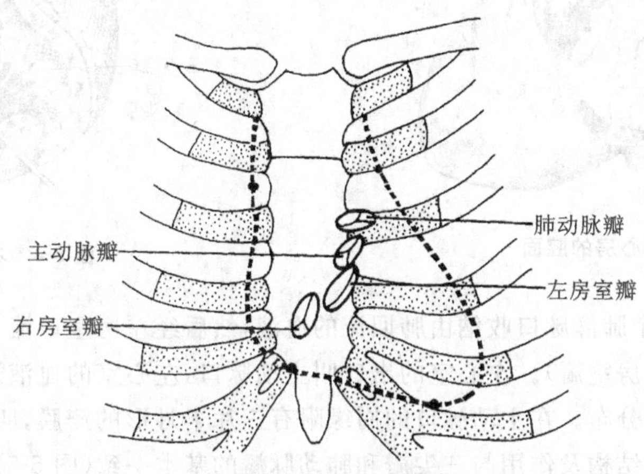

图 5-2 心的体表投影

二、心壁的结构

心脏是肌性的空腔器官。其壁由心内膜、心肌层和心外膜（即浆膜心包的脏层）构成，心肌纤维（细胞）是心肌层主要成分，心肌纤维呈不规则的短圆柱状，常有分叉，互连成网。心内膜与血管内膜相续，心房、心室的心外膜、心内膜是互相延续的，但心房和心室的心肌层却不直接相连，它们分别起止于心房和心室交界处的纤维支架，形成各自独立的肌性壁，从而保证心房和心室各自进行独立的收缩、舒张，以推动血液在心脏内的定向流动。心房肌薄弱，心室肌肥厚，其中左心室壁肌最发达。

三、心腔的形态结构

心腔分为右心房、右心室、左心房和左心室。分隔左、右心房的称为房间隔，分隔左、右心室的称为室间隔。右心房、右心室容纳静脉血，左心房、左心室容纳动脉血。心腔内的静脉血与动脉血不交汇。

右心房通过上、下腔静脉口接纳全身静脉血的回流，还有一小的冠状窦口，是心自身静脉血的回流口。右心房内的血液经右房室口流入右心室，在右房室口附有三尖瓣（右房室瓣），瓣尖伸向右心室，瓣膜借腱索与右心室壁上的乳头肌相连。当心室收缩时，瓣膜合拢封闭房室口以防止血液向心房内逆流。右心室的出口叫肺动脉口，通向肺动脉。在肺动脉口的周缘附有三片半月形的瓣膜，叫肺动脉瓣，其作用是当心室舒张时，防止肺动脉的血液反流至右心室(图 5-3、图 5-4)。

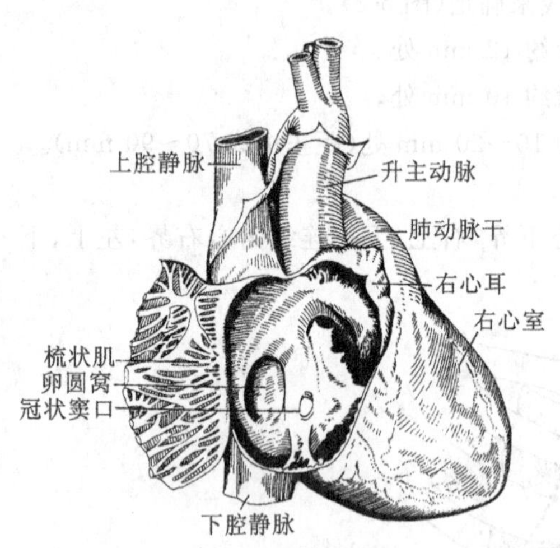

图 5-3 右心房的腔面

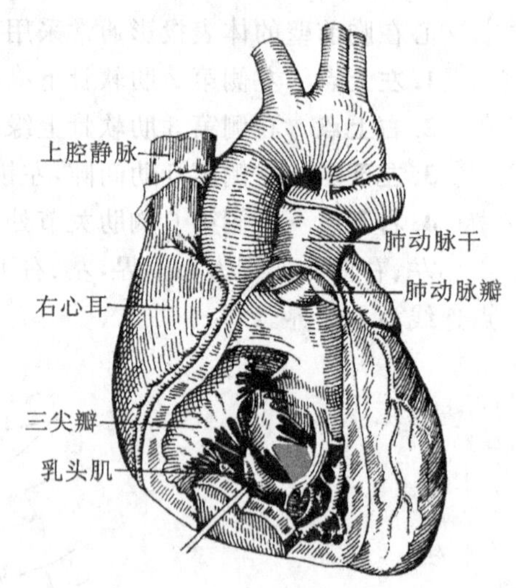

图 5-4 右心室的腔面

左心房通过四个肺静脉口收纳由肺回流的血液,然后经左房室口流入左心室,在左房室口处附有二尖瓣(左房室瓣)。左心室的出口叫主动脉口,左心室的血液通过此口入主动脉,向全身各组织、器官分布。在主动脉口的周缘附有三片半月形的瓣膜,叫主动脉瓣。二尖瓣和主动脉瓣的形状、结构及作用与三尖瓣和肺动脉瓣的基本一致(图 5-5)。

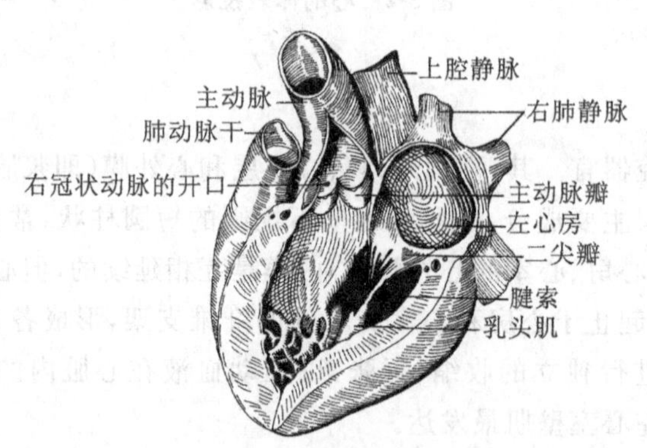

图 5-5 左心房和左心室

四、心包

心包(pericardium)(图 5-6)是包裹心和出入心的大血管根部的纤维浆膜囊。分内、外两层,外层为纤维心包,内层为浆膜心包。纤维心包是坚韧的结缔组织囊,上方与大血管的外膜相续,下方附于膈的中心腱。浆膜心包贴于纤维心包的内面,分互相移行的脏、壁两层,脏层位于心的表面,即心外膜;壁层位于纤维心包的内面。浆膜心包脏、壁两层之间的腔隙称心包腔(pericardial cavity),腔内含少量浆液,起润滑作用,能减少心脏跳动时的摩擦。

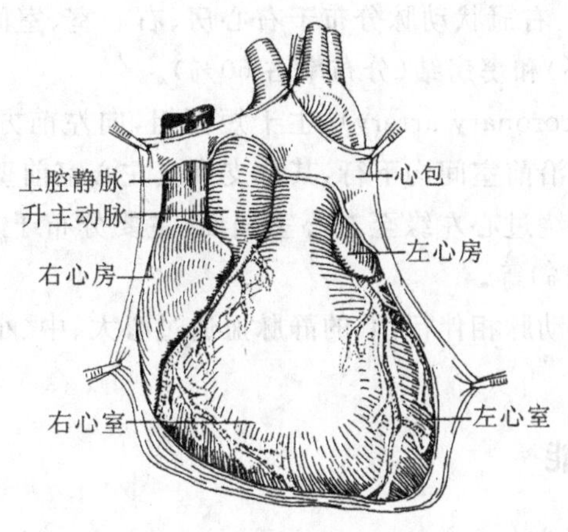

图 5-6 心包

五、心传导系统

心传导系统是由特殊分化的心肌纤维所构成，位于心壁内(图 5-7)，具有产生兴奋、传导冲动和维持心正常节律性搏动的功能，使心房肌和心室肌规律地进行舒缩，包括窦房结、房室结、房室束、左右束支及其分支、浦肯野细胞。窦房结(sinoatrial node)呈长梭形，位于上腔静脉与右心耳交界处的心外膜深面，是心的正常起搏点。

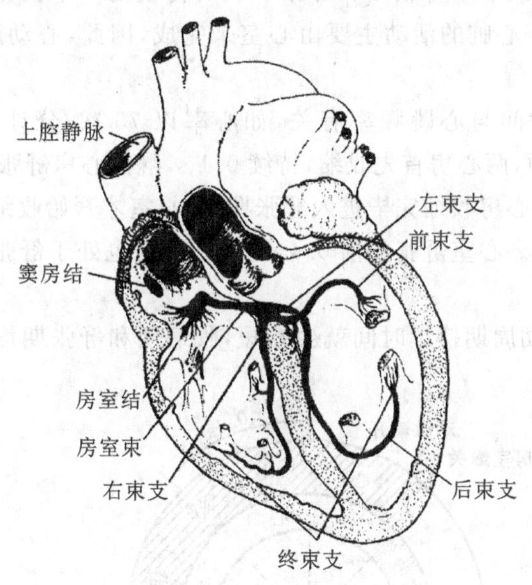

图 5-7 心传导系统模式图

六、心的血管

心的动脉为发自升主动脉的左、右冠状动脉，其静脉最终汇集成冠状窦，开口于右心房。供给心脏本身的血液循环称之为冠状循环。

1. 动脉 供应心的动脉是左、右冠状动脉(图 5-1)，均发自升主动脉起始部。

(1)右冠状动脉(right coronary artery)：沿冠状沟向右下绕心右缘至心的膈面，发出后

室间支,沿后室间沟下行。右冠状动脉分布于右心房、右心室、室间隔后 1/3、部分左心室后壁、房室结(分布率占 93%)和窦房结(分布率占 60%)。

(2)左冠状动脉(left coronary artery):主干短而粗,向左前方行至冠状沟,随即分为前室间支和旋支。前室间支沿前室间沟下行,其分支供应左心室前壁、右心室前壁和室间隔前 2/3。旋支沿冠状沟左行,绕过心左缘至左心室膈面,主要分布于左心房、左心室左侧面、膈面和窦房结(分布率占 40%)等。

2. 静脉 心的静脉与动脉相伴行,心的静脉血通过心大、中、小静脉汇入冠状窦,再经过冠状窦口注入右心房。

七、心脏的泵血功能

(一)心率和心动周期

1. 心率 每分钟心跳的次数称为心率(heart rate,HR)。正常成人安静时心率为 60～100 次/分,平均约 75 次/分。安静情况下,成人心率超过 100 次/分,称心动过速;小于 60 次/分,称心动过缓。心率因年龄、性别和生理情况不同而有差异。新生儿心率可达 130 次/分,随着年龄增长而逐渐减慢,至青春期接近成年人;成年女性的心率略快于男性;经常进行体育活动和体力劳动者,心率较慢;同一个人处于激动、紧张或运动时心率较快,而安静或睡眠时则较慢。

2. 心动周期 心房或心室每收缩和舒张一次所构成的一个机械活动周期,称为心动周期(cardiac cycle)。由于心脏的活动主要由心室来完成,因此,心动周期通常是指心室的活动周期。

心动周期持续的时间与心跳频率有关,如心率以 75 次/分计算,每个心动周期持续 0.8 s。一个心动周期中,两心房首先收缩,持续 0.1 s,继而心房舒张,持续 0.7 s。当心房收缩时,心室处于舒张期,心房收缩完毕进入舒张期后,心室才开始收缩,持续 0.3 s,随后心室进入舒张期,历时 0.5 s。心室舒张的前 0.4 s 期间,心房也处于舒张期,这一时期称为全心舒张期(图 5-8)。

如果心率增快,心动周期持续时间就会缩短,收缩期和舒张期均相应缩短,尤其是舒张期缩短更为明显。

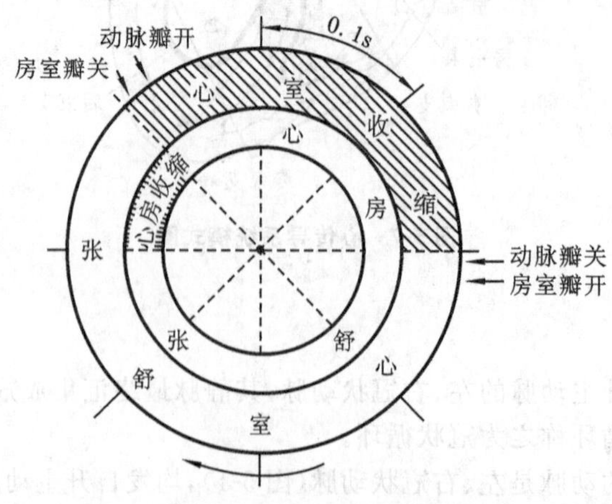

图 5-8 心动周期中心房与心室的活动示意图

（二）心脏的泵血过程

1. 心室收缩期

（1）等容收缩期：心房收缩完毕进入舒张期时，心室开始收缩，心室内压迅速升高，当心室内压高于心房内压时，心室内血液推动房室瓣关闭。此时心室内压仍低于动脉压，动脉瓣处于关闭状态，心室成为一个密闭的腔，容积不变，故称为等容收缩期。

（2）快速射血期：心室肌继续收缩，心室内压继续升高，当心室内压高于动脉压时，动脉瓣打开，血液由心室快速射入动脉，故称快速射血期。此期心室内压升高达到顶峰，射出的血量占总射血量的70%左右。

（3）减慢射血期：快速射血期后，心室内血量减少，心室肌的收缩也减弱，心室内压逐步下降，射血速度减慢，称为减慢射血期。此期心室内压虽已低于动脉内压，但血液因惯性作用继续射入动脉。

2. 心室舒张期

（1）等容舒张期：心室开始舒张后，心室内压急剧下降，低于动脉压时，动脉内血液反流冲击动脉瓣，使其关闭。此时心室内压仍明显高于心房内压，房室瓣依然关闭，心室又成为密闭的腔，容积不变，称为等容舒张期。

（2）快速充盈期：心室继续舒张，当心室内压下降到低于心房内压时，房室瓣被血液冲开，心房和静脉内的血液顺房室压力差被快速“抽吸”进入心室，称为快速充盈期。此期心室充盈的血量约占总充盈量的2/3。

（3）减慢充盈期：快速充盈期后，心室内已有相当的充盈血量，大静脉、房室间的压力差逐渐减小，血液以较慢的速度继续流入心室，心室容积继续增大，称减慢充盈期。

3. 心房收缩期

在心室舒张的最后0.1 s，心房开始收缩，心房内压升高，心房内的血液继续挤入心室。此期的心室充盈量仅占心室总充盈量的10%～30%。

综上所述，心室收缩时，心室内压升高，房室瓣关闭而动脉瓣开放，血液由心室射入动脉；心室舒张时，心室内压下降，动脉瓣关闭而房室瓣开放，血液由心房充盈心室。可见，心室肌的收缩和舒张是导致心室射血与充盈的原动力，而压力差又是血液流动和瓣膜开闭的直接动力。

（三）心音

在每一个心动周期中，心肌收缩、瓣膜启闭、血液对心血管壁的撞击等因素引起的机械振动，通过周围组织传导到胸壁的声音，称为心音（heart sound）。将听诊器放在胸壁某些特定的部位，即可听到心音。

每一心动周期中，至少可听到两个心音，分别为第一心音和第二心音。

第一心音发生在心室收缩期，是心室开始收缩的标志。听诊的特点：音调低，持续时间较长，在心尖部听得最清楚。第一心音的产生主要是由于房室瓣突然关闭的振动引起的，也与心室射出的血液冲击动脉壁引起振动有关。第一心音的响度取决于心室的收缩力。

第二心音发生在心室舒张期，是心室开始舒张的标志。听诊的特点：音调高，持续时间较短，在心底部听得最清楚。第二心音的产生主要是由于动脉瓣突然关闭的振动所致，也与血液反流冲击大动脉根部及心室壁振动有关。第二心音的响度取决于主动脉和肺动脉压力的高低。

(四)心脏泵血功能的评定

1.每搏输出量与射血分数　一侧心室一次收缩所射出的血量,称为每搏输出量,简称搏出量(stroke volume)。正常成人在静息状态下的搏出量是60～80 mL。搏出量占心室舒张末期容积的百分比,称为射血分数(ejection fraction)。正常成人在静息状态下心室舒张末期的容积为125～145 mL,射血分数为55%～65%。在心室功能减退、心室异常扩大的情况下,虽然搏出量与正常人没有明显区别,但此时的射血分数却明显下降。因此射血分数是评定心泵血功能的重要指标。

2.每分输出量与心指数　每分钟由一侧心室所射出的血量,称为每分输出量,简称心输出量(cardiac output)。心输出量是搏出量与心率的乘积。若按心率75次/分计算,心输出量则为4.5～6.0 L/min,平均约5 L/min。心输出量有生理变动:女性的心输出量略低于男性;青年人的心输出量高于老年人;剧烈运动时心输出量明显增加;睡眠时心输出量则明显减少。

以每平方米体表面积计算的心输出量,称为心指数(cardiac index)。中等身材的成年人体表面积为1.6～1.7 m^2,安静和空腹情况下心输出量为5～6 L/min,故心指数为3.0～3.5 L/(min·m^2)。安静和空腹情况下的心指数,称之为静息心指数,是分析比较不同身高、体重个体的心功能时常用的评定指标。年龄在10岁左右时,静息心指数最大,可达4 L/(min·m^2)以上,以后随年龄增长而逐渐下降;到80岁时,静息心指数降至接近于2 L/(min·m^2)。运动、情绪激动、妊娠及进食时,心指数均增高。

(五)影响心输出量的因素

心输出量等于搏出量与心率的乘积,凡能影响搏出量和心率的因素,均是影响心输出量的因素。

1.影响搏出量的因素

(1)前负荷:心肌收缩之前所承受的负荷,即心室舒张末期容量。在一定范围内,心室舒张末期容量(即前负荷)越大,心肌收缩前的初长度就越长,心肌的收缩力也就越强,搏出量增加。这种通过改变心肌初长度而引起心肌收缩力改变和搏出量改变的调节形式,称为异长自身调节。能使心肌收缩力达到最大值的初长度称为最适初长度,此时的前负荷称为最适前负荷。静脉输血、输液量过多或速度过快时,可造成心肌前负荷过大,使心肌初长度过长,心肌收缩力反而减弱,搏出量减少。

(2)后负荷:心肌收缩之后所遇到的负荷,即动脉血压。主动脉血压构成左心室的后负荷,肺动脉血压构成右心室的后负荷。在其他条件不变的情况下,当动脉血压升高时,心室后负荷增大,导致等容收缩期延长,射血时间缩短,射血速度减慢,使搏出量减少。

在正常情况下,动脉血压升高使搏出量减少时,心室内的剩余血量增加,如此时静脉血回流量不变,心室舒张末期容积增大,通过异长自身调节可使搏出量恢复到正常水平。但动脉血压若长期持续升高,心肌长期加强收缩,将出现心肌肥厚等病理改变,最终导致心脏泵血功能的衰竭。

(3)心肌收缩能力:心肌不依赖于前、后负荷而能改变其力学活动的特性。这种调节与初长度无关,故称等长自身调节。神经体液因素和某些药物均可通过改变心肌收缩能力来调节搏出量。如心交感神经兴奋和肾上腺素可使心肌收缩能力加强，而心迷走神经兴奋和乙酰胆碱则使心肌收缩能力下降。

2. 心率对心输出量的影响 在一定范围内，心率加快，心输出量增加；但如心率过快，超过 170～180 次/分，心室充盈时间明显缩短，充盈量减少，搏出量可减少到正常的一半左右，心输出量减少。反之，如心率过慢，低于 40 次/分，虽然心舒张期明显延长，但心室充盈量有一定限度，心输出量明显减少。可见，心率过快或过慢，心输出量都将减少。

八、心肌的生理特性

心肌具有兴奋性、自律性、传导性和收缩性。其中兴奋性、自律性和传导性是以心肌细胞的生物电活动为基础，是心肌的电生理特性；收缩性是心肌的机械特性。电生理特性和机械特性共同决定着心脏的各种活动。

(一) 自律性

心脏在没有外来刺激的条件下，能自动地发生节律性兴奋，称为自动节律性，简称自律性。心脏的自律性来源于自律细胞。心脏不同部位自律细胞的自律性高低存在差别，其中以窦房结的自律性最高(约 100 次/分)，房室交界区次之(约 50 次/分)，浦肯野纤维的自律性最低(约 25 次/分)。

在正常情况下，由于窦房结的自律性最高，由它来控制整个心脏的活动而成为心脏的正常起搏点。由窦房结引起的正常心跳节律称为窦性心律。其他部位的自律性低，通常受控于窦房结的节律之下，只起传导作用，称为潜在起搏点。在窦房结病变或窦房结的兴奋因传导阻滞而不能下传，或潜在起搏点的自律性异常升高时，潜在起搏点则可取代窦房结而成为异位起搏点，从而产生异位心律。

(二) 兴奋性

心肌的兴奋性呈周期性变化，具有重要的生理意义。

1. 心肌细胞兴奋性的周期性变化 以心室肌为例，心肌兴奋性变化可分为三个时期(图 5-9)。①有效不应期：兴奋性为零的绝对不应期和兴奋性极低的局部反应期，此期 Na^+ 通道完全失活或刚开始复活，无法产生动作电位。②相对不应期：有效不应期后兴奋性较低的时期，此时 Na^+ 通道已逐渐复活，但尚未恢复到正常水平，其兴奋性低于正常。③超常期：心肌细胞兴奋性高于正常的时期，在此期给予阈下刺激，也可引起动作电位。

经历了超常期后，膜电位就恢复到静息电位水平，细胞的兴奋性也恢复至正常。

2. 兴奋性的周期性变化与收缩活动的关系 心肌细胞兴奋性周期性变化的特点是有效不应期特别长，包含心肌的整个收缩期及舒张早期(图 5-9)。因此，心肌在收缩期和舒张早期不可能再接受刺激而产生第二次兴奋和收缩。这个特点使心肌不会产生完全强直收缩，保证了心脏节律性的收缩与舒张交替进行，实现其泵血功能。

3. 期前收缩和代偿间歇 正常情况下，心脏按窦房结发出的兴奋节律进行活动。但如果心室肌在有效不应期之后，下一次窦性冲动到达之前，受到人工的或窦房结以外的异常刺激，则可提前发生一次兴奋收缩，称为期前收缩，亦称早搏。期前收缩也存在有效不应期，当正常的一次窦房结兴奋传到时，常落在有效不应期内无法引起心肌的兴奋收缩，必须到下一

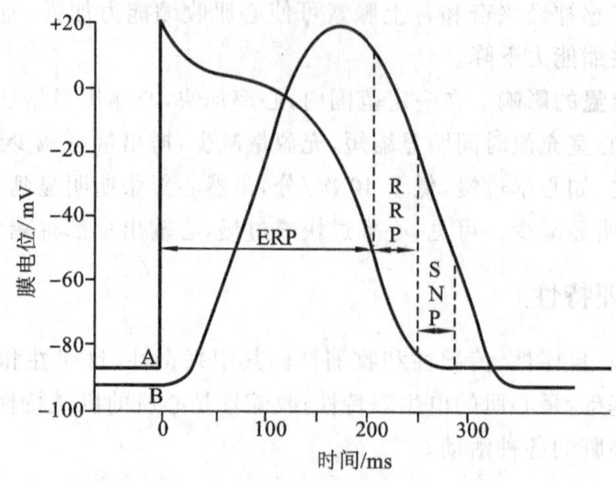

图 5-9 心室肌动作电位期间兴奋性的变化及其与机械收缩的关系

A—动作电位；B—机械收缩；ERP—有效不应期；RRP—相对不应期；SNP—超常期

次窦房结兴奋传到时才能引起心肌收缩。因此，在一次期前收缩之后往往出现一段较长的心肌舒张期，称为代偿间歇（图 5-10）。

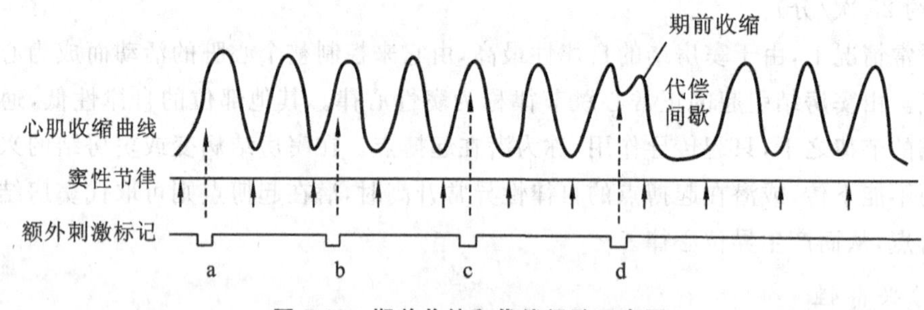

图 5-10 期前收缩和代偿间歇示意图

（三）传导性

心肌细胞具有传导兴奋的能力，称为传导性。由于心肌细胞之间存在闰盘结构，使兴奋迅速传递到另一个心肌细胞，从而引起整块心肌的兴奋和收缩。

1. 心脏内兴奋传播的途径 窦房结是心脏兴奋的发源地，由窦房结发出的兴奋通过心房肌传导到整个右心房和左心房，通过优势传导通路迅速传导到房室交界区，再经房室束和左、右束支传导到密布于心室肌的浦肯野纤维网，最后传到心室肌。

2. 心脏内兴奋传播的特点 兴奋在心脏各个部分传播的速度并不相同。心房肌的传导速度为 0.4 m/s，优势传导通路的传导速度可达 1 m/s，房室交界区的传导速度仅 0.02 m/s，心室肌的传导速度约为 1 m/s，浦肯野纤维传导速度可达 4 m/s。房室交界区兴奋传导速度极慢的现象，称房-室延搁。其生理意义是保证心房和心室的收缩活动按顺序进行，有利于心室的充盈和射血。

（四）收缩性

心肌细胞的收缩具有本身的特点。

1. 不产生完全强直收缩 由于心肌细胞的有效不应期特别长，相当于整个收缩期及舒张早期，因而心肌细胞不产生完全强直收缩。这一特点保证了心肌收缩与舒张的交替进行，从而保证了心脏正常的充盈与射血。

2. 同步收缩 由于左、右心房或左、右心室可视为功能合胞体，使兴奋可在瞬间传到两心房或两心室，产生几乎同步的兴奋与收缩，其意义是有利于射血。

3. 对细胞外液的 Ca^{2+} 浓度有明显的依赖性 心肌细胞的肌质网不发达，细胞内储存的 Ca^{2+} 量较少，兴奋-收缩偶联所需的 Ca^{2+} 要从细胞外转运。因此，当细胞外 Ca^{2+} 浓度下降时，会使心肌的收缩力下降。

九、心电图

心脏活动过程中所产生的电变化，可以通过其周围的导电组织和体液，传导至身体表面。用引导电极置于体表的一定部位可记录心脏的电变化，这种记录得到的心电曲线称为心电图(electrocardiogram，ECG)(图 5-11)。临床上心电图检查对心脏疾病的诊断具有重要价值。

正常人心电图以标准导联Ⅱ的波形较为典型，由如下波形和各波间的线段组成。

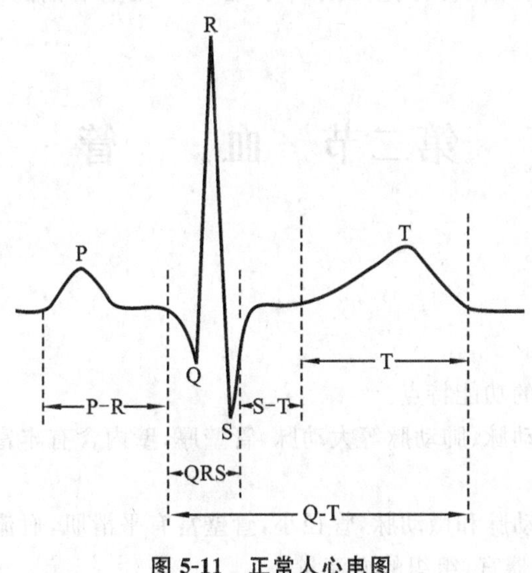

图 5-11 正常人心电图

(一)P 波

反映两心房的去极化过程。P 波形小而圆钝，历时 0.08～0.11 s，波幅不超过 0.25 mV。

(二)QRS 波群

反映两心室的去极化过程，包括三个紧密相连的电位波动：第一个向下的波为 Q 波，以后是高而尖峭的向上的 R 波，最后是一个向下的 S 波。QRS 波群历时 0.06～0.10 s，波的幅度变化较大。

(三)T 波

反映两心室的复极化过程。历时 0.05～0.25 s，波幅为 0.1～0.8 mV。如 T 波小于 R 波的 1/10 称为 T 波低平，常见于心肌损害。

(四)U 波

T 波后偶有一个小的 U 波,方向与 T 波一致,历时 0.2～0.3 s,波幅小于 0.05 mV,一般认为 U 波与浦肯野纤维 3 期复极化有关。

(五)P-R 间期

P-R 间期是指从 P 波起点到 QRS 波群起点之间的时程,历时 0.12～0.20 s。P-R 间期代表由窦房结产生的兴奋经心房、房室交界区和房室束传到心室,引起心室开始兴奋所需要的时间,也称为房室传导时间。房室传导阻滞时,P-R 间期延长。

(六)Q-T 间期

Q-T 间期是从 QRS 波群起点到 T 波终点的时程,历时 0.3～0.4 s,代表心室从开始去极化到完全复极至静息状态的时间。

(七)S-T 段

S-T 段是从 QRS 波群终点到 T 波起点之间的线段。它代表心室已全部处于去极化状态,各部分之间无电位差,曲线回到基线水平。若 S-T 段上下偏离一定范围说明心肌有损伤、缺血等病变。

第二节 血 管

一、概述

(一)血管的分类

各类血管具有不同的功能特点。

1. 弹性血管 指主动脉、肺动脉等大动脉,管壁厚,壁内含有丰富的弹性纤维,有较大的可扩张性和弹性。

2. 阻力血管 指小动脉和微动脉,管径小,管壁富有平滑肌,血流阻力大(占总外周阻力的 47%),从而影响所在器官、组织的血流量。

3. 交换血管 指毛细血管,数量多、分布广,且其管壁通透性高,血流缓慢,是血液与组织液之间进行物质交换的理想场所。

4. 容量血管 指静脉血管,其管径大、管壁薄、容量大且易扩张。在安静状态下,静脉系统容纳了循环血量的 60%～70%,起着储血库的作用。

(二)血液循环途径

血管由起于心室的动脉和回流于心房的静脉以及连接于动、静脉之间的毛细血管所组成。血液由心室射出,经动脉、毛细血管、静脉回流入心房,循环不止,根据循环途径的不同,可分为大(体)循环和小(肺)循环两种。大循环起始于左心室,左心室收缩将富含氧气和营养物质的动脉血泵入主动脉,经各级动脉分支到达全身各部组织的毛细血管,与组织细胞进行物质交换,即血中的氧气和营养物质为组织细胞所吸收,组织细胞的代谢产物和二氧化碳等进入血液,形成静脉血,再经各级静脉,最后汇合成上、下腔静脉注入右心房。而小循环则起于右心室，右心室收缩时，将大循环回流的血液（含代谢产物及二氧化碳的静脉血）泵入肺动脉，经肺动脉的各级分支到达肺泡周围的毛细血管网，通过毛细血管壁和肺泡壁与肺泡内的空气进行气体交换，即排出二氧化碳，摄入氧气，使血液变为富含氧气的动脉血，再经肺静脉回流于左心房（图 5-12）。

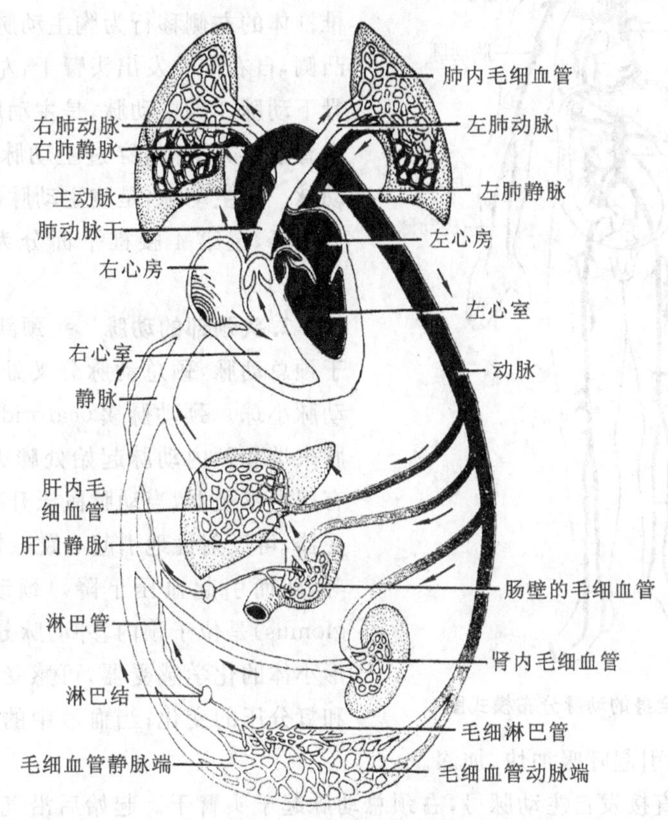

图 5-12 血液循环示意图

二、肺循环的血管

（一）肺动脉

肺动脉（pulmonary artery）起于右心室，为一短干，在主动脉弓下方分为左、右肺动脉，经肺门入肺，随支气管的分支而分支，在肺泡壁的周围形成稠密的毛细血管网。

（二）肺静脉

肺静脉（pulmonary veins）属支起于肺内毛细血管，逐级汇成较大的静脉，最后左、右肺各汇成两条肺静脉，注入左心房。

三、体循环的血管

（一）动脉

1. 主动脉 主动脉（aorta）是大循环中的动脉主干，全程可分为三段，即升主动脉、主动

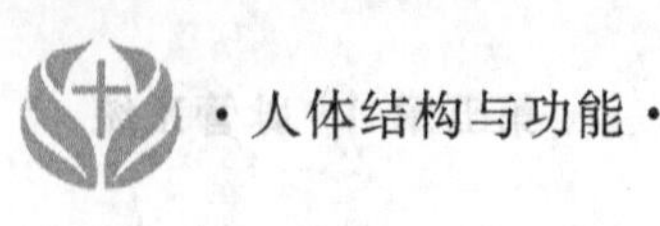

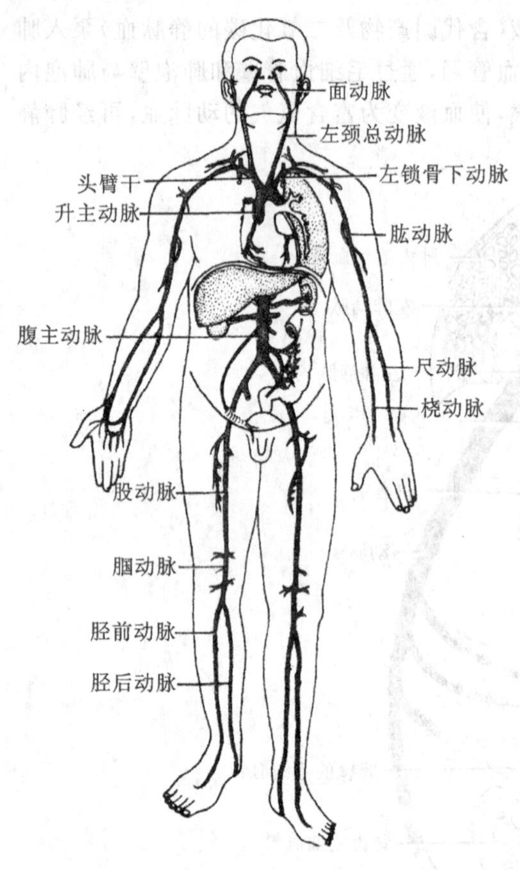

图 5-13 全身的动脉分布模式图

脉弓和降主动脉。降主动脉分为胸主动脉和腹主动脉。升主动脉，起自左心室，在起始部发出左、右冠状动脉营养心壁。主动脉弓，是升主动脉的直接延续，呈弓形向左后方弯曲，到第 4 胸椎椎体的左侧移行为胸主动脉。在主动脉弓的凸侧，自右向左发出头臂干、左颈总动脉和左锁骨下动脉。胸主动脉，是主动脉弓的直接延续，沿脊柱前方下降，穿过主动脉裂孔移行为腹主动脉。腹主动脉，是胸主动脉的延续，沿脊柱前方下降，至第 4 腰椎平面分为左、右髂总动脉(图 5-13)。

2. 头颈部的动脉 头颈部的动脉主要来源于颈总动脉，颈总动脉分叉处有颈动脉窦和颈动脉小球。颈动脉窦(carotid sinus)是颈总动脉末端和颈内动脉起始处膨大的结构，窦壁内有压力感受器，当动脉血压升高时，刺激压力感受器，可反射性地引起心跳减慢、末梢血管扩张等，从而引起血压下降。颈动脉小球(carotid glomus)是位于颈内、外动脉分叉处后方呈椭圆形小体的化学感受器，可感受血液中二氧化碳和氧分压的变化；当血液中的二氧化碳分压增高时，可反射性地引起呼吸加快、加深。

左颈总动脉直接发自主动脉弓，右颈总动脉起于头臂干。起始后沿气管和食管的外侧上升，至甲状软骨上缘平面分为颈内动脉和颈外动脉两支。颈内动脉经颅底的颈动脉管入颅，分布于脑和视器。颈外动脉上行至下颌颈处分为颞浅动脉和上颌动脉两个终支。沿途的主要分支有甲状腺上动脉、舌动脉和面动脉等，分布于甲状腺、喉及头面部的浅、深层结构(图 5-14)。

3. 上肢的动脉 上肢动脉的主干是锁骨下动脉。左锁骨下动脉，直接起于主动脉弓，右锁骨下动脉起于头臂干，起始后经胸廓上口进入颈根部，越过第 1 肋，续于腋动脉。其主要分支有椎动脉，穿经颈椎的横突孔由枕骨大孔入颅，分布于脑。甲状颈干，分布于甲状腺等。胸廓内动脉分布于胸腹腔前壁。

腋动脉(axillary artery)为锁骨下动脉的延续，穿行于腋窝，至背阔肌下缘，移行于肱动脉，腋动脉的分支分布于腋窝周围结构。

肱动脉(brachial artery)沿臂内侧下行，在肘窝的内上方，肱二头肌腱内侧可触到肱动脉的搏动，此处是测量血压时的听诊部位。当上肢远侧部发生大量出血时，可在臂中部的内侧向外侧压迫肱动脉于肱骨，进行止血(图 5-15)。

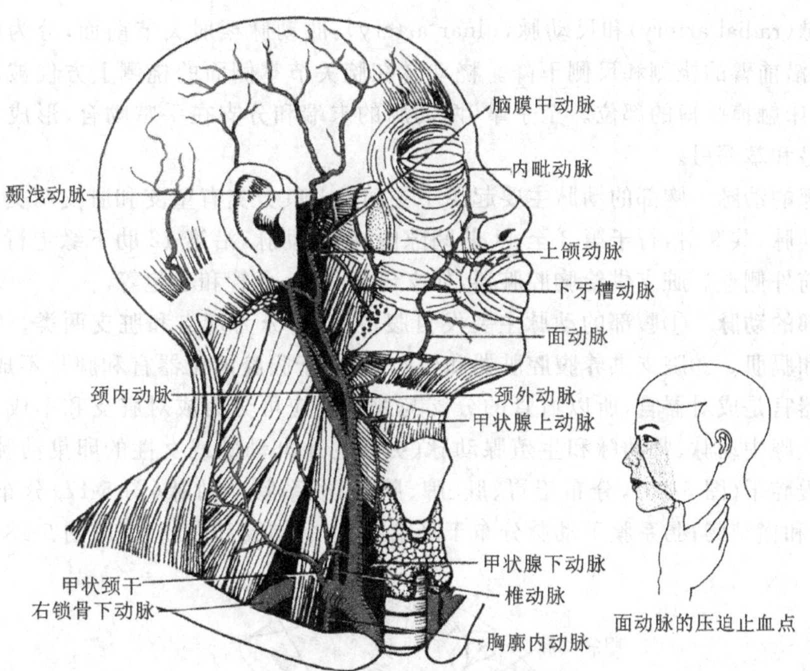

图 5-14　颈外动脉及其分支

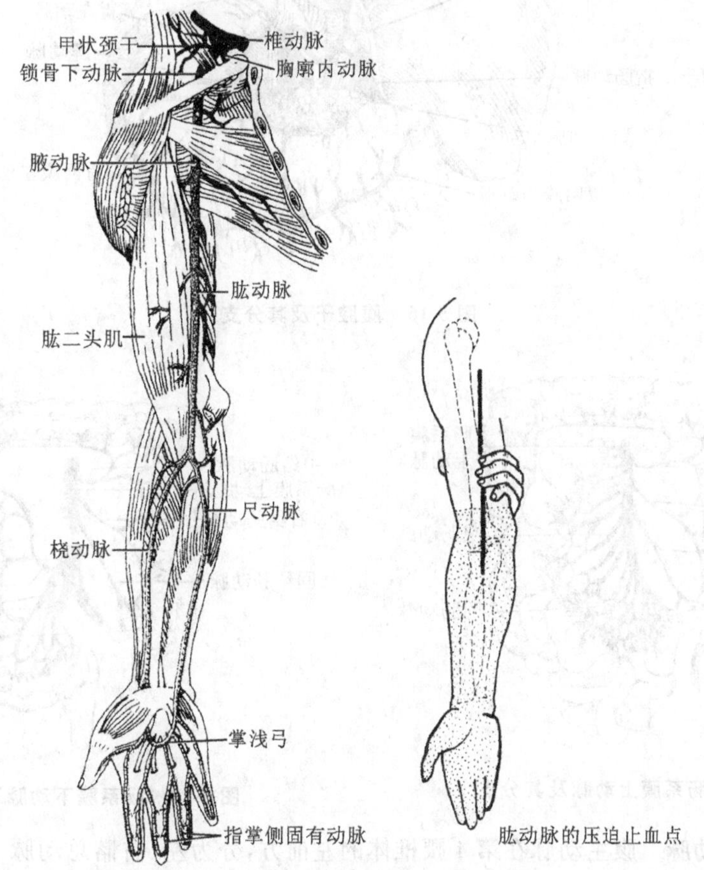

图 5-15　上肢的动脉(右侧)

桡动脉(radial artery)和尺动脉(ulnar artery):肱动脉至肘关节前面,分为桡动脉和尺动脉,分别沿前臂的桡侧和尺侧下降。桡动脉在腕关节掌侧面的桡侧上方仅被皮肤和筋膜遮盖,是临床触摸脉搏的部位。至手掌,两动脉的末端和分支在手掌吻合,形成双层的动脉弓即掌浅弓和掌深弓。

4. 胸部的动脉 胸部的动脉主要起源于主动脉。其分支有壁支和脏支两类。壁支主要是肋间后动脉,共 9 对,行于第 3 至 11 肋间隙内;肋下动脉,沿第 12 肋下缘走行。壁支供养胸壁和腹前外侧壁。脏支供给胸腔脏器,如支气管和肺、食管和心包等。

5. 腹部的动脉 ①腹部的动脉主要发自腹主动脉,分为壁支和脏支两类。②壁支分布于腹后壁和膈肌。③脏支供养腹腔脏器和生殖腺,由于腹腔消化器官和脾是不成对器官,而泌尿生殖器官是成对器官,所以血管的分支与此相适应可分为成对脏支和不成对脏支。成对的有肾上腺中动脉、肾动脉和生殖腺动脉(男性的睾丸动脉或女性的卵巢动脉)。不成对的分支有腹腔干(图 5-16),分布于胃、肝、脾、胰等;肠系膜上动脉(图 5-17)分布于小肠、盲肠、升结肠和横结肠;肠系膜下动脉分布于降结肠、乙状结肠和直肠上部(图 5-18)。

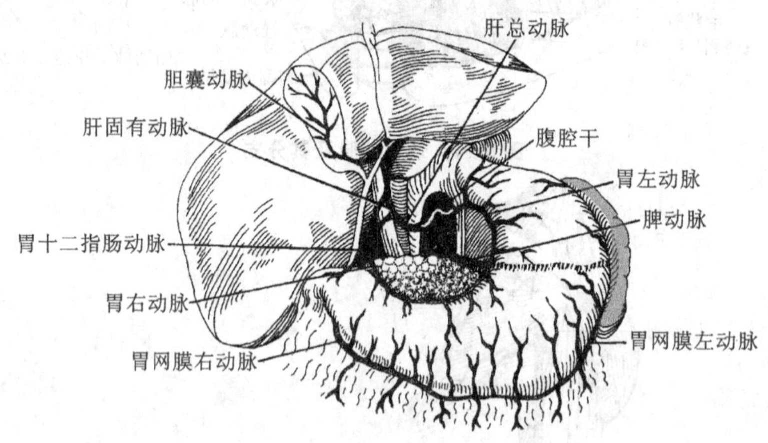

图 5-16 腹腔干及其分支

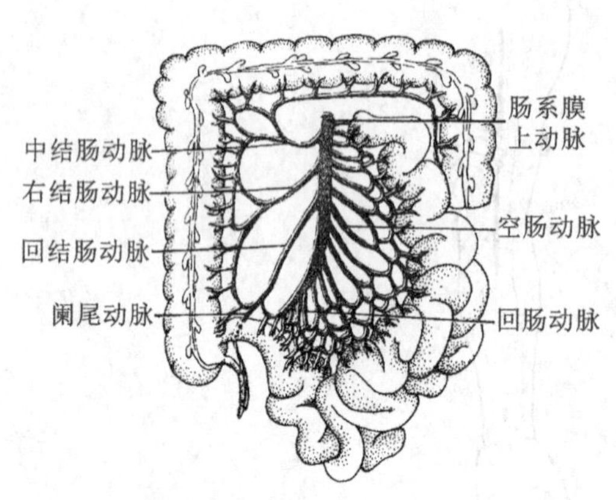

图 5-17 肠系膜上动脉及其分支

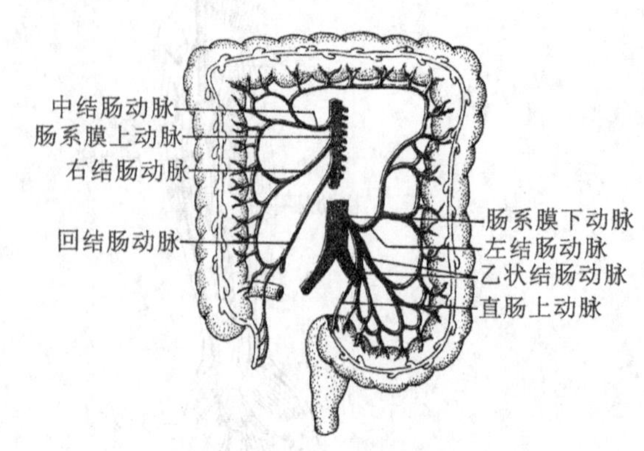

图 5-18 肠系膜下动脉及其分支

6. 盆部的动脉 腹主动脉在第 4 腰椎体的左前方,分为左、右髂总动脉。髂总动脉行至骶髂关节处又分为髂内动脉和髂外动脉。髂内动脉,是盆部动脉的主干,沿小骨盆后外侧壁走行。分支有壁支和脏支之分。①壁支分布于盆壁、臀部及股内侧部。②脏支分布于盆腔脏器(膀胱、直肠下段、子宫等)。

7. 髂外动脉和下肢的动脉 髂外动脉,是指自起始部至腹股沟韧带深部以上的一段动脉,其分支供养腹前壁下部。股动脉(femoral artery),在腹股沟韧带中点深面由髂外动脉延续而来,经股前部下行,在股下部穿向后行至腘窝,移行为腘动脉。腘动脉(popliteal artery),在腘窝深部下行,在膝关节下方分为胫后动脉和胫前动脉。胫后动脉沿小腿后部深层下行,经内踝后方至足底分为足底内侧动脉和足底外侧动脉。胫前动脉经胫腓骨之间穿行向前,至小腿前部下行,越过踝关节前面至足背,移行为足背动脉,足背动脉在第1、2跖骨间穿行至足底,与足底外侧动脉吻合形成足底动脉弓。

(二)静脉

体循环的静脉可分为上腔静脉系、下腔静脉系(包括门静脉系)(图5-19)和心静脉系。

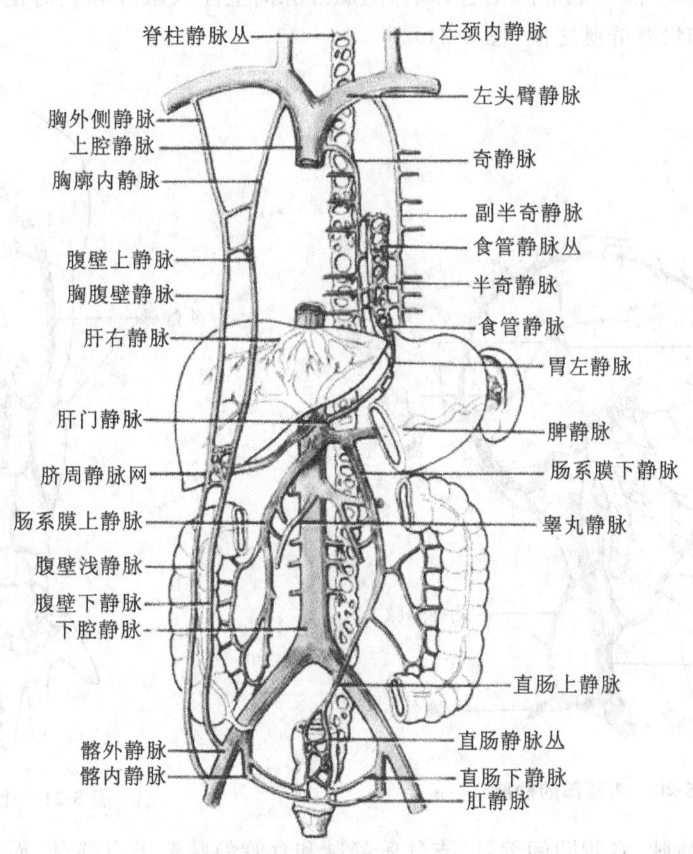

图5-19 上、下腔静脉模式图

1. 上腔静脉系 上腔静脉由左、右头臂静脉在右侧第1胸肋关节后合成,垂直下行,汇入右心房。在其汇入前有奇静脉注入上腔静脉。接纳头颈、上肢和胸部的静脉血。

头臂静脉,左右各一,分别由颈内静脉和锁骨下静脉在胸锁关节后方汇合而成,汇合处所形成的夹角,称为静脉角。

(1)头颈部的静脉:头颈部的静脉有深、浅之分。深静脉叫颈内静脉,起自颅底的颈静脉

孔，在颈内动脉和颈总动脉的外侧下行。它除接受颅内的血流外，还收纳从咽、舌、喉、甲状腺和头面部来的静脉。它最主要的属支是面静脉。

面静脉（facial vein）：起自内眦静脉，与面动脉伴行并斜向外下方，至下颌角下方接受下颌后静脉的前支，下行至舌骨高度注入颈内静脉。面静脉通过眼上、下静脉与颅内海绵窦交通（图 5-20），亦可经面部深静脉与海绵窦交通。由于面静脉缺乏静脉瓣，因此，当面部发生脓性感染时，特别是鼻根至两侧口角间的三角区发生感染处理不当（如挤压）时，病菌可经上述途径致颅内感染，临床称此区为"危险三角区"。

浅静脉叫颈外静脉，起始于下颌角处，越过胸锁乳突肌表面下降，注入锁骨下静脉，是颈部最大的浅静脉。

（2）上肢的静脉：上肢的深静脉均与同名动脉伴行。上肢的浅静脉有：头静脉，起自手背静脉网桡侧，沿前臂和臂外侧上行，汇入腋静脉；贵要静脉，起自手背静脉网尺侧，沿前臂尺侧上行，在臂内侧中点与肱静脉汇合，或伴随肱静脉向上注入腋静脉。肘正中静脉在肘部前面连于头静脉和贵要静脉之间（图 5-21）。

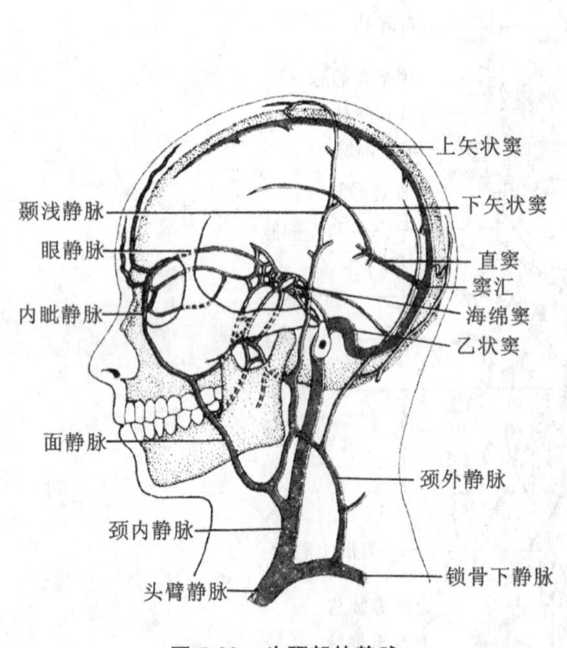

图 5-20　头颈部的静脉

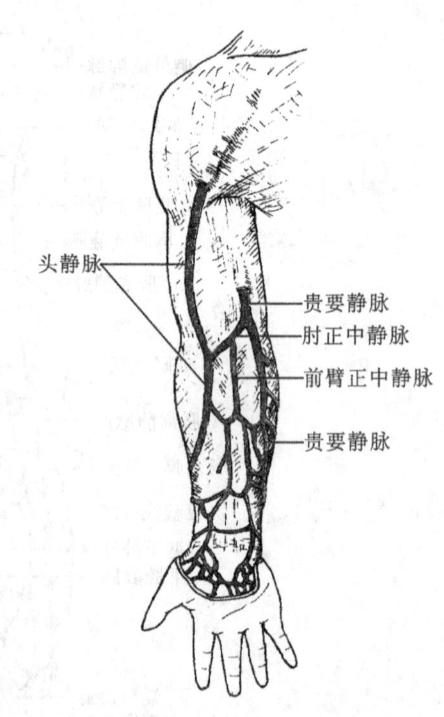

图 5-21　上肢浅静脉

（3）胸部的静脉：右侧肋间静脉、支气管静脉和食管静脉汇入奇静脉；而左侧肋间静脉则先汇入半奇静脉或副半奇静脉，然后汇入奇静脉。奇静脉沿胸椎体右前方上行，弓形越过右肺根汇入上腔静脉。

2. 下腔静脉系　下腔静脉是人体最大的静脉，接受膈以下各体部（下肢、盆部和腹部）的静脉血，由左、右髂总静脉在第 4 腰椎下缘处汇合而成，沿腹主动脉右侧上行，穿过膈的腔静脉孔，注入右心房。

（1）下肢的静脉：下肢的深静脉与同名动脉伴行，由股静脉续于髂外静脉。下肢的浅静脉有:大隐静脉,起自足背静脉弓的内侧端,经内踝前沿下肢内侧上行,在股前部靠上端处汇入股静脉;小隐静脉,起自足背静脉弓外侧端,经外踝后方,沿小腿后面上行,在腘窝注入腘静脉。

(2)盆部的静脉:有壁支和脏支之分。壁支与同名动脉伴行。脏支起自盆腔脏器周围的静脉丛(如膀胱丛、子宫阴道丛和直肠丛等)。壁支和脏支均汇入髂内静脉。髂外静脉和髂内静脉在骶髂关节前方汇成髂总静脉。

(3)腹部的静脉:有壁支与脏支之分。壁支与同名动脉伴行,注入下腔静脉。脏支与动脉相同,也可分为成对脏支和不成对脏支。成对脏支与动脉同名,大部分直接注入下腔静脉;不成对脏支有起自肠、脾、胰、胃的肠系膜上静脉、肠系膜下静脉和脾静脉等,它们汇合形成一条静脉主干叫肝门静脉。肝门静脉经肝门入肝,在肝内反复分支,最终与肝固有动脉的分支共同汇入肝血窦,肝血窦汇成肝内小静脉,最后形成3支肝静脉注入下腔静脉。肝门静脉是附属于下腔静脉系的一个特殊部分,它将大量由胃肠道吸收来的物质运送至肝脏,由肝细胞进行合成、解毒和储存。

3. 肝门静脉系 由肝门静脉及其属支所组成,收集除肝和直肠下段以外的腹腔不成对脏器的静脉血。肝门静脉(portal vein of liver)长6～8 cm,由肠系膜上静脉和脾静脉在胰头的后方汇合而成,在肝门处分为左、右两支入肝。肝门静脉的特点是起、止两端均为毛细血管,并缺少静脉瓣。所以,当肝门静脉血流受阻时,血液可发生逆流。

肝门静脉的主要属支(图 5-22):①肠系膜上静脉(superior mesenteric vein):在同名动脉的右侧上行,至胰头后方与脾静脉合成肝门静脉。收集同名动脉及胃十二指肠动脉供血区的静脉血。② 脾静脉(splenic vein):在胰的后方、脾动脉的下方向右行,与肠系膜上静脉合成肝门静脉。收集同名动脉供血区的静脉血。③肠系膜下静脉(inferior mesenteric vein):注入脾静脉或肠系膜上静脉或上述两静脉的汇合处。收集同名动脉供血区的静脉血。④胃左静脉(left gastric vein)(胃冠状静脉):与同名动脉伴行,注入肝门静脉。胃左静脉的食管支经食管静脉丛,再借食管静脉与奇静脉吻合。⑤胃右静脉(right gastric vein):与同名动脉伴行,注入肝门静脉,并与胃左静脉相吻合。⑥胆囊静脉(cystic vein):收集胆囊的静脉血,注入肝门静脉或其右支。⑦附脐静脉(paraumbilical vein):起于脐周静脉网,沿肝圆韧带行走,注入肝门静脉。

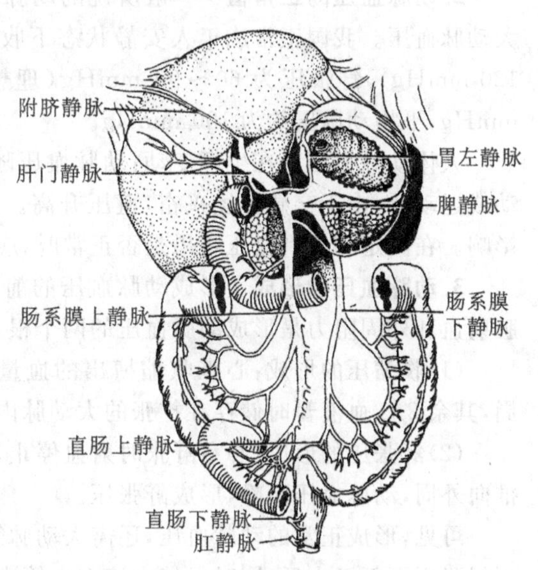

图 5-22 肝门静脉及其属支

肝门静脉系与上、下腔静脉系的吻合及侧支循环主要有以下三处:食管静脉丛、直肠静脉丛和脐周静脉网(图 5-19)。在一般情况下,这些静脉丛的分支细小,血液按正常方向回流。当肝门静脉高压时(如肝硬化引起的门静脉高压),肝门静脉回流受阻,肝门静脉内的血液可经吻合的静脉丛流入上、下腔静脉系,形成门静脉侧支循环。

当肝门静脉高压时,大量血液经侧支循环流向腔静脉,食管静脉丛曲张和破裂导致呕血；直肠静脉丛曲张和破裂，引起便血；腹壁的静脉形成以脐为中心，呈放射状排列的静脉曲张，临床称为“海蛇头”体征。

四、血管生理

血管是血液流动的管道，具有输送血液、分配血液及完成血液与组织液的物质交换的功能，并参与血压的形成与维持。血压（blood pressure，BP）是指血管内流动的血液对单位面积血管壁的侧压力。在不同的血管内分别称为动脉血压、毛细血管血压和静脉血压。血压的计量单位常用毫米汞柱（mmHg）表示。

（一）动脉血压

1. 动脉血压的概念 动脉血压（arterial blood pressure）是指流动的血液对单位面积动脉管壁的侧压力。在一个心动周期中，动脉血压随心脏的舒缩活动发生规律性的波动。心室收缩射血时，动脉血压升高，在快速射血期达最高值，称为收缩压（systolic pressure）。心室舒张时，射血停止，动脉血压下降，于心室舒张末期降至最低值，称为舒张压（diastolic pressure）。收缩压与舒张压的差值称为脉搏压，简称脉压（pulse pressure）。整个心动周期中动脉血压的平均值，称为平均动脉压（mean arterial pressure）。平均动脉压约等于舒张压＋1/3 脉压。动脉血压的书写形式是收缩压值/舒张压值 mmHg，如 110/70 mmHg。

2. 动脉血压的正常值 一般所说的动脉血压是指大动脉血压，通常以肱动脉血压代表大动脉血压。我国正常成年人安静状态下收缩压为 90～140 mmHg（理想收缩压为 100～120 mmHg），舒张压为 60～90 mmHg（理想舒张压为 60～80 mmHg），脉压为 30～40 mmHg，平均动脉压约为 100 mmHg。

人体动脉血压存在生理变动：动脉血压随着年龄增加而升高；男性略高于女性；情绪激动或运动时，由于交感神经兴奋，血压升高。此外，血压还受体位、昼夜、环境温度等因素的影响。在测定和评判血压结果是否正常时，应考虑是否有影响因素的存在。

3. 动脉血压的形成 形成动脉血压的前提条件是心血管系统内有足够的血液充盈，心脏射血和外周阻力是形成动脉血压的两个根本因素。

（1）收缩压的形成：心脏收缩搏出的血量，由于受到外周阻力的作用，只有 1/3 流向外周，其余 2/3 血液暂时储存在扩张的大动脉内，引起大动脉血压上升，形成收缩压。

（2）舒张压的形成：心室舒张时射血停止，大动脉管壁弹性回缩，使储存在大动脉的血液推向外周，动脉血压下降，形成舒张压。

可见，形成正常的动脉血压，还需大动脉管壁的弹性缓冲作用，能使收缩压不至于太高，而舒张压不至于太低，同时保持血液在血管内连续不断地流动。

4. 影响动脉血压的因素

（1）每搏输出量：每搏输出量增加，心室收缩期射入大动脉内的血量增加，收缩压明显升高，但舒张压升高不多，故脉压增大。因此，每搏输出量的变化主要影响收缩压，而收缩压的高低主要反映每搏输出量的多少。

（2）心率：心率在一定范围内增加，心输出量增加，动脉血压升高，以舒张压升高较为明显，而收缩压升高不多，脉压减小。这是因为心率增快时，心室舒张期缩短，由大动脉流向外周的血量明显减少，故舒张压明显升高。

（3）外周阻力：外周阻力增大，动脉内血液流向外周的阻力增大，使心室舒张末期存留在大动脉的血量增多,舒张压明显升高,但收缩压增加不多,故脉压减小。因此,外周阻力的变化主要影响舒张压,而舒张压的高低也主要反映了外周阻力的大小。

(4)大动脉管壁的弹性:有缓冲动脉血压波动幅度的作用。老年人常因大动脉硬化,大动脉的弹性减弱,导致收缩压升高、舒张压下降,脉压增大。但老年人除大动脉硬化外,小动脉和微动脉亦有硬化,故往往收缩压升高,舒张压也升高。

(5)循环血量和血管容量的比例:在正常情况下,循环血量和血管容量是相适应的,产生正常的动脉血压。当大失血时,循环血量减少,使动脉血压降低;当过敏性休克时,血管普遍扩张,血管容量增加,使动脉血压降低。

需说明的是,上述分析都是在假设其他因素不变的前提下进行的。在完整机体,动脉血压的改变往往是各种因素相互作用的综合结果。

(二)动脉脉搏

心动周期中,动脉血压发生周期性变化,导致动脉管壁发生周期性的搏动,称为动脉脉搏,简称脉搏(pulse)。动脉脉搏波首先在主动脉根部产生,然后沿着动脉管壁向外周血管传播,其传播速度比血流速度快得多。用手指可在身体浅表部位摸到动脉脉搏,桡动脉是最常用的触摸部位。脉搏的频率和节律能反映心率和心律;脉搏的强弱、紧张度大小与心肌收缩力强弱、心输出量多少及血管壁的弹性大小有密切关系。

(三)静脉血压和静脉血回流

1. 静脉血压　体循环血液通过动脉、毛细血管到达小静脉时,血压已降至约 12 mmHg,流至下腔静脉时为 3～4 mmHg,最后汇入右心房时压力已接近零。通常将各器官和肢体的静脉血压称为外周静脉压,将右心房和胸腔内大静脉的血压称为中心静脉压(central venous pressure,CVP)。中心静脉压的正常变动范围为 4～12 cmH_2O(0.4～1.2 kPa),其高低取决于心脏射血能力和静脉回心血量。心脏射血能力强或静脉回心血量少时,中心静脉压就低;反之,心脏射血能力弱或静脉回心血量多时,中心静脉压升高。因此,中心静脉压在临床上可用于控制输血、输液的速度和量。如中心静脉压偏低或有下降趋势,常提示输液不足;如中心静脉压进行性升高,则提示输液过快或心功能不全。

2. 影响静脉血回流的因素

(1)循环系统平均充盈压:反映心血管系统内血液充盈程度的指标,其高低取决于循环血量与血管容量的比例。当循环血量减少或血管容量增大时,循环系统平均充盈压下降,静脉回心血量减少;反之,静脉回心血量则增加。

(2)心脏收缩能力:心脏收缩时将血液射入动脉,舒张时从静脉抽吸血液。如心脏收缩能力增强,心室射出血量增多,心室舒张时对血液的抽吸力量增大,促进静脉血回流。反之,心脏收缩能力减弱,回心血量则减少。当右心衰竭时,静脉血回流困难,造成体循环静脉系统淤血,出现颈外静脉怒张、肝淤血肿大和双下肢水肿等体征。当左心衰竭时,肺循环静脉系统淤血,出现肺水肿。

(3)体位改变:对静脉血回流影响较大。由平卧位突然变为直立位时,因重力作用,静脉血回流减少,心输出量也随之减少,动脉血压下降,脑供血不足出现晕厥现象,眼视网膜供血不足出现眼发黑现象。临床上对低血压患者、休克患者、长期卧床的体质虚弱患者,须注意体位的问题。

(4)骨骼肌的挤压作用：当肢体肌肉收缩时，可对肌肉内和肌肉间的静脉产生挤压，促使静脉血回流；当肌肉舒张时，挤压作用消失，有利于血液从远心端流入其中(图 5-23)。长时间站立时，因不能充分发挥骨骼肌的挤压作用，易引起血液在下肢静脉内潴留，导致下肢静脉曲张。

(5)呼吸运动：吸气时，胸内负压增大，大静脉和右心房扩张，中心静脉压下降，有利于静脉血回流。呼气时，胸内负压减小，静脉回心血量相应减少。气胸患者，胸内负压消失，除了肺发生萎缩外，还可影响到静脉血回流。

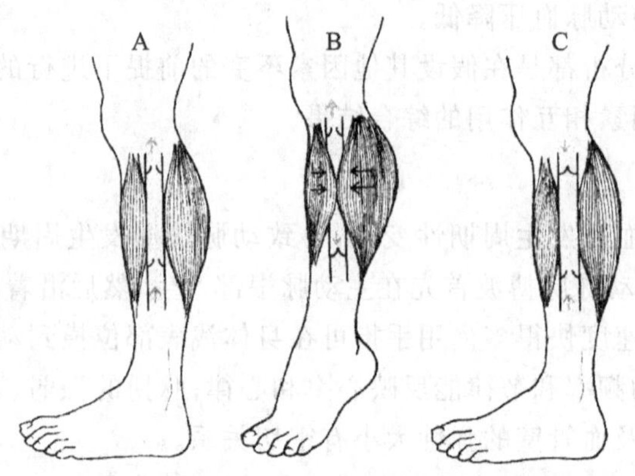

图 5-23　骨骼肌的挤压作用对静脉回心血量的影响

A—静息站立位；B—骨骼肌收缩；C—骨骼肌刚开始舒张时

(四)微循环

微循环(microcirculation)是指微动脉和微静脉之间微血管中的血液循环。典型的微循环由微动脉、后微动脉、毛细血管前括约肌、真毛细血管、通血毛细血管、动-静脉吻合支和微静脉等部分组成(图 5-24)。

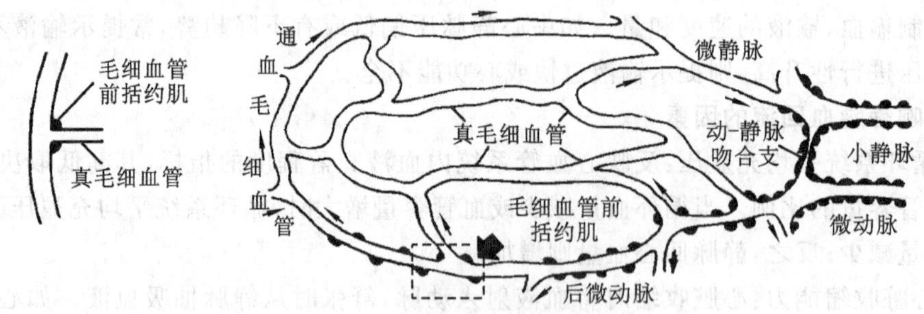

图 5-24　正常微循环结构示意图

1. 微循环的血流通路

(1)迂回通路：血液从微动脉→后微动脉→毛细血管前括约肌→真毛细血管网→微静脉的通路，称为迂回通路。由于真毛细血管网迂回曲折，血流缓慢，管壁很薄，对物质通透性大，允许许多物质通过，因此迂回通路是物质交换的理想场所。

(2)直捷通路：血液从微动脉→后微动脉→通血毛细血管→微静脉的通路，称为直捷通路。通血毛细血管经常处于开放状态，血流速度较快，其主要功能不是物质交换，而是使一部分血液能迅速进入静脉流回心脏。直捷通路在骨骼肌组织的微循环中较为多见。

(3)动-静脉短路:血液从微动脉→动-静脉吻合支→微静脉的通路,称为动-静脉短路。动-静脉吻合支在皮肤、皮下组织较为多见,其功能与体温调节有关。当环境温度升高时,动-静脉吻合支开放增多,皮肤血流量增加,有利于皮肤散发热量。

2. 微循环血流量的调节 微循环血流量受神经和体液的调节。

交感神经与体液因素(如去甲肾上腺素、肾上腺素等)控制微动脉与微静脉的舒缩。当微动脉收缩时,微循环血流量减少,微动脉对微循环血流起了"总闸门"的作用。当微静脉收缩时,微循环内的血液不易流出而发生淤积,微静脉可看作微循环的"后闸门"。

后微动脉和毛细血管前括约肌主要受局部代谢产物(如CO_2、乳酸等)的调节。安静状态下,局部代谢水平较低,毛细血管前括约肌收缩,微循环血流量减少;一段时间后,局部组织中代谢产物堆积,导致毛细血管前括约肌舒张,微循环血流量增加,代谢产物被清除;随后毛细血管前括约肌又发生收缩,微循环血流量又减少。如此周而复始,使真毛细血管网的开闭交替进行。

(五)组织液与淋巴液的生成和回流

1. 组织液的生成、回流及影响因素

(1)组织液的生成与回流:组织液生成的动力是有效滤过压(effective filtration pressure,EFP)。可用下式表示:有效滤过压 =(毛细血管血压 + 组织液胶体渗透压)-(血浆胶体渗透压 + 组织液静水压)。其中,前两者是促进组织液生成的力量,后两者是阻止组织液生成的力量。

毛细血管动脉端的血压约为 30 mmHg,而静脉端的血压约为 12 mmHg;组织液胶体渗透压约为 15 mmHg;血浆胶体渗透压约为 25 mmHg;组织液静水压约为 10 mmHg。将这些数字代入有效滤过压计算公式,在毛细血管动脉端的有效滤过压为 10 mmHg,表明组织液不断生成;毛细血管静脉端的有效滤过压为 -8 mmHg,表明组织液被重吸收回血液(图 5-25)。

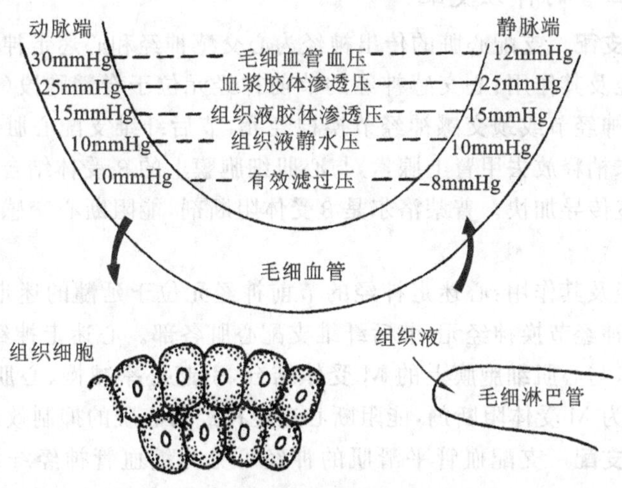

图 5-25 组织液生成与回流示意图

(2)影响组织液生成与回流的因素:在正常情况下,组织液的生成和回流维持动态平衡,使体液分布正常。如组织液生成过多或回流减少,引起过多的液体潴留于组织间隙,形成水肿。①毛细血管血压:毛细血管血压升高,有效滤过压增大,组织液生成就增多。如心力衰竭时,静脉血回流障碍,使毛细血管血压升高,组织液生成增加,导致水肿。②血浆胶体渗透压:血浆胶体渗透压下降,有效滤过压增大,组织液生成增加。肝脏疾病、营养不良或某些肾脏疾病使血浆蛋白浓度下降时,组织液生成增多,引起水肿。③毛细血管壁通透性:毛细血管壁通透性增加,血浆蛋白渗出至组织,使组织液胶体渗透压升高,组织液生成增加。如炎症等原因使毛细血管壁通透性增加,可引起水肿。④淋巴液回流:当淋巴管因各种原因被阻塞时,淋巴液回流受阻而引起水肿。

2. 淋巴液的生成和回流的意义

(1)淋巴液的生成:由血浆滤过的组织液,约有90%在毛细血管静脉端被重吸收入血,其余10%进入毛细淋巴管,形成淋巴液。全身的淋巴液经淋巴管收集,最后由胸导管和右淋巴导管经左、右静脉角导入静脉。

(2)淋巴液回流的意义:淋巴液回流具有重要的意义,①调节血浆与组织液间的体液平衡;②回收组织液中的蛋白质;③将小肠绒毛吸收的乳糜微粒等运输入血液;④清除组织中的细菌和其他异物,起防御作用。

第三节　心血管活动的调节

人体在不同生理状态下,各器官、组织的代谢水平不同,对血流量的需求也不同。机体可通过神经、体液调节,不断地对心脏和各部分血管的活动进行调节,使各部分的血流量适应代谢变化的需要。

一、神经调节

(一)心脏和血管的神经支配

1. 心脏的神经支配　支配心脏的传出神经为心交感神经和心迷走神经。

(1)心交感神经及其作用:心交感神经的节前神经元位于脊髓胸段($T_{1\sim5}$)的灰质侧角,其节前纤维在星状神经节或颈交感神经节换神经元,节后纤维支配心脏各部。心交感神经兴奋时,节后纤维末梢释放去甲肾上腺素,与心肌细胞膜上的β_1受体结合,引起心率加快、心肌收缩力加强、房室传导加快。普萘洛尔是β受体阻断剂,能阻断心交感神经对心脏的兴奋效应。

(2)心迷走神经及其作用:心迷走神经的节前神经元位于延髓的迷走神经背核和疑核,其节前纤维在心内神经节换神经元,节后纤维支配心脏各部。心迷走神经兴奋时,节后纤维末梢释放乙酰胆碱,与心肌细胞膜上的M受体结合,引起心率减慢、心肌收缩力减弱、房室传导减慢。阿托品为M受体阻断剂,能阻断心迷走神经对心脏的抑制效应。

2. 血管的神经支配　支配血管平滑肌的神经可分为缩血管神经纤维和舒血管神经纤维。

(1)缩血管神经纤维:属于交感神经,故称为交感缩血管神经纤维。其节前神经元位于脊髓胸腰段($T_1 \sim L_3$)的灰质侧角,节后纤维末梢释放去甲肾上腺素,与血管平滑肌上的α受体结合,导致血管收缩,外周阻力增大,血压升高。人体绝大多数血管仅接受交感缩血管神经纤维的单一支配。

不同部位血管的缩血管神经纤维分布的密度不同。皮肤血管中分布最密，骨骼肌和内脏血管次之，心、脑血管分布最少。在同一器官，交感缩血管神经纤维的分布密度也存在差异，微动脉中密度最高，静脉分布较少，毛细血管前括约肌中分布很少。由于分布差异，当交感缩血管神经兴奋时，皮肤、肾等血流量显著减少，而心、脑血流量不减少或反而增加。

(2)舒血管神经纤维：包括以下两种，①交感舒血管神经纤维：支配骨骼肌微动脉，末梢释放乙酰胆碱，与血管平滑肌上的 M 受体结合，使血管舒张。当机体情绪激动或剧烈运动时，交感舒血管神经纤维兴奋，使骨骼肌血管舒张，血流量增加。②副交感舒血管神经纤维：主要分布于脑膜、消化腺和外生殖器等少数器官的血管，末梢释放乙酰胆碱，与血管平滑肌上的 M 受体结合，使血管扩张。副交感舒血管神经纤维的活动仅对所支配器官、组织的局部血流起调节作用，对循环系统总外周阻力的影响很小。

(二)心血管中枢

心血管中枢分布在从脊髓到大脑皮层的各级水平上，它们各具不同功能，又互相密切联系，使整个心血管系统的活动协调一致，以适应整个机体的活动。

1. 延髓心血管中枢　延髓是最基本的心血管中枢所在部位。心交感中枢和缩血管中枢位于延髓腹外侧部，分别发出神经纤维控制脊髓心交感神经和交感缩血管神经的节前神经元。心迷走中枢位于延髓的迷走神经背核和疑核，发出心迷走神经的节前纤维。心交感中枢、缩血管中枢和心迷走中枢经常不断地发放低频的神经冲动，影响心血管的活动，这种现象称为心血管中枢的紧张性活动。

2. 延髓以上的心血管中枢　在脑干、下丘脑、小脑和大脑皮层中，都存在与心血管活动有关的神经元。它们除了调节心血管反射活动之外，还起着协调心血管与其他生理机能活动之间的整合功能。

(三)心血管反射

神经系统对心血管活动的调节是通过反射实现的，其意义在于使循环系统的功能适应内外环境的各种变化。

1. 颈动脉窦和主动脉弓压力感受性反射　颈动脉窦和主动脉弓的血管外膜下分布有感受动脉血压变化的压力感受器(图 5-26)，其中颈动脉窦的作用强于主动脉弓。

当动脉血压升高时，压力感受器兴奋，沿窦神经和主动脉神经传至延髓的心血管中枢，使心交感中枢及交感缩血管中枢抑制、心迷走中枢兴奋，导致心交感神经传出冲动减少而心迷走神经传出冲动增加，心率减慢，心肌收缩力减弱，心输出量减少，交感缩血管神经传出冲动减少，血管舒张，外周阻力降低。由于心输出量减少和外周阻力降低，动脉血压下降。这一反射又称降压反射。反之，当动脉血压下降时，压力感受性反射活动减弱，引起血压回升效应。

压力感受性反射是一种负反馈调节，其生理意义在于经常监测动脉血压的变化。当心输出量、外周阻力、血量等发生突然变化时，可对动脉血压进行快速调节，以维持动脉血压的相对稳定。

2. 颈动脉体和主动脉体化学感受性反射　在颈内、外动脉分叉处及主动脉弓与肺动脉之间的血管壁外存在一些对血液中 CO_2 分压、H^+ 浓度、O_2 分压等化学成分变化敏感的感受器，分别称为颈动脉体和主动脉体化学感受器(图 5-26)。当颈动脉体和主动脉体化学感受

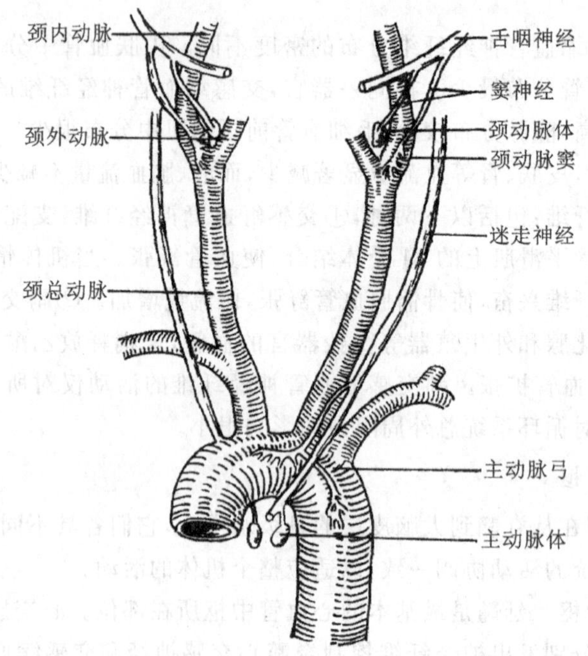

图 5-26 压力感受器与化学感受器

器兴奋时，神经冲动分别经窦神经和迷走神经传入延髓，主要兴奋呼吸中枢，引起呼吸加深、加快，同时也可引起心率加快，心输出量增加，外周阻力增高，血压升高。

在正常情况下，化学感受性反射主要调节呼吸，对心血管活动的影响很小。只有在低氧、窒息、失血、动脉血压过低和酸中毒时，才发挥比较明显的作用。因此，化学感受性反射主要参与应急状态时的循环功能调节。

二、体液调节

心血管活动的体液调节是指血液和组织液中一些化学物质对心肌和血管平滑肌活动的调节作用。

(一)肾上腺素和去甲肾上腺素

肾上腺素和去甲肾上腺素由肾上腺髓质释放，它们对心脏和血管的作用既有共同点，又有不同点。

1. 肾上腺素对心血管的作用 肾上腺素可与α和β受体结合。肾上腺素与心肌细胞的β_1受体结合，使心率加快、传导加速、心肌收缩力增强，故心输出量增多，临床上常用作强心药。肾上腺素对血管的作用取决于血管平滑肌上α和β受体分布的情况。在皮肤、肾脏和胃肠道血管α受体分布占优势，肾上腺素使这些器官的血管收缩；在骨骼肌、肝脏和冠状血管，β_2受体占优势，小剂量的肾上腺素以兴奋β受体为主，引起血管舒张，但大剂量时，肾上腺素也作用于这些血管的α受体，引起血管收缩。因此，生理浓度的肾上腺素使总外周阻力基本不变，主要表现为心输出量增大，收缩压升高。

2. 去甲肾上腺素对心血管的作用 去甲肾上腺素主要与α受体结合，也可与心肌的β_1受体结合，但对β受体作用较弱。因此，去甲肾上腺素使全身大多数血管收缩，外周阻力增加，舒张压显著升高；此时压力感受性反射活动加强，对心脏的反射性抑制效应超过去甲肾上腺素对心脏的兴奋效应。故而，去甲肾上腺素主要表现为缩血管效应，使外周阻力增大，舒张压升高。

（二）肾素-血管紧张素系统

肾素是由肾近球细胞合成和分泌的一种蛋白水解酶，当肾血液灌注减少、致密斑处 Na^{+} 浓度降低或肾交感神经兴奋时，近球细胞合成与释放肾素增加。肾素进入血液循环后，可作用于血浆中由肝脏合成和释放的血管紧张素原，使之水解生成血管紧张素Ⅰ。血管紧张素Ⅰ在流经肺循环时，受肺血管内皮表面的血管紧张素转换酶的水解作用，变为血管紧张素Ⅱ。血管紧张素Ⅱ在血浆和组织中的氨基肽酶的作用下生成血管紧张素Ⅲ（图 5-27）。

血管紧张素原
↓← 肾素
血管紧张素Ⅰ（10肽）
↓← 血管紧张素转换酶
血管紧张素Ⅱ（8肽）
↓← 氨基肽酶
血管紧张素Ⅲ（7肽）

图 5-27 肾素-血管紧张素系统

血管紧张素Ⅱ具有重要的生理作用：①可直接使全身微动脉收缩，外周阻力增加，血压升高；使微静脉收缩，回心血量增加。②刺激肾上腺皮质合成和释放醛固酮，后者可促进肾小管对 Na^{+}、水的重吸收，使细胞外液量和循环血量增加。③作用于交感缩血管神经纤维末梢上的血管紧张素受体，使交感神经末梢释放递质增多。④可作用于脑内一些神经元的血管紧张素受体，使交感缩血管紧张性活动加强。

由于肾素、血管紧张素和醛固酮三者关系密切，故将它们联系起来称为肾素-血管紧张素-醛固酮系统。在正常情况时，肾素分泌量不多。但当大失血时，交感神经兴奋和肾血液灌注量减少时，近球细胞分泌大量肾素，使血管紧张素增加，从而促使血压回升，起到抵御低血压的作用。临床上有两类抗高血压药物是通过对抗肾素-血管紧张素-醛固酮系统而发挥降血压作用。

（三）血管升压素

血管升压素又称抗利尿激素，由下丘脑视上核和室旁核神经元合成，通过轴浆运输至神经垂体储存，在适宜刺激下由神经垂体释放入血，发挥效应。

生理量的血管升压素，作用于肾远曲小管和集合管上皮细胞受体，增加远曲小管和集合管对水的通透性，促进水的重吸收，使尿量减少，故称抗利尿激素。大量的血管升压素，除发挥抗利尿作用外，还可作用于血管平滑肌的相应受体，引起血管平滑肌收缩，增加外周阻力，升高血压，所以称血管升压素。在禁水、失水和失血等情况下，血管升压素释放增加，不仅可保留体液容量，而且对动脉血压的维持起着重要作用。

（四）其他体液因素

前列环素（PGI_2）、内皮舒张因子（NO）、内皮缩血管因子（内皮素）、激肽、心房钠尿肽、组胺等也具有使血管收缩或舒张等作用。

第四节　淋巴系统

淋巴系统（lymphatic system）包括淋巴管道、淋巴器官和淋巴组织。淋巴液沿淋巴管道

向心流动，最后通过胸导管、右淋巴导管注入静脉角而归入血液中。因此，淋巴系统可以看作是静脉系统的辅助部分。

淋巴器官包括淋巴结、脾、胸腺、腭扁桃体、舌扁桃体和咽扁桃体等。

淋巴组织是含有大量淋巴细胞的网状结缔组织，广泛分布于消化道和呼吸道等器官的黏膜内，也具有防御功能。

一、淋巴管道

淋巴管道(lymphatic vessels)可区分为毛细淋巴管、淋巴管、淋巴干和淋巴导管等(图5-28)。

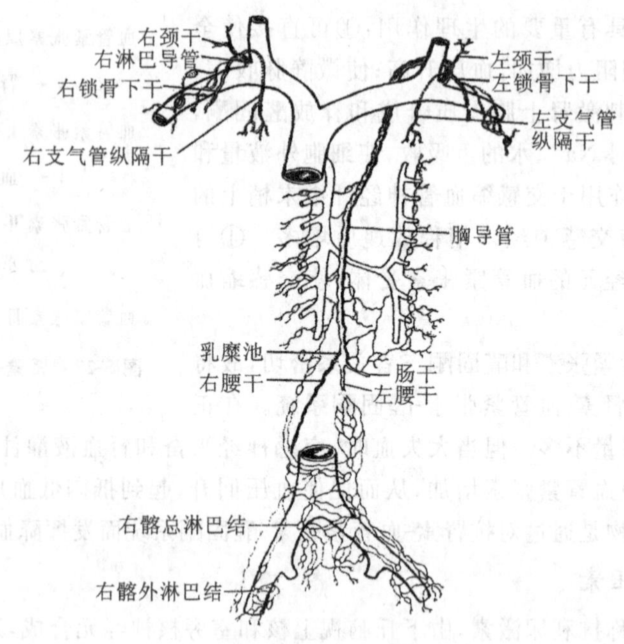

图 5-28　淋巴管道

(一)毛细淋巴管

毛细淋巴管以盲端起于组织间隙，由一层内皮细胞构成，管腔粗细不一，没有瓣膜，互相吻合成网，中枢神经、上皮组织、骨髓、软骨和脾实质等器官、组织内不存在毛细淋巴管。

(二)淋巴管

淋巴管由毛细淋巴管汇合而成，管壁与静脉相似，但较薄，瓣膜较多且发达，外形粗细不均，呈串珠状。淋巴管根据其位置分为浅、深两组，浅淋巴管位于皮下与浅静脉伴行；深淋巴管与深部血管伴行，二者间有较多交通支。淋巴管在行程中通过一个或多个淋巴结，从而把淋巴细胞带入淋巴液。

(三)淋巴干

淋巴干由淋巴管多次汇合而形成，全身淋巴干共有9条：收集头颈部淋巴液的左、右颈干；收集上肢、胸壁淋巴液的左、右锁骨下干；收集胸部淋巴液的左、右支气管纵隔干；收集下肢、盆部及腹腔成对器官淋巴液的左、右腰干以及收集腹腔不成对器官淋巴液的肠干。

（四）淋巴导管

淋巴导管包括胸导管（左淋巴导管）和右淋巴导管。胸导管的起始部膨大叫乳糜池，位于第 11 胸椎与第 2 腰椎之间，乳糜池接受左、右腰干和肠干淋巴液的汇入。胸导管穿经膈肌的主动脉裂孔进入胸腔，再上行至颈根部，最终汇入左静脉角，沿途接受左支气管纵隔干、左颈干和左锁骨下干淋巴液的汇入。总之是收集下半身及左上半身的淋巴液。右淋巴导管为一短干，收集右支气管纵隔干、右颈干和右锁骨下干的淋巴液，注入右静脉角。

二、淋巴器官

（一）淋巴结

1. 淋巴结的形态 淋巴结（lymph nodes）是灰红色的扁圆形或椭圆形小体，常成群聚集，也有浅、深群之分，多沿血管分布，位于身体屈侧活动较多的部位。胸、腹、盆腔的淋巴结多位于脏器的门和大血管的周围。淋巴结的主要功能是滤过淋巴液，产生淋巴细胞和浆细胞，参与机体的免疫反应。

2. 淋巴结的位置和引流 当某器官感染或癌变时，细菌、病毒、寄生虫或癌细胞可沿淋巴管到达相应的局部淋巴结，淋巴结则迅速增殖、肿大，产生大量的淋巴细胞来过滤、阻截和杀灭这些病原体，防止病变进一步扩散，从而使病灶远处免受病原体的侵袭。但当病原体的致病力过强或淋巴结功能低下时，该局部淋巴结不能成功地过滤、阻截和杀灭病原体，病变则沿该淋巴结的引流方向继续向远处蔓延，波及下一级淋巴结群。

如颈外侧深淋巴结直接或间接收纳头颈部各群淋巴结的输出管，其输出管汇成颈干；右颈干注入右淋巴导管，左颈干注入胸导管，在颈干注入胸导管处，常无瓣膜，故胃癌或食管癌患者，癌细胞可经胸导管转移到左锁骨上淋巴结（图 5-29、图 5-30）。

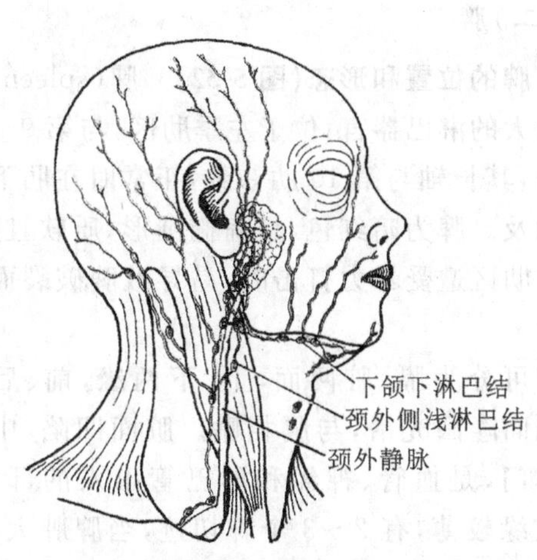

图 5-29 头颈部淋巴结和淋巴管

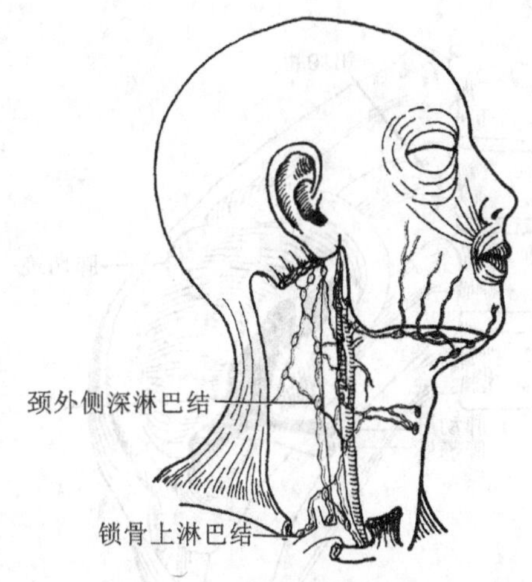

图 5-30 颈深部淋巴结和淋巴管

腋淋巴结群位于腋窝内，分布于腋血管及其分支的周围，收纳上肢、胸前外侧壁、乳房和肩部等处的淋巴液，其输出管形成锁骨下干（图 5-31）。左侧的锁骨下干淋巴液注入胸导管，右侧的锁骨下干淋巴液注入右淋巴导管。乳腺癌常转移到腋淋巴结。

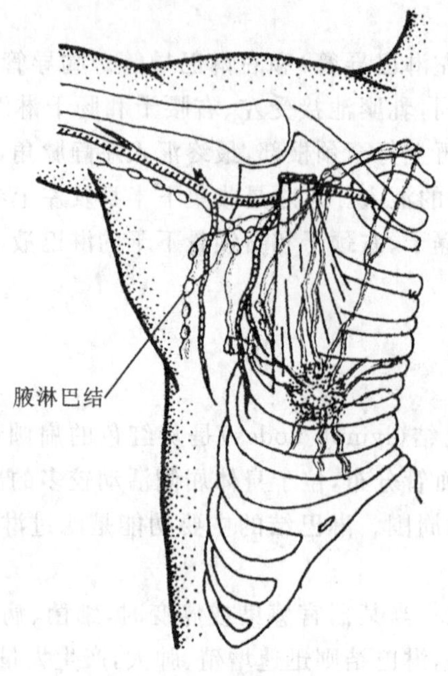

图 5-31 腋淋巴结

3. 淋巴结的功能

(1)滤过淋巴液:淋巴结位于淋巴液回流的通路上。当病原体、异物等有害成分侵入机体内部浅层结缔组织时,这些有害成分很容易随组织液进入遍布全身的毛细淋巴管,随淋巴回流到达淋巴结,绝大多数可被淋巴结内的巨噬细胞清除。

(2)参与免疫反应:在机体体液免疫和细胞免疫等特异免疫反应中,淋巴结起着重要作用。

(二)脾

1. 脾的位置和形态(图 5-32) 脾(spleen)是人体最大的淋巴器官,位于左季肋区,与第 9～11 肋相对,其长轴与第 10 肋一致,正常时在肋下缘不能触及。脾为暗红色,呈扁椭圆形,质软且脆,在左季肋区遭受暴力打击时,易导致脾破裂而出血。

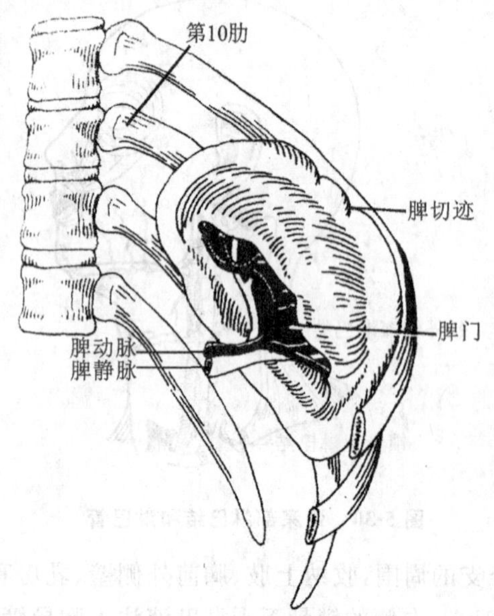

图 5-32 脾的位置和形态

脾可分为膈、脏两面,上、下两缘,前、后两端。膈面隆凸光滑,与膈相贴。脏面凹陷,中央处有脾门,是血管、神经和淋巴管出入的部位。脾的上缘较薄,有 2～3 个脾切迹,当脾肿大时,是触诊脾的标志。

2. 脾的功能

(1)滤血:血液流经脾内时,主要位于脾索和边缘区的巨噬细胞吞噬、清除血液中的病原体和衰老的血细胞,主要为红细胞。当脾肿大或机能亢进时，红细胞破坏过多，产生贫血。如将脾切除后，血液中的异形衰老红细胞大量增多。

(2)免疫：脾是各类免疫细胞居住的场所，也是对血源性抗原物质产生免疫应答的部位，是体内产生抗体最多的部位。可产生体液免疫应答和细胞免疫应答。

(3)造血：在胚胎早期，脾有造血功能，出生后只产生淋巴细胞，但脾内仍有少量造血干细胞，当机体严重失血或贫血时，脾可恢复造血功能。

(4)储血：脾可储存约 40 mL 的血液，主要储存于脾血窦。脾肿大时储血量也可增加，当剧烈运动或大失血时，脾内平滑肌收缩，可将储存的血液挤入血循环中。

(三)胸腺

胸腺(thymus)是中枢淋巴器官，具有培育并向周围淋巴器官(淋巴结、脾和扁桃体)和淋巴组织输送 T 细胞的功能。

1. 胸腺的位置和形态 胸腺位于胸骨柄后方，上纵隔的前部，分为不对称的左、右两叶。新生儿和幼儿较大，性成熟后最大，重达 25～40 g。以后逐渐萎缩、退化，到成人时腺组织常被结缔组织所代替(图 5-33)。

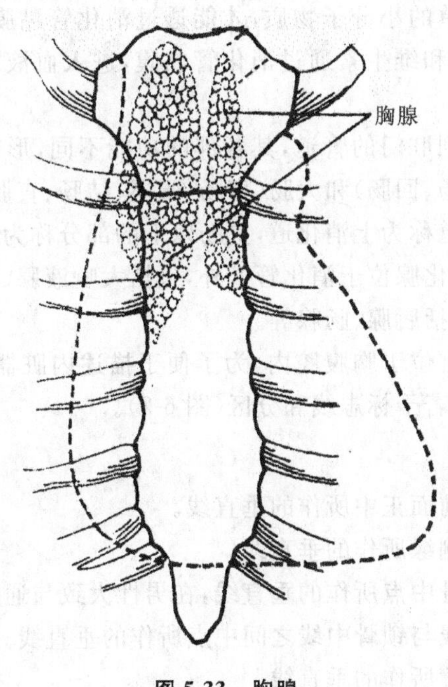

图 5-33 胸腺

2. 胸腺的功能 胸腺是 T 细胞分化的场所，胸腺分泌的胸腺素和胸腺生成素促进胸腺细胞分化成为 T 细胞，它具有识别外来抗原的能力。胸腺具有重要的免疫调节功能。

(况 炜 曾 斌)

第六章　消化系统

消化系统(alimentary system)由消化管和消化腺组成(图 6-1)。消化系统的基本功能是摄取食物并进行物理和化学性消化,并对营养物质加以吸收。此外,消化系统还具有内分泌和免疫功能。

食物在消化管内被分解为小分子物质的过程称为消化(digestion)。物理性消化又称机械消化,即通过消化道平滑肌的运动,将食物磨碎,并使其与消化液充分混合,同时将其向消化管远端推送,并吸收营养物质和形成粪便排出体外。化学性消化即通过消化酶的作用,将食物中的大分子营养成分分解成可被吸收的小分子物质,如蛋白质、脂肪和糖类,需先在消化管内被分解成为结构简单的小分子物质,才能透过消化管黏膜进入血液循环。消化后的小分子物质以及水、无机盐和维生素通过消化管黏膜,进入血液和淋巴循环,此过程称为吸收(absorption)。

消化管是一条从口腔到肛门的管道,其各部的功能不同,形态各异,可分为口腔、咽、食管、胃、小肠(十二指肠、空肠、回肠)和大肠(盲肠、阑尾、结肠、直肠、肛管)。临床上通常把口腔到十二指肠的这部分管道称为上消化道,空肠以下的部分称为下消化道。

消化腺可分两种:大消化腺位于消化管壁外,包括大唾液腺、肝和胰;小消化腺位于消化管壁黏膜层或黏膜下层,包括唇腺、肠腺等。

消化系统的大部分器官位于胸腹腔内,为了便于描述内脏器官的正常位置及其体表投影,通常在胸腹部体表确定若干标志线和分区(图 6-2)。

(一)胸部的标志线

1. 前正中线　沿身体前面正中所作的垂直线。

2. 胸骨线　沿胸骨外侧缘所作的垂直线。

3. 锁骨中线　通过锁骨中点所作的垂直线,在男性大致与通过乳头所作的垂直线相当。

4. 胸骨旁线　在胸骨线与锁骨中线之间中点所作的垂直线。

5. 腋前线　通过腋前襞所作的垂直线。

6. 腋后线　通过腋后襞所作的垂直线。

7. 腋中线　通过腋前、后线之间中点所作的垂直线。

8. 肩胛线　通过肩胛骨下角所作的垂直线。

9. 后正中线　沿身体后面正中所作的垂直线。

(二)腹部的分区

在腹部前面,用两条横线和两条纵线将腹部分成 9 区。上横线一般采用通过两侧肋弓最低点所作的连线。下横线多采用通过两侧髂结节所作的连线。两条纵线为通过两侧腹股沟韧带中点向上所作的垂直线。上述 4 条线将腹部分为 9 区:上腹部分为中间的腹上区和两侧的左、右季肋区;中腹部分为中间的脐区和两侧的左、右腹外侧区(腰区);下腹部分为中

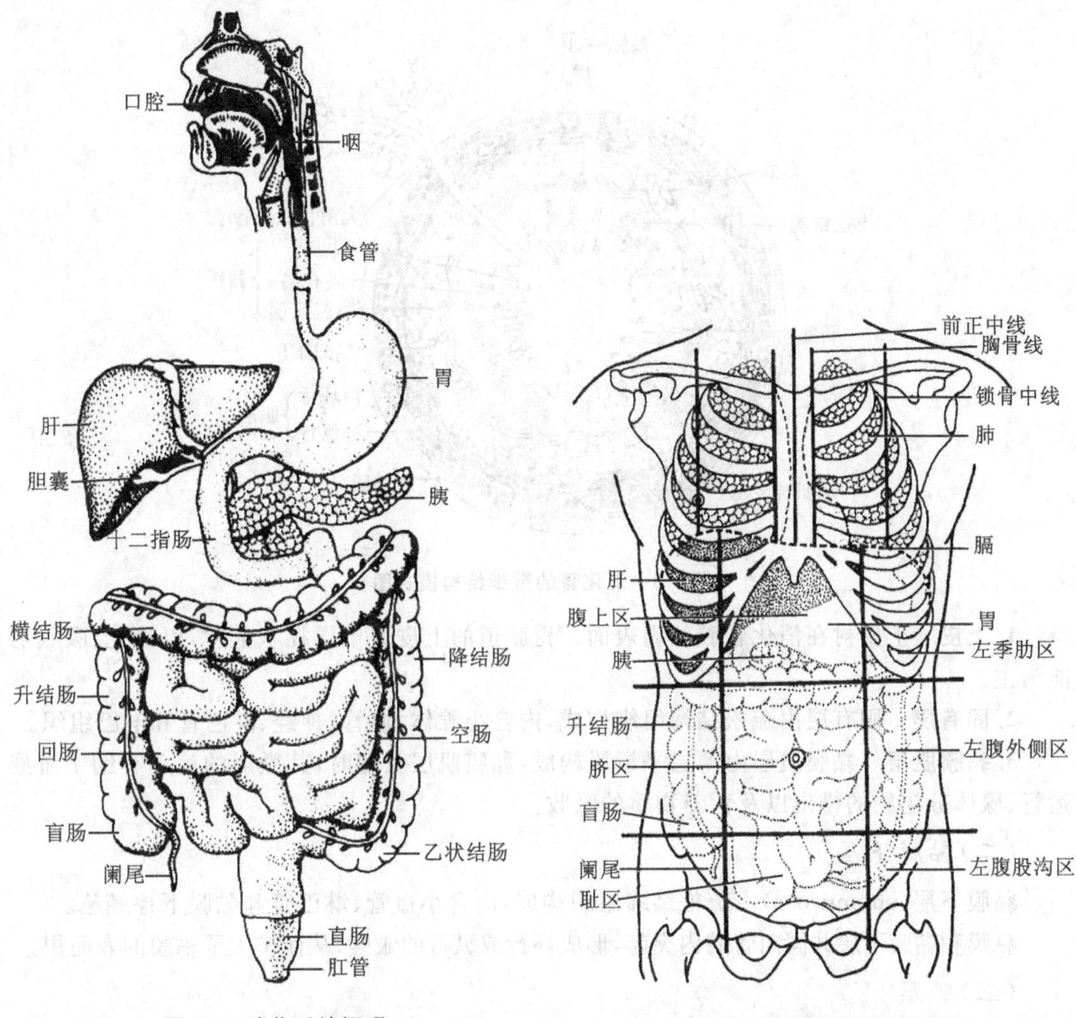

图 6-1　消化系统概观　　图 6-2　胸腹部标志线和分区

间的耻区（腹下区）和两侧的左、右腹股沟区（髂区）。

临床上，有时通过脐所作的纵横两条相互垂直的线将腹部分为左、右上腹部和左、右下腹部 4 个区。

第一节　消　化　管

一、消化管壁的一般结构

除口腔与咽外，消化管壁一般可分为四层，由内到外依次为黏膜、黏膜下层、肌层和外膜（图 6-3）。

（一）黏膜

黏膜（mucosa）位于管壁的最内层，分为上皮、固有层和黏膜肌层。

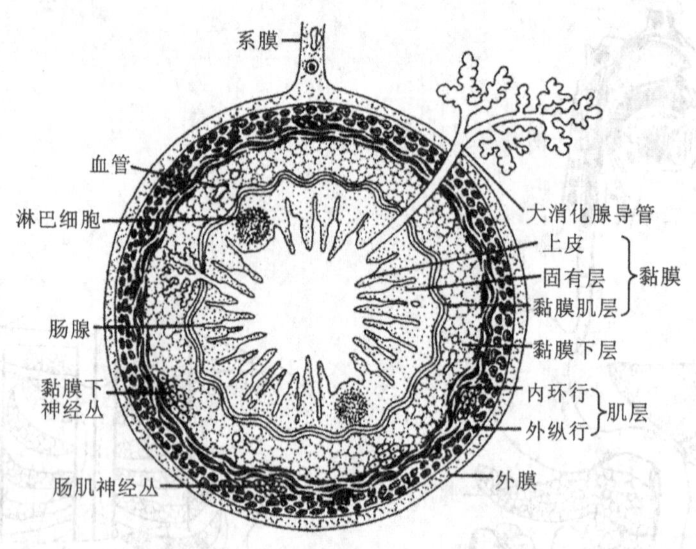

图 6-3 消化管的微细结构模式图

1. 上皮 上皮衬在消化管腔的内表面。胃肠道的上皮为单层柱状上皮，以消化、吸收功能为主。

2. 固有层 固有层由疏松结缔组织构成，内含小腺体、血管、神经、淋巴管和淋巴组织。

3. 黏膜肌层 黏膜肌层由薄层平滑肌构成，黏膜肌层收缩时，其微弱的运动有助于血液运行、腺体分泌物的排出以及营养物质的吸收。

（二）黏膜下层

黏膜下层(submucosa)由疏松结缔组织构成，内含小血管、淋巴管和黏膜下神经丛。

黏膜和黏膜下层共同向管腔内突起，形成环行或纵行的皱襞，从而扩大了黏膜的表面积。

（三）肌层

肌层(muscularis)除口腔、咽、食管上段和肛门处的为骨骼肌外，其余部分均为平滑肌。一般分内环行、外纵行两层，两层间有肌间神经丛。

（四）外膜

外膜(adventitia)在咽、食管、直肠下段为纤维膜，由薄层结缔组织构成；在胃、小肠和部分大肠为浆膜，由薄层结缔组织和间皮共同构成。

二、口腔

口腔是消化管的起始部，向前经口裂通外界，向后经咽峡与咽交通。口腔前为上、下唇，两侧为颊，上为腭，下为口底。口腔内有牙、舌等器官。口腔以上、下牙弓(包括牙槽突、牙龈和牙列)分为口腔前庭和固有口腔两部分。当上、下牙咬合时，口腔前庭仅可经第三磨牙后方的间隙相通，临床上患者牙关紧闭时可经此插管或注入营养物质。

（一）口唇和颊

口唇和颊均由皮肤、皮下组织、肌(口轮匝肌、颊肌等)及黏膜组成。上、下唇间的裂隙称口裂，其左右结合处称口角。上唇两侧以弧形的鼻唇沟与颊部分界，在上唇外面正中线处有一纵行浅沟称为人中，是人类特有的结构，昏迷患者急救时常在此处进行指压或针刺。

在上颌第二磨牙牙冠相对的颊黏膜上有腮腺管乳头，上有腮腺管的开口。

(二)腭

腭构成口腔的上壁，分隔鼻腔和口腔，腭分为前 2/3 的硬腭及后 1/3 的软腭。硬腭以骨腭(由上颌骨的腭突和腭骨的水平板构成)为基础，表面覆以黏膜，黏膜与骨紧密结合。软腭是硬腭向后延伸的柔软部分，由横纹肌、肌腱和黏膜构成，其后部斜向后下称为腭帆。腭帆后缘游离，中央有一向下突起称腭垂或称悬雍垂。自腭帆向两侧各有两条弓形皱襞，前方一对向下延续于舌根，称腭舌弓，后方一对向下延至咽侧壁，称腭咽弓。腭垂、腭帆游离缘、两侧的腭舌弓及舌根共同围成咽峡，它是口腔和咽之间的狭窄部，也是两者的分界(图 6-4)。

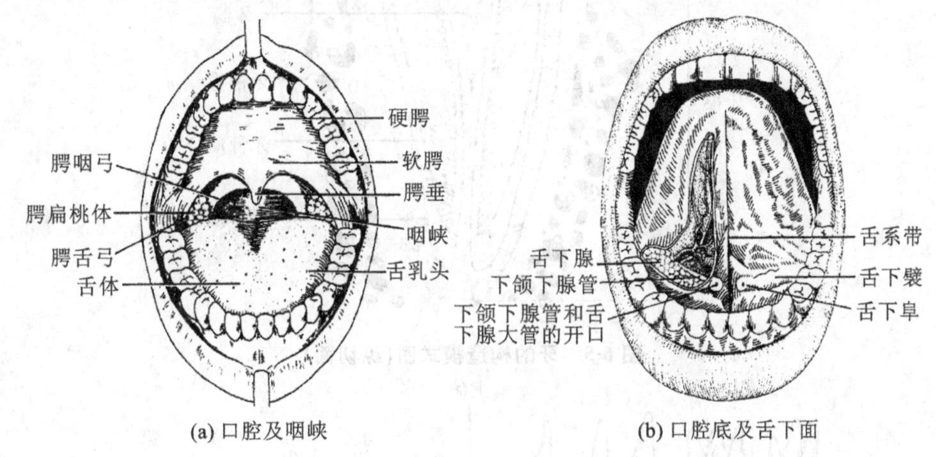

(a) 口腔及咽峡　　(b) 口腔底及舌下面

图 6-4　口腔

(三)牙

牙嵌于上、下颌骨的牙槽内，是人体最坚硬的器官。

1. 牙的形态　每个牙在外形上可分为牙冠、牙颈和牙根三部分(图 6-5)。暴露在口腔内的称牙冠，嵌于牙槽内的称牙根，介于牙冠与牙根交界部分称牙颈。每个牙根有牙根尖孔通过牙根管与牙冠内较大的牙冠腔相通。牙根管与牙冠腔合称牙腔或髓腔。

2. 牙的分类　牙是对食物进行机械加工的器官并有协助发音等作用。根据牙的形态和功能，可分为切牙、尖牙、前磨牙和磨牙(图 6-6、图 6-7)。切牙牙冠呈凿形，尖牙牙冠呈锥形，它们都只有一个牙根。前磨牙牙冠呈方圆形，一般也只有 1 个牙根。磨牙牙冠最大，呈方形，上颌磨牙有 3 个牙根，而下颌磨牙只有 2 个牙根。

人的一生中换一次牙。第一套牙称乳牙，一般在出生后 6～7 个月开始萌出，3 岁左右出全，共 20 个。第二套牙称恒牙，6～7 岁时，乳牙开始脱落，恒牙中的第一磨牙首先长出，12～14 岁逐步出全并替换全部乳牙。而第三磨牙萌出最迟称迟牙，到成年后才长出，有的甚至终生不出。因此恒牙数 28～32 个均属正常。

3. 牙的排列　乳牙上、下颌左右各 5 个，共 20 个。恒牙上、下颌左右各 8 个，共 32 个。临床上为了记录牙的位置，常以人的方位为准，以“+”记号划分 4 区表示左、右侧及上、下颌的牙位，并以罗马数字Ⅰ～Ⅴ表示乳牙，用阿拉伯数字 1～8 表示恒牙。如$\underline{|\text{IV}}$表示左上颌第一乳磨牙，$\overline{6|}$ 表示右下颌第一磨牙。

牙冠
牙颈
牙根
釉质
牙质
牙龈
牙髓
牙槽骨
牙骨质
牙周膜

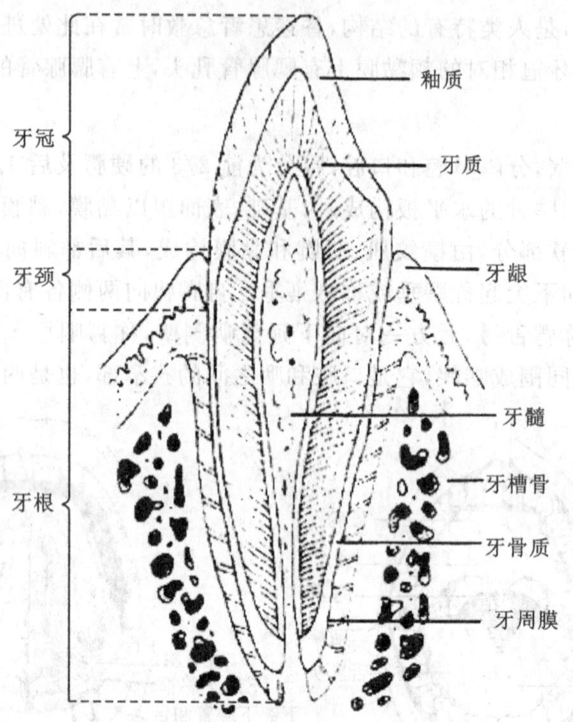

图 6-5　牙的构造模式图(纵切面)

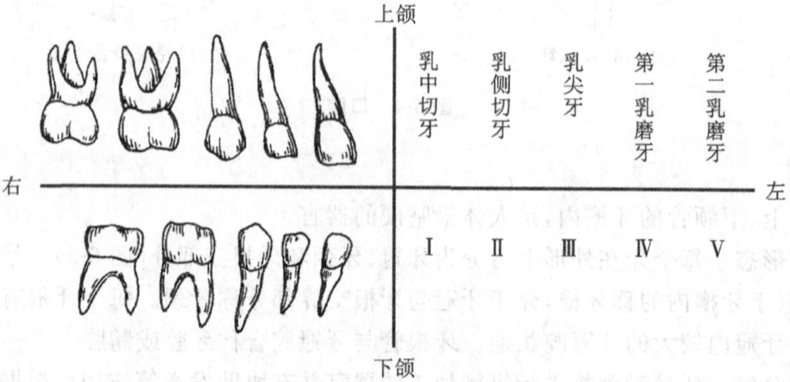

上颌
乳中切牙
乳侧切牙
乳尖牙
第一乳磨牙
第二乳磨牙
右
左
Ⅰ
Ⅱ
Ⅲ
Ⅳ
Ⅴ
下颌

图 6-6　乳牙的名称和符号

上颌
中切牙
侧切牙
尖牙
第一前磨牙
第二前磨牙
第一磨牙
第二磨牙
第三磨牙
右
左
1
2
3
4
5
6
7
8
下颌

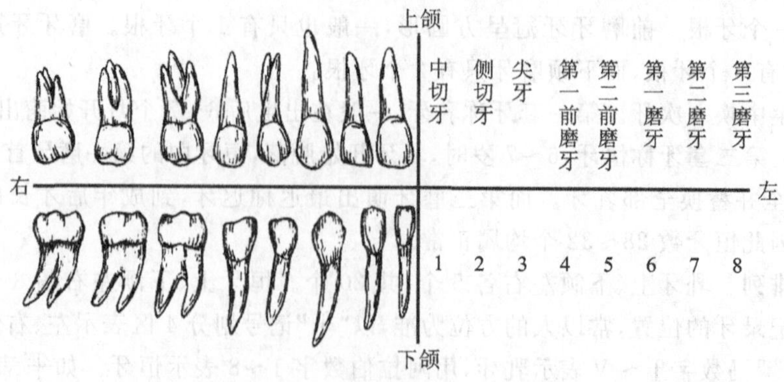

图 6-7　恒牙的名称和符号

4. 牙组织 牙由牙质、牙釉质、牙骨质和牙髓组成。牙质构成牙的大部分。在牙冠部的牙质表面覆有坚硬洁白的牙釉质。在牙颈和牙根部的牙质外面包有牙骨质。牙腔内有牙髓，由神经、血管和结缔组织共同构成。

5. 牙周组织 包括牙周膜、牙槽骨和牙龈三部分，对牙起保护、固定和支持的作用。牙周膜是介于牙根和牙槽骨之间的致密结缔组织，固定牙根，并可缓冲咀嚼时的压力。牙龈是口腔黏膜的一部分，血管丰富，包被牙颈，与牙槽骨的骨膜紧密相连。

(四)舌

舌位于口腔底，是肌性器官，表面覆有黏膜。具有协助咀嚼、吞咽食物、感受味觉和辅助发音等功能。

1. 舌的形态 舌分舌体和舌根两部分。舌有上、下两面。上面称舌背，其后部可见“∧”形的界沟将舌分为前 2/3 的舌体和后 1/3 的舌根。舌体的前端称舌尖(图 6-4)。

2. 舌黏膜 淡红色，覆于舌的背面。其表面有许多小突起，称舌乳头，按形状可分为丝状乳头、菌状乳头、轮廓乳头、叶状乳头四种。丝状乳头数量最多，如丝绒状，无味蕾，故无味觉功能。其他舌乳头均含有味觉感受器，称味蕾，能感受甜、酸、苦、咸等味觉。在舌背根部的黏膜内，有许多由淋巴组织集聚而成的突起，称舌扁桃体。

舌下面的黏膜在舌的中线处有连于口腔底的黏膜皱襞，称舌系带。在舌系带根部的两侧有 1 对小圆形隆起，称舌下阜，是下颌下腺管和舌下腺大管的开口处。由舌下阜向后外侧延续成舌下襞，舌下腺位于襞深面，舌下腺小管开口于襞上(图 6-4)。

3. 舌肌 舌肌(图 6-8)为骨骼肌，可分为舌内肌和舌外肌。舌内肌起止点均在舌内，其肌纤维分纵行、横行和垂直三种，收缩时，分别可使舌缩短、变窄或变薄。舌外肌起自舌外止于舌内，收缩时可改变舌的位置，其中颏舌肌在临床上较重要，起自下颌体后面的颏棘，肌纤维呈扇形向后上方分散，止于舌中线两侧。两侧颏舌肌同时收缩，拉舌向前下方(伸舌)；一侧收缩时使舌尖伸向对侧。如一侧颏舌肌瘫痪，当患者伸舌时，舌尖偏向瘫痪侧。

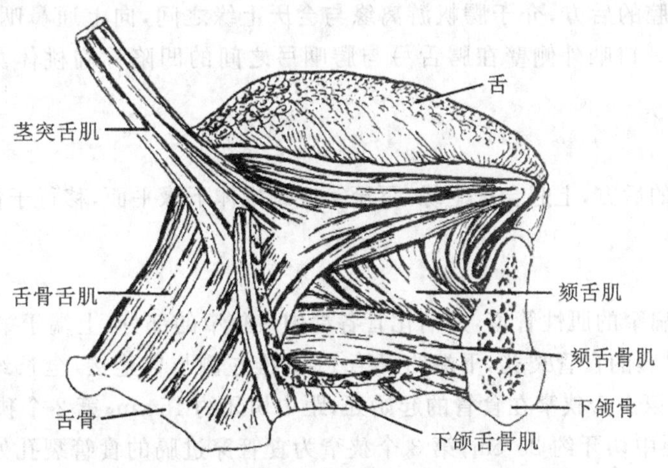

图 6-8 舌外肌

三、咽

咽是一个前后略扁的漏斗形肌性管道，位于第 1～6 颈椎的前方，长约 12 cm，上起颅底，下达第 6 颈椎下缘平面，移行于食管。咽的后壁及侧壁完整，其前壁不完整，分别与鼻腔、口腔和喉腔相通。咽是消化道与呼吸道的共同通道，以腭帆游离缘与会厌上缘为界，分为鼻咽、口咽和喉咽（图 6-9、图 6-10）。

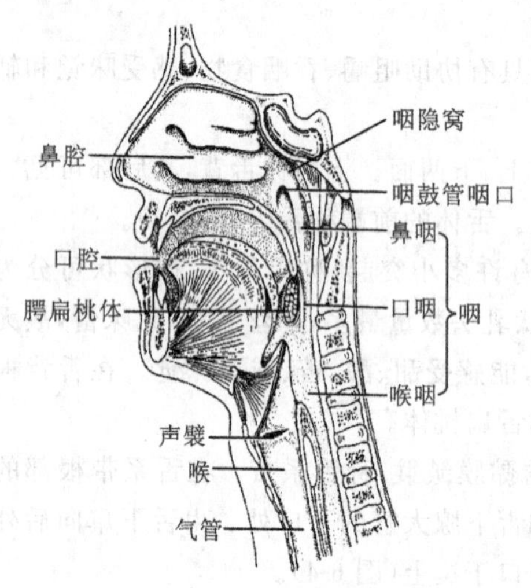

图 6-9　头颈部（正中矢状切面）

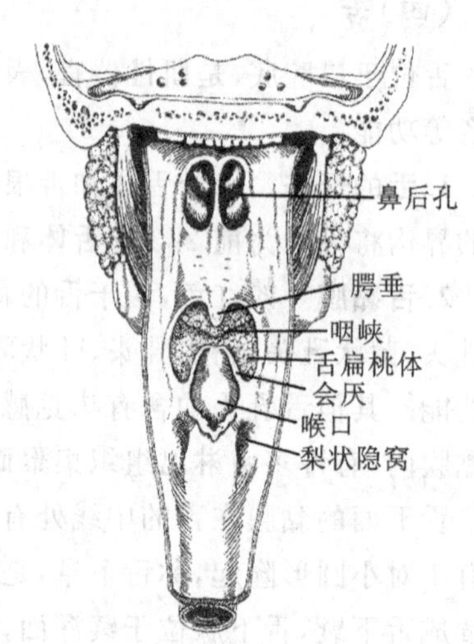

图 6-10　咽的后面观

（一）鼻咽

鼻咽位于鼻腔的后方，介于颅底与腭帆游离缘之间，向前经鼻后孔与鼻腔相通。

（二）口咽

口咽位于口腔的后方，介于腭帆游离缘与会厌上缘之间，向上通鼻咽，向下通喉咽，向前经咽峡通口腔。口咽外侧壁在腭舌弓与腭咽弓之间的凹陷称扁桃体窝，窝内容纳腭扁桃体。

（三）喉咽

喉咽位于喉的后方，上起会厌上缘，下至第 6 颈椎体下缘平面，移行于食管。

四、食管

食管为前后扁窄的肌性管道，是消化管各部中最狭窄的部分，上端于第 6 颈椎体下缘平面续咽，下行穿过膈的食管裂孔，下端约于第 11 胸椎左侧与胃连接，全长约 25 cm。食管有 3 个生理性狭窄：第 1 个狭窄在食管的起始处，距中切牙约 15 cm；第 2 个狭窄在食管与左主支气管交叉处，距中切牙约 25 cm；第 3 个狭窄为食管穿过膈的食管裂孔处，距中切牙约 40 cm。上述狭窄部是异物滞留和食管癌的好发部位。食管的黏膜上皮为复层扁平上皮，具有保护作用（图 6-11）。

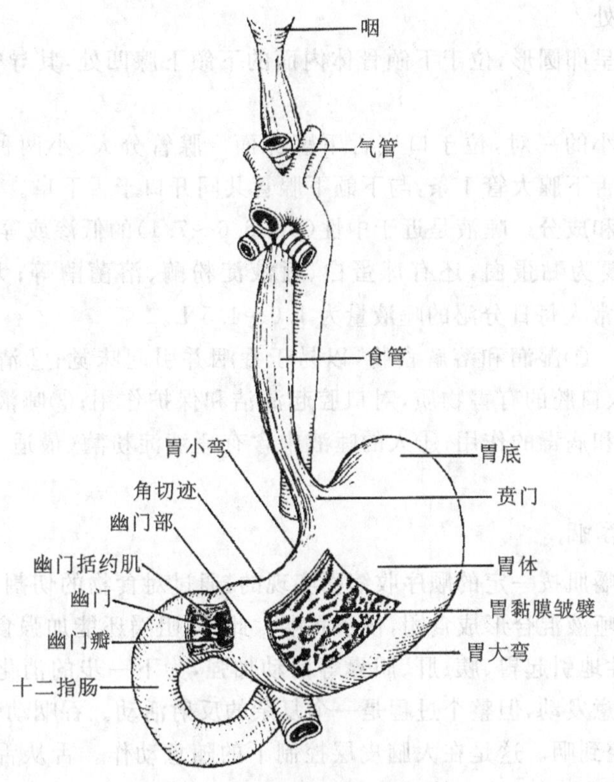

图 6-11　食管、胃和十二指肠

五、口腔内消化

(一)唾液腺

唾液腺分泌唾液,有清洁口腔和帮助消化食物的功能。可分大、小两种,小唾液腺数目多,如唇腺、颊腺、腭腺等,大唾液腺有三对(图 6-12)。

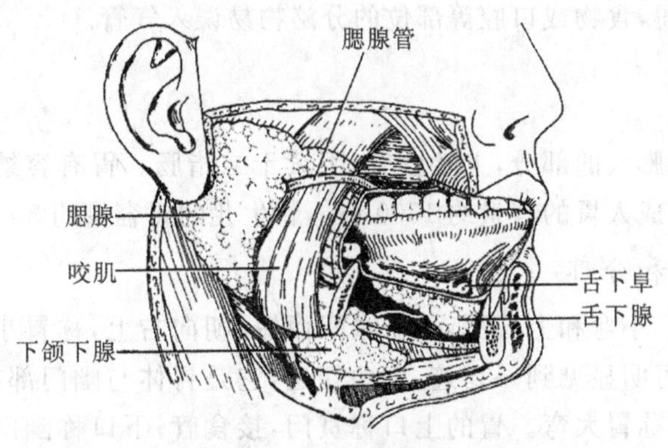

图 6-12　唾液腺

1. 腮腺　最大的一对,呈不规则的三角形,位于耳廓的前下方,上达颧弓,下至下颌角附近。腮腺管自腮腺前缘穿出,在颧弓下方一横指处,横过咬肌表面,穿颊肌,开口于平对上颌第二磨牙的颊黏膜处。

2. 下颌下腺 呈卵圆形，位于下颌骨体内面的下颌下腺凹处，其导管沿腺内侧前行，开口于舌下阜。

3. 舌下腺 最小的一对，位于口底舌下襞深面。腺管分大、小两种，舌下腺小管约10条，开口于舌下襞；舌下腺大管1条，与下颌下腺管共同开口于舌下阜。

4. 唾液的性质和成分 唾液是近于中性（pH 6.6～7.1）的低渗或等渗液体，其中水分约占99%；有机物主要为黏蛋白，还有球蛋白、唾液淀粉酶、溶菌酶等；无机物有 Na^+、K^+、HCO_3^-、Cl^- 等。正常人每日分泌的唾液量为1.0～1.5 L。

5. 唾液的作用 ①湿润和溶解食物，以易于吞咽并引起味觉；②清除口腔中食物的残渣，冲淡和中和进入口腔的有害物质，对口腔起清洁和保护作用；③唾液中的溶菌酶和免疫球蛋白有杀灭细菌和病毒的作用；④人的唾液中含有唾液淀粉酶（最适 pH 值是7.0），可将淀粉分解为麦芽糖。

（二）咀嚼和吞咽

咀嚼是由各咀嚼肌按一定的顺序收缩而实现的，通过对食物的切割、研磨和舌的搅拌作用将食物切碎并与唾液混合形成食团，便于吞咽。此外，咀嚼还能加强食物对口腔内各种感受器的刺激，反射性地引起胃、胰、肝、胆囊等活动加强，为下一步的消化及吸收过程做好准备。吞咽虽然可随意发动，但整个过程是一个复杂的反射活动。吞咽动作分为三期。

第一期：由口腔到咽。这是在大脑皮层控制下的随意动作。舌从舌尖至舌后部依次上举，抵触硬腭并后移，将食团挤向软腭后方至咽部。

第二期：由咽到食管上端。由于食团刺激了软腭和咽部的触觉感受器，引起一系列反射动作，包括软腭上升，咽后壁向前突出，封闭鼻咽通路，声带内收，喉头升高并向前紧贴会厌，封闭咽与气管的通路，呼吸暂停，食管上括约肌舒张，食团被挤入食管。

第三期：沿食管下行至胃。当食团通过食管上括约肌后，该括约肌即反射性收缩，食管随即产生一由上而下的蠕动，将食团向下推送。蠕动是消化管的基本运动形式，是一种由神经介导的，可使消化道内容物顺序推进的反射活动。昏迷、深度麻醉和某些神经系统疾病发生时，可引起吞咽障碍，食物或口腔等部位的分泌物易误入气管。

六、胃

胃是消化管中最膨大的部分，上接食管，下续十二指肠。胃有容纳食物、分泌胃液和初步消化食物的功能。成人胃的容量约1500 mL，新生儿的胃容量约30 mL。

（一）胃的形态和分部

胃有前、后壁，大、小弯和上、下口。上缘凹而短，朝向右上，称胃小弯。胃钡餐造影时，在胃小弯的最低处，可明显见到一切迹，称角切迹，它是胃体与幽门部在胃小弯的分界。下缘凸而长，朝向左下，称胃大弯。胃的上口称贲门，接食管；下口称幽门，通十二指肠。在幽门的表面常有缩窄的环形沟，为幽门括约肌所在之处。

胃可分为四部：位于贲门附近的部分称贲门部；位于贲门平面向左上方凸出的部分称胃底；胃的中间部分称胃体；位于角切迹与幽门之间的部分称幽门部。在幽门部大弯侧有一不太明显的浅沟，称中间沟，此沟将幽门部分为右侧呈管状的幽门管和左侧较为扩大的幽门窦

(图 6-13)。

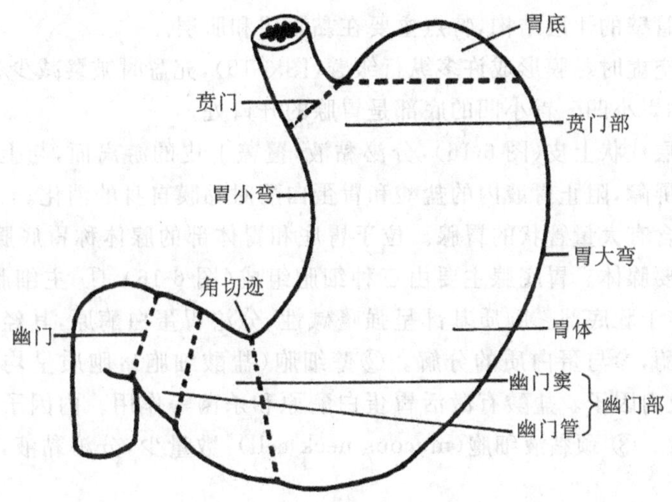

图 6-13 胃的形态和分部

（二）胃的位置和毗邻

胃在中等充盈程度时，大部分位于左季肋区，小部分位于腹上区。贲门位于第 11 胸椎体左侧，幽门在第 1 腰椎体右侧。胃前壁在右侧与肝左叶靠近；在左侧与膈相邻，为左肋弓所遮盖；在剑突下方的胃前壁直接与腹前壁相贴，该处是胃的触诊部位。胃后壁与胰、横结肠、左肾和左肾上腺相邻。胃底与膈和脾相邻(图 6-14)。

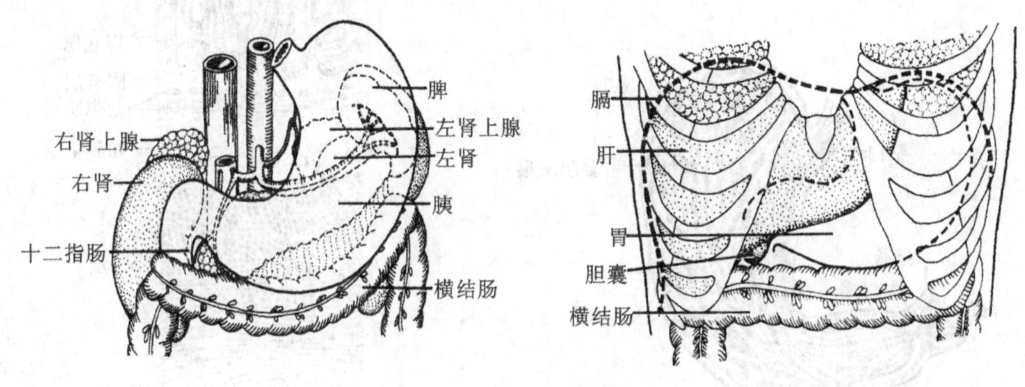

图 6-14 胃的毗邻

（三）胃壁的构造

胃壁的 4 层结构中，其中肌层由 3 层平滑肌构成，在幽门处环行肌增厚，形成幽门括约肌，有延缓胃内容物排空和防止肠内容物逆流至胃的作用。活体胃黏膜柔软，血供丰富，呈淡红色，空虚时形成许多网络状的皱襞，但在胃小弯处有 4～5 条较为恒定的纵行皱襞。幽门括约肌表面覆有胃黏膜，突入管腔内形成环形皱襞，称幽门瓣。幽门瓣有节制胃内容物进入小肠和防止小肠内容物逆流入胃的作用。

(四)胃壁的微细结构

胃具有消化管壁的4层结构，特点主要在黏膜层和肌层。

1. 黏膜 胃空虚时黏膜形成许多纵行皱襞(图6-15)，充盈时皱襞减少、变低。胃黏膜表面有许多小窝，称胃小凹。胃小凹的底部是胃腺的开口处。

(1)上皮：单层柱状上皮(图6-16)，分泌黏液，覆盖上皮的游离面，与上皮细胞紧密连接共同构成胃黏膜屏障，阻止胃液内的盐酸和胃蛋白酶对黏膜自身的消化。

(2)固有层：含有大量管状的胃腺。位于胃底和胃体部的腺体称胃底腺(fundic gland)，是分泌胃液的主要腺体。胃底腺主要由三种细胞组成(图6-16)：① 主细胞(胃酶细胞)：数量最多，主要分布于腺底部。胞质基部呈强嗜碱性，分泌胃蛋白酶原，其经盐酸激活转变成有活性的胃蛋白酶，参与蛋白质的分解。②壁细胞(盐酸细胞)：胞质呈均匀而明显的嗜酸性，能分泌盐酸及内因子。盐酸有激活胃蛋白酶原和杀菌等作用。内因子有助于肠上皮对维生素 B_{12} 的吸收。③ 颈黏液细胞(mucous neck cell)：数量少，分泌黏液，具有保护胃黏膜的作用。

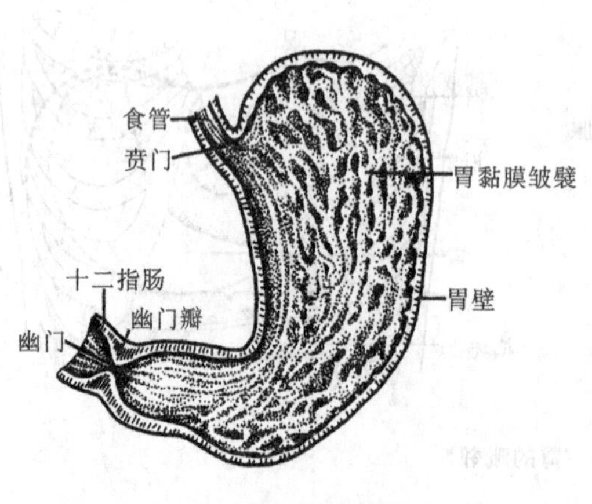

图6-15 胃的黏膜

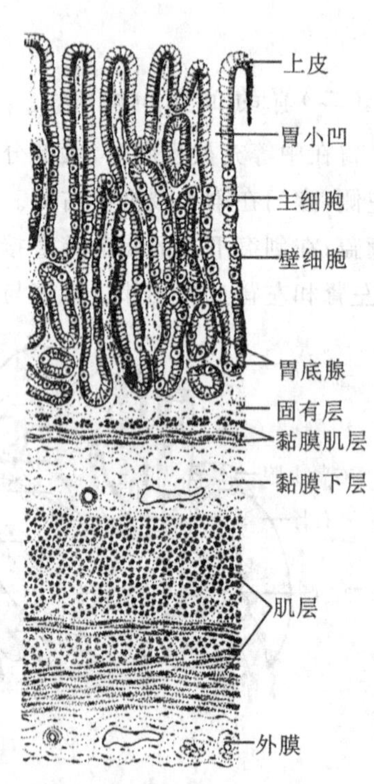

图6-16 胃壁的微细结构

(3)黏膜肌层：由内环、外纵两薄层平滑肌组成。

2. 黏膜下层 黏膜下层为致密的结缔组织，内含较粗的血管、淋巴管和神经，尚可见成群的脂肪细胞。

3. 肌层 较厚，由内斜、中环、外纵3层平滑肌组成。在幽门处，环行肌增厚形成幽门括约肌。

4. 外膜 外膜为浆膜。

（五）胃内的消化

1. 胃液 食物在胃内的化学性消化是通过胃液实现的。纯净的胃液是一种 pH 值为 0.9～1.5 的无色液体。正常人每日分泌量为 1.5～2.5 L。胃液的成分包括无机物如盐酸、钠和钾的氯化物等，以及有机物如黏蛋白、消化酶等。

胃液的组成与主要作用如下。

(1)盐酸(亦称胃酸)：由胃底腺壁细胞分泌。盐酸的主要作用有：①杀灭随食物进入胃内的细菌；②激活胃蛋白酶原，使其转变为有活性的胃蛋白酶，并为其发挥作用提供必要的酸性环境；③盐酸进入小肠内可引起促胰液素的释放，从而有促进胰液、胆汁和小肠液分泌的作用；④盐酸所造成的酸性环境还有利于铁和钙在小肠内的吸收。

盐酸分泌过多对胃和十二指肠黏膜有侵蚀作用，是溃疡病发病的重要原因之一。由于质子泵已被证实是各种因素引起胃酸分泌的最后通路，因此，选择性抑制质子泵的药物(如奥美拉唑)已被临床用来有效地抑制胃酸分泌。

(2)胃蛋白酶原(pepsinogen)：主要由胃底腺主细胞分泌。胃蛋白酶原在盐酸作用下转变为有活性的胃蛋白酶，或在酸性条件下，通过已激活的胃蛋白酶激活。胃蛋白酶可分解蛋白质为脲和胨，以及少量的多肽或氨基酸。胃蛋白酶作用的最适 pH 值为 2.0～3.5，当 pH >5 时便失活。

(3)黏液和 HCO_3^-：胃的黏液是由表面上皮细胞、胃底腺的颈黏液细胞、贲门腺和幽门腺共同分泌的，其主要成分为糖蛋白。黏液具有较高的黏滞性和形成凝胶的特性，它在正常人胃黏膜表面形成一个厚约 500 μm 的凝胶层，可减少粗糙食物对胃黏膜的机械性损伤。胃内 HCO_3^- 主要是由胃黏膜的非泌酸细胞分泌的，仅有少量的 HCO_3^- 是从组织间液渗入胃内的。

单独的黏液和 HCO_3^- 的分泌都不能有效地保护胃黏膜不受胃腔内盐酸和胃蛋白酶的损伤，但两者联合作用则可形成一个屏障，称为“黏液-HCO_3^- 屏障”，可有效地保护胃黏膜。这是因为黏液的黏稠度为水的 30～260 倍，当胃腔内的 H^+ 通过黏膜表面的黏液层向上皮细胞扩散时，其移动速度将明显减慢，并不断地与从黏液层下面向表面扩散的 HCO_3^- 相遇，两种离子在黏液层内发生中和，形成一个跨黏液层的 pH 梯度(图 6-17)。黏液层靠近胃腔侧的 pH 值一般为 2.0 左右，而靠近上皮细胞侧的 pH 值则为 7.0 左右。黏液深层的中性 pH 环境能使黏膜表面的胃蛋白酶丧失分解蛋白质的作用。

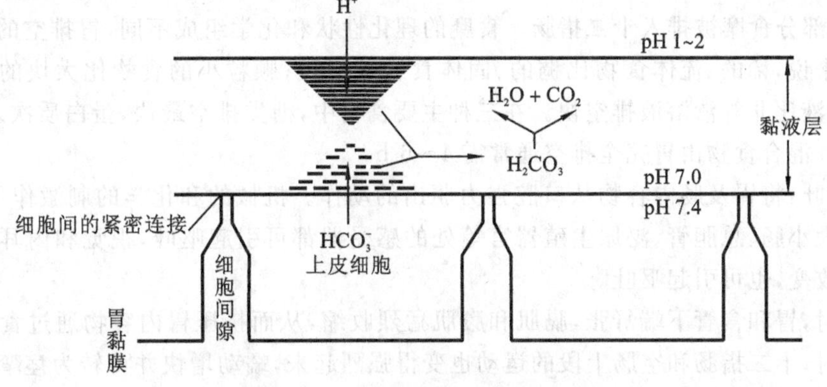

图 6-17 胃黏液-HCO_3^- 屏障示意图

正常情况下，黏液层靠近胃腔侧的糖蛋白会受到胃蛋白酶的作用而水解，由凝胶状态变为溶胶状态而进入胃液。但在正常情况下，黏液水解的速度与上皮细胞分泌的速度处于动态平衡，从而保持了黏液-HCO_3^- 屏障的完整性和连续性。

除黏液- HCO_3^- 屏障外，胃黏膜本身也具有屏障作用。胃黏膜上皮细胞的腔膜面和相邻细胞间的紧密连接构成的生理屏障具有防止 H^+ 向黏膜的扩散，并阻止 Na^+ 从黏膜向胃腔扩散的作用，也称胃黏膜屏障。

(4)内因子：壁细胞还分泌一种相对分子质量约 6 万的糖蛋白，称为内因子，它可与随食物进入胃内的维生素 B_{12} 结合而促进维生素 B_{12} 的吸收。

2. 胃的运动 食物在胃内的机械消化是通过胃的运动实现的。胃底和胃体的前部(也称头区)运动较弱，其主要功能是储存食物；胃体的远端和胃窦(也称尾区)则有较明显的运动，其主要功能是磨碎食物，使食物与胃液充分混合，以形成食糜，以及逐步地将食糜排至十二指肠。

(1)胃运动的主要形式。

容受性舒张：当咀嚼和吞咽时，食物对咽、食管等处感受器的刺激可引起胃头区肌肉的舒张，胃容积增大，称为容受性舒张。胃壁肌肉的这种活动使胃腔容量可由空腹时的约 0.5 L增加到进食后的 1.5 L，并使胃在大量食物涌入时胃内压变化不至于过大。

蠕动：胃蠕动出现于食物入胃后 5 min 左右。进食后胃的蠕动通常是一波未平，一波又起。蠕动起始于胃的中部，约每分钟 3 次，每个蠕动波约需 1 min 到达幽门。蠕动波初起时较小，在向幽门传播过程中，波的幅度和速度逐渐增加，当接近幽门时明显增强，可将一部分食糜(1～2 mL)排入十二指肠。如果收缩波超越胃内容物到达胃窦终末部时，由于胃窦终末部的有力收缩，可将一部分食糜反向推回到近侧胃窦或胃体。食糜的这种后退有利于块状食物在胃内进一步被磨碎。胃的蠕动可搅拌、研磨食物，促进胃液与食物的混合，有利于化学性消化，同时可将食糜向幽门方向推动，并以一定速度排入十二指肠。

紧张性收缩：胃壁平滑肌经常处于一定程度的收缩，称为紧张性收缩。胃紧张性收缩对于维持胃的形态和正常位置具有重要意义。同时胃充盈后，紧张性收缩加强，使胃内压升高，一方面促使胃液渗入食物，有利于化学性消化；另一方面增加胃内压，可促进胃的排空。

胃窦切除患者由于胃对食物的潴留、研磨作用消失，食物排空过多、过快，加重小肠的负担，可在进食后出现饱胀、恶心、心慌、出汗、面色苍白等症状。

(2)胃的排空：胃内食糜由胃排入十二指肠的过程称为胃排空。一般在食物入胃后 5 min即有部分食糜被排入十二指肠。食糜的理化性状和化学组成不同，胃排空的速度也不同。一般来说，稀的、流体食物比稠的、固体食物排空快；颗粒小的食物比大块的食物排空快；等渗溶液比非等渗溶液排空快。在三种主要食物中，糖类排空最快，蛋白质次之，脂肪类排空最慢。混合食物由胃完全排空通常需 4～6 h。

(3)呕吐：将胃及肠内容物从口腔强力驱出的动作。机械的和化学的刺激作用于舌根、咽部、胃、大小肠、总胆管、泌尿生殖器官等处的感受器都可引起呕吐，视觉和内耳前庭的位置感觉的改变，也可引起呕吐。

呕吐时，胃和食管下端舒张，膈肌和腹肌猛烈收缩，从而挤压胃内容物通过食管而进入口腔。同时，十二指肠和空肠上段的运动也变得强烈起来，蠕动增快并可转为痉挛。由于胃舒张而十二指肠收缩，压力差倒转，可使十二指肠内容物流入胃内，故呕吐物中常混有胆汁和小肠液。

呕吐是一种具有保护意义的防御性反射，它可把胃内有害的物质排出；但长期剧烈的呕吐会影响进食和正常的消化活动，使大量的消化液丢失，造成体内水、电解质紊乱和酸碱平衡失调。

七、小肠

小肠(small intestine)是消化管中最长的一段，也是进行消化、吸收的重要部分。上起幽门，下连盲肠，成人全长 4～6 m，分十二指肠、空肠和回肠三部分。

(一)十二指肠

十二指肠(duodenum)介于胃与空肠之间，成人长约 25 cm，呈"C"形包绕胰头，按其位置不同可分为上部、降部、水平部和升部四部(图 6-18)。

1. 上部 起自胃的幽门，行向右后方，至肝门下方急转向下移行为降部，转折处为十二指肠上曲。上部与幽门相接约 2.5 cm 的一段肠管，壁较薄，黏膜面较光滑，无环状襞，称十二指肠球部，是十二指肠溃疡及其穿孔的好发部位。

2. 降部 起自十二指肠上曲，沿右肾内侧缘下降，至第 3 腰椎水平，弯向左侧续水平部。降部内面黏膜环状皱襞发达，在其后内侧襞上有一纵行皱襞称十二指肠纵襞，纵襞下端有一突起称十二指肠大乳头，是肝胰壶腹的开口处，距中切牙约 75 cm。有时在大乳头稍上方可见十二指肠小乳头，是副胰管的开口之处。

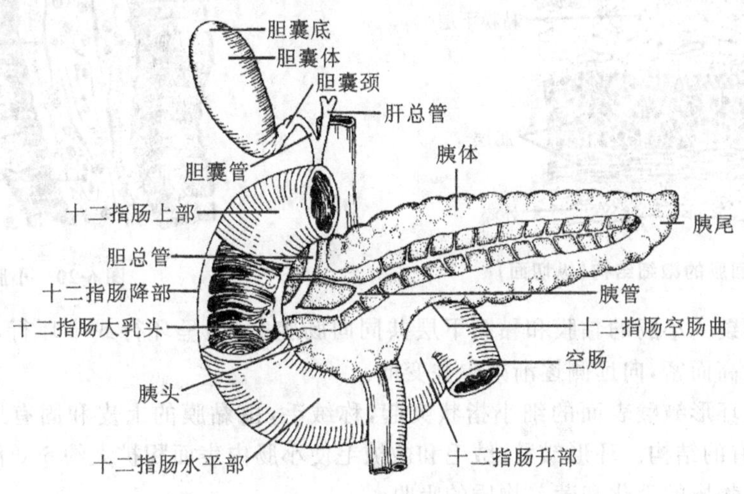

图 6-18 十二指肠和胰

3. 水平部 又称下部，向左横行达第 3 腰椎左侧续于升部。肠系膜上动脉与肠系膜上静脉紧贴此部前面下行。

4. 升部 最短，自第 3 腰椎左侧斜向左上方，达第 2 腰椎左侧急转向前下方，形成十二指肠空肠曲，移行于空肠。

十二指肠空肠曲被十二指肠悬肌连于膈右脚。十二指肠悬肌和包绕其表面的腹膜皱襞共同构成十二指肠悬韧带，又称 Treitz 韧带，是确定空肠起始的重要标志。

(二)空肠和回肠

空肠和回肠全部为腹膜包被。空、回肠在腹腔内迂曲盘旋形成肠袢,其均由肠系膜连于腹后壁,其活动度较大。空肠与回肠的黏膜形成许多环形皱襞,皱襞上有大量小肠绒毛,因而极大地增加了小肠的吸收面积。空肠与回肠分别位于腹腔的左上部和右下部。其中,空肠占了空、回肠全长的2/5,管径较大,壁厚,血管丰富,其环形皱襞密而高;回肠占了空、回肠全长的3/5,管径小,壁薄,血管较少,环状皱襞疏而低。

(三)小肠壁的组织结构特点

小肠壁的结构特点主要是管腔有环形皱襞、绒毛、微绒毛;固有层内有淋巴管、毛细血管、小肠腺和淋巴组织等(图6-19、图6-20)。

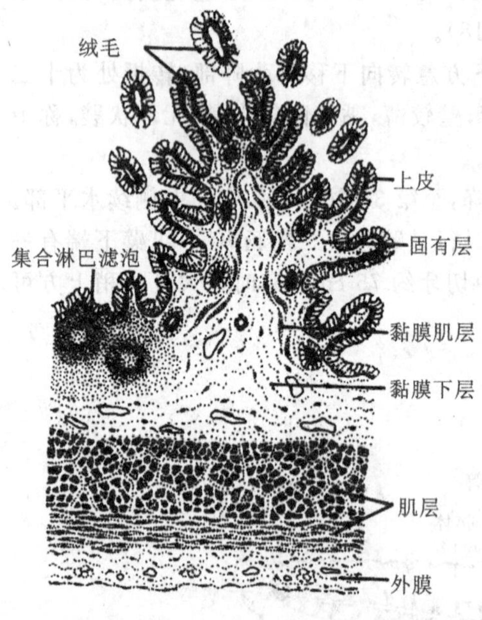

图 6-19　回肠的微细结构(纵切面)

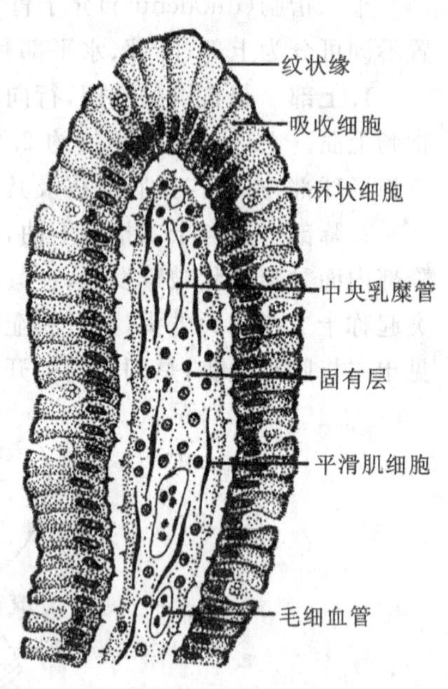

图 6-20　小肠绒毛

1. 环形皱襞　小肠的黏膜和黏膜下层共同向肠腔突出,呈环行或半环行,称环形皱襞,在小肠的近段高而密,向远侧逐渐减少并变低。

2. 绒毛　环形皱襞表面的细小指状突起,称绒毛,由黏膜的上皮和固有层突向肠腔形成,是小肠特有的结构。环形皱襞、绒毛和微绒毛使小肠内表面积扩大约600倍,达200 m^2,有利于小肠对物质的消化和营养物质的吸收。

(1)上皮:单层柱状上皮。绒毛部上皮由吸收细胞、杯状细胞和少量内分泌细胞组成。

吸收细胞:数量多、高柱状,细胞核呈椭圆形,位于基底部。吸收细胞游离面有纹状缘,电镜下可见纹状缘由许多密集的微绒毛组成。

杯状细胞:散在于吸收细胞之间,上段较少,下段较多。杯状细胞可分泌黏液,有润滑和保护黏膜的作用。

(2)固有层:位于上皮的深面并形成绒毛的中轴,由结缔组织组成。中央有1～2根毛细淋巴管,称中央乳糜管。其周围有丰富的毛细血管和散在的平滑肌,平滑肌的舒缩可改变绒毛的形状,有利于营养物质的吸收和血液、淋巴液的运行。

3. 小肠腺 上皮下陷于固有层形成的管状腺，开口于绒毛根部，与绒毛上皮相续。小肠腺主要由柱状细胞、杯状细胞和帕内特(Paneth)细胞构成。柱状细胞分泌多种消化酶；帕内特细胞位于肠腺底部，胞质内含有嗜酸性颗粒，能分泌溶菌酶和二肽酶等。

十二指肠的黏膜下层有十二指肠腺，导管穿过黏膜肌，开口于小肠腺的底部，分泌碱性黏液，有保护十二指肠黏膜免受酸性胃液侵蚀的作用。

4. 淋巴组织 小肠固有层内有许多淋巴组织，是小肠壁内重要的防御装置。十二指肠内淋巴组织较少，排列疏散，为弥散淋巴组织；空肠较多，并形成大小不一的孤立淋巴滤泡；回肠最多，尤其是回肠末段，淋巴滤泡多聚集在一起形成集合淋巴滤泡。

（四）小肠内消化

小肠内消化是整个消化过程中最重要的阶段。食糜在小肠内停留的时间随食物的性状差异而有不同，一般为 3～8 h。在小肠处，食糜将受到胰液、胆汁和小肠液的化学性消化以及小肠运动的机械性消化(胰液和胆汁对消化的作用参见本章第二节消化腺)。食物通过小肠后，消化、吸收过程基本完成，未被吸收的食物残渣则被推送到大肠。

1. 小肠液 小肠内有两种腺体，即十二指肠腺和小肠腺。十二指肠腺主要分泌黏稠的碱性液体。小肠腺分布于全部小肠的黏膜层内，其分泌液中主要是水和无机盐，还有肠激酶和黏蛋白等，是小肠液的主要部分。

小肠液是一种弱碱性液体，pH 值约为 7.6，小肠液的分泌量变动范围很大，成年人每日分泌量为 1～3 L。由小肠腺分泌入肠腔内的消化酶可能只有肠激酶一种。

小肠液的主要作用：保护十二指肠黏膜免受胃酸的侵蚀；大量的小肠液可以稀释消化产物，使其渗透压下降，有利于吸收的进行；小肠液中的肠激酶可激活胰蛋白酶原。

2. 小肠的运动 小肠在消化期的主要运动形式如下。

(1)紧张性收缩：小肠平滑肌的紧张性收缩是其他运动形式有效进行的基础。小肠紧张性收缩加强时，食糜在肠腔内的混合和转运加快，而当小肠紧张性降低时，肠腔易于扩张，肠内容物的混合和转运减慢。

(2)分节运动：一种以环行肌为主的节律性收缩和舒张运动。在食糜所在的一段肠管上，环行肌以一定间隔在许多点同时收缩，把食糜分割成许多节段；随后，原来收缩处舒张，原舒张处收缩，使原来的节段分为两半，而相邻的两半则合拢来形成一个新的节段。如此反复进行，食糜不断地分开，又不断地混合(图 6-21)。分节运动的推进作用很小，它的作用在于：①使食糜与消化液充分混合，便于进行化学性消化；②使食糜与肠壁紧密接触，为吸收创造了良好的条件；③挤压肠壁，有助于血液和淋巴液的回流，利于吸收。

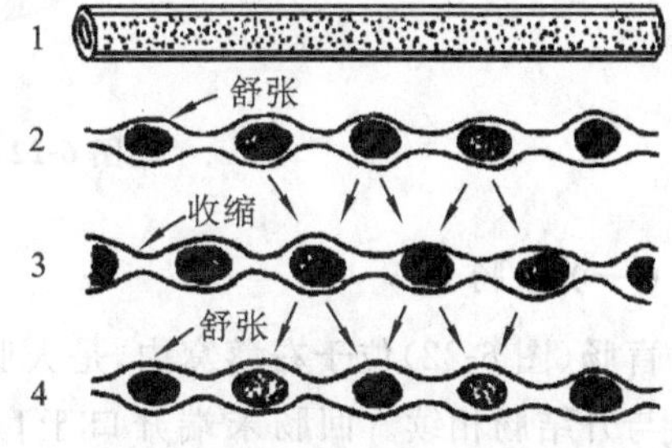

图 6-21 小肠分节运动模式图

1—未运动肠管表面图

2,3,4—肠管分节运动切面观

分节运动在空腹时几乎不出现，进食后才逐渐变强。小肠各段分节运动的频率不同，上部频率较高，下部较低。人十二指肠分节运动的频率约为 11 次/分，回肠末端为 8 次/分。这种活动梯度有助于食糜由小肠上段向下推进。

(3)蠕动：小肠的蠕动可发生在小肠的任何部位，其速度为 0.5～2.0 cm/s，近端小肠的蠕动速度大于远端。小肠蠕动波通常只进行一段短距离(数厘米)后即消失。蠕动的意义在于使经过分节运动的食糜向前推进一步,到达一个新的肠段,再开始分节运动。通常,食糜从幽门部到回盲瓣历时 3～5 h,即食糜在小肠内实际推进的速度约为 1 cm/min。

在小肠还常可见到一种行进速度很快(2～25 cm/s)、传播较远的蠕动,称为蠕动冲,它可将食糜从小肠的始端一直推送到末端,有时还可推送入大肠。

八、大肠

大肠全长约 1.5 m,分盲肠、阑尾、结肠、直肠和肛管五部分。大肠的功能是吸收水分、分泌黏液,使食物残渣形成粪便排出体外。

大肠口径较粗,除直肠、肛管与阑尾外,结肠和盲肠具有三种特征性结构,即结肠带、结肠袋和肠脂垂(图 6-22)。结肠带有 3 条,由肠壁的纵行肌增厚而成,沿肠的纵轴排列,3 条结肠带均汇集于阑尾根部。结肠袋的形成是由于结肠带较肠管短,使肠管形成许多由横沟隔开的囊状突出。肠脂垂为沿结肠带两侧分布的许多脂肪突起。这 3 个形态特点可作为区别大肠和小肠的标志。在结肠内面,相当于结肠袋之间横沟处环行肌增厚,肠黏膜形成了半月形皱襞。

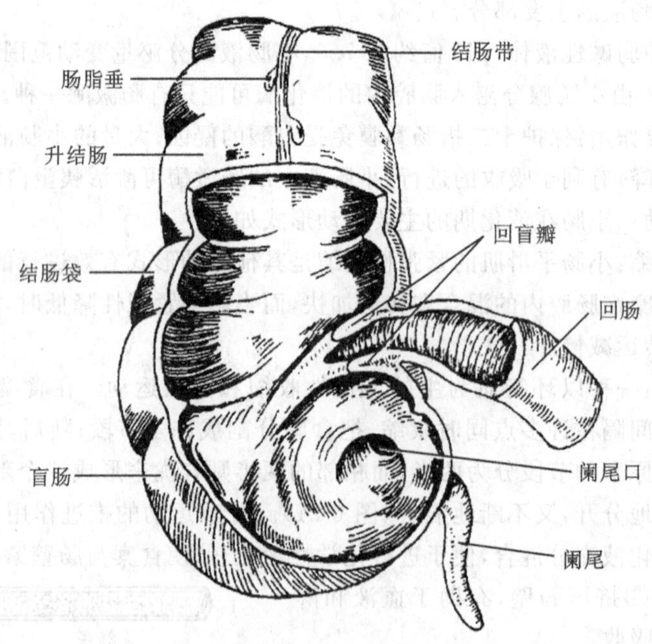

图 6-22　升结肠、盲肠和阑尾

(一)盲肠

盲肠(图 6-22)位于右髂窝内,是大肠的起始部,下端呈盲囊状,左接回肠,长 6～8 cm,向上与升结肠相续。回肠末端开口于盲肠,开口处有上、下两片唇样黏膜皱襞,称回盲瓣。此瓣既可控制小肠内容物进入盲肠的速度,使食物在小肠内充分消化、吸收,又可防止大肠内容物逆流到回肠。在回盲瓣下方约 2 cm 处,有阑尾的开口。

（二）阑尾

阑尾（图 6-22）为一蚓状突起，根部连于盲肠的后内侧壁，远端游离，一般长 5～7 cm，偶尔长达 20 cm 或短至 1 cm。

阑尾根部的体表投影，通常为脐与右髂前上棘连线的外、中 1/3 交点处，称 McBurney 点（麦氏点）。急性阑尾炎时，此点附近有明显压痛，具有一定的诊断价值。

（三）结肠

结肠围绕在小肠周围，始于盲肠，终于直肠。结肠可分为升结肠、横结肠、降结肠和乙状结肠四部（图 6-1）。

1. 升结肠 在右髂窝起于盲肠，沿右侧腹后壁上升，至肝右叶下方，转向左形成结肠右曲（或称肝曲），移行于横结肠。

2. 横结肠 起自结肠右曲，向左横行至脾下方转折向下形成结肠左曲（或称脾曲），续于降结肠。横结肠由横结肠系膜连于腹后壁，活动度大，常形成一下垂的弓形弯曲。

3. 降结肠 起自结肠左曲，沿左侧腹后壁向下，至左髂嵴处移行于乙状结肠。

4. 乙状结肠 呈乙字形弯曲，于左髂嵴处上接降结肠，沿左髂窝转入盆腔内，至第 3 骶椎平面续于直肠。乙状结肠借乙状结肠系膜连于骨盆侧壁，系膜较长，易造成乙状结肠扭转。

（四）直肠

直肠（rectum）长 10～14 cm，位于小骨盆腔的后部、骶骨的前方。其上端在第 3 骶椎前方续乙状结肠，沿骶骨和尾骨前面下行穿过盆膈，移行于肛管。直肠并非笔直的，在矢状面上有两个弯曲，即骶曲和会阴曲，骶曲是直肠在骶、尾骨前面下降形成凸向后的弯曲，会阴曲是直肠绕过尾骨尖形成凸向前的弯曲（图 6-23）。临床上进行直肠镜或乙状结肠镜检查时，必须注意这些弯曲，以免损伤肠壁。

直肠下段肠腔膨大，称直肠壶腹。直肠内面常有 3 个直肠横襞，由黏膜和环行肌构成（图 6-24）。其中最大而且恒定的一个是中间的直肠横襞，位于直肠壶腹上部的直肠右前壁上，距肛门 6～7 cm，相当于直肠前壁腹膜反折的水平，因此可作为乙状结肠镜检查中确定肿瘤与腹膜腔位置关系的定位标志。

男女直肠的毗邻不同，男性直肠的前方有膀胱、前列腺、精囊腺，女性直肠的前方有子宫及阴道。直肠指诊可触及这些器官。

（五）肛管

肛管是盆膈以下的消化管，长约 4 cm，上续直肠，末端终于肛门。肛管内面有 6～10 条纵行的黏膜皱襞，称肛柱（anal column）（图 6-24）。肛柱下端之间有半月状的黏膜皱襞相连，称肛瓣。肛瓣与相邻肛柱下端共同围成向上的小隐窝，称肛窦，粪屑易积存在肛窦内，如发生感染可引起肛窦炎。

肛瓣与肛柱下端共同连成锯齿状的环形线，称齿状线，此线以上为黏膜，以下为皮肤。在肛管的黏膜下和皮下有丰富的静脉丛，病理情况下曲张而突起称为痔。发生在齿状线以上的称内痔，齿状线以下的为外痔。

肛管周围有内、外括约肌环绕。肛门内括约肌属平滑肌，是肠壁环行肌增厚而成，有协助排便的作用。肛门外括约肌为横纹肌，围绕在肛门内括约肌周围，可随意括约肛门，控制排便。

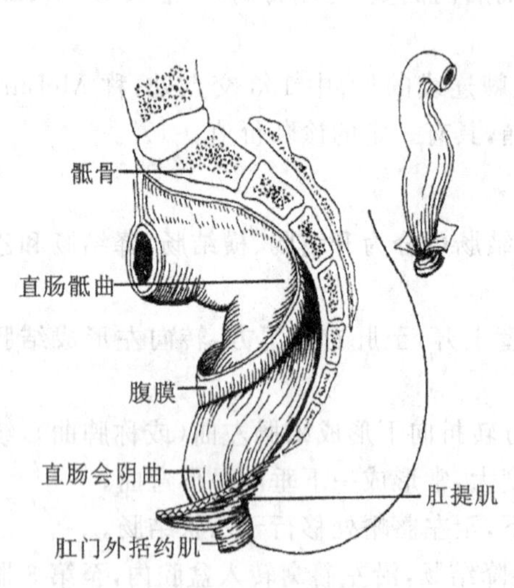

图 6-23　直肠的位置和外形

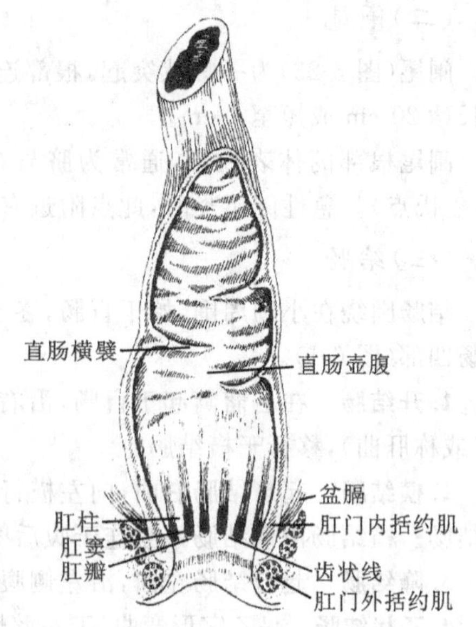

图 6-24　直肠和肛管的内面观

（六）大肠的功能

人类的大肠内没有重要的消化活动。大肠的主要生理功能：吸收水和电解质，参与机体对水、电解质平衡的调节；吸收由结肠内微生物产生的 B 族维生素和维生素 K；完成对食物残渣的加工，形成并暂时储存粪便。

1. 大肠液　大肠液是由大肠黏膜表面的柱状上皮细胞及杯状细胞分泌的，pH 8.3～8.4。大肠的分泌物富含黏液和碳酸氢盐，还有少量二肽酶和淀粉酶，但它们对物质的分解作用不大。大肠液的主要作用在于其中的黏液蛋白，它能保护肠黏膜和润滑粪便。

2. 大肠内细菌的活动　大肠内的酸碱度和温度对一般细菌的繁殖极为适宜，所以来自食物和空气的细菌得以在此大量繁殖。据估计，粪便中细菌占固体重量的 20%～30%。细菌中含有能分解食物残渣的酶。细菌对糖及脂肪的分解称为发酵，能产生乳酸、醋酸、CO_2、沼气等。蛋白质的细菌分解称为腐败，可产生氨、硫化氢、组胺、吲哚等，其中有的成分由肠壁吸收后到肝中进行解毒。大肠内的细菌还能利用肠内较为简单的物质合成 B 族维生素和维生素 K，它们在肠内吸收，对人体有营养作用。若长期使用肠道抗菌药物，肠内细菌被抑制，可导致 B 族维生素和维生素 K 缺乏。

3. 大肠的运动　大肠的运动少而慢，对刺激的反应也较迟缓，这些特点与大肠的功能相适应。大肠运动的形式包括袋状往返运动、分节或多袋推进运动和蠕动。

4. 排便反射　食物残渣在大肠内停留一般在十小时以上，在这一过程中，大部分水分、无机盐和维生素被大肠黏膜吸收。未消化的食物残渣经过细菌的发酵和腐败作用形成的产物，加上脱落的肠上皮细胞、大量细菌、肝排出的胆色素衍生物，以及由肠壁排出的某些金属化合物，如钙、镁、汞等盐类共同构成粪便。

正常人的直肠内通常是没有粪便的。当肠的蠕动将粪便推入直肠时，刺激了直肠壁内的感受器，冲动沿盆神经和腹下神经传至脊髓腰骶段的初级排便中枢，同时上传到大脑皮层，引起便意。如果条件允许，大脑皮层对脊髓排便中枢的抑制作用将解除，排便反射发生。

这时，通过盆神经的传出冲动使降结肠、乙状结肠和直肠收缩，肛门内括约肌舒张。同时，阴部神经的冲动减少，肛门外括约肌舒张，使粪便排出体外。此外，排便时腹肌和膈肌也发生收缩，使腹内压增加，促进粪便的排出。

直肠壁内的感受器对粪便的压力刺激具有一定的阈值，当达到此阈值时即可引起排便反射。排便受大脑皮层的影响，意识可加强或抑制排便。如果对便意经常予以制止，会使直肠对粪便压力刺激变得不敏感，粪便在大肠内停留过久，水分吸收过多而变得干硬，引起排便困难，这是便秘产生的常见原因之一。

第二节 消 化 腺

一、唾液腺

具体内容见前述。

二、肝

肝(liver)是人体最大的腺体，也是最大的消化腺。我国成人肝重男性为 1230～1450 g，女性为 1100～1300 g。肝不仅参与蛋白质、脂类、糖类和维生素等物质的合成、转化与分解，而且还参与激素、药物等物质的转化和解毒。肝还具有分泌胆汁、参与代谢、贮存糖原、解毒和吞噬防御，以及在胚胎时期造血等功能。

(一)肝的位置和毗邻

肝大部分位于右季肋区和腹上区，小部分位于左季肋区。肝的前面大部分被肋所掩盖，仅在腹上区的左、右肋弓，有一小部分露出剑突之下，直接与腹前壁接触。当腹上区和右季肋区遭到暴力冲击或肋骨骨折时，肝可能被损伤而破裂。

肝右侧隔膈与右侧胸膜腔、右肺下部邻近；左侧隔膈与左肺下部、心脏和左侧胸膜相邻。临床上患肝脓肿或癌肿等疾病时，可经膈而波及以上器官。肝的脏面与结肠右曲、十二指肠、右肾、右肾上腺及胃相邻。肝的位置较固定，血流量丰富，质地柔脆，受外力打击容易破裂而引起大出血。

(二)肝的体表投影

肝的上界与膈穹窿一致，在右侧锁骨中线平第 5 肋或第 5 肋间，正中线平胸骨体下端，向左至左锁骨中线附近平第 5 肋间。肝下界即肝下缘，在右锁骨中线的右侧与右肋弓一致，在腹上区左、右肋弓间，肝下缘居剑突下约 3 cm。故在体检时，在右肋弓下不能触到肝。但 3 岁以下健康幼儿，由于腹腔的容积较小，而肝体积相对较大，肝前缘常低于右肋弓下 1.5～2.0 cm，到 7 岁以后，在右肋弓下不能触到，否则应考虑病理性肿大。

(三)肝的形态

肝呈楔形，可分为上、下两面，前、后、左、右四缘。肝上面隆凸，与膈相接触，故称膈面(图 6-25)，膈面的前部由镰状韧带分为大而厚的肝右叶和小而薄的肝左叶。膈面的后部没有腹膜被覆的部分称裸区，裸区的左侧有一较宽的沟称腔静脉沟，有下腔静脉通过。

肝下面凹凸不平，邻接一些腹腔器官，又称脏面(图 6-26)。脏面有一近似“H”形的沟，左纵沟的前部有肝圆韧带，是胎儿时期脐静脉闭锁后的遗迹。肝圆韧带离开此沟后即被包于镰状韧带的游离缘中，连至脐；左纵沟的后部有静脉韧带，是胎儿时期静脉导管的遗迹。右纵沟的前部为一凹窝，称胆囊窝，容纳胆囊；右纵沟的后部为腔静脉沟，有下腔静脉经过。横沟称为肝门，是肝固有动脉左、右支，肝门静脉左、右支，肝左、右管以及神经和淋巴管出入之处，这些结构被结缔组织包绕，共同构成肝蒂。肝的脏面借“H”形沟分为 4 叶，右纵沟右侧为右叶；左纵沟左侧为左叶；左、右纵沟之间在横沟前方为方叶；横沟后方为尾状叶。

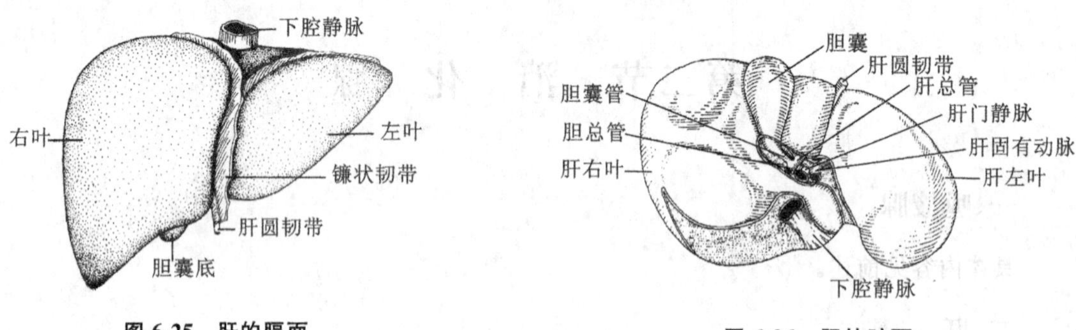

图 6-25　肝的膈面　　**图 6-26　肝的脏面**

(四)肝的组织结构

肝表面大部分由浆膜覆盖，浆膜下为薄层结缔组织。结缔组织在肝门处随肝固有动脉、肝门静脉和肝管的分支深入肝内，将肝实质分隔成 50 万～100 万个肝小叶(图 6-27)。相邻几个肝小叶之间为肝门管区。

1. 肝细胞　肝细胞的胞质呈嗜酸性，含有弥散分布的嗜碱性团块。电镜下，胞质内各种细胞器均丰富，堪称体内细胞之最。肝细胞的主要细胞器：①粗面内质网；②滑面内质网；③高尔基复合体。此外，肝细胞富含线粒体、溶酶体和过氧化物酶体。肝细胞中的糖原是血糖的贮备形式，受胰岛素和胰高血糖素的调节，进食后增多，饥饿时减少。

2. 肝小叶　肝小叶是肝的基本结构单位，呈多角棱柱体。每个肝小叶中央有一条贯穿全长的中央静脉。肝小叶主要由肝细胞组成，肝细胞以中央静脉为中心呈放射状排列，形成肝板。肝板在切面上呈索状，又称肝索；肝索之间的间隙称肝血窦，其窦壁由一层内皮细胞围成，窦内含有肝巨噬细胞，又称库普弗细胞(Kupffer cell)，具有很强的吞噬能力，能吞噬细菌、异物和衰老的红细胞等；肝血窦的内皮细胞与肝细胞之间有一狭窄间隙，称窦周隙，又称 Disse 间隙，它是肝细胞与肝血窦血液之间进行物质交换必经的部位。窦周隙内有一种散在的形态不规则的贮脂细胞。贮脂细胞的功能之一是贮存脂肪和维生素 A；贮脂细胞的另一功能是产生细胞外基质，窦周隙内的网状纤维即由它产生。相邻的肝细胞之间形成胆小管，其管壁由两侧肝细胞的细胞膜局部凹陷围成，胆小管在肝板内互相吻合成网，肝细胞分泌的胆汁进入胆小管内，从中央向周边流到小叶间胆管。肝细胞间的紧密连接可阻止胆汁渗出管外，当肝脏病变引起肝细胞紧密连接被破坏时，胆汁可经肝细胞之间的间隙流入窦周隙和肝血窦，这是黄疸形成的原因之一。

3. 门管区　相邻肝小叶之间呈三角形或椭圆形的结缔组织小区，称门管区，每个肝小叶周围有 3～4 个门管区。其中可见三种伴行的管道，即小叶间动脉、小叶间静脉和小叶间胆管(图 6-27)。

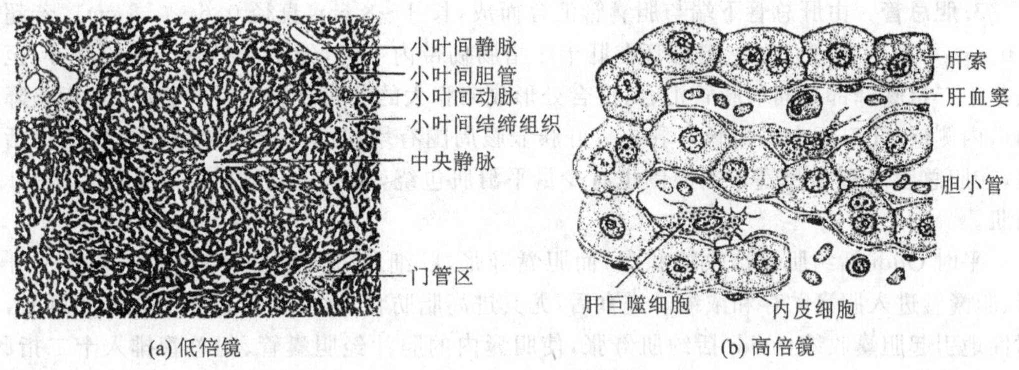

(a) 低倍镜　　(b) 高倍镜

图 6-27　肝的微细结构

(五)肝外胆道

肝外胆道是指走出肝门之外的胆道系统,包括肝左管、肝右管、肝总管、胆囊与胆总管等(图 6-28)。

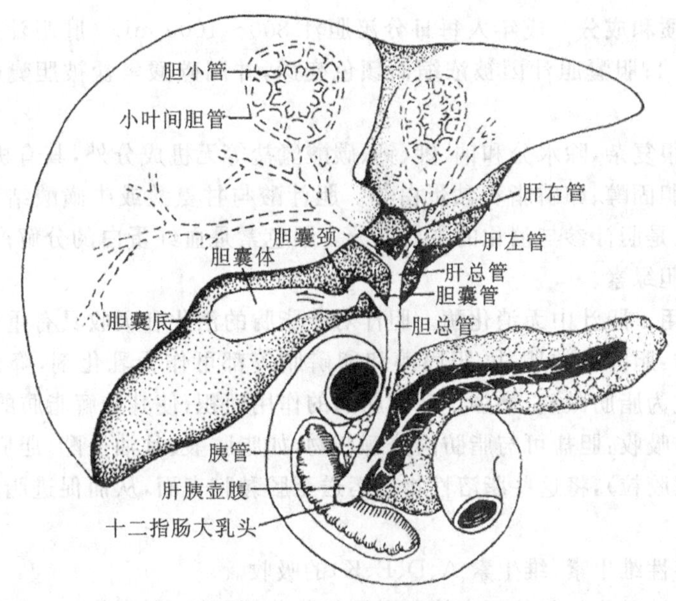

图 6-28　肝外胆道模式图

1. 肝总管　长约 3 cm,由肝左管和肝右管汇合而成,肝总管下端与胆囊管汇合成胆总管。

2. 胆囊　位于肝的胆囊窝内,似长茄形,为贮存和浓缩胆汁的器官。容量 40～60 mL,胆囊上面借结缔组织与肝相连。胆囊分底、体、颈、管四部分:前端钝圆称胆囊底,中间称胆囊体,后端变细称胆囊颈,胆囊颈移行于胆囊管。胆囊管长 3～4 cm,直径约 0.3 cm。胆囊内面衬有黏膜,其中胆囊底和胆囊体的黏膜呈蜂窝状,而胆囊颈和胆囊管的黏膜形成螺旋襞,可控制胆汁的进出,胆囊结石易嵌顿于此处。胆囊底露出于肝下缘,并与腹前壁相贴。胆囊底的体表投影位置在右锁骨中线与右肋弓相交处。当胆囊病变时,此处常出现明显压痛和反跳痛。

3. 胆总管 由肝总管下端与胆囊管汇合而成，长 4～8 cm，直径 0.6～0.8 cm。若超过 1.0 cm，可视为病理状态。胆总管在肝十二指肠韧带内下降，经十二指肠上部的后方，至胰头与十二指肠降部之间与胰管汇合，汇合处形成略膨大的肝胰壶腹，共同斜穿十二指肠降部的后内侧壁，开口于十二指肠大乳头。肝胰壶腹周围有增厚的环行平滑肌称肝胰壶腹括约肌，在胆总管末端和胰管末端周围也有少量平滑肌包绕，以上三部分括约肌统称为 Oddi 括约肌。

平时 Oddi 括约肌保持收缩状态，而胆囊舒张，肝细胞分泌的胆汁经肝左、右管及肝总管、胆囊管进入胆囊贮存和浓缩。进食后，尤其进高脂肪食物，由于食物和消化液的刺激，反射性地引起胆囊收缩，Oddi 括约肌舒张，使胆囊内的胆汁经胆囊管、胆总管排入十二指肠，参与消化食物。

（六）胆汁

胆汁是由肝细胞分泌的。在非消化间期，肝胆汁大部分流入胆囊贮存。在消化期，胆汁可直接由肝脏以及胆囊大量排出至十二指肠。刚由肝细胞分泌出来的胆汁称肝胆汁，贮存于胆囊内的胆汁称胆囊胆汁。

1. 胆汁的性质和成分 成年人每日分泌胆汁 800～1000 mL。肝胆汁呈金黄色或橘棕色，pH 值约为 7.4；胆囊胆汁因被浓缩而颜色变深，并因碳酸氢盐被胆囊吸收而呈弱酸性（pH 6.8）。

胆汁的成分很复杂，除水分和钠、钾、钙、碳酸氢盐等无机成分外，其有机成分有胆汁酸、胆色素、脂肪酸、胆固醇、卵磷脂和黏蛋白等。胆汁酸与甘氨酸或牛磺酸结合形成的钠盐或钾盐称为胆盐，它是胆汁参与消化的主要成分。胆色素是血红蛋白的分解产物，包括胆红素及其氧化物——胆绿素。

2. 胆汁的作用 胆汁中无消化酶。胆汁对于脂肪的消化和吸收具有重要意义。

（1）乳化脂肪：胆汁中的胆盐、胆固醇和卵磷脂等都可作为乳化剂，降低脂肪的表面张力，使脂肪乳化成为脂肪微滴，增加了胰脂肪酶的作用面积，使其分解脂肪的作用加速。

（2）促进脂肪吸收：胆盐可与脂肪的分解产物，如脂肪酸、甘油一酯、胆固醇等，形成水溶性复合物（混合微胶粒），将这些脂溶性物质运送至肠黏膜表面，从而促进脂肪消化产物的吸收。

（3）促进脂溶性维生素（维生素 A、D、E、K）的吸收。

（4）在小肠内被吸收的胆盐可直接刺激肝细胞分泌胆汁（利胆作用）：胆盐或胆汁酸进入十二指肠后，其中绝大部分从回肠黏膜吸收入血，通过门静脉回到肝脏后，再参与胆汁的合成，并排入小肠，此称为肠-肝循环。

胆汁中胆盐、胆固醇和卵磷脂的适当比例是维持胆固醇呈溶解状态的必要条件。胆固醇分泌过多，或胆盐、卵磷脂合成减少时，胆固醇就容易沉积下来，这是形成胆石的原因之一。胆石阻塞或肿瘤压迫胆管，可引起胆汁排放困难，从而导致脂肪消化、吸收及脂溶性维生素吸收障碍；由于胆管内压力升高，部分胆汁入血发生黄疸。

三、胰

胰是人体第二大腺体，兼有内、外分泌部。胰的外分泌部能分泌胰液，内含多种消化酶（如蛋白酶、脂肪酶及淀粉酶等），有分解和消化蛋白质、脂肪和糖类等作用；其内分泌部即胰岛，散在于胰实质内，主要分泌胰岛素，调节血糖浓度。

（一）胰的位置、毗邻及分部

胰是位于腹上区和左季肋区，横置于第1～2腰椎体前方，并紧贴于腹后壁的狭窄腺体。胰质地柔软，色灰红，全长17～20 cm，宽3～5 cm，厚1.5～2.5 cm，重82～117 g。

胰可分头、颈、体、尾四部分，各部无明显界限。胰头较膨大，被十二指肠"C"形包绕，并向左下方伸出一钩突。胰头后面与胆总管、肝门静脉相邻。胰颈是位于胰头与胰体之间的狭窄扁薄部分，胃幽门位于其前上方。胰体位于胰颈和胰尾之间，占胰的大部分。胰体前面隔网膜囊与胃相邻，故胃后壁的溃疡穿孔或癌肿常与胰粘连。胰尾为伸向左上方较细的部分，紧贴脾门。胰管位于胰的实质内，贯穿胰的全长，它与胆总管汇合成肝胰壶腹，开口于十二指肠大乳头（图6-28）。

（二）胰的组织结构

胰腺表面覆以薄层结缔组织被膜，结缔组织伸入胰腺内将实质分隔为许多小叶。胰腺实质由外分泌部和内分泌部组成（图6-29）。外分泌部分泌胰液，含有多种消化酶，在食物消化中起重要作用。内分泌部分泌激素，主要参与物质代谢的调节。

1. 外分泌部 由腺泡和导管构成。每个腺泡由40～50个腺泡细胞组成，腺泡细胞分泌含多种消化酶的胰液，它们分别消化食物中的各种营养成分。导管起于腺泡腔，逐级合成胰管，并在胰头部与胆总管汇合，开口于十二指肠大乳头。

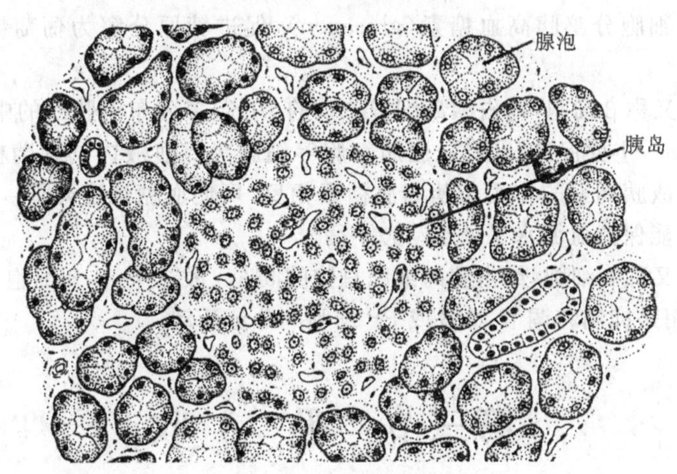

图6-29 胰的微细结构

胰液是由胰腺腺泡细胞和小导管上皮细胞分泌的，经胰腺导管排入十二指肠。

(1)胰液的性质和成分：胰液是无色碱性液体，pH 7.8～8.4，人每日分泌量为1～2 L。胰液中除含有大量水分外，还含有无机物和有机物。无机物主要是碳酸氢盐，它们主要由胰腺小导管上皮细胞分泌。有机物主要是腺泡细胞分泌的各种消化酶，如胰淀粉酶、胰脂肪酶、胰蛋白酶和糜蛋白酶、羧基肽酶、核糖核酸酶和脱氧核糖核酸酶等。

(2)胰液的作用

①HCO_3^-：主要作用是中和进入十二指肠的胃酸，保护肠黏膜免受强酸的侵蚀；同时，HCO_3^-造成的弱碱性环境也为小肠内多种消化酶的活动提供了适宜的pH环境。

②胰淀粉酶：一种 α 淀粉酶，对生、熟淀粉的水解效率都很高。淀粉经消化后的产物为糊精、麦芽糖及麦芽寡糖。胰淀粉酶发挥作用的最适 pH 值为 6.7～7.0。

③胰脂肪酶：消化脂肪的主要消化酶。可分解甘油三酯为脂肪酸、甘油一酯和甘油。它的最适 pH 值为 7.5～8.5。但是，胰脂肪酶只有在胰腺分泌的另一种小分子蛋白质——辅脂酶存在的条件下才能发挥作用。

④胰蛋白酶和糜蛋白酶：它们都是以不具有活性的酶原形式存在于胰液中的。肠液中的肠激酶可以激活胰蛋白酶原，使之变为具有活性的胰蛋白酶。此外，胃酸、胰蛋白酶本身，以及组织液也能使胰蛋白酶原激活。糜蛋白酶原在胰蛋白酶作用下转化为有活性的糜蛋白酶。胰蛋白酶和糜蛋白酶的作用相似，都能分解蛋白质为朊和胨。当两者共同作用于蛋白质时，则可消化蛋白质为小分子的多肽和氨基酸。

如上所述，胰液中含有三种主要营养物质的消化酶，是所有消化液中消化食物最全面、消化力最强的一种消化液。当胰腺分泌发生障碍时，会明显影响蛋白质和脂肪的消化和吸收，但对糖的消化和吸收影响不大。

2. 内分泌部 胰岛是由内分泌细胞组成的球形细胞团，分布于腺泡之间，在 HE 染色中，胰岛细胞着色浅淡，极易鉴别。成人胰腺约有 100 万个胰岛，分布在胰尾部较多。胰岛大小不等，直径 75～500 μm，小的仅由 10 多个细胞组成，大的有数百个细胞。胰岛细胞呈团索状分布，细胞间有丰富的有孔毛细血管。人胰岛主要有 A、B、D 和 PP 四种细胞。

(1)A 细胞：又称甲细胞或 α 细胞，约占胰岛细胞总数的 20%，细胞体积较大，多分布在胰岛周边部。A 细胞分泌胰高血糖素(glucagon)，促进糖原分解为葡萄糖，并抑制糖原合成，使血糖升高。

(2)B 细胞：又称 β 细胞，约占胰岛细胞总数的 70%，多分布于胰岛的中央部。B 细胞分泌胰岛素(insulin)，主要促进肝细胞、脂肪细胞等细胞吸收血液内的葡萄糖，合成糖原或转化为脂肪贮存。故胰岛素的作用与胰高血糖素相反，可使血糖浓度降低。胰岛素和胰高血糖素的协同作用能保持血糖水平处于动态平衡。

(3)D 细胞：又称 δ 细胞，约占胰岛细胞总数的 5%。散在于 A、B 细胞之间，D 细胞分泌生长抑素，其作用是抑制和调节 A、B 或 PP 细胞的分泌活动。

第三节 吸　收

吸收是指食物的成分或其消化后的产物通过消化管上皮细胞进入血液和淋巴液的过程。消化过程是吸收的重要前提。由于吸收为多细胞机体提供了营养物质，因而具有重要的生理意义。

一、吸收的部位

消化管不同部位的吸收能力和吸收速度是不同的，这主要取决于各部分消化管的组织结构，以及食物在各部位被消化的程度和停留的时间。

营养物质在口腔和食管内几乎不被吸收。在胃内，食物的吸收也很少，胃只吸收酒精和少量水分。小肠是吸收的主要部位，一般认为，糖类、蛋白质和脂肪的消化产物大部分是在十二指肠和空肠被吸收的，回肠有其独特的功能，即主动吸收胆盐和维生素 B_{12}（图 6-30）。大肠主要吸收水分和盐类。

小肠之所以成为营养物质吸收的主要部位，是由以下特性决定的。①吸收面积巨大，小肠长约 4 m，其黏膜具有环形皱褶，皱褶上有大量的绒毛，肠绒毛上每一柱状上皮细胞的顶端约有 1700 条微绒毛。由于环形皱褶、绒毛和微绒毛的存在，最终使小肠的吸收面积比同样长短的简单圆筒的面积增加约 600 倍，达到 200 m^2 左右。②食物在小肠内已被消化到适于吸收的小分子物质。③食物在小肠内停留的时间较长（3～8 h），消化、吸收时间充分。④肠绒毛有丰富的毛细血管和毛细淋巴管。

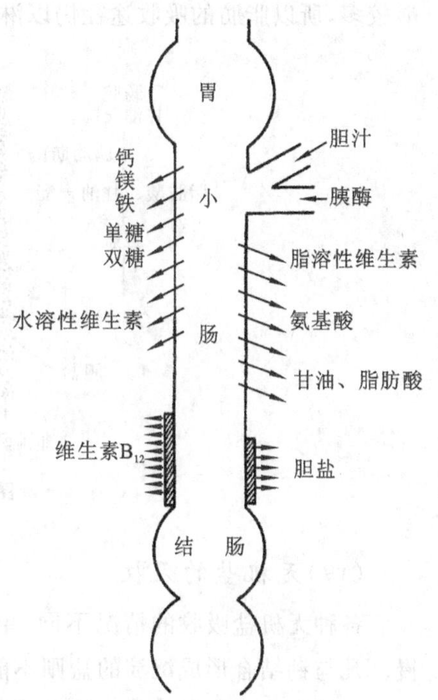

图 6-30 各种主要营养物质在小肠的吸收部位

二、主要营养物质的吸收

（一）糖的吸收

一般说来，糖类以单糖形式被小肠上皮细胞所吸收，吸收途径是血液。肠腔中的单糖主要是葡萄糖，约占单糖总量的 80%。各种单糖的吸收速率有很大差别，以半乳糖和葡萄糖的吸收为最快，果糖次之，甘露糖最慢。

单糖的吸收是逆浓度差进行的继发性主动过程。钠和钠泵对单糖的吸收是必需的，抑制钠泵的哇巴因或能与 Na^+ 竞争转运体的 K^+ 均能抑制糖的吸收。

（二）蛋白质的吸收

蛋白质消化产物一般以氨基酸形式存在，主要在小肠上段被主动吸收，吸收途径是血液。氨基酸吸收过程与葡萄糖相似。同时，小肠刷状缘上存在二肽和三肽转运系统，这类转运系统也是继发性主动转运。进入细胞内的二肽和三肽可被胞内的二肽酶和三肽酶进一步分解为氨基酸，再进入血液循环。

在某些情况下，少量的完整蛋白质也可以通过小肠上皮细胞进入血液，它们没有营养学意义，相反可作为抗原而引起过敏反应，对人体不利。

（三）脂肪和胆固醇的吸收

脂肪消化产物脂肪酸、甘油一酯、胆固醇等可很快与胆汁中胆盐形成混合微胶粒。具有亲水性的胆盐能携带这些消化产物通过覆盖在小肠绒毛表面的静水层到达微绒毛，其中的甘油一酯、脂肪酸和胆固醇等从混合微胶粒中释出，并透过微绒毛的膜而进入黏膜细胞，而胆盐则被遗留于肠腔内。长链脂肪酸及甘油一酯被吸收后，在上皮细胞的内质网中大部分被重新合成为甘油三酯，并与细胞中生成的载脂蛋白合成乳糜微粒。乳糜微粒以出胞方式释放至胞外，再扩散入淋巴管（图 6-31）。中、短链甘油三酯水解产生的脂肪酸和甘油一酯是水溶性的，可直接吸收入血。由于膳食中的动、植物油中含有 15 个以上碳原子的长链脂肪酸较多，所以脂肪的吸收途径仍以淋巴管为主。

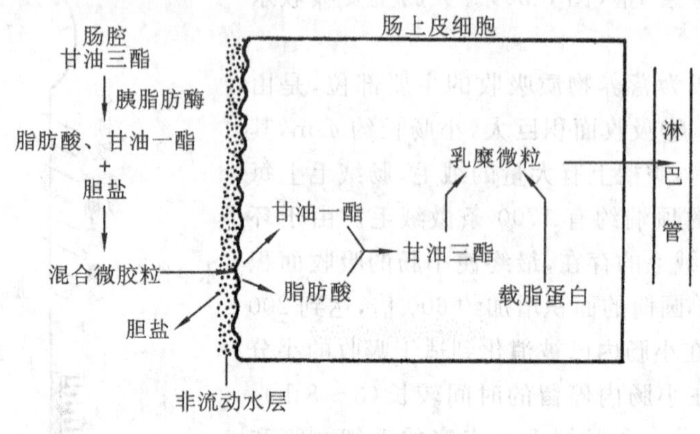

图 6-31　脂肪吸收示意图

(四)无机盐的吸收

各种无机盐吸收的情况不同，单价碱性盐类如钠、钾、铵盐的吸收快，多价碱性盐吸收慢。凡与钙结合形成沉淀的盐则不能被吸收。

1. 钠和负离子的吸收　钠的吸收是主动的，通过上皮细胞膜上钠泵的活动，降低了膜内钠浓度，使肠腔内的钠可顺浓度梯度扩散进入细胞。钠的主动吸收为单糖和氨基酸的吸收提供动力，反之，单糖和氨基酸的存在也促进钠的吸收。

2. 铁的吸收　人每日吸收铁约 1 mg，铁吸收的部位主要是十二指肠和空肠上段。铁的吸收是主动过程。对铁的吸收能力与机体对铁的需要有关，如缺铁性贫血患者、急性失血患者、孕妇、儿童等吸收铁的能力增强。食物中的铁绝大部分为三价铁，不易被吸收，需还原为亚铁才能被吸收。维生素 C 能将高价铁还原为亚铁而促进铁的吸收。铁在酸性环境中易溶解，故胃液中的盐酸可促进铁的吸收。

3. 钙的吸收　小肠各部都有吸收钙的能力，但主要在小肠上段，特别是十二指肠吸收能力最强。钙的吸收也是主动过程，但通常食物中的钙只有一小部分被吸收。钙只有在离子状态才能被吸收，任何使钙沉淀的因素均阻止钙的吸收。机体吸收钙的多少受多种因素的影响：①酸性环境有利于钙的吸收，肠腔内 pH 值为 3 时，钙呈离子状态，最易吸收；②维生素 D 能促进钙进入肠黏膜细胞，并协助钙从细胞进入血液；③脂肪酸与钙结合成钙皂，或者与胆汁酸结合成水溶性复合物而被吸收；④儿童、孕妇和哺乳妇女由于对钙的需求增加，其钙吸收量也增加。

(五)水的吸收

人体每日由胃肠吸收的水约 8 L，其中摄入的水为 1～2 L，由消化腺分泌的液体可达 6～8 L，随粪便排出的水仅为 0.1～0.2 L。水的吸收都是被动的，各种溶质，尤其是氯化钠吸收后所产生的渗透压梯度是水被动吸收的动力。在十二指肠和空肠上部，水的吸收量很大，但消化液的分泌量也很大。结肠吸收水的能力很强。严重呕吐、腹泻可使人体丢失大量的水分和电解质，从而导致人体脱水和电解质紊乱。

(六)维生素的吸收

维生素分为脂溶性维生素和水溶性维生素两类。水溶性维生素主要以扩散的方式在小肠上段被吸收,但维生素 B_{12} 必须与内因子结合形成水溶性复合物才能在回肠被吸收。脂溶性维生素 A、D、E、K 的吸收机制与脂肪吸收相似,它们先与胆盐结合形成水溶性复合物,进入细胞后再透过细胞膜进入血液或淋巴液。

(陶冬英　章　皓)

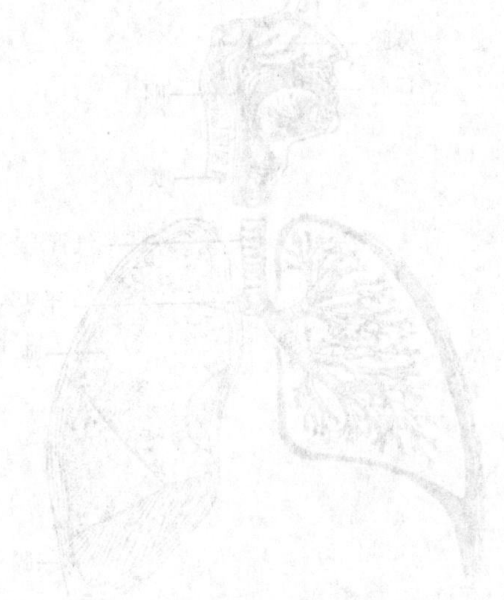

第七章 呼吸系统

第一节 呼吸系统结构

呼吸系统(respiratory system)由呼吸道和肺组成。主要功能是进行气体交换,即从外界吸入氧,呼出二氧化碳。此外,鼻还是嗅觉的器官,喉具有发音的功能。

呼吸道是传送气体的通道,包括鼻、咽、喉、气管和各级支气管(图 7-1),临床上常将鼻、咽、喉称为上呼吸道,气管、主支气管及其在肺内的各级分支称为下呼吸道。

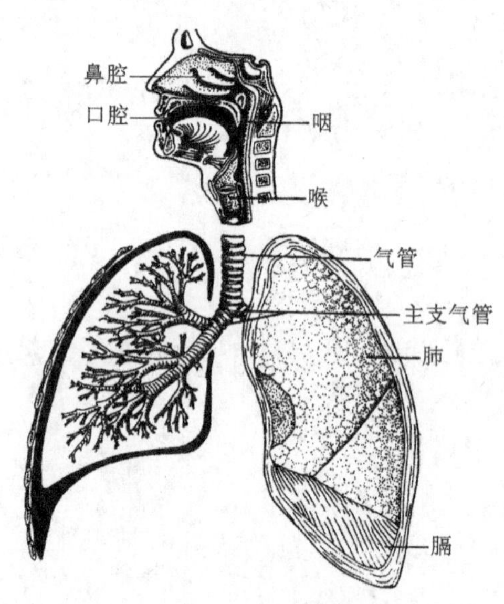

图 7-1 呼吸系统全貌

一、呼吸道

(一)鼻

鼻(nose)是呼吸道的起始部,也是嗅觉器官,分为外鼻、鼻腔和鼻旁窦三部分。

1. 外鼻 外鼻(external nose)位于面部中央。上端狭窄位于两眶之间,称鼻根,鼻根向下延伸为鼻背,其末端隆起为鼻尖,鼻尖两侧膨大的部分称鼻翼。外鼻下方的开口称鼻孔,主要由鼻翼和鼻柱围成。外鼻上部以鼻骨为支架,下部以软骨作基础,外被皮肤,内覆黏膜。

2. 鼻腔 鼻腔(nasal cavity)位于颅前窝下方、腭的上方,由骨和软骨作支架,内面衬以黏膜和皮肤。鼻腔被鼻中隔分为左、右两半。鼻中隔由犁骨、筛骨垂直板和鼻中隔软骨等覆以黏膜组成。鼻腔向前经鼻孔通外界，向后经鼻后孔通鼻咽（图 7-2）。

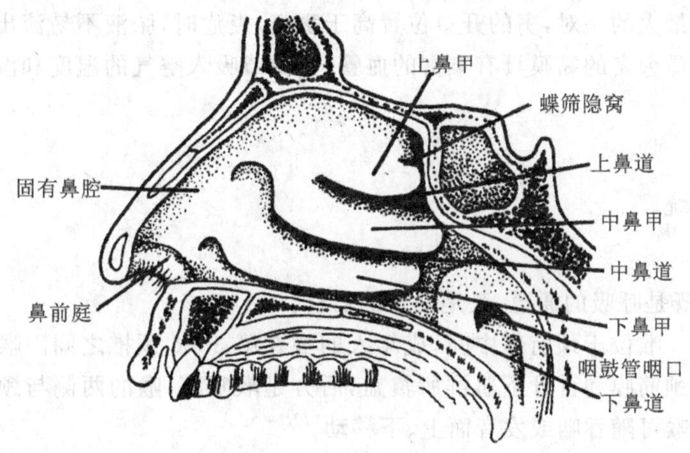

图 7-2 鼻腔外侧壁（右侧）

(1)鼻前庭（nasal vestibule）：鼻腔的前下部，内面衬以皮肤，生长有鼻毛，有过滤灰尘和净化吸入空气的作用。

(2)固有鼻腔（nasal cavity proper）：鼻腔的主要部分，由骨性鼻腔内衬黏膜构成。外侧壁上有上、中、下三个鼻甲，各鼻甲的下方分别为上、中、下三个鼻道。在上鼻甲的后上方与鼻腔顶壁之间有一凹陷称蝶筛隐窝。上鼻道和中鼻道内有鼻旁窦的开口，下鼻道前端有鼻泪管的开口。

固有鼻腔的黏膜按其生理功能的不同，分为嗅区和呼吸区两部分。嗅区指覆盖上鼻甲及其对应的鼻中隔以上部分的黏膜，内含嗅细胞，能感受气味的刺激。除嗅区以外的鼻黏膜为呼吸区，内含丰富的毛细血管和鼻腺，能温暖、湿润吸入的空气。鼻中隔前下部的黏膜内，有丰富的毛细血管吻合丛，是鼻出血的好发部位，称易出血区（Little 区）。

3. 鼻旁窦　鼻旁窦（paranasal sinuses）又称副鼻窦，由骨性鼻旁窦内衬黏膜构成，共 4 对，包括上颌窦、额窦、筛窦和蝶窦（图 7-3）。额窦、上颌窦和筛窦前群、中群开口于中鼻道，筛窦后群开口于上鼻道，蝶窦开口于蝶筛隐窝。

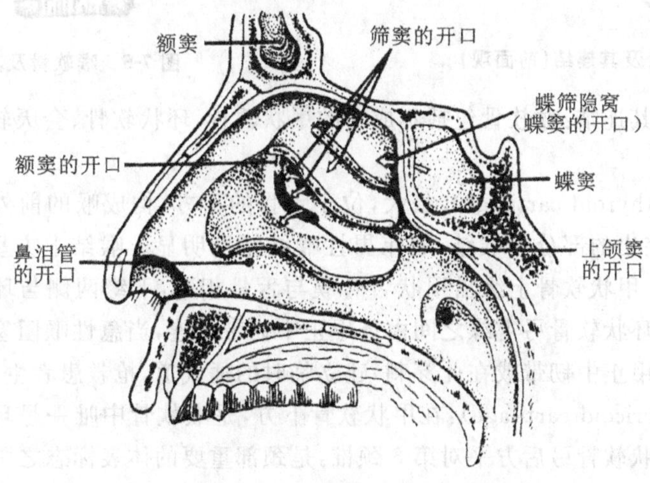

图 7-3 鼻旁窦的开口（右侧）

由于鼻旁窦的黏膜与固有鼻腔的黏膜相延续，因此鼻腔的炎症常可蔓延至鼻旁窦。上颌窦是鼻旁窦中最大的一对，窦的开口位置高于窦底，炎症时，脓液不易流出，故上颌窦的慢性炎症较多见。鼻旁窦的黏膜具有丰富的血管，可调节吸入空气的温度和湿度，对发音还有共鸣作用。

（二）咽

参见消化系统。

（三）喉

喉(larynx)既是呼吸的通道，又是发音的器官。

1. 喉的位置 喉位于颈前部中间，成年人的喉在第3～6颈椎之间。喉上通咽，下续气管，前方被皮肤、颈筋膜和舌骨下肌群所覆盖，后方是喉咽部，喉的两侧与颈部大血管、神经和甲状腺相邻。喉可随吞咽或发音而上、下移动。

2. 喉的结构 喉由数块喉软骨借关节和韧带连成支架，周围附有喉肌，内面衬以喉黏膜构成(图7-4、图7-5)。

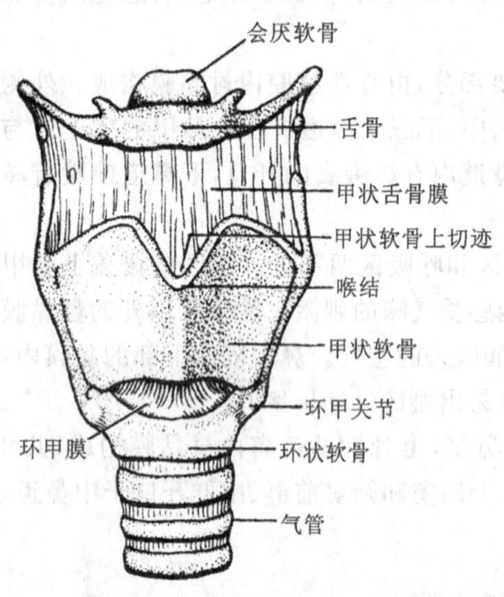

图7-4 喉软骨及其连结(前面观)

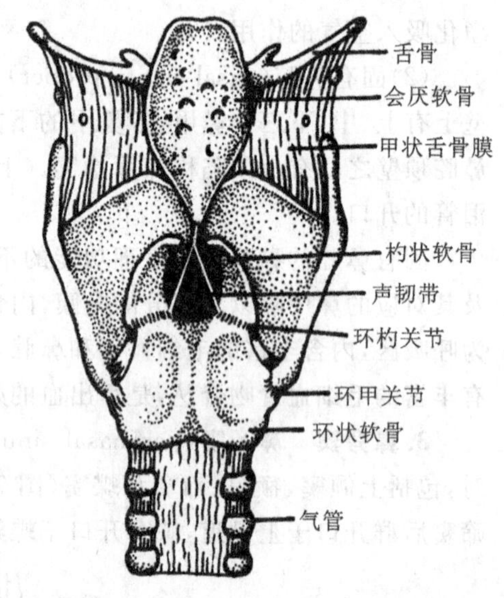

图7-5 喉软骨及其连结(后面观)

(1)喉软骨及其连结：喉软骨包括不成对的甲状软骨、环状软骨、会厌软骨和成对的杓状软骨。

①甲状软骨(thyroid cartilage)：最大，位于舌骨的下方，构成喉的前外侧壁。甲状软骨的上缘正中向前突出的部分称喉结，成年男性喉结特别明显。喉结上方呈"V"形的切迹称甲状软骨上切迹。甲状软骨上缘借甲状舌骨膜与舌骨相连，下缘两侧与环状软骨构成环甲关节，下缘正中与环状软骨弓上缘之间由环甲正中韧带相连，当急性喉阻塞来不及进行气管切开时，可切开环甲正中韧带或在此穿刺，建立临时的通气道，抢救患者生命。

②环状软骨(cricoid cartilage)：在甲状软骨下方，是喉软骨中唯一呈环形的软骨。环状软骨前窄后宽，环状软骨弓后方平对第6颈椎，是颈部重要的体表标志之一。

③会厌软骨(epiglottic cartilage)：形似叶片状，其上端宽而游离，下端窄细附着于甲状

软骨上切迹的后下方。会厌软骨连同表面覆盖的黏膜构成会厌，吞咽时，喉上提，会厌可盖住喉口，以防止食物误入喉腔。

④杓状软骨(arytenoid cartilage)：左、右各一，呈三棱锥体形，其尖向上，底朝下，位于环状软骨后部的上方，与环状软骨构成环杓关节。每侧杓状软骨与甲状软骨间都有一条声韧带相连。声韧带是发音的重要结构。

(2)喉腔及喉黏膜：喉的内腔称喉腔(laryngeal cavity)(图 7-6、图 7-7)，喉腔的入口称喉口。喉向上经喉口与喉咽相通，向下通气管。喉腔壁的内面衬有黏膜，与咽、气管的黏膜相延续，喉腔中部的两侧壁上，有上、下两对呈前后方向的黏膜皱襞：上方的一对称前庭襞，两侧前庭襞之间的裂隙称前庭裂；下方的一对称声襞，由喉黏膜覆盖声韧带构成，两侧声襞之间的裂隙称声门裂。声门裂是喉腔最狭窄的部位。

喉腔借两对皱襞分为三部分：喉前庭、喉中间腔和声门下腔。声门下腔的黏膜下组织比较疏松，炎症时易引起水肿。幼儿因喉腔较狭小，水肿时易引起阻塞而造成呼吸困难。

(3)喉肌：骨骼肌，附着于喉软骨。喉肌的舒缩使环甲关节和环杓关节产生运动，引起声襞紧张或松弛、声门裂开大或缩小，从而调节音调的高低和声音的强弱。

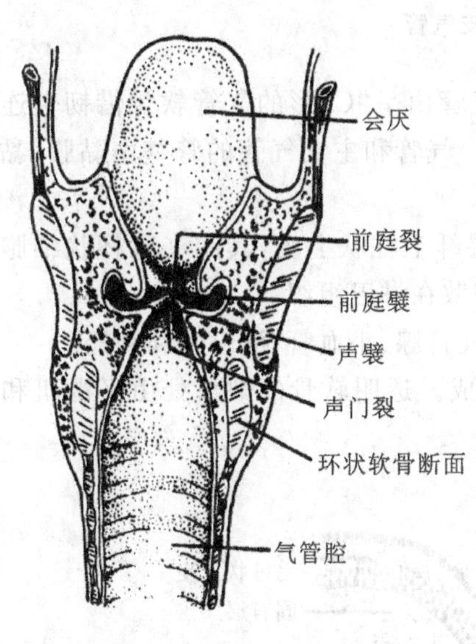

图 7-6 喉腔(冠状面)

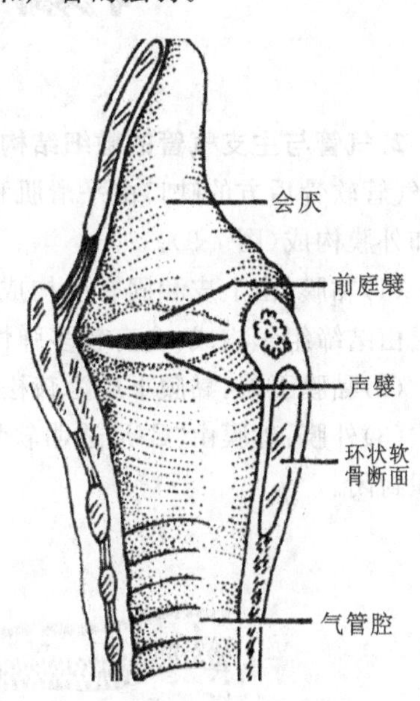

图 7-7 喉腔(矢状面)

(四)气管与主支气管

气管和主支气管是连接喉与肺之间的通气管道。

1. 气管与主支气管的形态和位置 气管(trachea)和主支气管(principal bronchus)是后壁平坦的通气管道(图 7-8)。气管上接环状软骨，沿食管前面降入胸腔，在胸骨角平面分为左、右主支气管，其分叉处称气管杈，在气管杈内面有一向上凸的半月状嵴，称气管隆嵴，是支气管镜检的定位标志。气管在颈部的位置表浅，在颈部正中可以触摸到。临床上做气管切开术，常在第 3～5 气管软骨处进行。左主支气管较细长，走行方向接近水平位；右主支气管略粗短，走行方向较垂直，加之气管隆嵴略偏左侧，因此，误入气管的异物，常易坠入右主支气管内。

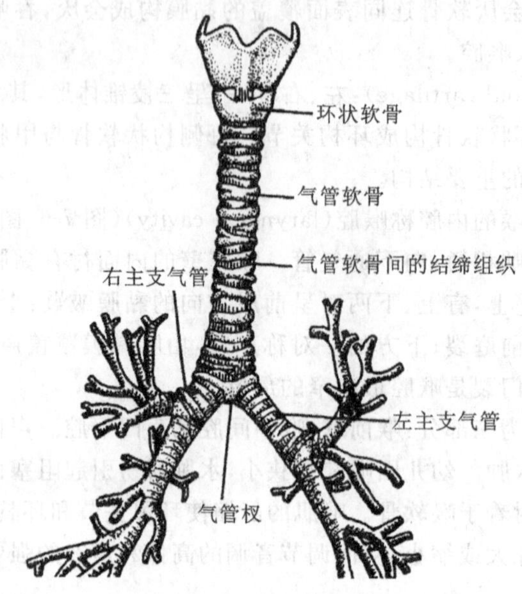

图 7-8　气管和主支气管

2. 气管与主支气管的微细结构　气管和主支气管由呈"C"形的气管软骨借韧带连接而成，气管软骨后方的缺口由平滑肌和结缔组织封闭。气管和主支气管的管壁由黏膜、黏膜下层和外膜构成(图 7-9)。

(1)黏膜：由上皮和固有层构成。上皮为假复层纤毛柱状上皮，其间夹有杯状细胞。固有层由结缔组织构成，含有较多弹性纤维、小血管和散在淋巴组织。

(2)黏膜下层：黏膜下层为疏松结缔组织，含有气管腺、小血管、淋巴管和神经。

(3)外膜：外膜由"C"形透明软骨和结缔组织组成。透明软骨的缺口处由平滑肌和结缔组织封闭。

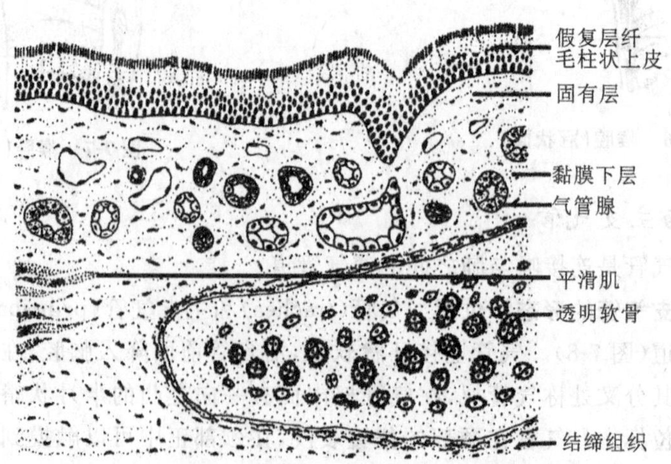

图 7-9　气管的微细结构(横切面)

二、肺

(一)肺的位置和形态

肺(lung)是进行气体交换的器官,位于胸腔内,纵隔两侧,左、右各一(图 7-10)。肺的质地柔软,富有弹性。幼儿肺的颜色呈淡红色,随着年龄的增长,空气中的尘埃、炭末等颗粒吸入肺内,肺的颜色逐步变为暗红色或深红色。肺形似半圆锥形,左肺稍狭长,右肺略宽短。肺的上端钝圆称肺尖,突入颈根部,肺尖高出锁骨内侧 1/3 部上方 2~3 cm。肺的下面凹陷称肺底,与膈相贴,故肺底又称膈面。肺的外侧面与肋和肋间肌相邻,故称肋面。肺的内侧面朝向纵隔,其近中央处有一凹陷为肺门。

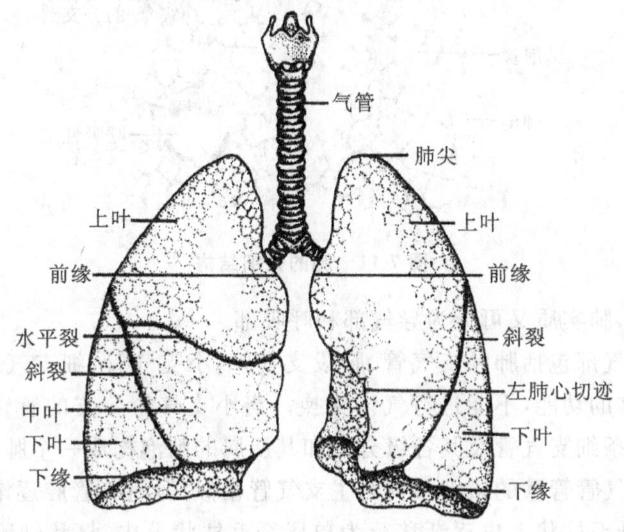

图 7-10 肺的形态

肺门是主支气管、肺动脉、肺静脉、支气管动脉、支气管静脉、淋巴管和神经等出入肺的部位,出入肺门的结构被结缔组织包绕称为肺根。肺的前缘和下缘薄而锐利,左肺前缘下部有一明显的凹陷,称心切迹。肺下缘在体表的投影:在锁骨中线处与第 6 肋相交,腋中线处与第 8 肋相交,肩胛线处与第 10 肋相交,后正中线处于第 10 胸椎棘突平面。左肺被斜裂分为上、下两叶,右肺被斜裂和水平裂分为上、中、下三叶。

(二)肺内支气管和支气管肺段

1. 肺内支气管 主支气管进入肺门后,左主支气管分上、下两支,右主支气管分上、中、下三支,进入相应的肺叶,构成肺叶支气管。肺叶支气管再分支成为肺段支气管。支气管在肺内反复分支,形成支气管树(bronchial tree)。

2. 支气管肺段 每一肺段支气管的分支及其所连属的肺组织构成一个支气管肺段,简称肺段。肺段呈椎体形,尖朝向肺门,底朝向肺的表面。

(三)肺的微细结构

肺的表面覆有一层浆膜。肺可分为实质和间质两部分(图 7-11)。肺实质由支气管树和肺泡构成。肺间质为肺内的结缔组织、血管、淋巴管和神经。

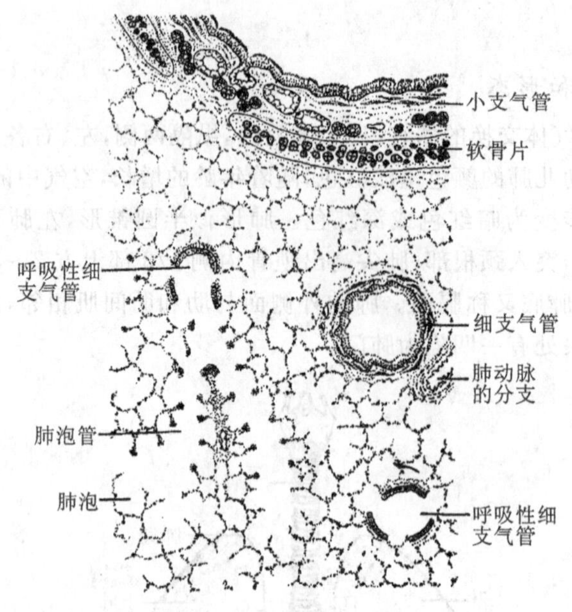

图 7-11　肺的微细结构

根据功能不同,肺实质又可分为导气部和呼吸部。

1. 导气部　导气部包括肺叶支气管、肺段支气管、小支气管、细支气管以及终末细支气管等,只有传送气体的功能,不能进行气体交换。当小支气管分支的管径为 1 mm 左右时,称为细支气管。每条细支气管及其各级分支和其所属的肺泡构成一个肺小叶。

导气部各级支气管管壁的微细结构与主支气管相似,但随着管腔逐渐变细,管壁逐渐变薄,上皮由假复层纤毛柱状上皮逐渐移行为单层纤毛柱状上皮,杯状细胞、腺体和软骨逐渐减少,然而平滑肌相对增多。到终末细支气管(管径约 0.5 mm),其管壁的上皮为单层柱状上皮,杯状细胞、腺体和软骨均消失,平滑肌形成完整的环行。平滑肌的收缩或舒张可直接控制进入肺泡的气流量,从而调节出入肺泡的气流量。

2. 呼吸部　呼吸部包括呼吸性细支气管、肺泡管、肺泡囊和肺泡,是进行气体交换的部位。

(1)呼吸性细支气管(respiratory bronchiole):终末细支气管的分支,管壁上有少量肺泡的开口。上皮由单层柱状上皮移行为单层立方上皮,其外围有少量结缔组织和平滑肌。

(2)肺泡管(alveolar duct):呼吸性细支气管的分支,管壁上有许多肺泡的开口,所以没有完整的管壁,只在相邻肺泡开口之间存在小部分管壁,此处呈结节状膨大。

(3)肺泡囊(alveolar sac):多个肺泡的共同开口处,相邻肺泡开口之间无平滑肌,故无结节状膨大。

(4)肺泡(pulmonary alveolus):多面形囊泡,每侧肺有 3 亿～4 亿个,是进行气体交换的场所。肺泡壁极薄,由肺泡上皮构成,周围有丰富的毛细血管网和少量的结缔组织。肺泡上皮为单层上皮,有两种类型:一种是Ⅰ型肺泡细胞,呈扁平形,是肺泡上皮的主要细胞,其细胞表面构成气体交换的广大面积;另一种是Ⅱ型肺泡细胞,呈圆形或立方体形,嵌在Ⅰ型肺泡细胞之间(图 7-12)。

相邻肺泡之间的薄层结缔组织称肺泡隔(图 7-12),内含有丰富的毛细血管网、较多的弹性纤维和肺泡巨噬细胞。毛细血管与肺泡上皮紧密相贴,当肺泡与血液之间进行气体交换时,气体经过肺泡上皮及基膜、毛细血管内皮及基膜,这四层结构组成气-血屏障(又称呼吸膜)。肺泡隔中的弹性纤维使肺泡具有良好的弹性回缩力。肺泡巨噬细胞能做变形运动,有吞噬病菌和异物的能力,吞噬了灰尘的肺泡巨噬细胞称为尘细胞。

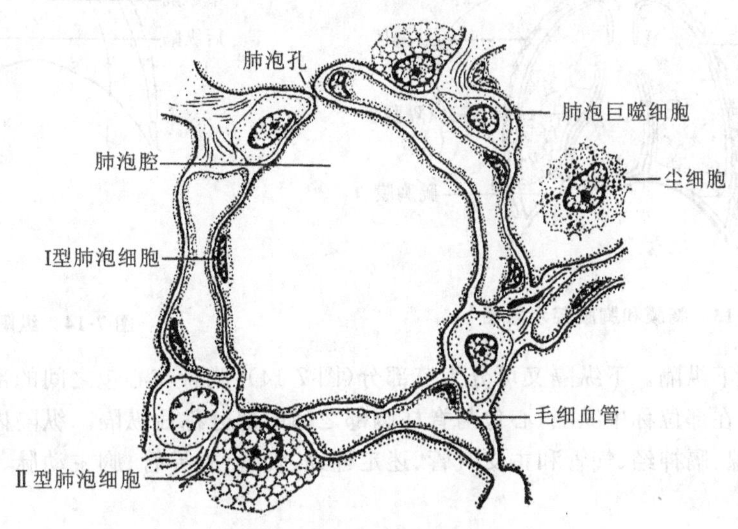

图 7-12 肺泡上皮和肺泡隔

(四)肺的血管

肺有两套血管,即功能血管和营养血管。

1. 功能血管 肺的功能血管与肺的气体交换有关,由肺动脉和肺静脉组成。

2. 营养血管 肺的营养血管营养肺组织和各级支气管,由支气管动脉和支气管静脉组成。

三、胸膜与纵隔

(一)胸膜

胸膜(pleura)是由间皮和薄层结缔组织构成的浆膜,分为互相移行的脏胸膜和壁胸膜两部分。脏胸膜又称肺胸膜,紧贴在肺表面,并伸入斜裂、水平裂内。壁胸膜衬贴在胸壁的内面、膈的上面及纵隔的两侧面,按其贴附部位的不同,分别称肋胸膜、膈胸膜和纵隔胸膜。壁胸膜覆盖在肺尖上方的部分称胸膜顶。

脏胸膜与壁胸膜在肺根处互相移行,围成一个潜在的密闭腔隙,称胸膜腔(pleural cavity)(图 7-13)。胸膜腔左、右各一,互不相通,腔内呈负压,内含少量浆液。呼吸时,浆液可减少脏胸膜与壁胸膜之间的摩擦。

(二)纵隔

纵隔(mediastinum)是两侧纵隔胸膜之间所有器官和组织的总称。纵隔前界为胸骨,后界为脊柱的胸部,两侧界为纵隔胸膜,上达胸廓上口,下至膈。纵隔通常以胸骨角平面为界,

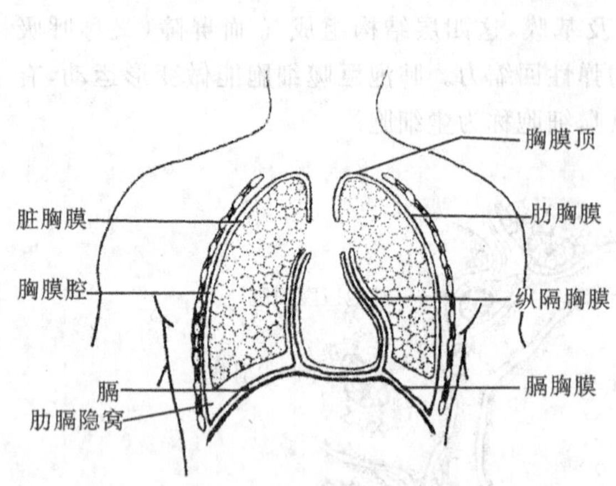

图 7-13　胸膜和胸膜腔示意图

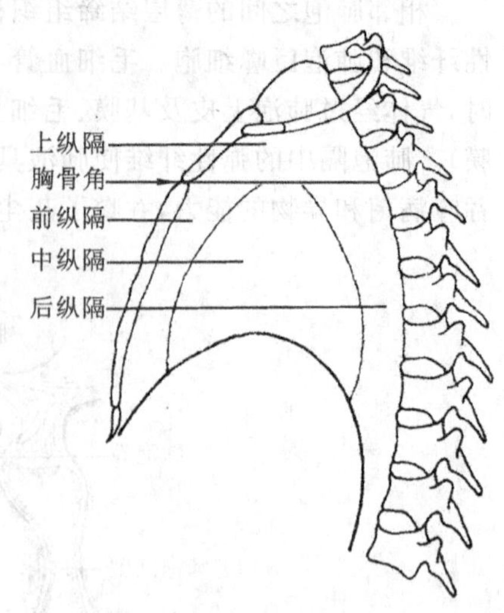

图 7-14　纵隔的分部

分为上纵隔和下纵隔。下纵隔又可分为三部分(图 7-14):胸骨与心包之间的部分称前纵隔;心及大血管所在部位称中纵隔;心包与脊柱胸部之间的部分称后纵隔。纵隔内有心、出入心的大血管、胸腺、膈神经、气管和主支气管、迷走神经、食管、胸导管、胸主动脉、交感干以及淋巴结等。

第二节　呼吸运动与肺通气

一、呼吸运动

呼吸肌的收缩和舒张引起胸廓有节律地扩大与缩小的运动,称为呼吸运动。呼吸运动分为吸气和呼气,是实现肺通气的原动力。参与呼吸运动的肌肉包括吸气肌、呼气肌和呼吸辅助肌。凡是使胸廓扩大,产生吸气运动的肌肉称为吸气肌,主要有膈肌和肋间外肌;凡是使胸廓缩小,产生呼气运动的肌肉称为呼气肌,主要是肋间内肌。此外,还有一些肌肉(如斜角肌、胸锁乳突肌、胸大肌和腹壁肌等)只是在用力吸气或呼气时才参与收缩,称为呼吸辅助肌。

1. 吸气运动　平静呼吸时,吸气运动主要是由膈肌和肋间外肌收缩引起的。一方面,肋间外肌收缩使肋骨上举,胸骨上提,胸廓前后径与左右径增大;另一方面,膈肌收缩使膈顶下移,胸廓上下径增大。上述两类肌肉的收缩活动,使胸腔容积增大,肺容积亦随之扩大使肺内压降低,当肺内压低于大气压时,空气便经呼吸道流入肺内而产生吸气。据测定,平静吸气时,由于膈肌收缩而增加的胸腔容积相当于肺通气总量的 4/5,所以膈肌的舒缩在肺通气中起重要作用。

2. 呼气运动　平静呼吸时,呼气运动由膈肌和肋间外肌舒张引起。膈肌舒张时,腹腔脏器回位,使膈穹窿上移,胸腔上下径减小;肋间外肌舒张,肋骨和胸骨下降回位,胸腔前后径和左右径均减小,结果胸腔容积和肺容积缩小,使肺内压升高,肺内压高于大气压时,肺泡内气体经呼吸道外流至大气而产生呼气动作。

3. 呼吸类型 呼吸运动按其深度一般分为平静呼吸和用力呼吸两种。人体在安静时，平稳而缓慢的自然呼吸，称平静呼吸(eupnea)，每分钟为12～18次。此时吸气的产生是由于膈肌和肋间外肌收缩引起的，是主动的运动，而呼气是由于膈肌和肋间外肌舒张所致，肌肉不需收缩，所以呼气过程是被动的。运动或劳动时，深而强的呼吸称用力呼吸(forced breathing)。用力吸气时，除膈肌与肋间外肌加强收缩外，胸锁乳突肌、斜角肌等吸气辅助肌也参与收缩；用力呼气时，除吸气肌群舒张外，肋间内肌和腹壁肌等呼气肌群也参与收缩。由此可见，用力呼吸时，吸气肌和呼气肌以及呼吸辅助肌都参与了呼吸活动，所以吸气和呼气过程都是主动过程。在某些病理情况下，即使用力呼吸仍不能满足人体需要，患者除可出现鼻翼扇动等现象外，还有喘不过气的主观感觉，临床上称为呼吸困难(dyspnea)。

根据引起呼吸运动的主要肌群不同，呼吸运动可分为腹式呼吸、胸式呼吸及混合式呼吸三种。以膈肌舒缩为主的呼吸运动，伴有腹壁明显的起伏，称为腹式呼吸；以肋间外肌舒缩为主，伴有胸廓明显起伏，称为胸式呼吸。临床上，胸廓有病变的患者如发生胸膜炎、胸腔积液等时，胸廓运动受限，常呈腹式呼吸；腹腔有巨大肿块或大量腹水的患者以及妊娠末期妇女，膈肌的升降受限，多呈胸式呼吸。婴儿因胸廓发育不完善，肋骨较为垂直且不易提起，以腹式呼吸为主。正常成人呼吸大多是胸式呼吸和腹式呼吸同时存在，称为混合式呼吸。

二、肺内压与胸内压

(一)肺内压

肺内气道和肺泡内的压力称为肺内压(intrapulmonary pressure)。肺内压与大气压的压力差是肺通气的直接动力。

在呼吸运动过程中，肺内压随胸腔容积的变化而被动地变化。平静吸气开始时，肺容积随着胸廓逐渐扩大而相应增加，肺内压逐渐下降，通常低于大气压1～2 mmHg，气体经呼吸道流入肺泡。随着肺内气体的逐渐增多，肺内压也逐渐升高，至吸气末，肺内压升至与大气压相等，气体不再流入，吸气结束。呼气开始时，肺容积随着胸廓的逐渐缩小而相应减小，肺内压逐渐升高，可高于大气压1～2 mmHg，肺泡内气体经呼吸道流出体外。随着肺泡内气体逐渐减少，肺内压逐渐降低，至呼气末，肺内压与大气压又相等，气体又停止流动，呼气结束(图7-15)。呼吸过程中，肺内压变化的大小与呼吸运动的深浅、缓急和呼吸道通畅程度有关。若呼吸浅而快，则肺内压变化幅度较小；反之，呼吸深而慢，或呼吸道不够通畅，则肺内压变化较大。用力呼吸时，肺内压的升降幅度会明显增加。

由肺内压的变化而引起肺通气的机理有重要的临床意义，如抢救呼吸停止的患者常采用的人工呼吸，尽管方法多种多样，但都是根据这一原理人为地改变肺内压与大气压之间的压力差，来暂时维持肺通气，以纠正人体缺氧。

(二)胸内压

胸膜腔内的压力称为胸膜腔内压(intrapleural pressure)，简称胸内压。可用连接检压计的针头刺入胸膜腔内直接测定(图7-15)，也可通过测定食管内压来间接反映胸内压的变化。由于胸内压通常低于大气压，因此习惯上称为胸内负压。平静呼吸的吸气末胸内负压为－5～－10 mmHg，呼气末为－3～－5 mmHg。

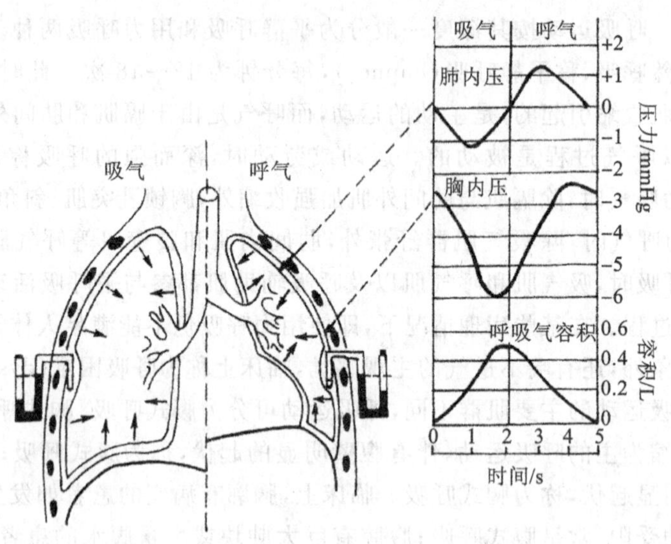

图 7-15　呼吸时肺内压、胸内压和肺容量的变化

胸内负压的形成必须具备以下条件:①胸廓与肺均有弹性。②胸廓的固有容积远大于肺的固有容积。③胸膜腔的密闭性与潜在性。

胸内负压与作用于胸膜腔的两种力有关,一种是促使肺泡扩张的肺内压,另一种是促使肺泡缩小的肺回缩力,因此胸内负压可表示为:胸内负压＝肺内压－肺回缩力。正常人不论在吸气末或呼气末,肺内压等于大气压,因而:胸内负压＝大气压－肺回缩力。若将大气压视为零,则胸内负压＝－肺回缩力。

可见胸内负压实际上是由肺回缩力所决定的,故其值也随呼吸过程的变化而变化。吸气时,肺扩大,回缩力增大,胸内负压增大;呼气时,肺缩小,回缩力减小,胸内负压也减小。呼吸愈强,胸内负压的变化也愈大。胸内负压出生后才形成,这是因为胎儿一出生的第一次吸气,肺便被扩张,从此肺就不能回复到出生前的最小状态,总是处于一定的扩张状态和具有一定的回缩力,胸内负压因此即形成。在出生后的发育期间,由于胸廓的生长速度比肺的生长速度快,使肺被牵拉的程度加大,胸内负压也随之加大。因此,正常情况下,肺总是表现为回缩倾向,即使是最强呼气,肺泡也不可能完全被压缩。

胸内负压的存在有重要的生理意义。首先,胸内负压的牵拉作用可使肺总是处于一定的扩张状态而不至于萎缩,并使肺能随胸廓的扩大而扩张,有利于肺通气。其次,胸内负压还降低中心静脉压和胸导管内压,从而有利于静脉血和淋巴液的回流。由于胸膜腔的密闭性是胸内负压形成的前提,因此,如果壁胸膜或脏胸膜受损时,气体将顺压力差进入胸膜腔而造成气胸。此时,胸内负压减小,甚至消失,肺将因其本身的回缩力而塌陷,造成肺不张,这时尽管呼吸运动仍在进行,肺却不能随胸廓的运动而舒缩,从而影响肺通气功能。气胸时还影响静脉血和淋巴液的回流,甚至引起纵隔摆动而危及循环机能。

三、肺通气的阻力

肺通气的动力必须克服肺通气的阻力,才能实现肺通气。气体在进出肺的过程中,会遇到各种阻止其流动的力，统称为肺通气阻力。肺通气阻力有弹性阻力和非弹性阻力两种，正常情况下，弹性阻力约占总通气阻力的70%。临床上肺通气阻力增大是肺通气障碍的最常见原因。

（一）弹性阻力

弹性物体对抗外力作用引起变形的力称为弹性阻力。胸廓和肺都具有弹性，因此，当呼吸运动改变其容积时都会产生弹性阻力。肺弹性阻力与胸廓弹性阻力之和，即为呼吸的总弹性阻力。

1. 肺弹性阻力 肺弹性阻力来自两个方面：一是肺泡表面液体层所形成的表面张力，约占肺弹性阻力的2/3；二是肺弹性纤维的弹性回缩力，约占肺弹性阻力的1/3。

由于肺泡的内表面覆盖着一薄层液体，与肺泡内气体形成液-气界面，所以有表面张力存在，肺泡液层的表面张力是使肺泡表面积趋向于缩小的力，构成肺通气阻力之一。肺泡表面张力除了能使肺泡趋于萎缩外，还会造成大小肺泡内压的不稳定，以及促进肺血管内液体渗入肺泡腔，形成肺水肿。但这种情况在正常人是不会出现的，因为肺泡内尚存在一种可降低肺泡表面张力的物质，即肺泡表面活性物质（alveolar surfactant）。肺泡表面活性物质是由Ⅱ型肺泡细胞合成与释放的一种脂蛋白混合物，主要成分是二软脂酰卵磷脂，它以单分子层的形式排列在肺泡液层表面，使肺泡表面张力大大降低。肺泡表面活性物质通过降低肺泡表面张力而发挥重要生理作用：①防止肺萎缩和肺不张，有利于肺的扩张和肺通气。②防止肺水肿。③稳定大小肺泡内压和容积。若损害了Ⅱ型肺泡细胞的功能，则肺泡表面活性物质分泌减少，肺泡表面张力因而增大，致使吸气阻力增大，导致呼吸困难，甚至发生肺不张和肺水肿。胎儿Ⅱ型肺泡细胞在妊娠6～7个月开始分泌肺泡表面活性物质，到分娩前达高峰。有些早产儿，因Ⅱ型肺泡细胞尚未成熟，缺乏肺泡表面活性物质，以致出生时易发生肺不张，产生急性呼吸窘迫综合征，表现为呼吸困难和缺氧进行性加重，甚至导致死亡。

肺的弹性回缩力构成了弹性阻力的另一来源。在一定范围内，肺被扩张得愈大，肺弹性回缩力也愈大，即弹性阻力愈大。当肺气肿时，弹性纤维被破坏，弹性阻力减小，肺回缩力下降，致肺内气体不能被呼出，肺泡内存留的余气量增大，导致肺通气和肺换气效率降低，严重时可出现呼吸衰竭。

2. 胸廓弹性阻力 胸廓的弹性阻力来自于胸廓的弹性组织。它与肺不同，具有双向弹性作用。

（二）非弹性阻力

非弹性阻力包括惯性阻力、黏滞阻力和气道阻力。惯性阻力是指气流在发动、变速、换向时，因气流和组织的惯性所遇到的阻力。平静呼吸时，呼吸频率低、气流速度慢、惯性阻力小，可忽略不计。黏滞阻力是指呼吸时，胸廓、肺等组织移位发生摩擦形成的阻力，亦较小。气道阻力是指气体通过呼吸道时，气体分子间及气体分子与气道壁之间的摩擦力。气道阻力占非弹性阻力的80%～90%。

影响气道阻力的因素主要有呼吸道口径、气流速度和气流形式。气道阻力与气道半径的四次方成反比。当气道半径减小时，气道阻力就显著增大。气道阻力与气流速度呈正比关系，故气流速度愈快，阻力愈大。气流形式有层流和湍流，层流阻力小，湍流阻力大。

大气道(气道口径>2 mm)特别是主支气管以上的气道(鼻、咽、喉、气管),由于总横截面积小,气流速度快,且管道弯曲,容易形成湍流,是产生气道阻力的主要部位,占总气道阻力的80%~90%。故对某些严重通气不良患者做气管切开术,可大大减小气道阻力,从而有效地改善肺通气。小气道(气道口径<2 mm)总横截面积约为大气道的30倍,因此,气流速度慢,且以层流为主,故形成的阻力小,占总气道阻力的10%左右。但是,由于小气道富含平滑肌,愈到终末端,平滑肌相对愈多,当平滑肌收缩时,小气道阻力则成为气道阻力的重要成分。支气管哮喘患者,就是因为支气管平滑肌痉挛,气道阻力显著增加,患者出现呼吸困难,尤其是呼气困难更甚。气道平滑肌受迷走神经和交感神经双重支配。迷走神经兴奋时,节后纤维末梢释放乙酰胆碱,作用于平滑肌细胞的M型受体,使气道平滑肌收缩,气道口径缩小,气道阻力增大;交感神经兴奋时,节后纤维末梢释放去甲肾上腺素,作用于平滑肌细胞的β_2受体,则引起平滑肌舒张,气道口径扩大,气道阻力减小。除神经因素外,一些体液因子也影响气道平滑肌的舒缩,如儿茶酚胺使平滑肌舒张,气道阻力减小;组胺、5-羟色胺(5-HT)、缓激肽等,则可引起呼吸道平滑肌强烈收缩,使气道阻力增加。

四、肺容量与肺通气量

肺通气是呼吸的一个重要环节,对肺通气功能的评价通常用肺容量和肺通气量作为基本指标。

(一)肺容量

肺容量是指肺所能容纳的气量。在肺通气过程中,肺容量随出入肺的气体量而变化,可用肺量计测量(图7-16)。

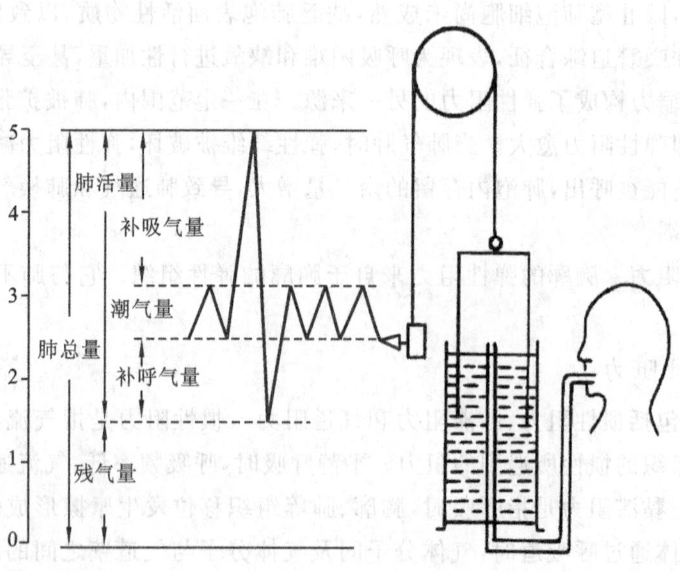

图7-16 肺容量示意图

1. 潮气量(tidal volume) 每次呼吸时吸入或呼出的气量称为潮气量。它似潮水的涨落,故名潮气量。潮气量可随呼吸强弱而变,正常成人平静呼吸时约为0.5 L。

2. 补吸气量(inspiratory reserve volume) 平静吸气末再尽力吸气,所能补吸入的气量,称为补吸气量或吸气储备量。正常成人为1.5～2.0 L。补吸气量与潮气量之和,称为深吸气量。

3. 补呼气量(expiratory reserve volume) 平静呼气末再尽力呼气,所能补呼出的气量,称补呼气量或呼气储备量。正常成人为0.9～1.2 L。

4. 残气量(residual volume)和功能残气量 又称余气量和功能余气量。最大呼气后,肺内仍残留不能呼出的气量,称为残气量。正常成人为1.0～1.5 L。平静呼气末,肺内所余留的气量称功能残气量,它是补呼气量与残气量之和,正常成人约为2.5 L。

5. 肺活量和时间肺活量 尽力吸气之后再做尽力呼气所能呼出的最大气体量称肺活量(vital capacity)。它是潮气量、补吸气量和补呼气量三者之和。正常成人男子平均约为3.5 L,女子约为2.5 L。肺活量的大小反映一次呼吸的最大通气能力,由于呼气无时间限制,故是肺通气功能的一项静态指标。肺活量的测定在一定程度上可作为肺通气功能的指标,但肺活量个体差异较大,故只宜做自身比较。

由于肺活量测定时,只测呼出气量而没有时间的限制,因此,一些通气功能障碍的患者,在测定时可通过任意延长呼气时间,使测得的肺活量仍可能在正常范围内,为此提出时间肺活量(timed vital capacity)的概念。时间肺活量是在尽力吸气后,再做尽力尽快呼气,然后计算第1 s、2 s、3 s末呼出气量占其肺活量的百分数,正常成人分别为83%、96%、99%左右,其中第1 s末的时间肺活量最有意义。时间肺活量是一种综合指标,它不仅能反映肺活量的大小,而且因为限制了呼气时间,所以还能反映呼吸阻力的变化,因此,时间肺活量是临床上衡量肺通气功能的一项较理想的动态指标。正常人3 s内基本可呼出全部肺活量气体,但慢性阻塞性肺疾病患者,呼气阻力很大,往往需要5～6 s或更长的时间才能呼出全部肺活量气体,第1 s末呼出气体占肺活量不到60%,说明肺通气功能下降。

6. 肺总量(total lung capacity) 肺可容纳的最大气体量,称肺总量。它是肺活量与残气量之和。其数值因性别、年龄、身材、锻炼情况而异。成年男子平均约为5.0 L,女子约为3.5 L。

(二)肺通气量

肺通气量是指单位时间内吸入或呼出肺的气体总量,它分为每分肺通气量和每分肺泡通气量。

1. 每分肺通气量 每分肺通气量是指每分钟内吸入或呼出肺的气体量。每分肺通气量为潮气量与呼吸频率的乘积。正常成人平静状态下,呼吸频率为12～18次/分,潮气量约为0.5 L,则每分肺通气量为6.0～9.0 L。每分肺通气量随年龄、性别、身材和活动量的不同而异。

最大随意通气量即最大限度地做深而快的呼吸,每分钟吸入或呼出的气量。最大随意通气量反映了肺通气功能的储备能力,因此是评价一个人能进行多大运动量的一项重要指标。测定时,一般只测15 s,将所测得值乘以4即得每分钟最大随意通气量,健康成人最大随意通气量一般可达70.0～120.0 L/min。

2. 无效腔(dead space)与每分肺泡通气量 无效腔是指整个呼吸道中未发生气体交换

的管腔，它包括解剖无效腔和肺泡无效腔两部分，两者合称生理无效腔。解剖无效腔是指从鼻到终末细支气管不能与血液进行气体交换的腔道，其容量在正常成年人较恒定，约为0.15 L。肺泡无效腔是指未能发生气体交换的肺泡容积，称为肺泡无效腔。健康成人平卧时，肺泡无效腔接近于零，故正常人的生理无效腔又等于解剖无效腔。在病理情况下，如部分肺泡周围的血流不畅时，肺泡不能与血液进行充分的气体交换，可使肺泡无效腔增大。

每分肺通气量并不等于真正能与血液进行气体交换的气量。每分肺泡通气量是指每分钟实际吸入肺泡腔的新鲜空气量。由于这部分气体正常情况下能与血液进行气体交换，是真正有效的通气量，因此，也称为有效通气量。其计算方法如下：每分肺泡通气量=(潮气量－无效腔气量)×呼吸频率。

浅而快的呼吸降低每分肺泡通气量，对人体不利，而适当深而慢的呼吸可增大每分肺泡通气量，从而提高肺通气效能(表 7-1)。

表 7-1　不同呼吸形式时通气量/(L/min)

呼吸形式	每分肺通气量	每分肺泡通气量
平静呼吸	0.50×16=8.0	(0.50－0.15)×16=5.6
浅快呼吸	0.25×32=8.0	(0.25－0.15)×32=3.2
深慢呼吸	1.00×8= 8.0	(1.00－0.15)×8=6.8

第三节　气体的交换

人体呼吸气体的交换包括肺泡与肺泡壁毛细血管血液之间，以及血液与组织液之间的气体交换，前者是肺换气，后者是组织换气。

一、肺换气

由于肺泡气的 P_{O_2} 高于肺动脉内静脉血的 P_{O_2}，肺泡气的 P_{CO_2} 低于肺动脉内静脉血的 P_{CO_2}，故来自肺动脉的静脉血流经肺毛细血管时，在分压差的推动下，O_2 由肺泡扩散入血液，CO_2 则由静脉血扩散入肺泡，完成肺换气过程，使静脉血变成含 O_2 较多、CO_2 较少的动脉血(图 7-17)。

二、影响肺换气的因素

(一)呼吸膜的厚度

正常呼吸膜非常薄，平均厚度不到 1 μm，有的部位仅厚约 0.2 μm，因此通透性极大，气体很容易扩散通过。在肺水肿、肺纤维化等病理情况下，呼吸膜的厚度增加，即气体扩散的距离增加，将导致气体扩散量减少。

(二)呼吸膜的面积

正常成人肺的总扩散面积很大，约 100 m^2。平静呼吸时，可供气体交换的呼吸膜面积约

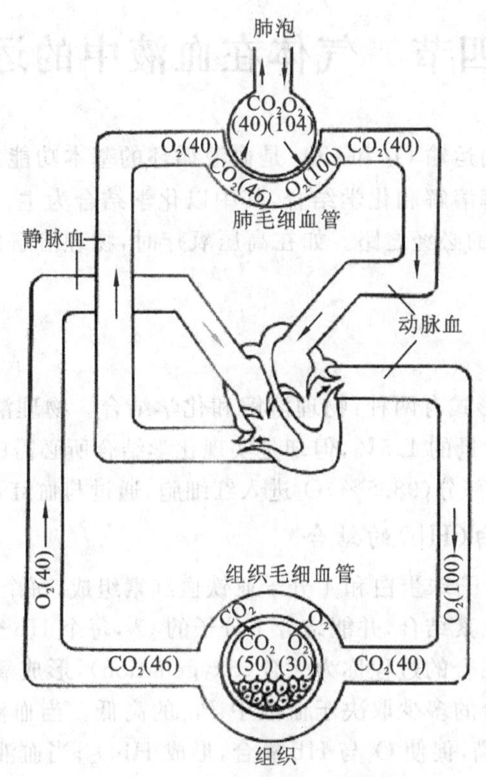

图 7-17　气体交换示意图

注：数字为气体分压，单位为 mmHg。

为 40 m^2；用力呼吸时，肺毛细血管开放增多，呼吸膜面积可增大到约 70 m^2。呼吸膜广大的面积及良好的通透性，保证了肺泡与血液间能迅速地进行气体交换。但肺不张、肺气肿、肺大部切除等均使呼吸膜的面积减小，影响肺换气。

（三）肺通气/血流比值（ventilation/perfusion ratio，V/Q 比值）

肺通气/血流比值指的是每分肺泡通气量与每分肺血流量之间的比值。由于肺换气是发生在肺泡与血液之间，要达到高效率的气体交换，肺泡既要有充足的通气量，又要有足够的血流量供给，它们之间应有一个适当的比值。正常成人在安静状态下，每分肺泡通气量约为 4.2 L，每分肺血流量即心输出量约为 5.0 L，$V/Q=4.2/5.0=0.84$。在此情况下，肺泡通气量与肺血流量配合适当，气体交换的效率高，静脉血流经肺毛细血管时，将全部变为动脉血。当部分肺血管栓塞时，部分肺泡血流量减少，使相对过多的肺泡气不能与足够的血液充分交换，V/Q 比值增大，意味着肺泡无效腔增大，降低了肺换气的效率。当部分肺泡通气不良时，例如支气管痉挛时，使相对过多的血流量流经通气不良的肺泡，不能充分进行气体交换，V/Q 比值减小，意味着形成了功能性动-静脉短路，换气效率也降低。由此可见，从换气效率来看，V/Q 比值维持在 0.84 左右是适宜状态。V/Q 比值大于或小于 0.84，都将使换气效率降低。

第四节　气体在血液中的运输

在肺与组织之间双向运输 O_2 和 CO_2 是血液循环的基本功能之一。O_2 和 CO_2 在血液中运输有两种方式即物理溶解和化学结合，其中以化学结合为主。物理溶解的量虽不及化学结合，但它是化学结合的必经之路。如在高压氧疗时，物理溶解的 O_2 也成为重要的运输 O_2 的形式。

一、O_2的运输

O_2在血液中的运输形式有两种：物理溶解和化学结合。物理溶解是 O_2溶解在血浆中，其量少，约占血液总 O_2含量的 1.5%，但却是实现化学结合所必需的中间步骤。化学结合是 O_2的主要运输形式，绝大部分(98.5%)O_2进入红细胞，通过与血红蛋白结合而运输。

(一)O_2与血红蛋白(Hb)的结合

每个 Hb 分子由 1 分子珠蛋白和 4 分子亚铁血红素组成，每个珠蛋白有 4 条多肽链，每条多肽链与 1 个亚铁血红素结合，并能结合 1 分子的 O_2，每个 Hb 分子能结合 4 分子的 O_2。O_2与红细胞中的 Hb 相结合的过程称为氧合(oxygenation)，形成氧合血红蛋白(HbO_2)，并以此形式进行运输。氧合的多少取决于血液中 P_{O_2} 的高低。当血液流经肺时，O_2从肺泡扩散入血液，使血中 P_{O_2} 升高，促使 O_2与 Hb 氧合，形成 HbO_2；当血液流经组织时，组织处 P_{O_2} 低，O_2从血液扩散入组织，使血液中 P_{O_2} 降低，从而导致 HbO_2解离，释放出 O_2而成为去氧血红蛋白。

O_2与 Hb 反应是一种快速、可逆和不需酶参与的过程，反应的方向取决于所处部位 P_{O_2} 的高低。在足够的 P_{O_2}(100 mmHg)下，1 g Hb 最多可结合 1.34 mL 的 O_2。由于血中 O_2绝大部分与 Hb 结合，因此，通常将 1 L 血液中 Hb 所能结合的最大 O_2量，称为血氧容量(oxygen capacity)，也称血红蛋白氧容量。其值取决于 Hb 的质(与氧结合的能力)和量，正常值约为 200 mL/L。血氧容量的高低反映血液携带氧的能力。1 L 血液的实际携氧量称血氧含量，包括结合于 Hb 中的氧量和血浆中溶解的氧量。血氧含量值主要取决于血氧分压和血氧容量。动脉血氧含量约为 195 mL/L，静脉血氧含量约为 145 mL/L。动-静脉血氧含量差反映组织摄取氧和利用氧的情况，正常人约为 50 mL/L。血氧含量占血氧容量的百分数称血氧饱和度，它主要取决于血氧分压高低及 Hb 与氧的结合能力(亲和力)。正常动脉血氧饱和度为 98%，静脉血氧饱和度为 75%。

血液中 Hb 的类型和数量的多少有时可在皮肤上反映出来。氧合血红蛋白呈鲜红色，去氧血红蛋白呈暗红色。正常情况下，毛细血管中去氧血红蛋白的平均浓度为 26 g/L，当血液中去氧血红蛋白含量达到 50g/L 以上时，在毛细血管丰富的表浅部位，如口唇、甲床等处可出现青紫色，称为发绀(cyanosis)。发绀一般表示人体缺氧，但也有例外，如某些严重贫血患者，因其血液中 Hb 含量大幅减少，人体虽有缺 O_2，但由于血液中去氧血红蛋白达不到 50 g/L，所以不出现发绀。反之，某些红细胞增多的人，血液中 Hb 含量很容易超过 50 g/L，人体即使不缺 O_2，也可出现发绀。一氧化碳(CO)与 Hb 的亲和力是 O_2的 210 倍，当吸入气有较多的 CO 时，可形成大量一氧化碳血红蛋白(HbCO)，使 Hb 失去与 O_2结合的能力，也可

造成人体缺 O_2，但此时患者并不出现发绀，而是出现一氧化碳血红蛋白特有的樱桃红色。

（二）氧解离曲线

表示血氧分压与血氧饱和度关系的曲线，称为氧解离曲线（oxygen dissociation curve），或简称氧离曲线。如图 7-18 所示，在一定范围内，血氧饱和度与 P_{O_2} 呈正相关，但并非完全的线性关系，而是呈近似 S 形的曲线。该曲线的形态有重要生理及临床意义。当血 P_{O_2} 在 60～100 mmHg 之间时，曲线较平坦（曲线上段），表明血 P_{O_2} 的变化较大，而对血氧饱和度影响不大。如血 P_{O_2} 在 100 mmHg 时，血氧饱和度约为 98%；当血 P_{O_2} 降至 60 mmHg 时，血氧饱和度仍保持 90%。氧解离曲线的这一特性使生活在高原地区的人，或当呼吸系统疾病造成 V/Q 比值减小时，只要血 P_{O_2} 不低于 60 mmHg，血氧饱和度就可维持在 90%以上，从而保证了人体对 O_2 的需要，而不出现缺氧。氧解离曲线的这一特性还说明，若吸入气中 P_{O_2} 大于 100 mmHg，血氧饱和度变化却很小，这提示，此时仅靠提高吸入气中 P_{O_2} 并无助于 O_2 的摄取。当血 P_{O_2} 在 40～60 mmHg 时（曲线中段），曲线较陡。安静状态下，组织 P_{O_2} 约为 30 mmHg，动脉血液流经组织后，P_{O_2} 便由 100 mmHg 下降至 40 mmHg，血氧饱和度则由 98%降至 75%，这是人安静状态时 HbO_2 释放 O_2 的部位，血氧含量由 195 mL/L 降至 145 mL/L，说明动脉血流经组织时，1 L 血液能释放出约 50 mL O_2 供组织利用。当血 P_{O_2} 在 15～40 mmHg 之间时（曲线下段），曲线陡直，表明在这个范围内，血 P_{O_2} 稍有下降，血氧饱和度就明显降低，说明有更多的氧从氧合血红蛋白中解离出来。当剧烈运动时，组织氧耗量增多，P_{O_2} 可降至 15 mmHg 左右，当血液流经这样的组织后，血氧饱和度降至 22%左右，血氧含量只有 44 mL/L，说明每升血液能供给组织约 150 mL O_2，为安静时的 3 倍。当然，氧解离曲线的中、下段曲线还提示，当动脉血 P_{O_2} 较低时，只要吸入少量的 O_2，就可以明显提高血氧饱和度和血氧含量。这就为慢性阻塞性呼吸系统疾病的低氧血症患者，进行低流量持续吸氧治疗提供了理论基础。

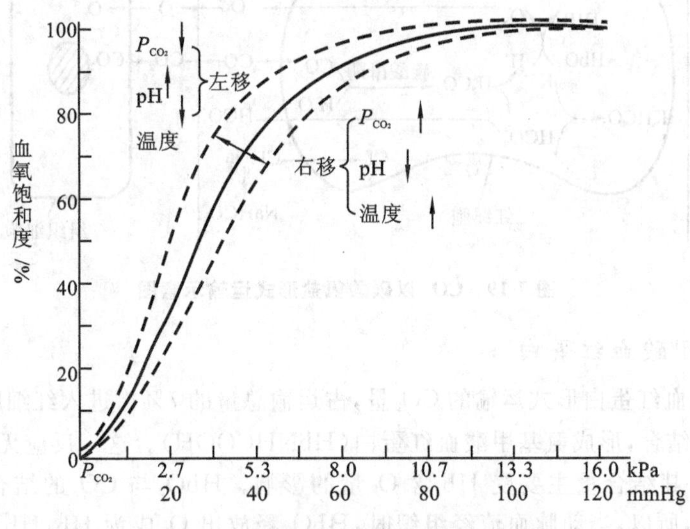

图 7-18 氧解离曲线及主要影响因素

二、CO_2的运输

血液中CO_2也以物理溶解和化学结合的形式运输。物理溶解的CO_2约占血液中CO_2总运输量的5%，其余95%是以化学结合形式运输。CO_2在血液中的化学结合形式有碳酸氢盐和氨基甲酸血红蛋白两种形式。

(一)碳酸氢盐

以碳酸氢盐形式运输的CO_2，约占血液CO_2运输总量的88%。组织细胞生成的CO_2扩散入血浆，溶解于血浆的CO_2迅速扩散入红细胞。在红细胞内碳酸酐酶的催化作用下CO_2与H_2O结合形成H_2CO_3，H_2CO_3又迅速解离成H^+和HCO_3^-。生成的HCO_3^-除一小部分与细胞内的K^+结合成$KHCO_3$外，大部分扩散入血浆与Na^+结合生成$NaHCO_3$，同时血浆中的Cl^-向细胞内转移，以保持红细胞内外电荷平衡，这一现象称为氯转移。在红细胞膜上有特异的HCO_3^-/Cl^-载体，介导红细胞内的HCO_3^-与血浆中的Cl^-跨膜交换，使HCO_3^-不会在红细胞内堆积，有利于CO_2的运输。由于红细胞膜对正离子通透性极小，在上述反应中解离出的H^+则与红细胞内的HbO_2结合，同时促进O_2释放(图7-19)。由此可见，进入血浆的CO_2最后主要以$NaHCO_3$形式在血浆中运输。

在肺部，该反应向相反方向进行。当静脉血流至肺泡时，由于肺泡内P_{CO_2}分压较低，HCO_3^-自血浆进入红细胞，在碳酸酐酶的催化作用下，生成H_2CO_3，再解离出CO_2，CO_2扩散入血浆，然后扩散入肺泡，排出体外。

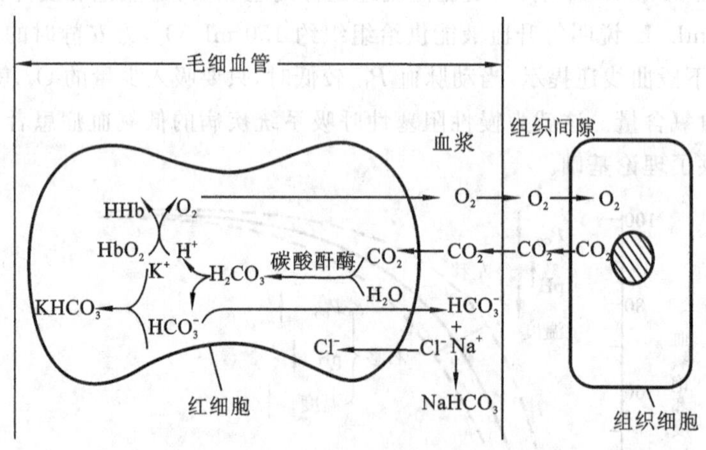

图7-19 CO_2以碳酸氢盐形式运输示意图

(二)氨基甲酸血红蛋白

以氨基甲酸血红蛋白形式运输的CO_2量，占运输总量的7%。进入红细胞中的CO_2能直接与Hb的氨基结合，形成氨基甲酸血红蛋白(HbNHCOOH)。这一反应无需酶的参与，反应迅速而可逆。其结合量主要受Hb含O_2量的影响。HbO_2与CO_2的结合能力比Hb与CO_2的结合力小，所以，当动脉血流经组织时，HbO_2释放出O_2成为Hb，Hb容易结合CO_2，形成大量的氨基甲酸血红蛋白；在肺部，由于HbO_2形成，减小了结合力，迫使CO_2从Hb解离，扩散入肺泡。以氨基甲酸血红蛋白形式运输的CO_2量虽然只占7%，但在肺部排出的CO_2总量中，约有18%是由氨基甲酸血红蛋白所释放，可见这种形式的运输对CO_2的排出有重要意义。

第五节 呼吸运动的调节

人的呼吸有两种表现形式，一是随意性呼吸，受大脑皮质意识性活动控制；二是自主节律性呼吸，受大脑皮质下中枢控制。呼吸的深度和频率随机体内外环境的改变而改变。如劳动或运动时，代谢增强，呼吸运动加深、加快，以摄取更多的 O_2，排出更多的 CO_2，使呼吸运动与机体代谢水平相适应。呼吸节律的形成及其与代谢水平相适应的过程，都是通过机体的一系列调节机制而实现的。

一、呼吸中枢

呼吸中枢(respiratory center)是指中枢神经系统内产生和调节呼吸运动的神经细胞群。用动物做实验，若在动物中脑和脑桥之间横断脑干，呼吸节律无明显变化；在延髓和脊髓之间横断，则呼吸停止。这些结果表明呼吸节律产生于低位脑干。脊髓本身没有产生呼吸运动的能力，它只是联系脊髓以上脑区与呼吸肌之间的中继站。如果在脑桥上、中部之间横断，呼吸将变慢、变深，如再切断双侧颈迷走神经，吸气便大大延长；若再在脑桥和延髓之间横断，则出现一种喘息样呼吸，表现为呼气时间延长，吸气突然发生和突然终止。这表明，延髓能产生一定节律的呼吸运动，但仅有延髓控制的呼吸节律是不正常的呼吸节律。同时表明，脑桥有调整延髓呼吸神经元的中枢，其作用主要是抑制吸气，使吸气向呼气转化，被称为呼吸调整中枢。因此，产生基本正常的呼吸节律需要延髓与脑桥两者共同完成，而延髓则是最基本的呼吸中枢所在部位。

呼吸除受延髓、脑桥的呼吸中枢控制外，还受脑桥以上中枢部位的影响，如大脑皮质、边缘系统、下丘脑等。

二、呼吸的反射性调节

中枢神经系统接受各种感受器传入冲动，实现对呼吸运动调节的过程，称为呼吸的反射性调节。包括机械感受器反射(如肺牵张反射)和化学感受器反射(图 7-20)。

(一)肺牵张反射

肺的扩张或缩小而引起呼吸运动的反射性变化，称肺牵张反射(pulmonary stretch reflex)，也称黑-伯反射(Hering-Breuer reflex)。肺牵张反射包括肺扩张引起吸气抑制和肺缩小引起吸气兴奋这两种反射。

肺牵张感受器位于从气管到细支气管的平滑肌中，对牵拉刺激敏感。吸气时，肺扩张，当肺内气体量达一定容积时，牵拉支气管和细支气管，使感受器兴奋，冲动经迷走神经传入延髓，通过吸气切断机制使吸气神经元抑制，结果吸气停止，转为呼气。呼气时，肺缩小，牵张感受器的放电频

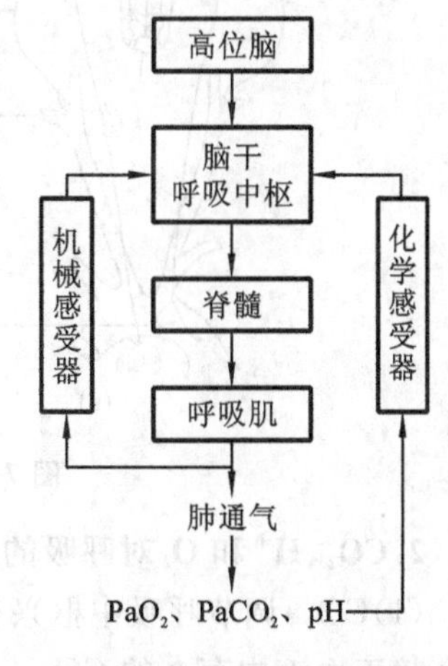

图 7-20 呼吸调节示意图

率降低，经迷走神经传入的冲动减少，对延髓吸气神经元的抑制解除，吸气神经元兴奋，转为吸气。可见肺牵张反射的意义是阻止吸气过深、过长，促使吸气转为呼气，与脑桥呼吸调整中枢共同调节着呼吸频率与深度。

肺牵张反射有明显的种属差异，在动物（尤其是兔）较强，人最弱。在人体，当潮气量增加至 800 mL 以上时，才能引起该反射；平静呼吸时，肺牵张反射不参与人的呼吸调节。但新生儿存在着这一反射，在生后数天即迅速减弱。病理情况下，如肺炎、肺水肿、肺充血等，由于肺顺应性降低，肺扩张时对气道的牵张刺激较强，可以引起该反射，使呼吸变浅、变快。动物实验中，切断兔颈部迷走神经，消除肺牵张反射的作用，可见兔的呼吸变深、变慢。

（二）化学感受器反射

化学因素是指动脉血或脑脊液中的 O_2、CO_2 和 H^+。机体通过呼吸调节血液中的 O_2、CO_2 和 H^+ 的水平，动脉血中的 O_2、CO_2 和 H^+ 水平的变化又能通过化学感受器反射性地调节呼吸运动，从而维持着内环境中这些因素的相对稳定。

1. 化学感受器　参与呼吸调节的化学感受器因其所在部位不同，分为外周化学感受器和中枢化学感受器（图 7-21）。外周化学感受器指的是颈动脉体（颈动脉球）和主动脉体（主动脉球），它们在动脉血中当 PaO_2 降低、$PaCO_2$ 升高或 H^+ 浓度升高时产生兴奋，冲动经窦神经（以后并入舌咽神经）和主动脉神经（以后并入迷走神经）传入延髓，反射性地引起呼吸加深、加快和血液循环的变化。其中颈动脉体对呼吸调节的作用较主动脉体强。

中枢化学感受器位于延髓腹外侧浅表部位，与呼吸中枢邻近。它的生理刺激是脑脊液和局部细胞外液中的 H^+ 浓度变化，故又称 H^+ 感受器。由于血液中脂溶性很强的 O_2 能迅速通过血脑屏障，在脑脊液中碳酸酐酶的作用下，CO_2 与 H_2O 形成 H_2CO_3 再解离出 H^+，从而刺激中枢化学感受器，再引起呼吸中枢兴奋（图 7-21）。所以，外周血中的 CO_2 能兴奋中枢化学感受器，也是通过脑脊液 H^+ 浓度变化实现的。由于外周血中的 H^+ 不易通过血脑屏障，故外周血 pH 值的变动对中枢化学感受器的作用不大。中枢化学感受器与外周化学感受器不同，它不感受缺 O_2 的刺激，但对 CO_2 的敏感性比外周化学感受器的高。

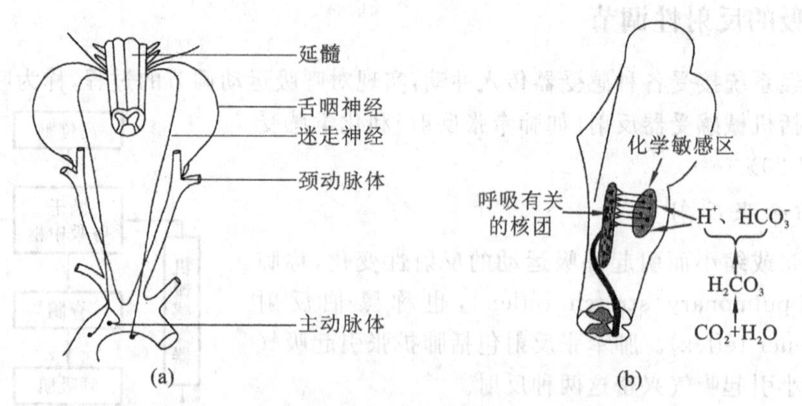

图 7-21　外周化学感受器和中枢化学感受器

2. CO_2、H^+ 和 O_2 对呼吸的调节

（1）CO_2：调节呼吸中枢兴奋性的最重要的生理性化学因素，正常呼吸中枢兴奋性的维持有赖于血液中存在的 CO_2。过度通气时，动脉血 $PaCO_2$ 降得过低时可出现呼吸暂停。动

脉血 $PaCO_2$ 在一定范围内升高，可以加强对呼吸中枢的刺激作用，使呼吸加深、加快，肺通气量增加，增加 CO_2 的排出。但当动脉血 $PaCO_2$ 过高（超过 80 mmHg）时，反而抑制呼吸中枢的活动，引起呼吸困难、头痛、头昏，甚至昏迷，出现 CO_2 麻醉。某些周期性呼吸与血液中 CO_2 浓度改变导致呼吸中枢兴奋性改变有关。

CO_2 兴奋呼吸中枢是通过刺激中枢化学感受器和外周化学感受器两条途径实现的，但以前者为主。实验表明，动脉血 $PaCO_2$ 升高时，通过中枢化学感受器引起的通气增强约占总效应的 80%。

(2) H^+：动脉血 H^+ 浓度增高，可导致呼吸加深、加快，肺通气量增加。临床上，代谢性酸中毒患者，表现为呼吸加快、加强；H^+ 浓度降低时，呼吸受到抑制。虽然中枢化学感受器对 H^+ 的敏感性较高，约为外周化学感受器的 25 倍，但由于 H^+ 不易通过血脑屏障，因此血液 H^+ 对呼吸的影响主要通过外周化学感受器来实现的。

(3) O_2：吸入气 PaO_2 降低时，肺泡气、动脉血 PaO_2 都随之降低，可引起呼吸增强，肺通气增加，但需动脉血中 PaO_2 降低到 80 mmHg 以下时，才有明显效应。可见动脉血 PaO_2 对正常呼吸的调节作用不大，仅在特殊情况下低 O_2 刺激才有重要意义。

轻度低 O_2 使延髓呼吸中枢兴奋，完全是通过刺激外周化学感受器实现的。切断动物外周化学感受器的传入神经，急性低 O_2 的呼吸刺激反应完全消失。低 O_2 对呼吸中枢的直接作用是抑制，但是低 O_2 可通过刺激外周化学感受器反射性地使呼吸中枢兴奋，所以在一定程度上可以对抗低 O_2 对中枢的直接抑制作用。在严重低 O_2 时，外周化学感受器反射不足以克服低 O_2 对中枢的抑制作用，将导致呼吸抑制。

综上所述，当血液 $PaCO_2$ 升高、PaO_2 降低、H^+ 浓度升高时，分别都有兴奋呼吸作用，尤以 $PaCO_2$ 的作用显著。但在整体情况下，往往是以上一种因素的改变会引起其余因素相继改变或几种因素同时改变。三者相互影响、相互作用，既可发生总和而加大，也可相互抵消而减弱。如 $PaCO_2$ 升高时，H^+ 浓度也随之升高，两者的作用发生总和，使肺通气反应较单独 $PaCO_2$ 升高时为大。H^+ 浓度增加时，因肺通气量增大使 CO_2 排出增加，所以 $PaCO_2$ 下降，H^+ 浓度也有所降低，两者可部分抵消 H^+ 兴奋呼吸的作用。PaO_2 下降时，也因肺通气量增加，呼出较多的 CO_2，使 $PaCO_2$ 和 H^+ 浓度下降，使低氧对呼吸中枢的兴奋作用大为减弱。

（张 玲 王建红 于纪棉）

第八章　泌尿系统

泌尿系统(urinary system)由肾、输尿管、膀胱和尿道四部分组成(图 8-1),其主要功能是排出机体内新陈代谢产生的废物(如尿素、尿酸、肌酐)和多余的无机盐、水等。新陈代谢过程中产生的废物先在肾内形成尿液,经输尿管输送到膀胱暂时储存,当膀胱内尿液达到一定量后,在神经系统的调节下,膀胱内的尿液经尿道排出体外。

泌尿系统是人体代谢产物最主要的排泄途径,其中肾不仅是排泄器官,也是调节体液、维持电解质代谢平衡的重要器官。因此,肾功能障碍使代谢产物蓄积于体液中,可影响机体新陈代谢的正常进行,严重时可出现尿毒症,甚至危及生命。此外,肾还有内分泌功能,能产生肾素等。

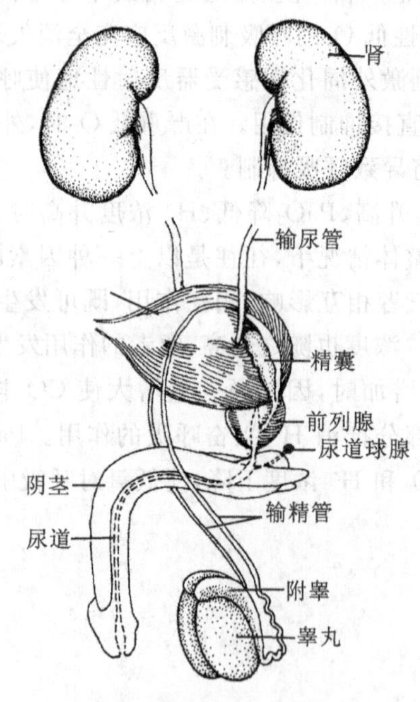

图 8-1　男性泌尿生殖系统全貌

第一节　肾

一、肾的形态

肾(kidney)是成对的实质性器官,左、右各一,外形如蚕豆(图 8-2)。新鲜肾呈红褐色,质地柔软，表面光滑。肾可分为上、下两端，前、后两面，内、外侧缘。肾的前面朝向前外侧、略凸；后面较扁平、紧贴腹后壁；外侧缘凸隆；内侧缘中部凹陷，是肾血管、淋巴管、神经和肾盂出入的部位，称肾门(renal hilum)，这些出入肾门的结构被结缔组织所包裹称肾蒂(renal pedicle)。因下腔静脉靠近右肾，故右肾蒂较左肾蒂短。由肾门向内延续于一个较大的腔隙称肾窦(renal sinus)，其内含有肾小盏、肾大盏、肾盂、肾血管、淋巴管、神经及脂肪组织等。

二、肾的位置与毗邻

肾位于腹腔后上部，脊柱两旁。两肾的长轴上端倾斜向脊柱，下端稍远离，倾向外下方，略呈"八"字形排列。肾的高度：左肾上端平第 11 胸椎体下缘，下端平第 2 腰椎体下缘，右肾由于受肝的影响，比左肾略低一个椎间盘。成人肾门约平第 1 腰椎体平面，在正中线外侧约 5 cm。在腰背部，肾门的体表投影点在竖脊肌外侧缘与第 12 肋所形成的夹角处，称肾区(renal region)。在某些肾病患者，触压或叩击该区可引起疼痛。

右肾前面外侧与肝右叶和结肠右曲相邻，内侧缘紧靠十二指肠降部。左肾由上而下分别与胃、胰和空肠相邻，外侧缘靠近脾和结肠左曲。两肾上端均有肾上腺(图 8-2)。

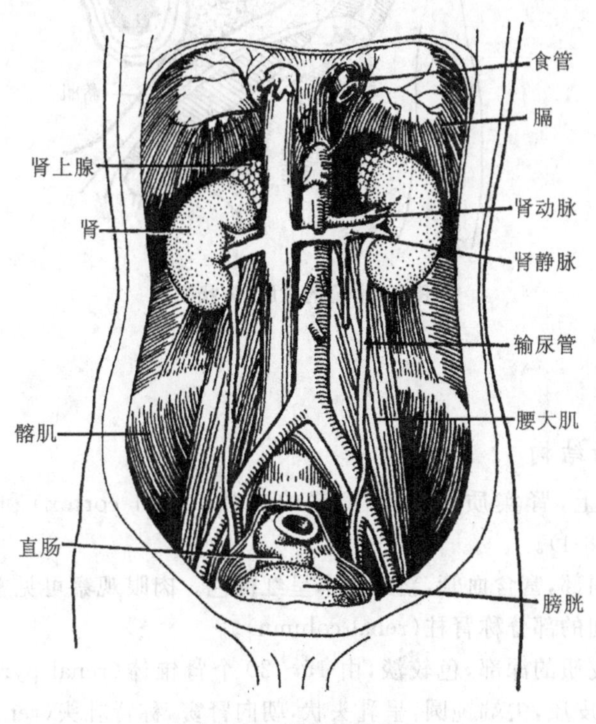

图 8-2 肾和输尿管

三、肾的被膜与固定

肾的表面由内向外包被有纤维囊、脂肪囊和肾筋膜 3 层被膜(图 8-3)。纤维囊紧贴于肾实质表面，薄而坚韧，其与肾实质结合较疏松，易于剥离，但在病理情况下，则与肾实质发生粘连，不易剥离。脂肪囊为包被于纤维囊外面的一层较厚的脂肪层，同时包被肾上腺，此层经肾门而填入肾窦内，对肾起弹性垫样的保护作用。肾筋膜是被膜的最外层，较致密，又分为前、后两层，包绕肾和肾上腺及其周围的脂肪囊，自肾筋膜发出结缔组织小束，穿过脂肪囊与纤维囊相连，对肾起固定作用。

肾的正常位置由多种因素来维持，如肾筋膜、脂肪囊、肾血管、腹膜、肾的邻近器官的承托以及腹内压等。当肾的固定因素不健全时，可形成肾下垂或游走肾。

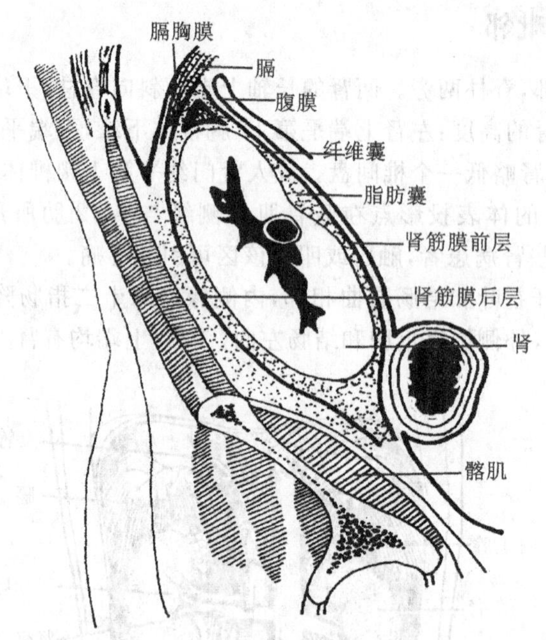

图 8-3　肾的被膜(矢状面)

四、肾的结构

(一)肾的剖面结构

在肾的冠状面上，肾实质可分为浅部的皮质(renal cortex)和深部的髓质(renal medulla)两部分(图 8-4)。

肾皮质位于外周部，富含血管，新鲜标本呈红褐色。肉眼观察可见密布的细小颗粒。肾皮质伸入肾锥体之间的部分称肾柱(renal column)。

肾髓质位于肾皮质的深部，色较淡，由 15～20 个肾锥体(renal pyramid)构成。肾锥体呈圆锥形，其底朝肾皮质，尖端钝圆，呈乳头状，朝向肾窦，称肾乳头(renal papillae)。肾乳头尖端有许多乳头管的开口，称乳头孔(papillary foramina)，肾形成的尿液由此处流入肾小盏(minor renal calices)。肾小盏是围绕肾乳头的膜性小管，呈漏斗状，每个肾有 7～8 个肾小盏。肾小盏接受乳头孔排出的尿液。每 2～3 个肾小盏合成 1 个肾大盏(major renal calices)，2～3 个肾大盏再集合成 1 个肾盂(renal pelvis)，肾盂出肾门后，逐渐变细，移行为输尿管。

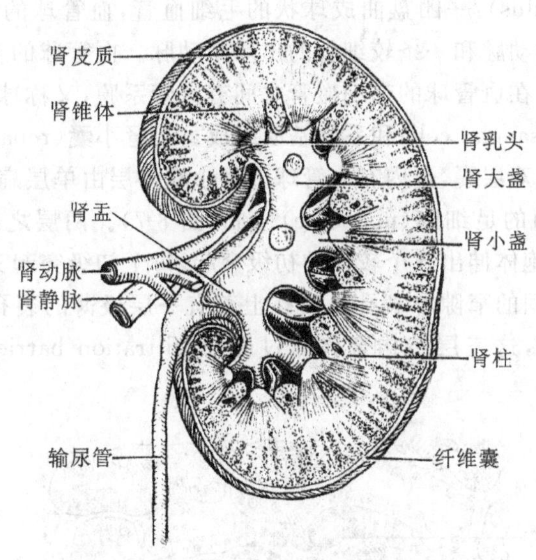

图 8-4 肾的剖面结构(冠状面)

(二)肾的微细结构

肾实质主要由大量泌尿小管(图 8-5)构成,肾间质由血管、神经和少量结缔组织等构成。泌尿小管(uriniferous tubule)包括肾单位和集合小管。

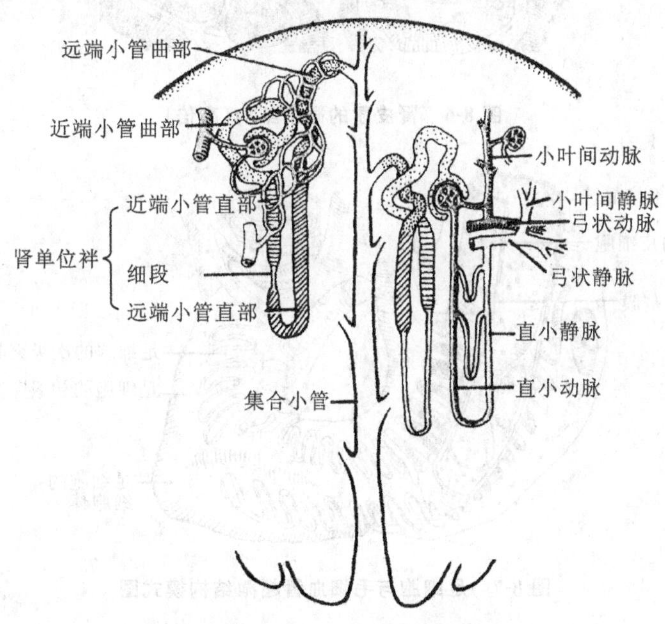

图 8-5 泌尿小管组成模式图

1. 肾单位(nephron) 肾单位是肾的结构和功能单位,每个肾约有 100 万个肾单位,其由肾小体和肾小管两部分组成。

(1)肾小体(renal corpuscle):呈球形,位于肾皮质内,由血管球和肾小囊组成(图 8-6)。每个肾小体有两个极,一极为血管出入端,称血管极;另一极与近端小管曲部相连接,称尿极。①血管球(glomerulus):一团盘曲成球状的毛细血管,血管球的一侧连有两条小动脉,即一条较粗短的入球微动脉和一条较细长的出球微动脉。血管球的毛细血管由一层有孔内皮细胞及其基膜构成。在血管球的毛细血管之间有血管系膜,又称球内系膜,由球内系膜细胞(intraglomerular mesangial cell)和系膜基质组成。②肾小囊(renal capsule):肾小管起始部膨大凹陷而成的杯状双层囊,囊内有血管球。肾小囊外层由单层扁平上皮构成,内层由紧贴血管球毛细血管外面的足细胞(podocyte)构成(图 8-7)。两层之间的腔隙称肾小囊腔。足细胞面积较大,从细胞体伸出几个较大的初级突起,每个初级突起又伸出许多指状的次级突起,相邻的次级突起间的窄隙称裂孔。裂孔上盖有一层极薄的裂孔膜。有孔毛细血管内皮细胞、基膜和裂孔膜,这三层结构合称滤过屏障(filtration barrier)或滤过膜(filtration membrane)。

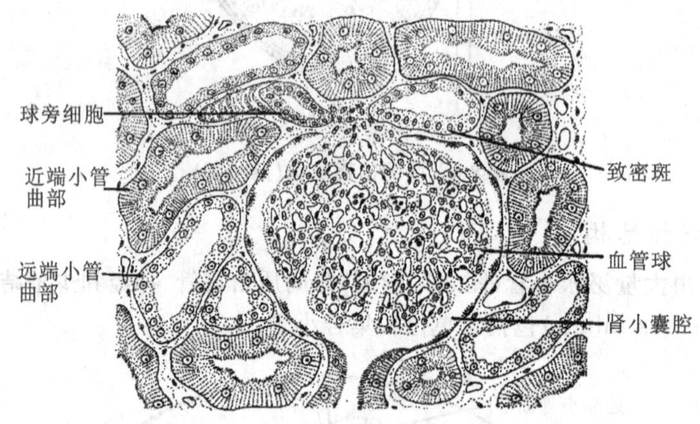

图 8-6　肾皮质的微细结构(高倍)

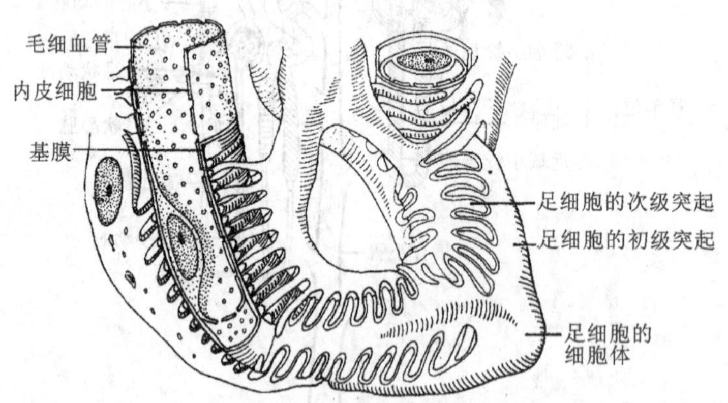

图 8-7　足细胞与毛细血管超微结构模式图

(2)肾小管(renal tubule):一条细长而弯曲的管道,与肾小囊相延续,行经肾皮质、髓质再返回皮质,终于集合小管。按其位置、形态、结构和功能,依次分为近端小管、细段、远端小管三部分。近端小管和远端小管都分为曲部和直部。近端小管曲部是近端小管的起始段,盘曲在肾小体的附近。近端小管直部、细段和远端小管直部三者构成的"U"形结构称髓袢,又称肾单位袢(图 8-5)。远端小管曲部也盘曲在肾小体的附近,末端连接集合小管。

肾小管由单层上皮构成。近端小管管壁的上皮细胞呈锥体形或立方体形，细胞分界不清。细胞的游离面有刷状缘，电镜下刷状缘为许多密集排列的微绒毛，它扩大了细胞的表面积，有利于尿液的重吸收。细段管径小，管壁薄，由单层扁平上皮构成。远端小管管腔较大，管壁上皮为单层立方上皮，细胞界限清楚，其游离面无刷状缘。远端小管有重吸收钠离子和水，以及排出钾离子、氢离子和氨的功能。

2. 集合小管(collecting tubule) 集合小管续于远端小管末端，管径由小逐渐变大，最后汇集成乳头管。管壁上皮由单层立方上皮逐渐移行为单层柱状上皮。集合小管有重吸收水分的功能。

3. 球旁复合体(juxtaglomerular complex) 球旁复合体包括球旁细胞、致密斑和球外系膜细胞(图 8-8)。球旁细胞能分泌肾素，致密斑是钠离子感受器，并能影响球旁细胞分泌肾素。

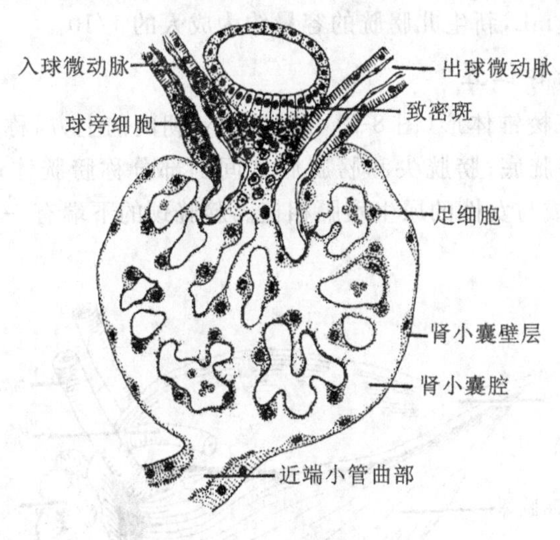

图 8-8 球旁复合体模式图

五、肾的血管

正常成人两肾重约 300 g，仅占体重的 0.5%，但安静时两肾血流量约为 1200 mL/min，相当于心输出量的 20%～25%。肾的血管配布具有以下特点：①肾动脉粗而短，直接发自腹主动脉，血压高，血流量大，每分钟全身循环血量约有 20%流经肾，有利于生成尿液，排出代谢产物。②入球微动脉粗短，出球微动脉细长，因而血管球内血压高，有利于肾小体的滤过作用。③在肾实质内，动脉形成两次毛细血管：第一次是入球微动脉形成血管球，有利于原尿形成；第二次是出球微动脉在肾小管周围形成球后毛细血管，有利于肾小管对原尿的重吸收。由此可见，肾的血流量大及血管分布特点，都有利于完成其生成尿的功能。

第二节 输尿管、膀胱和尿道

一、输尿管

输尿管(ureter)是一对细长的肌性管道，全长 20～30 cm，起自肾盂，行经腹腔与盆腔，

终于膀胱(图 8-2)。输尿管管壁有较厚的平滑肌,可做节律性蠕动,使尿液不断流入膀胱。输尿管在膀胱底斜穿膀胱壁,开口于膀胱底内面的输尿管口。根据走行,输尿管可分为腹段、盆段和壁内段。男性输尿管盆段与输精管末端交叉;女性输尿管盆段位于子宫阔韧带下方,在宫颈外侧 1.5～2.0 cm 处从子宫动脉后下方绕过,经宫颈的外侧达膀胱底。输尿管全长有三处狭窄,分别在输尿管起始处、跨过髂总动脉分叉处(左)和髂外动脉起始处(右)、斜穿膀胱壁处。这些狭窄部位是结石易滞留的地方。

二、膀胱

膀胱(urinary bladder)是暂时储存尿液的肌性囊状器官,伸缩性较大,其形状、大小和位置均随尿液的充盈程度、年龄和性别而异。一般正常成年人,膀胱平均容量为 300～500 mL,最大容量可达 800 mL,新生儿膀胱的容量约为成人的 1/10。

(一)膀胱的形态和位置

当膀胱空虚时呈三棱锥体形(图 8-9),顶端细小,朝向前上方,称膀胱尖;膀胱的后面较膨大,朝向后下方,称膀胱底;膀胱尖和膀胱底之间的部分称膀胱体;膀胱的最下部称膀胱颈,与男性的前列腺底或与女性的尿生殖膈相接。膀胱颈的下端有一开口称尿道内口,通尿道。

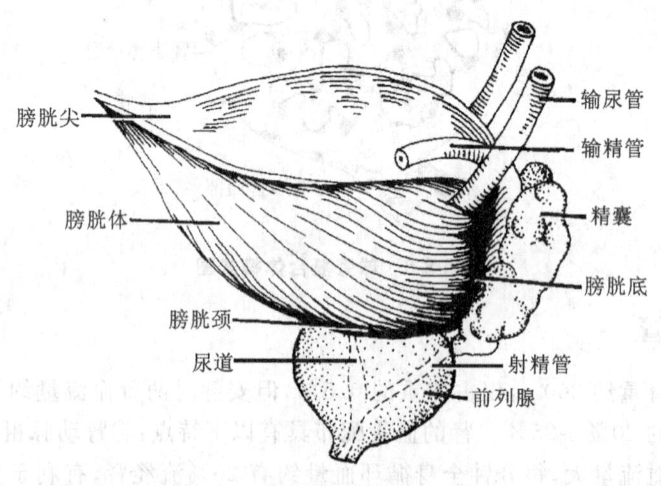

图 8-9 膀胱

膀胱位于小骨盆的前部,耻骨联合的后方。男性膀胱后方与直肠、前列腺、输精管壶腹和精囊相邻(图 8-10),女性膀胱则与子宫、阴道相邻(图 8-11)。膀胱空虚时,膀胱尖不超过耻骨联合上缘;膀胱高度充盈时,膀胱尖高出耻骨联合以上,膀胱上部也膨入腹腔,膀胱与腹前壁之间的腹膜反折线也随之上移。因此,可沿耻骨联合上缘做膀胱穿刺术,而不致损伤腹膜。

(二)膀胱的结构

膀胱壁富有伸缩性,由黏膜、肌层和外膜构成(图 8-12)。其黏膜较厚,黏膜上皮为变移上皮(移行上皮)。当膀胱空虚时,黏膜形成许多皱襞,当膀胱充盈时消失。在膀胱底部内面,两输尿管口与尿道内口三者连线间有一个三角形区域,称膀胱三角(trigone of bladder),无论在膀胱膨胀或收缩时,此区黏膜都保持平滑状态而无黏膜皱襞。膀胱三角是肿瘤和结

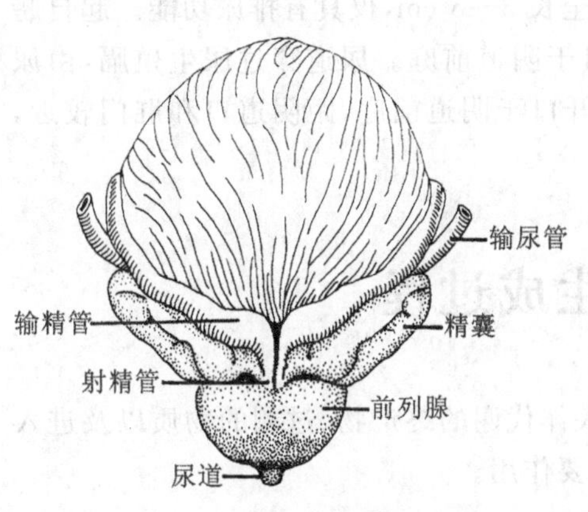

图 8-10 男性膀胱后面的毗邻

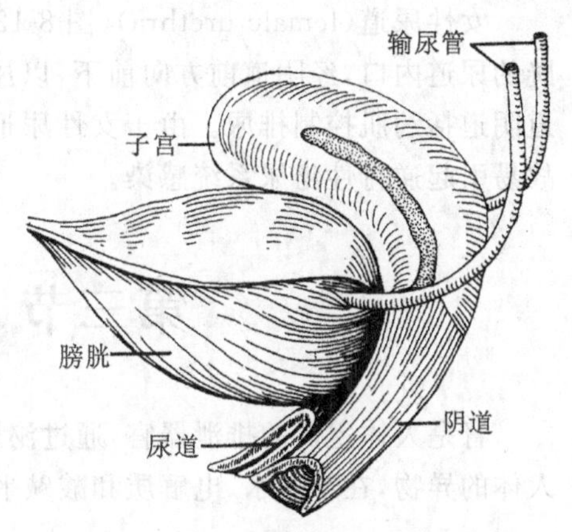

图 8-11 女性膀胱后面的毗邻

核的好发部位。两输尿管口之间的横行皱襞，称输尿管间襞，是临床上寻找输尿管口的标志。膀胱肌层由平滑肌构成，分内纵、中环、外纵三层，共同构成膀胱逼尿肌。在尿道内口处，中环增厚形成括约肌。外膜大多为纤维膜，仅上部为浆膜。

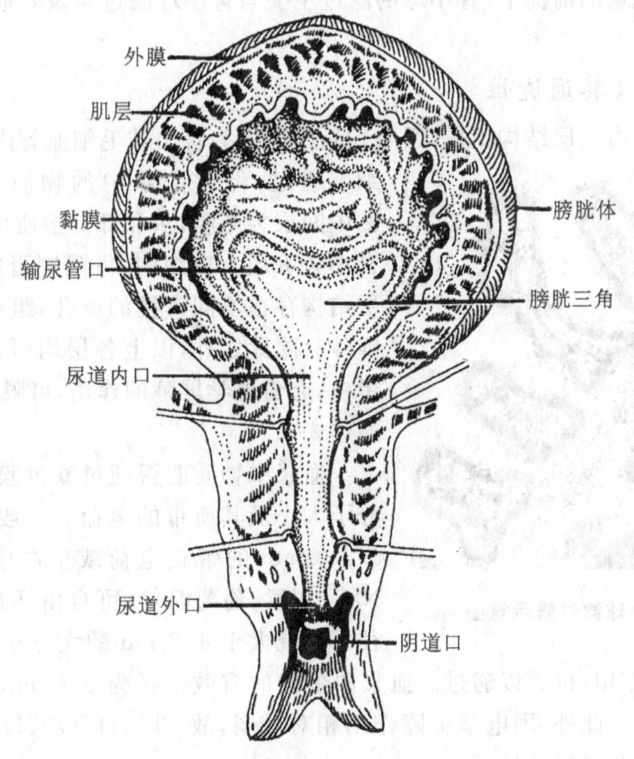

图 8-12 女性膀胱和尿道

三、尿道

尿道(urethra)是膀胱与体外相通的一段管道。尿道的形态、结构和功能，男、女性差异很大，男性尿道除排尿外，兼有排精功能，故男性尿道将在男性生殖器中叙述。

女性尿道(female urethra)(图 8-12)短、宽、直,全长 3～5 cm,仅具有排尿功能。起自膀胱的尿道内口,经阴道前方向前下,以尿道外口开口于阴道前庭。尿道穿过尿生殖膈,由尿道阴道括约肌控制排尿。由于女性尿道短而直,且开口于阴道前庭,距阴道口和肛门较近,故易引起逆行性泌尿系统感染。

第三节　尿的生成过程

肾是人体主要的排泄器官,通过泌尿过程排出人体代谢的终产物、过剩的物质以及进入人体的异物,在维持水、电解质和酸碱平衡中起着重要作用。

一、肾小球的滤过作用

血液流经肾小球毛细血管时,血浆中的水和小分子溶质滤入肾小囊的囊腔形成原尿的过程,称为肾小球的滤过(glomerular filtration)。微量化学分析结果显示,原尿中除蛋白质含量极少外,其他成分以及晶体渗透压、酸碱度与血浆基本相同。

在有足够血流量的前提下,肾小球的滤过主要与肾小球滤过膜及其通透性、有效滤过压有关。

(一)滤过膜及其通透性

肾小球滤过膜由三层结构组成(图 8-13):①内层为肾小球毛细血管内皮细胞,可阻止血细胞通过,但对血浆中的物质几乎无限制作用;②中间层为基膜,水和部分溶质可以通过;③外层为肾小囊脏层上皮细胞,可限制蛋白质通过。以上三层结构存在不同直径的微孔,组成了滤过膜的机械屏障。除此之外,以上各层均覆盖有带负电荷的糖蛋白,起着电学屏障的作用,可限制带负电荷的物质通过。

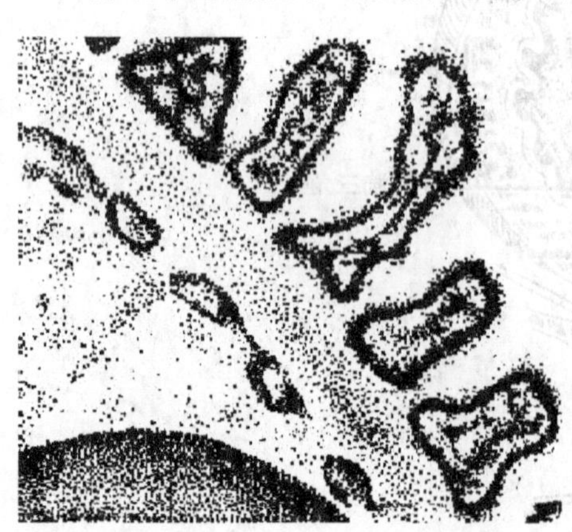

图 8-13　肾小球滤过膜示意图

血浆中物质能否通过滤过膜,取决于该物质的分子大小及其所带的电荷。一般来说,有效半径小于 2.0 nm 的带正电荷或呈电中性的物质,如水、Na^+、尿素、葡萄糖等,可自由通过滤过膜。有效半径等于或大于 4.2 nm 的大分子物质,即使带正电荷,由于机械屏障作用,也难以通过。血浆白蛋白的有效半径为 3.6 nm,但由于带负电荷,不能通过电学屏障。此外,因电学屏障作用相对较弱,故 Cl^-、HCO_3^-、HPO_4^{2-} 和 SO_4^{2-} 等带负电荷的物质可顺利通过滤过膜。

(二)有效滤过压

肾小球滤过作用的动力是有效滤过压(effective filtration pressure),其构成因素与组织液生成的有效滤过压相似。但由于肾小囊滤过液中的蛋白质浓度极低,其胶体渗透压可忽略不计。因此,有效滤过压＝肾小球毛细血管血压－(血浆胶体渗透压＋肾小囊内压)

(图 8-14)。

用微穿刺法测得入球小动脉端与出球小动脉端血压几乎相等,为 45 mmHg,肾小囊内压较为稳定,约为 10 mmHg。因此,肾小球毛细血管中有效滤过压的大小,主要取决于血浆胶体渗透压的变化。入球小动脉端的血浆胶体渗透压约为 25 mmHg,出球小动脉端的血浆胶体渗透压为 35 mmHg,故入球小动脉端有效滤过压为 10 mmHg,有滤过;出球小动脉端为 0,滤过停止。

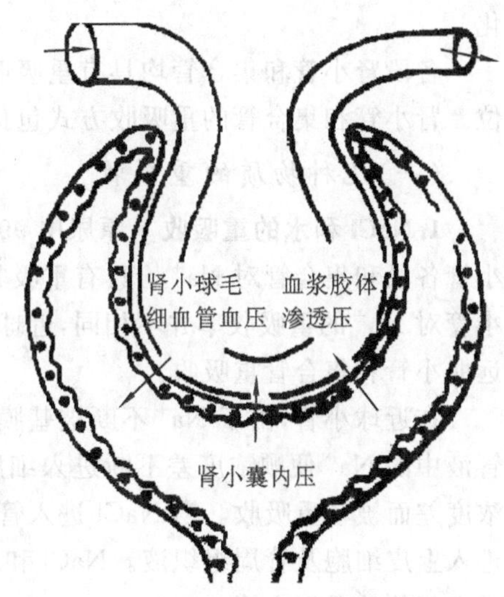

图 8-14　有效滤过压示意图

单位时间(min)内两肾生成的原尿量,称为肾小球滤过率(glomerular filtration rate,GFR)。肾小球滤过率是衡量肾功能的重要指标,正常成人安静时约为 125 mL/min。肾小球滤过率与每分钟的肾血浆流量的比值,称为滤过分数。正常人安静时肾血浆流量为 660 mL/min,滤过分数=(125/660)×100%=19%,即流经肾的血浆约有 1/5 滤出到肾小囊内形成原尿。

(三)影响肾小球滤过的因素

1. 滤过膜的面积和通透性　成人两肾的有效滤过面积在 1.5 m^2左右。正常情况下,肾小球的滤过面积和通透性可保持稳定。但在病理情况下,如急性肾小球肾炎时,由于肾小球毛细血管的管腔变窄,甚至完全阻塞,导致有效滤过面积减小,肾小球滤过率下降,出现少尿甚至无尿。

2. 有效滤过压

(1)肾小球毛细血管血压:人体动脉血压在 80～180 mmHg 内变动时,由于肾血流量的自身调节作用,肾小球毛细血管血压可维持相对稳定,从而使肾小球滤过率基本不变。当血压低于 80 mmHg 时,肾小球毛细血管血压降低,肾小球滤过率减小,尿量将减少。

(2)血浆胶体渗透压:正常人血浆蛋白浓度比较恒定,血浆胶体渗透压基本稳定。但因某些疾病使血浆蛋白的浓度明显降低,或由静脉输入大量生理盐水使血浆稀释,可导致血浆胶体渗透压降低,从而使有效滤过压升高,肾小球滤过率增加,尿量将增多。

(3)肾小囊内压:正常情况下比较稳定,但当肾盂或输尿管结石或肿物压迫使尿路阻塞时,可导致肾盂内压升高,肾小囊内压也将升高,有效滤过压降低,肾小球滤过率将减小,导致少尿或无尿。

3. 肾血浆流量　若其他条件不变,肾血浆流量与肾小球滤过率呈正比关系。当肾血浆流量增加时,肾小球毛细血管内血浆胶体渗透压上升的速度减慢,有效滤过压下降的速度也减慢,具有滤过效应的毛细血管长度增加,肾小球滤过率将增加。

二、肾小管和集合管的重吸收作用

小管液在流经肾小管和集合管时,其中水和溶质大部分或全部被管壁细胞吸收回血液的过程,称为肾小管和集合管的重吸收。肾小管和集合管对不同物质的重吸收具有选择性,

即保留对机体有用的物质，而对机体有害的和过剩的物质进行清除，实现人体内环境的净化。

各段肾小管和集合管均具有重吸收的功能，其中近球小管是各类物质重吸收的主要部位。肾小管和集合管的重吸收方式包括主动转运和被动转运两种。

(一)几种物质的重吸收

1. NaCl 和水的重吸收　原尿中 99%以上的 Na^+ 被重吸收入血。除髓袢降支细段外，肾小管各段和集合管对 Na^+ 均具有重吸收的能力，主要以主动转运方式进行重吸收。各段肾小管对 Na^+ 的重吸收率并不相同，近球小管重吸收 65%～70%，髓袢重吸收约 20%，其余在远曲小管和集合管重吸收。

在近球小管，由于 Na^+ 不断被基膜上的钠泵泵至组织液，使细胞内的 Na^+ 浓度降低，小管液中的 Na^+ 便顺浓度差不断进入细胞内(图 8-15)。伴随 Na^+ 的重吸收，Cl^- 顺电位差和浓度差而被动重吸收。当 NaCl 进入管周组织液，使其渗透压升高，促使小管液中的水不断进入上皮细胞及管周组织液。NaCl 和水进入细胞间隙后，使其静水压升高，促使 NaCl 和水进入相邻的毛细血管。

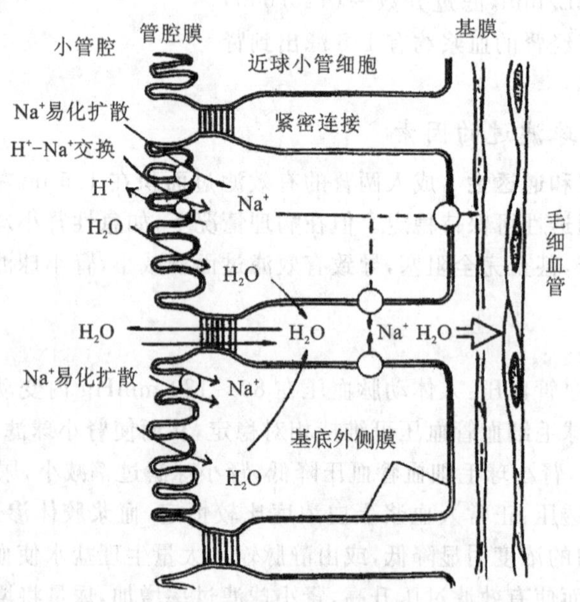

图 8-15　近球小管对 Na^+ 的重吸收示意图

髓袢各段对 NaCl 的重吸收各不相同。降支细段对 NaCl 的通透性极低，但对水的通透性高，使小管液中 NaCl 浓度升高。而升支细段对水几乎不通透，但对 Na^+ 和 Cl^- 的通透性高，小管液中 Na^+、Cl^- 的浓度又明显降低。升支粗段对水几乎不通透，重吸收 NaCl 则通过 $1Na^+:2Cl^-:1K^+$ 同向转运体进行，因此造成小管液渗透压降低而管周组织液渗透压增高。该段对水和 NaCl 重吸收的分离，对尿液的浓缩和稀释具有重要作用。呋塞米和利尿酸能抑制 $1Na^+:2Cl^-:1K^+$ 同向转运体的功能，从而导致利尿。

2. K^+ 的重吸收　K^+ 的重吸收量约占滤过量的 90%，大部分在近球小管主动重吸收。终尿中的 K^+ 大部分由集合管和远曲小管分泌，其分泌量的多少取决于体内血 K^+ 浓度的高低，并受醛固酮的调节。

3. HCO_3^- 的重吸收 HCO_3^- 的重吸收量约占滤过总量的99%以上，其中80%～90%在近球小管被重吸收。小管液中的 HCO_3^- 是以 CO_2 的形式进行重吸收的。HCO_3^- 可与肾小管分泌的 H^+ 生成 H_2CO_3，再分解为 CO_2 和 H_2O。CO_2 以单纯扩散的形式进入上皮细胞，在碳酸酐酶的催化下又和 H_2O 生成 H_2CO_3，H_2CO_3 解离成 H^+ 和 HCO_3^-，H^+ 和小管液中的 Na^+ 通过细胞膜上的转运体进行 H^+-Na^+ 交换，H^+ 被分泌到小管液中，而 Na^+ 被重吸收（图 8-16）。可见，肾小管上皮细胞分泌 1 个 H^+ 的同时可重吸收 1 个 HCO_3^- 和 1 个 Na^+ 入血，这对于体内酸碱平衡的维持具有重要的意义。

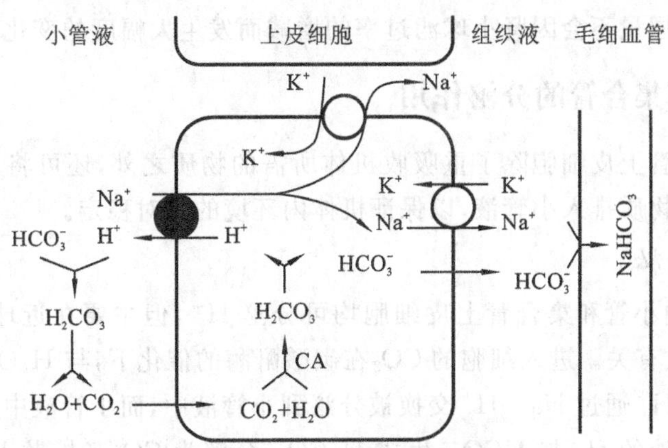

图 8-16 HCO_3^- 的重吸收示意图

注：实心圆表示转运体，空心圆表示钠泵。

4. 葡萄糖的重吸收 原尿中葡萄糖浓度和血糖浓度相等，但正常人的终尿中不含葡萄糖，说明葡萄糖全部被重吸收回血液。葡萄糖的重吸收部位仅限于近球小管，其方式为继发于 Na^+ 的主动重吸收（图 8-17）。近球小管对葡萄糖的重吸收有一定的限度，当血液中葡萄糖浓度高于 8.88～9.99 mmol/L 时，就超出了近球小管对葡萄糖的吸收极限，未被重吸收的葡萄糖随尿排出，而出现糖尿。通常将尿中开始出现葡萄糖时的最低血糖浓度，称为肾糖阈（renal glucose threshold）。

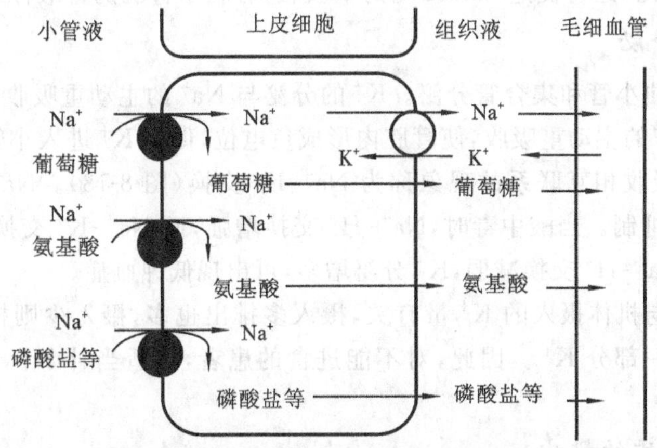

图 8-17 近球小管对葡萄糖、氨基酸和磷酸盐等的重吸收示意图

注：实心圆表示转运体，空心圆表示钠泵。

(二)影响肾小管重吸收作用的因素

1. 小管液中溶质的浓度 小管液的溶质浓度升高,引起小管液的渗透压升高,将会妨碍肾小管对水的重吸收。这种由于小管液中溶质浓度的升高,使水的重吸收减少而尿量增多的现象,称为渗透性利尿(osmotic diuresis)。如糖尿病患者,由于小管液中葡萄糖含量增多,妨碍了水和 NaCl 的重吸收,而造成尿量增多。

2. 球-管平衡 近球小管对小管液的重吸收量与肾小球滤过率之间存在一定的比例关系,即近球小管的重吸收量始终占肾小球滤过量的 65%～70%,这种现象称为球-管平衡。其生理意义在于使尿量不会因肾小球滤过率的增减而发生大幅度的变化。

三、肾小管和集合管的分泌作用

肾小管和集合管上皮细胞除了重吸收机体所需的物质之外,还可将自身代谢产生的物质或血液中的某些物质排入小管液,以保证机体内环境的相对稳定。

(一)H^+ 的分泌

近球小管、远曲小管和集合管上皮细胞均可分泌 H^+,但主要在近球小管。H^+ 的分泌与 HCO_3^- 的重吸收有关。进入细胞的 CO_2 在碳酸酐酶的催化下,与 H_2O 生成 H_2CO_3,解离成 H^+ 和 HCO_3^-。H^+ 通过 Na^+-H^+ 交换被分泌到小管液中,而小管液中的 Na^+ 则被重吸收入细胞。进入小管液的 H^+ 与 HCO_3^- 生成 H_2CO_3,分解为 CO_2 又扩散入细胞,在细胞内再生成 H_2CO_3。因此,每分泌 1 个 H^+,可重吸收 1 个 Na^+ 和 1 个 HCO_3^- 回到血液。

(二)NH_3 的分泌

细胞内的 NH_3 来自谷氨酰胺的脱氨作用,主要由远曲小管和集合管分泌。NH_3 是脂溶性物质,可通过细胞膜扩散入小管液中。进入小管液的 NH_3 与 H^+ 结合成 NH_4^+,减少了小管液中的 H^+ 量,有助于 H^+ 的继续分泌。NH_4^+ 是水溶性物质,不能通过细胞膜,可与强酸盐(如 NaCl)的负离子(Cl^-)结合生成铵盐(NH_4Cl)随尿排出。而强酸盐的正离子(Na^+)则与 H^+ 交换进入上皮细胞,然后与 HCO_3^- 一起被重吸收入血(图 8-18)。因此,NH_3 的分泌不仅可促进 H^+ 的分泌,还可促进 $NaHCO_3$ 的重吸收,有利于肾脏的排酸保碱功能。

(三)K^+ 的分泌

K^+ 主要由远曲小管和集合管分泌。K^+ 的分泌与 Na^+ 的主动重吸收密切相关。远曲小管和集合管对 Na^+ 的主动重吸收,使管腔内形成负电位,促使 K^+ 进入小管液中,这种 K^+ 的分泌与 Na^+ 的重吸收相互联系的现象称为 Na^+-K^+ 交换(图 8-18)。Na^+-K^+ 交换和 Na^+-H^+ 交换呈竞争性抑制。当酸中毒时,Na^+-H^+ 交换增强,而 Na^+-K^+ 交换减弱,可出现高钾血症;碱中毒时,Na^+-H^+ 交换减弱,K^+ 分泌增多,可出现低钾血症。

K^+ 的分泌量与机体摄入的 K^+ 量有关,摄入多排出也多,摄入少则排出少,若无 K^+ 摄入,机体也将排出一部分 K^+。因此,对不能进食的患者,应适当补 K^+,以免引起血 K^+ 降低。

(四)其他物质的排出

肾小管和集合管还可排泄肌酐、青霉素、酚红、呋塞米和利尿酸等,它们在血液中大多与血浆蛋白结合而运输,很少被肾小球滤过,主要是由近球小管排入小管液中。

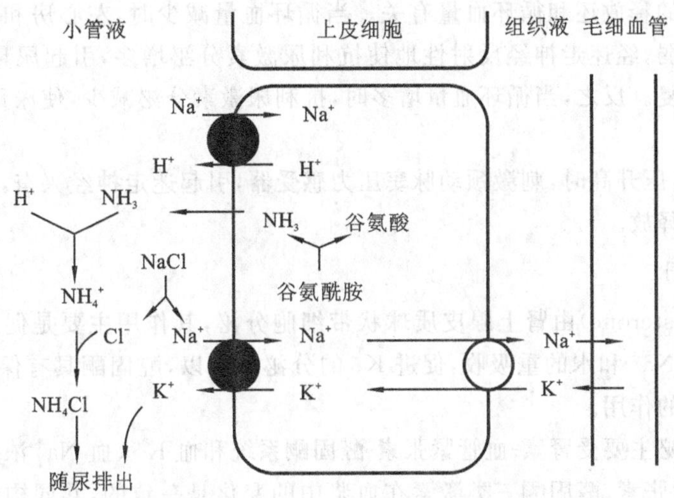

图 8-18 H^+、NH_3 和 K^+ 分泌关系示意图

注:实心圆表示转运体,空心圆表示钠泵。

第四节 尿生成的调节

一、神经调节

肾主要受交感神经支配。肾交感神经兴奋可通过下列作用影响尿生成:①引起入球小动脉和出球小动脉收缩,使肾小球滤过率降低;②刺激球旁细胞释放肾素,导致循环血中的血管紧张素Ⅱ和醛固酮含量增加,促进肾小管对 NaCl 和水的重吸收;③增加近球小管和髓袢上皮细胞重吸收 NaCl 和水。

二、体液调节

(一)抗利尿激素

抗利尿激素(antidiuretic hormone,ADH)由下丘脑视上核和室旁核的神经元细胞合成分泌,是由 9 个氨基酸残基组成的小肽,经轴浆运输储存于神经垂体,并由此释放入血。抗利尿激素的主要作用是增加远曲小管和集合管上皮细胞对水的通透性,从而增加水的重吸收,使尿液浓缩,尿量减少(抗利尿)。

调节抗利尿激素分泌的主要因素有血浆晶体渗透压、循环血量和动脉血压。

血浆晶体渗透压是在生理情况下调节抗利尿激素分泌和释放的重要因素。当血浆晶体渗透压升高时,可刺激丘脑视上核和室旁核及其周围区域的渗透压感受器,引起抗利尿激素释放增加。人体因大量出汗或严重呕吐、腹泻等情况,导致体内水分丧失,引起血浆晶体渗透压升高,促使抗利尿激素分泌,从而引起尿量减少。相反,短时间内大量饮清水,血浆晶体渗透压降低,抗利尿激素释放减少,尿量则增多。这种大量饮清水,反射性地使抗利尿激素分泌减少而引起尿量明显增多的现象,称为水利尿。水利尿试验可用来检测肾的稀释能力。

抗利尿激素的释放还和循环血量有关。当循环血量减少时，左心房和胸腔大静脉的容量感受器刺激减弱，经迷走神经反射性地使抗利尿激素分泌增多，引起尿量减少，有利于血容量和血压的恢复。反之，当循环血量增多时，抗利尿激素分泌减少，使尿量增多，以排出体内过剩的水分。

此外，动脉血压升高时，刺激颈动脉窦压力感受器，引起迷走神经兴奋，也可反射性地抑制抗利尿激素的释放。

（二）醛固酮

醛固酮(aldosterone)由肾上腺皮质球状带细胞分泌，其作用主要是促进远曲小管和集合管上皮细胞对 Na^+ 和水的重吸收，促进 K^+ 的分泌。所以，醛固酮具有保 Na^+ 排 K^+ 和增加细胞外液容量的作用。

醛固酮的分泌主要受肾素-血管紧张素-醛固酮系统和血 K^+、血 Na^+ 浓度的调节。

肾素、血管紧张素、醛固酮三类激素在血浆中的变化是一致的，共同构成一个相互关联的功能系统，称为肾素-血管紧张素-醛固酮系统。此系统兴奋时，醛固酮的合成与分泌也增多。

当血 K^+ 浓度升高或血 Na^+ 浓度降低时，可直接刺激醛固酮的合成和分泌；反之，则使醛固酮分泌减少。其中，肾上腺皮质球状带对血 K^+ 浓度的变化比对血 Na^+ 更为敏感。醛固酮与血中 K^+、Na^+ 浓度关系密切，醛固酮的分泌受血中 K^+、Na^+ 浓度调节，而醛固酮又可调节血中 K^+、Na^+ 浓度的平衡。

（三）心房钠尿肽

心房钠尿肽(atrial natriuretic peptide，ANP)是由心房肌细胞合成和释放的一种多肽激素。心房钠尿肽通过抑制集合管对 NaCl 的重吸收，促进入球和出球小动脉舒张（以前者为主）以及抑制肾素、醛固酮和抗利尿激素的分泌，使水的重吸收减少，具有明显的促进 NaCl 和水排出的作用。循环血量增多使心房扩张和摄入钠过多时，可刺激心房钠尿肽的释放。

第五节　尿的排放

一、尿液

正常成人的尿液呈淡黄色，比重 1.015～1.025，pH 5.0～7.0，其酸碱度受食物性质的影响而变动。每昼夜尿量为 1000～2000 mL，平均 1500 mL。尿量的多少取决于机体水代谢的情况，包括摄入的水量和由其他途径排出的水量。每昼夜的尿量如长期保持在 2500 mL 以上，称为多尿；每昼夜尿量在 100～400 mL，或每小时尿量少于 17 mL，称为少尿；如每昼夜尿量少于 100 mL 则称为无尿。少尿、无尿将导致代谢产物在体内的蓄积，引起尿毒症；而多尿则可能引起机体缺水，引起水、电解质紊乱和酸碱平衡失调。

二、排尿反射

尿的生成是个连续不断的过程。肾脏生成的尿液经过输尿管流入膀胱，而膀胱的排尿是间歇进行的。当膀胱内的尿液达到一定量时，膀胱壁的牵张感受器受到刺激而兴奋，其传入神经将此信息经盆神经传入脊髓初级排尿中枢，同时信息传入大脑皮质的高级中枢而产生尿意。当环境条件允许时，高级中枢发出冲动加强脊髓初级排尿中枢的兴奋，盆神经传出冲动增多，引起逼尿肌收缩，内括约肌松弛，尿液进入后尿道。后尿道感受器受到尿液刺激，冲动沿阴部神经传入脊髓初级排尿中枢，使其活动增强，使逼尿肌加强收缩，尿液即被强大的膀胱内压(可高达 110 mmHg)驱出(图 8-19)。

大脑皮质的高级排尿中枢对脊髓初级排尿中枢既有兴奋又有抑制作用，以抑制作用占优势。小儿因大脑皮质尚未发育完善，对初级排尿中枢的控制能力较弱，故排尿次数多，且易发生夜间遗尿现象。

排尿或储尿环节发生障碍，可出现排尿异常，常见的有尿频、尿潴留和尿失禁。尿频是指排放次数过多，但排尿量不增，常是由于膀胱炎症或机械性刺激(如膀胱结石)引起的。尿潴留是指膀胱内尿液充盈过多而不能排出，大多是由于腰骶部脊髓损伤引起初级排尿中枢的活动障碍所致，此外尿流受阻、精神因素也能造成尿潴留。如发生脊髓横断伤，初级排尿中枢与大脑皮质失去联系，排尿反射则失去意识控制，可出现尿失禁。

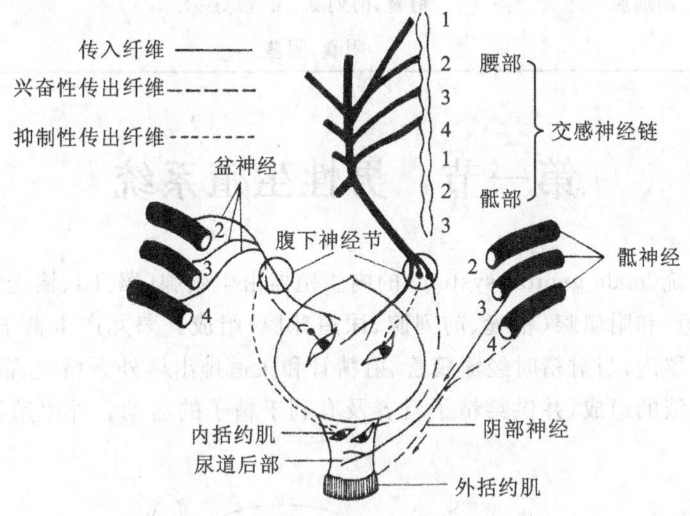

图 8-19 膀胱和尿道的神经支配

(王建红 陈慧玲)

第九章 生殖系统

生殖系统(reproductive system)的功能是繁殖后代和形成并保持第二性征。男性生殖系统和女性生殖系统都包括内生殖器和外生殖器两部分(表 9-1)。内生殖器多位于盆腔内，包括生殖腺、输送管道和附属腺；外生殖器显露于体表，主要为两性的交接器官。

表 9-1 生殖系统的组成

		男性生殖系统	女性生殖系统
内生殖器	生殖腺	睾丸	卵巢
	输送管道	附睾、输精管、射精管、尿道	输卵管、子宫、阴道
	附属腺	精囊、前列腺、尿道球腺	前庭大腺
外生殖器		阴囊、阴茎	女阴

第一节 男性生殖系统

男性生殖系统(male genital system)的内生殖器由生殖腺(睾丸)、输送管道(附睾、输精管、射精管和尿道)和附属腺(精囊、前列腺、尿道球腺)组成。睾丸产生精子和分泌雄激素，精子先储存于附睾内，当射精时经输精管、射精管和尿道排出体外。精囊、前列腺、尿道球腺的分泌液参与精液的组成，并供给精子营养及有利于精子的活动。外生殖器包括阴囊和阴茎(图 9-1)。

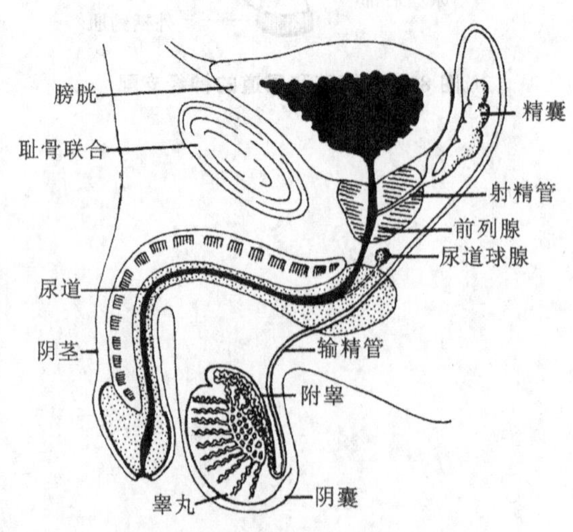

图 9-1 男性生殖系统概观

一、睾丸

睾丸(testis)是男性生殖腺,具有产生精子和分泌雄激素的功能。

(一)睾丸的形态和位置

睾丸呈扁椭圆形,位于阴囊内,左右各一(图 9-2)。分上、下两端,内、外两面,前、后两缘。后缘有血管、神经和淋巴管出入,并与附睾、输精管起始部相接触。上端被附睾头遮盖。睾丸除后缘外都被覆有鞘膜,它是由浆膜构成,分脏、壁两层,脏层紧贴睾丸表面,壁层贴附于阴囊内面。脏、壁两层在睾丸后缘相互移行,围成密闭的腔隙,称鞘膜腔。鞘膜腔内含少量浆液,起润滑作用。睾丸在出生后仍未降至阴囊,而停滞于腹腔或腹股沟管内,称隐睾症。

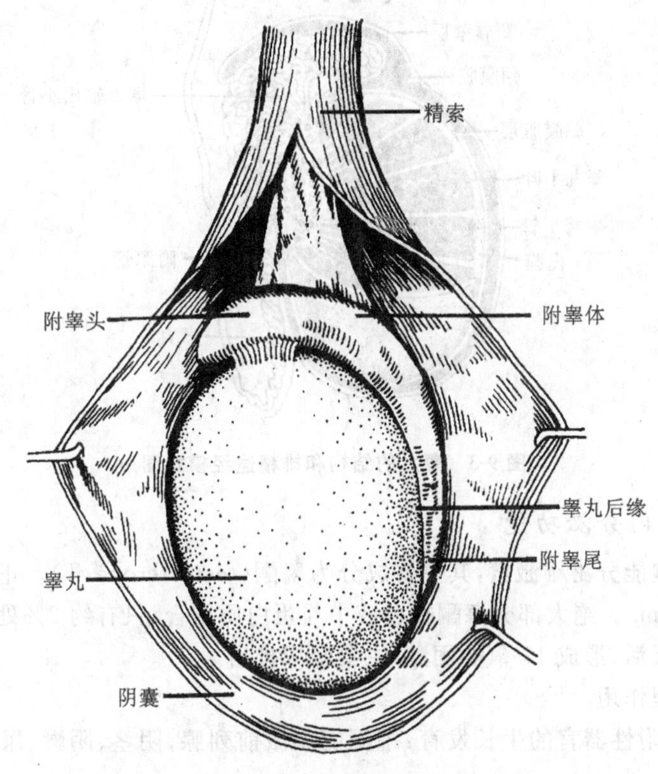

图 9-2 睾丸与附睾(左侧)

(二)睾丸的微细结构

睾丸表面包被有一层致密结缔组织构成的白膜,白膜在睾丸后缘增厚形成睾丸纵隔。纵隔的结缔组织呈放射状伸入睾丸实质,将其分隔成许多锥体形的睾丸小叶,每个小叶内含1～4 条生精小管。生精小管在近睾丸纵隔处变为短而直的直精小管,直精小管进入睾丸纵隔相互吻合形成睾丸网,最后在睾丸后缘发出十多条睾丸输出小管进入附睾(图 9-3)。生精小管之间的结缔组织称睾丸间质,为疏松结缔组织,除富含丰富的血管、淋巴管和一般的结缔组织细胞外,还有一种间质细胞可分泌雄激素。

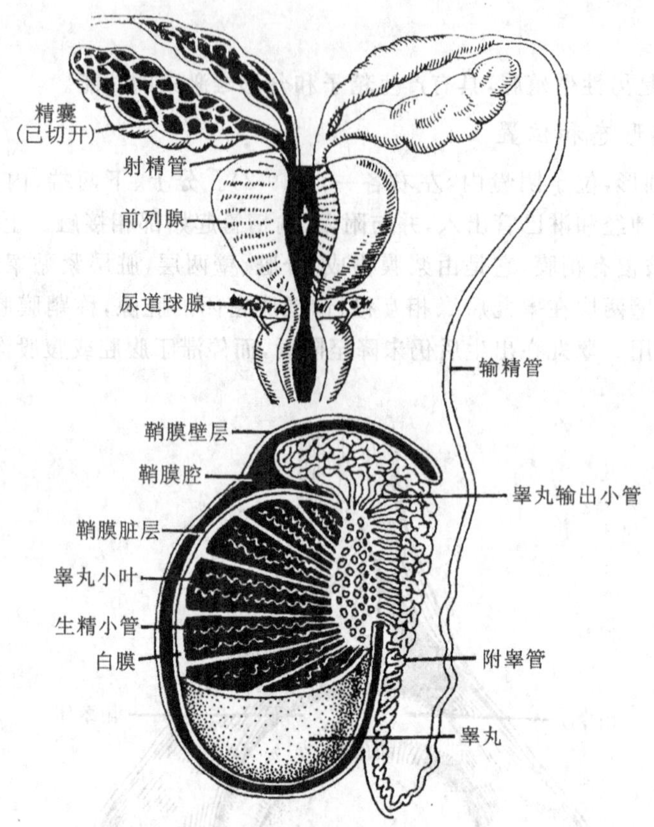

图 9-3 睾丸的结构和排精途经模式图

(三)睾丸的内分泌功能

睾丸间质细胞能分泌雄激素,其主要成分为睾酮(testosterone,T)。正常男子的睾丸每日分泌睾酮 4～9 mg。绝大部分睾酮在血液中与蛋白质结合,只有约 2%处于游离状态。睾酮主要在肝中被灭活,形成 17-氧类固醇,主要经尿排出。

1. 睾酮的生理作用

(1)促进男性附性器官的生长发育:睾酮能刺激前列腺、阴茎、阴囊、尿道球腺等附性器官的生长发育。

(2)促进副性征的出现:青春期开始,男性外表出现一系列区别于女性的特征,称为男性副性征或第二性征。主要表现有胡须长出、喉结突出、嗓音低沉、毛发呈男性型分布、骨骼粗壮、肌肉发达等,睾酮能刺激并维持这些特征,还能产生并维持性欲。

(3)维持生精作用:睾酮自间质细胞分泌后,可透过基膜进入生精小管,经支持细胞与生精细胞的相应受体结合,促进精子生成。

(4)影响代谢:睾酮对代谢的影响,总的趋势是促进合成代谢。如:促进蛋白质的合成,特别是肌肉、骨骼内的蛋白质;影响水、盐代谢,有利于水、钠在体内的保留;使骨中钙、磷沉积增加;刺激红细胞的生成,使体内红细胞增多。男性在青春期,由于睾酮及其与垂体分泌的生长激素的协同作用,可使身体出现一次显著的生长过程。

2. 睾丸功能的调节 睾丸的生精与内分泌功能均受下丘脑-腺垂体-睾丸轴的调节(详见内分泌系统)。

下丘脑分泌的促性腺激素释放激素(GnRH)经垂体门脉系统到达腺垂体,促进腺垂体合成和分泌促性腺激素,包括促卵泡激素(FSH)和黄体生成素(LH)。FSH 主要作用于曲细精管的各级生精细胞和支持细胞,LH 主要作用于间质细胞。

腺垂体分泌的 LH 经血液运输到达睾丸后,可促进间质细胞分泌睾酮。血液中的睾酮反过来对下丘脑和腺垂体产生负反馈作用,分别抑制 GnRH 和 LH 的分泌,从而使血液中睾酮的浓度保持在一个相对稳定的水平(图 9-4)。

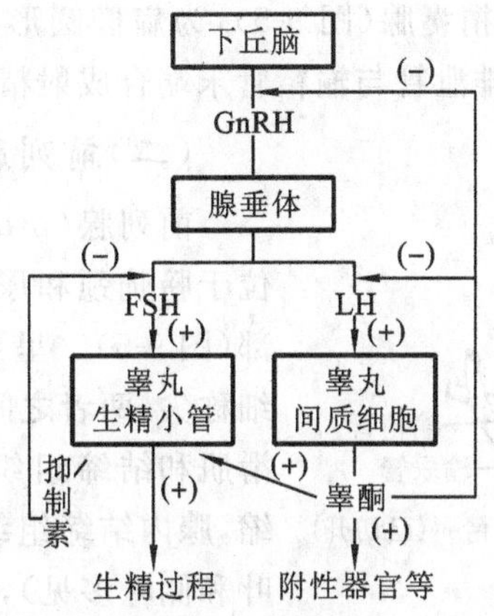

图 9-4 下丘脑-腺垂体-睾丸轴的调节作用示意图

二、附睾、输精管、射精管

(一)附睾

附睾(epididymis)紧贴睾丸的上端和后缘,可分为头、体、尾三部分(图 9-2)。头由睾丸输出小管组成,输出小管的末端连接一条附睾管。附睾管长 4～5 cm,构成附睾体和附睾尾。附睾管的末端续连输精管(图 9-3)。附睾的功能除暂时储存精子外,其分泌的液体还供精子营养,并促进精子继续发育成熟。

(二)输精管

输精管(ductus deferens)是附睾管的延续,长约 50 cm,管壁较厚,活体触摸时呈细的圆索状(图 9-3)。输精管行程较长,可分为四部:①睾丸部:输精管的起始部,自附睾尾沿睾丸后缘上行至睾丸上端。②精索部:介于睾丸上端与腹股沟管皮下环之间,此段位置表浅,容易触及,是临床上施行输精管结扎术的常用部位。③腹股沟管部:输精管位于腹股沟管内,在施行疝修补术时,注意勿伤及输精管。④盆部:从腹股沟管腹环至输精管末端,此段最长。输精管盆部经腹环入盆腔,沿骨盆外侧壁向后下,经输尿管末端的前上方到膀胱底的后面,位居精囊的内侧,在此膨大形成输精管壶腹。壶腹下端变细,并与精囊的排泄管合成射精管。

精索(spermatic cord)为一对柔软的圆索状结构,从腹股沟管腹环穿腹股沟管,出皮下

环后延至睾丸上端。它由输精管、睾丸动脉、输精管动脉、蔓状静脉丛、神经、淋巴管等结构外包三层被膜构成。

(三)射精管

射精管(ejaculatory duct)由输精管末端和精囊的排泄管汇合而成,长约 2 cm,穿过前列腺实质,开口于尿道前列腺部(图 9-1、图 9-3)。

三、精囊、前列腺和尿道球腺

(一)精囊

精囊(seminal vesicle)又名精囊腺(图 9-5),为扁椭圆形囊状器官,位于膀胱底之后、输精管壶腹的外侧,左右各一,其排泄管与输精管末端合成射精管。

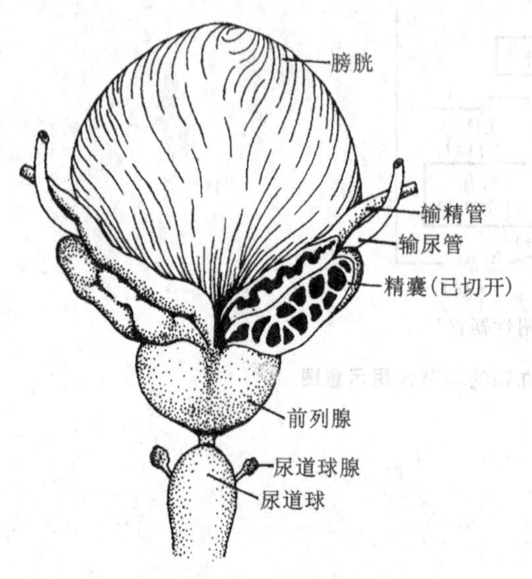

图 9-5 精囊、前列腺和尿道球腺

(二)前列腺

前列腺(prostate gland)为一实质性器官,位于膀胱颈和尿生殖膈之间,包绕尿道的起始部(图 9-5)。呈栗子形,上端宽大称底,下端尖细称尖,两者之间称为体。前列腺由腺组织、平滑肌和结缔组织构成。老年期腺组织退化萎缩,腺内结缔组织增生,则形成前列腺肥大(中叶和侧叶多见),可压迫尿道,引起排尿困难。

(三)尿道球腺

尿道球腺(bulbourethral gland)是一对豌豆大的球形腺体,埋藏在尿生殖膈内(图 9-3、图 9-5),以细长的排泄管开口于尿道球部。

精液由输精管各部及附属腺,特别是前列腺和精囊的分泌物组成,内含精子。精液呈乳白色,弱碱性,适于精子的生存和活动。正常成年男性一次射精 2～5 mL,含精子 3 亿～5 亿个。输精管结扎后,阻断了精子的排出路径,但附属腺的分泌液排出和雄激素的释放不受影响,射精时仍可有不含精子的精液排出。

四、阴囊、阴茎和男性尿道

(一)阴囊

阴囊(scrotum)是由皮肤构成的囊。皮肤薄而柔软,皮下组织内含有大量平滑肌纤维,称肉膜,肉膜在正中线上形成阴囊中隔将两侧睾丸和附睾隔开。肉膜遇冷收缩,遇热舒张,借以调节阴囊内的温度,利于精子的产生和生存。

(二)阴茎

阴茎(penis)可分为头、体、根三部分。前端膨大为阴茎头,尖端有矢状位的尿道外口。中部为阴茎体,呈圆柱形,悬于耻骨联合的前下方。后端为阴茎根,固定于耻骨下支和坐骨支。

阴茎由两个阴茎海绵体和一个尿道海绵体组成，外包筋膜和皮肤。阴茎海绵体位于阴茎的背侧，左右各一。前端左右两侧紧密结合，变细嵌入阴茎头后面的凹陷内；后端两侧分开，分别附着于两侧的耻骨下支和坐骨支。尿道海绵体位于阴茎海绵体的腹侧，有尿道贯穿其全长，前端膨大即阴茎头，后端膨大形成尿道球。海绵体为勃起组织，由许多小梁和腔隙组成，这些腔隙直接沟通血管，当腔隙充血时，阴茎则变硬勃起。

（三）男性尿道

男性尿道（male urethra）兼有排尿和排精功能（图 9-6）。起于膀胱的尿道内口，止于阴茎头的尿道外口，成人长 16～22 cm，管径平均为 5～7 mm。全程可分为三部：前列腺部、膜部和海绵体部。临床上将尿道的前列腺部和膜部称为后尿道，海绵体部称为前尿道。

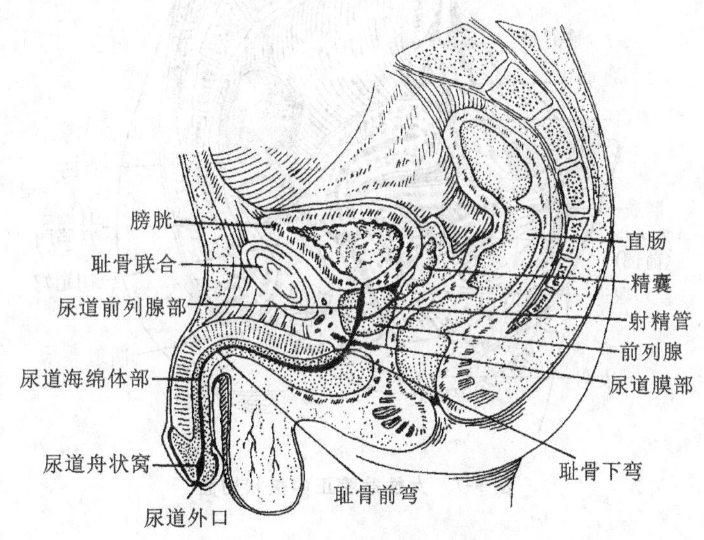

图 9-6 男性盆腔正中矢状切面

（1）前列腺部（prostatic part）：尿道穿过前列腺的部分，长约 3 cm，是尿道中最宽和最易扩张的部分。其后壁上有射精管和前列腺排泄管的开口。

（2）膜部（membranous part）：尿道穿过尿生殖膈的部分，短而窄，长约 1.5 cm，其周围有尿道膜部括约肌环绕，可控制排尿。

（3）海绵体部（cavernous part）：尿道穿过尿道海绵体的部分，长 12～17 cm。尿道球内的尿道最宽，称尿道球部，尿道球腺开口于此。

男性尿道在行程中粗细不一，它有三处狭窄和两个弯曲。三处狭窄是尿道内口、尿道膜部和尿道外口。其中，尿道外口最为狭窄。尿道结石易滞留于狭窄处。自然悬垂时，尿道有两个弯曲。一个弯曲位于耻骨联合下方，凹向上，称耻骨下弯，在耻骨联合下方 2 cm 处，包括前列腺部、膜部和海绵体部的起始段。此弯曲恒定，不可改变。另一个弯曲在耻骨联合前下方，凹向下，在阴茎根与阴茎体之间，称耻骨前弯，当将阴茎提向腹前壁时，此弯曲可变直。临床上向尿道插入导尿管时，即采取此位置，以免损坏尿道。

第二节　女性生殖系统

女性生殖系统(female genital system)包括内生殖器和外生殖器。内生殖器位于盆腔内,由生殖腺(卵巢)、输送管道(输卵管、子宫、阴道)和附属腺(前庭大腺)组成(图 9-7、图 9-8)。外生殖器即女阴。

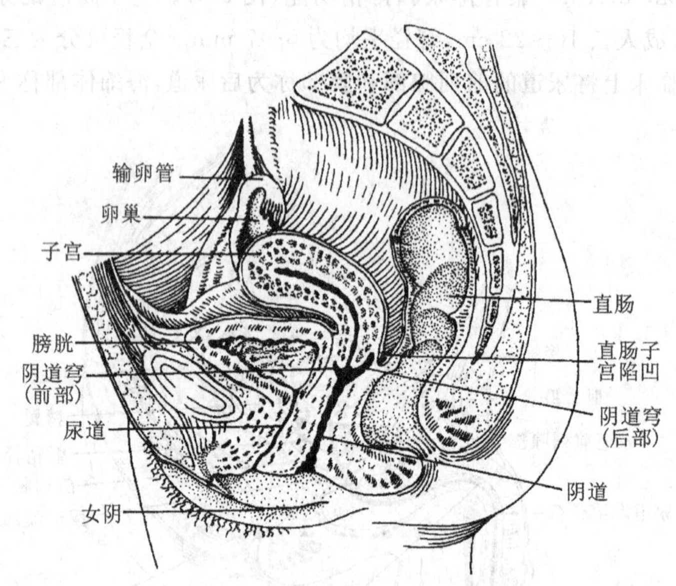

图 9-7　女性盆腔正中矢状切面

一、卵巢

卵巢(ovary)为女性生殖腺,是产生卵子和分泌雌、孕激素的器官。

(一)卵巢的位置和形态

卵巢左右各一,位于子宫两侧、骨盆侧壁的卵巢窝内。卵巢呈扁椭圆形(图 9-8),它分上、下两端,前、后两缘和内、外侧面。前缘有血管、神经出入,称卵巢门。上端借卵巢悬韧带连于骨盆,下端借卵巢固有韧带连于子宫两侧。

卵巢的大小和形态随年龄不同而有变化。女性从青春期开始,除妊娠外,卵泡的生长发育、排卵与黄体形成呈现周期性变化,每月一轮,周而复始,称为卵巢周期。幼女的卵巢较小,性成熟期卵巢最大,并由于多次排卵表面形成瘢痕,50 岁以后卵巢开始萎缩。

(二)卵巢的内分泌

卵巢是一个重要的内分泌腺,它可以分泌多种激素,其中主要有雌激素(estrogen,E)、孕激素(progestogen,P)和少量雄激素,这些激素均属于类固醇激素。

1. 雌激素　雌激素有三种:雌二醇(estradiol,E_2)、雌三醇和雌酮,其中雌二醇的分泌量最大,活性也最强,雌三醇和雌酮的活性较弱。

雌激素的主要生理作用如下。

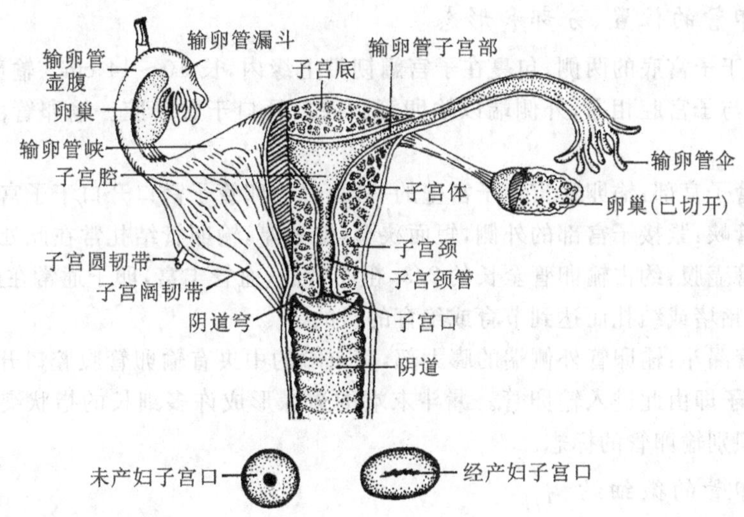

图 9-8 女性内生殖器

(1)促进女性附性器官的生长发育：雌激素对女性生殖器官的作用是多方面的，其中对子宫的作用较明显，可促进子宫肌的增生，提高子宫肌对催产素的敏感性；促使子宫内膜发生增殖期的变化，即内膜逐渐增厚，血管和腺体增生，但不分泌；可使子宫颈分泌稀薄的黏液，有利于精子的通过。此外，雌激素还具有促进输卵管的运动，刺激阴道上皮细胞分化，增强阴道抵抗细菌的能力等作用。

(2)促进副性征的出现：雌激素可促进乳房发育，刺激乳腺导管系统增生，产生乳晕；使脂肪和毛发分布具有女性特征，音调变高，骨盆宽大，臀部肥厚等，表现出第二性征并维持。

(3)影响代谢：雌激素对人体新陈代谢有多方面的影响，如影响钙和磷的代谢，刺激成骨细胞的活动，加速骨骼生长，促进骨骺与骨干的融合；促进肾小管对水和钠的重吸收，增加细胞外液的量，有利于水和钠在体内保留；促进肌肉蛋白质的合成等。可见雌激素对青春期的生长和发育起着重要作用。

2. 孕激素 孕激素主要是孕酮(progesterone，P)。在卵巢内主要由黄体产生，也称黄体酮。肾上腺皮质和胎盘也可产生孕酮。

孕激素的主要作用是为胚泡着床做准备和维持妊娠，但通常要在雌激素作用的基础上才能发挥作用。

(1)对子宫的作用：孕激素使子宫内膜在增殖期的基础上出现分泌期的改变，即进一步增生变厚，且有腺体分泌，为胚泡的着床提供良好的条件。与此同时，它还能使子宫平滑肌的兴奋性降低，减少子宫颈黏液的分泌，使黏液变稠，不利于精子通过。如孕激素缺乏，有导致早期流产的危险。

(2)对乳腺的作用：促进乳腺腺泡和导管的发育，为分娩后泌乳创造条件。

(3)产热作用：孕激素可促进机体产热，使基础体温升高。在月经周期中，排卵后体温升高便是孕激素作用的结果。可将这一基础体温的改变作为判断排卵日期的标志。

二、输卵管

输卵管(uterine tube)是一对输送卵子的肌性管道(图 9-8)。

(一)输卵管的位置、分部和形态

输卵管连于子宫底的两侧,包裹在子宫阔韧带上缘内,长10～14 cm。输卵管内侧端以输卵管子宫口与子宫腔相通,外侧端以输卵管腹腔口开口于腹膜腔。输卵管由内侧向外侧分为四部分。

(1)输卵管子宫部:输卵管贯穿子宫壁的一段,以输卵管子宫口开口于子宫腔。

(2)输卵管峡:紧接子宫部的外侧,短而狭窄,壁较厚,输卵管结扎常在此处进行。

(3)输卵管壶腹:约占输卵管全长的2/3,粗而弯曲,血管丰富,卵子通常在此受精。临床上通过输卵管粘堵或结扎而达到节育或绝育的目的。

(4)输卵管漏斗:输卵管外侧端的膨大部,其末端的中央有输卵管腹腔口开口于腹膜腔,卵巢排出的卵子即由此进入输卵管。漏斗末端的边缘形成许多细长的指状突起,称输卵管伞,是手术时识别输卵管的标志。

(二)输卵管的微细结构

输卵管的管壁是由黏膜、肌层和浆膜三层结构构成。黏膜上皮为单层柱状上皮,分为纤毛上皮和分泌上皮。肌层为平滑肌,呈内环、外纵排列。临床上将卵巢和输卵管合称为子宫附件。

三、子宫

子宫(uterus)是孕育胎儿和形成月经的器官。

(一)子宫的形态和分部

子宫为中空的肌性器官,富于伸展性。成人未产妇的子宫呈倒置的梨形,长7～8 cm,最宽径4 cm,厚2～3 cm。子宫可分为底、体、颈三部分(图9-8)。上端在输卵管子宫口以上的圆凸部分为子宫底,下端变细部分为子宫颈,底与颈之间的部分为子宫体。子宫颈下端伸入阴道内的部分,称子宫颈阴道部,是子宫颈癌和子宫颈糜烂的好发部位;在阴道以上的部分为子宫颈阴道上部。子宫颈阴道上部与子宫体相接处较狭细,称子宫峡。非妊娠期,子宫峡不明显,长仅1 cm;在妊娠期,子宫峡逐渐伸展变长,可达7～11 cm,形成子宫下段,产科常在此进行剖腹取胎术。

子宫的内腔较狭窄,分上、下两部。上部在子宫体内,称子宫腔,为倒置的三角形,其两侧通输卵管子宫口;尖向下,通子宫颈管。下部位于子宫颈内,呈梭形,称子宫颈管,其上口通子宫腔,下口通阴道,称子宫口。未产妇的子宫口为圆形,经产妇的子宫口呈横裂状(图9-8)。

(二)子宫的位置和固定装置

子宫位于小骨盆腔的中央,在膀胱和直肠之间,下端接阴道,两侧有输卵管和卵巢。成年女性子宫的正常位置呈轻度的前倾前屈位(图9-7)。前倾是指子宫长轴向前倾斜,与阴道间形成凹向前的弯曲。前屈是指子宫颈与子宫体构成开口向前的角度。

子宫的正常位置依赖盆底肌的承托和韧带的牵拉固定。子宫的韧带有4种。

1. 子宫阔韧带(broad ligament of uterus) 此为子宫两侧缘延至骨盆侧壁的双层腹膜皱襞,其上缘游离,内包输卵管。前层覆盖子宫圆韧带,后层包被卵巢,两层内含血管、神经、淋巴管和结缔组织等。子宫阔韧带可限制子宫向两侧移位。

2. 子宫圆韧带(round ligament of uterus) 由平滑肌和结缔组织构成的圆索状结构,起自子宫前面的两侧、输卵管子宫口的下方，向前下方穿腹股沟管，止于大阴唇皮下，是维持子宫前倾的重要结构。

3. 子宫主韧带(cardinal ligament of uterus) 此为子宫颈两侧连于骨盆侧壁的结缔组织和平滑肌纤维，有固定子宫颈、阻止子宫下垂的作用。

4. 子宫骶韧带(uterosacral ligament) 由结缔组织和平滑肌构成，起自子宫颈后面，向后绕过直肠两侧，固定于骶骨前面，有维持子宫前屈的作用。

(三)子宫壁的微细结构

子宫壁很厚，从内向外可分为三层，即内膜、肌层和外膜(图 9-9)。

1. 内膜(endometrium) 内膜即子宫黏膜，由单层柱状上皮和固有层组成，其中子宫颈阴道部为复层扁平上皮。上皮向固有层内凹陷形成许多单管腺，称子宫腺。固有层由结缔组织构成，其中的星形细胞称基质细胞。内膜固有层内血管丰富，子宫动脉分支进入子宫内膜后，先向子宫腔面垂直穿行，至功能层弯曲成螺旋形，称螺旋动脉。

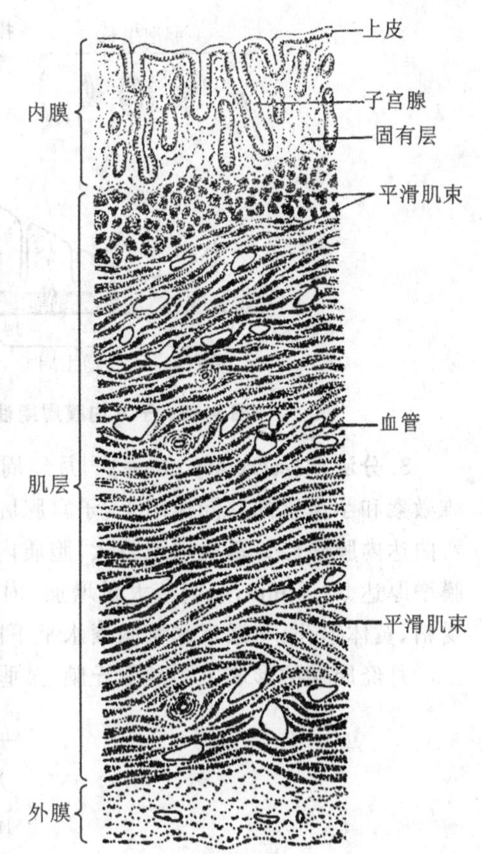

图 9-9 子宫壁的微细结构

内膜可分为浅表的功能层和深部的基底层，功能层较厚，基底层较薄而致密。在月经周期中，功能层可剥脱，而基底层不剥脱。

2. 肌层(myometrium) 肌层很厚，由许多平滑肌束和结缔组织构成。肌束之间有较大的血管穿行。

3. 外膜(perimetrium) 大部分为浆膜。

(四)子宫内膜的周期性变化

自青春期开始，子宫内膜在卵巢分泌的雌激素和孕激素的作用下，出现周期性的变化，即每隔 28 天发生一次子宫内膜的剥脱与出血、增生及修复，称月经周期(menstrual cycle)。月经周期的时间界定为本次月经的第一天开始至下次月经来潮的前一天结束。

子宫内膜的周期性变化可分为三期：月经期、增生期和分泌期(图 9-10)。

1. 月经期(menstrual phase) 月经周期的第 1～4 天。由于排出的卵子未受精，月经黄体退化，孕激素和雌激素的分泌量急剧减少，内膜中的螺旋动脉收缩，导致内膜功能层缺血、缺氧，组织变性坏死。于是坏死的内膜脱落，与血液一起经阴道排出体外，形成月经。月经期子宫腔间接与外界相通，应注意局部的卫生，防止盆腔炎的发生。

2. 增生期(proliferation phase) 月经周期的第 5～14 天。此期内，卵巢内的卵泡正处于生长发育阶段，雌激素的分泌量逐渐增多。在雌激素的作用下，脱落的子宫内膜由基底层增生修补。子宫腺和螺旋动脉均增长而弯曲，基质细胞增多，子宫内膜的厚度从 1 mm 增至 3～4 mm。到此期末，卵泡发育已趋于成熟并排卵。

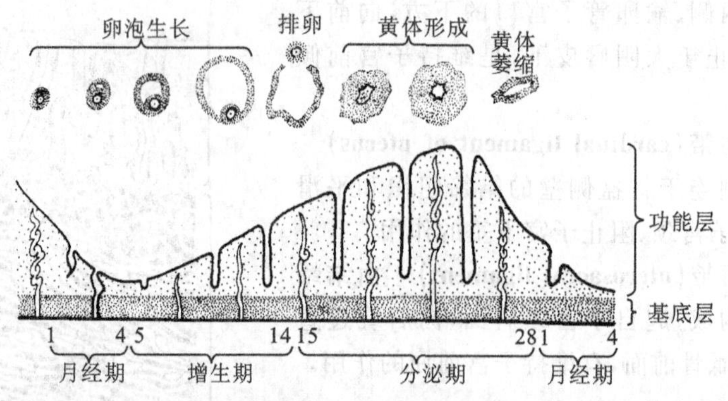

图 9-10　子宫内膜周期性变化与卵巢周期性变化的关系示意图

3. 分泌期(secretory phase)　月经周期的第 15～28 天。此期卵巢已排卵，黄体形成。在雌激素和孕激素的共同作用下，子宫腺腔增大，腺细胞分泌功能逐渐旺盛。螺旋动脉更增长弯曲达内膜浅层。基质细胞肥大，胞质内充满糖原和脂滴，妊娠时转化为蜕膜细胞。子宫内膜增厚达 5～7 mm，组织液大量增加，内膜水肿。若卵子已受精，内膜继续增厚。若卵子未受精，黄体退化，孕激素和雌激素水平下降，内膜转入月经期。

月经周期的形成主要是下丘脑-腺垂体-卵巢轴活动的结果(图 9-11)。

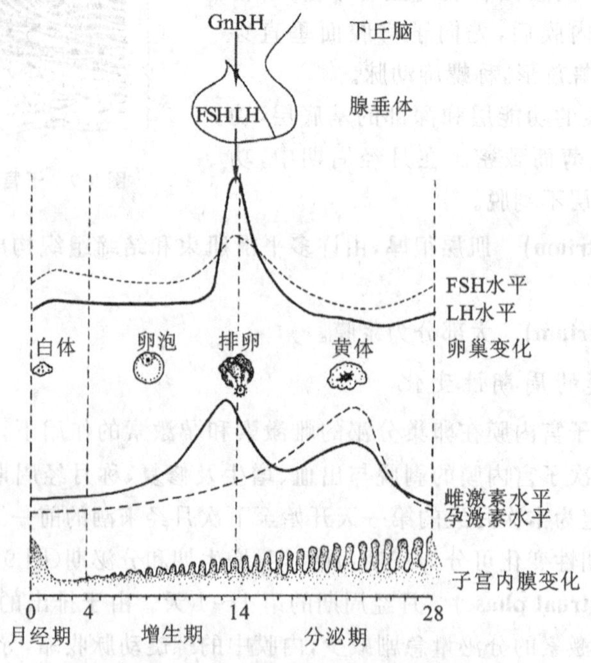

图 9-11　月经周期形成原理示意图

子宫内膜的周期性变化受到卵巢周期性活动的严密控制，而卵巢的周期性变化，又受到下丘脑-腺垂体内分泌活动的调控，而且大脑皮质也参与调节。因此，强烈的精神刺激、急剧的环境变化、生殖器官疾病以及体内其他系统的严重疾病，均可引起月经失调。月经周期的正常与否可作为判断女性生殖功能与内分泌功能的指标。

四、阴道

阴道(vagina)是连接子宫和外生殖器的肌性器官，是性交接的器官，也是排出月经和娩出胎儿的通道。

(一)阴道的位置和形态

阴道位于盆腔的中央，前方与膀胱底和尿道相邻，后方贴近直肠(图 9-7)。阴道上端较宽阔，连接子宫颈阴道部，两者间形成环状间隙，称阴道穹。阴道穹后部较深，与直肠子宫陷凹紧邻，两者之间仅隔以阴道后壁及腹膜。阴道下端较狭窄，以阴道口开口于阴道前庭。处女的阴道口周围有处女膜附着，破裂后，阴道口周围留有处女膜痕。个别女子处女膜厚而无孔，称处女膜闭锁或无孔处女膜，需进行手术治疗。

(二)阴道黏膜的结构特点

阴道黏膜形成许多横行皱襞。上皮为复层扁平上皮，在雌激素的影响下增生变厚，增加对病原体侵入的抵抗力。同时上皮内含糖原，受乳酸杆菌作用后分解为乳酸，保持阴道内的酸性环境，对阴道起自净作用。

五、前庭大腺

前庭大腺(greater vestibular gland)为女性的附属腺体。左右各一，位于阴道口的两侧、前庭球的后端，形如豌豆。能分泌黏液滑润阴道口，导管开口于阴道前庭的小阴唇与处女膜之间的沟内，相当于小阴唇中 1/3 与后 1/3 交界处。

六、女性外生殖器

女性外生殖器又称女阴(female pudendum)，包括阴阜、大阴唇、小阴唇和阴蒂等结构。两侧小阴唇之间的裂隙称阴道前庭，其前部有较小的尿道外口，后部有较大的阴道口，阴道口两侧有前庭大腺的开口(图 9-12)。

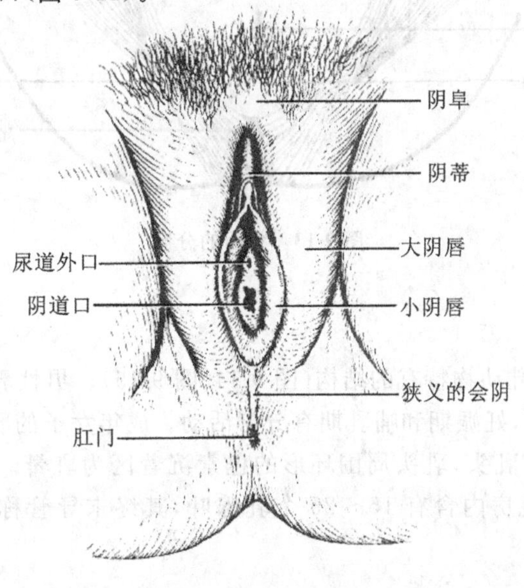

图 9-12 女性外生殖器

第三节　会阴和乳房

一、会阴

会阴(perineum)有广义和狭义之分。广义的会阴是指封闭小骨盆下口的所有软组织。其境界呈菱形,前界为耻骨联合下缘,后界为尾骨尖,两侧为耻骨下支、坐骨支、坐骨结节和骶结节韧带。以两侧坐骨结节的连线为界,可将会阴分为前、后两个三角形的区域,前方为尿生殖三角,男性有尿道通过,女性有尿道和阴道通过;后方为肛三角,有肛管通过(图9-13)。

狭义的会阴在男性是指阴茎根后端与肛门之间的狭小区域。在女性即产科会阴,是指阴道后端与肛门之间狭小区域的软组织。

会阴的结构,除消化、泌尿和生殖器官的末端外,主要为肌和筋膜。由盆膈上、下筋膜与肛提肌共同构成盆膈,作为盆腔的底,中央有直肠通过。由尿生殖膈上、下筋膜与会阴深横肌、尿道膜部括约肌共同构成尿生殖膈,中央有尿道通过,在女性还有阴道通过。

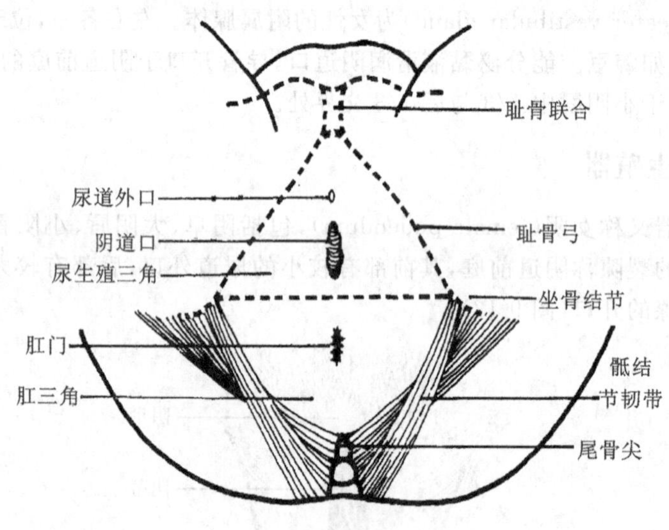

图 9-13　会阴的分区

二、乳房

乳房(breast)是哺乳动物特有的结构(图 9-14、图 9-15)。男性乳房不发达,女性乳房于青春期后开始发育生长,妊娠期和哺乳期有分泌活动。成年女子的乳房呈半球形,位于胸大肌的前方。乳房中央有乳头,乳头周围环形的色素沉着区为乳晕。乳房由皮肤、乳腺和脂肪组织等构成。每侧乳房内含有 15～25 个乳腺叶,其终末导管称输乳管,开口于乳头的尖端。

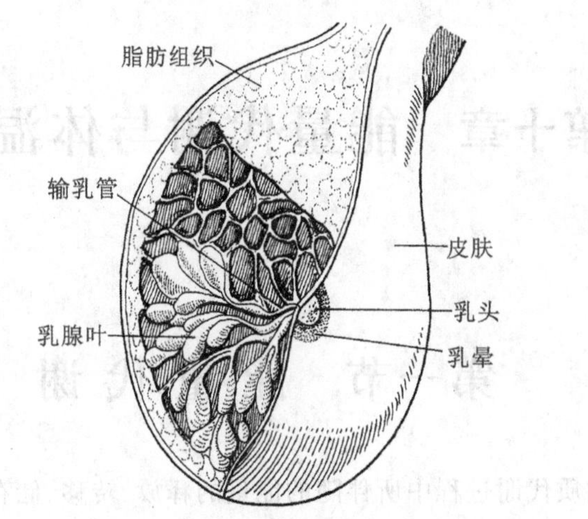

图 9-14 成年女性乳房的构造模式

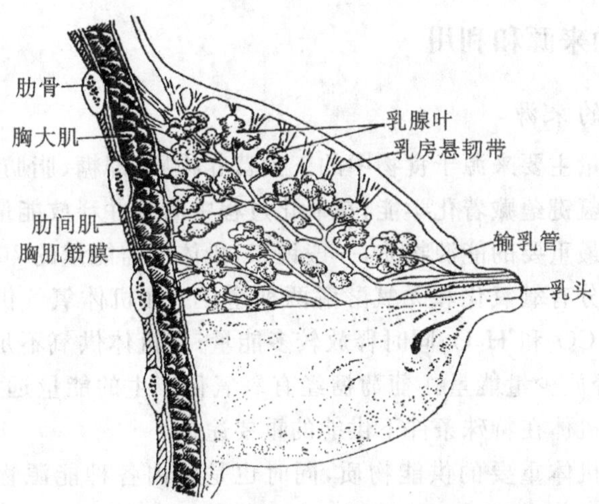

图 9-15 女性乳房的结构(矢状切面)

（张玉琳 张 玲）

第十章　能量代谢与体温

第一节　能量代谢

能量代谢是指物质代谢过程中所伴随的能量的释放、转移、储存和利用的过程。机体的能量来源于食物中的糖、脂肪和蛋白质，一般情况下主要由糖和脂肪提供，其中70%左右来自于糖。

一、机体能量的来源和利用

(一)机体能量的来源

人体所需要的能量主要来源于食物中的三大营养物质，即糖、脂肪和蛋白质。这些营养物质分子结构中的碳氢键蕴藏着化学能，在氧化过程中断裂并释放能量。

1. 糖　糖是人体最重要的能源物质，一般说来，机体所需能量的70%左右由食物中的糖提供。糖的分解供能分有氧氧化和无氧酵解两种途径。在机体氧气供应充足时，葡糖糖经有氧氧化彻底分解为CO_2和H_2O，同时释放较多能量；在机体供氧不足时，葡萄糖经无氧酵解分解生成乳酸，并释放少量能量。葡萄糖经有氧氧化产生的能量远大于经无氧酵解产生的能量。无氧酵解是机体在特殊条件下供能的重要途径。

2. 脂肪　脂肪是机体重要的供能物质，同时也是体内各种能源物质储存的主要形式。空腹时人体所需的能量50%以上来自脂肪的氧化分解，如禁食1～3天，人体85%的能量来自脂肪。

3. 蛋白质　蛋白质是生命的物质基础，参与构成人体的各种组织细胞，具有催化、运输、免疫、代谢调节等重要作用。作为机体的能源物质，蛋白质在分解代谢中也可氧化产能，供机体利用，成人每天大约有18%的能量来自蛋白质的分解，但供能是蛋白质的次要功能，可由糖和脂肪代替。

(二)机体能量的去路

1. 三磷酸腺苷　机体各种能源物质在体内氧化所释放的能量，约60%转化为热能，主要用于维持体温。其余能量储存于ATP的高能磷酸键中，可用于做功。

2. 磷酸肌酸　除ATP外，机体另一高能磷酸键储能物质为磷酸肌酸，磷酸肌酸为肌肉和脑组织中能量的储存形式。当机体分解生成的能量增多而ATP浓度升高时，ATP将高能磷酸键转移给肌酸，生成磷酸肌酸，将能量储存起来。当ATP消耗过多时，磷酸肌酸将高能磷酸键转移给ADP生成ATP。磷酸肌酸不能直接为细胞生命活动提供能量，可作为ATP的储存库，ATP的合成和分解是体内能量转移和储存的关键环节。机体组织细胞可直接利用 ATP 提供的能量完成各种功能。

二、影响能量代谢的因素

人体的能量代谢受多方面因素的影响，主要有以下几个方面。

(一)骨骼肌活动

肌肉活动对于能量代谢的影响最为显著。机体任何轻微的肌肉活动都会使能量代谢率提高。肌肉剧烈活动时的能量代谢率比安静时要高出 10～20 倍(表 10-1)。因此，在冬季增强肌肉活动对维持体温相对恒定有重要作用。

表 10-1 机体不同运动状态时的能量代谢率

肌肉活动方式	平均产热量/[kJ/(m² · min)]
静卧休息	2.72
出席会议	3.40
擦窗	8.30
洗衣物	9.98
扫地	11.36
打排球	17.05
踢足球	24.98

(二)食物的特殊动力效应

人在进食后 1 h 左右，机体产热开始增加，2～3 h 增至最大，以后逐渐降低，延续到 7～8 h 后完全消失。这种由食物引起人体额外产生热量的作用称为食物的特殊动力效应。各种营养物质的特殊动力效应不同：蛋白质类食物的特殊动力效应最大，额外产热量可达 30%；糖和脂肪类食物的特殊动力效应较小，达 4%～6%，混合性食物为 10%左右。食物特殊动力效应的机制还不甚清楚，目前认为可能与肝脏处理营养物质时额外消耗的能量有关。

(三)精神活动

当人体处于紧张状态时，如激动、发怒、恐惧和焦虑时，产热量可显著增加。这与精神紧张引起的肌紧张增强，交感神经兴奋释放儿茶酚胺刺激代谢活动，以及刺激代谢的激素如甲状腺激素释放增加等原因有关。

(四)环境温度

环境温度的明显变化对机体代谢有较大影响。一般在 20～25 ℃的环境中，人体代谢率比较稳定。环境温度超过 30 ℃时，体内酶活性增强，生化反应加快，发汗增多及循环、呼吸机能增强，能量代谢率增加。寒冷情况下，机体肌肉紧张性增加，甚至引起寒战，使能量代谢率增加。

三、基础代谢

(一)基础代谢

基础代谢(basal metabolism)是指人体处于基础状态下的能量代谢。所谓基础状态是

指人在室温 20～25 ℃、空腹 12 h 以上、清醒静卧、体温正常及无精神紧张的状态。这时人体各种生理活动和代谢比较稳定,最大限度地减少了各种影响因素的作用,能量消耗仅限于维持最基本生命活动的需要。

(二)基础代谢率

基础代谢率(basal metabolism rate,BMR)是指单位时间内的基础代谢。基础代谢率比一般安静时的能量代谢率要低,但并不是最低的,因为熟睡时的代谢率更低。由于不同个体身高、体重存在巨大差异,仅以单位时间的能量代谢率不能作为衡量不同个体的代谢差异的标准。临床上 BMR 通常以每平方米体表面积每小时的产热量为衡量单位,以 kJ/(m^2·h)来表示。只要测出受试者 1 h 的产热量和体表面积,即可计算出基础代谢率。人体体表面积可根据 Stevenson 公式计算:体表面积(m^2)＝0.0061×身高(cm)＋ 0.0128×体重(kg)－0.1529。在我国,人的体表面积可使用更为简便的"三线表"直接求出。在图 10-1 中身高与体重的连接线与中间的体表面积列线的交点就代表体表面积。

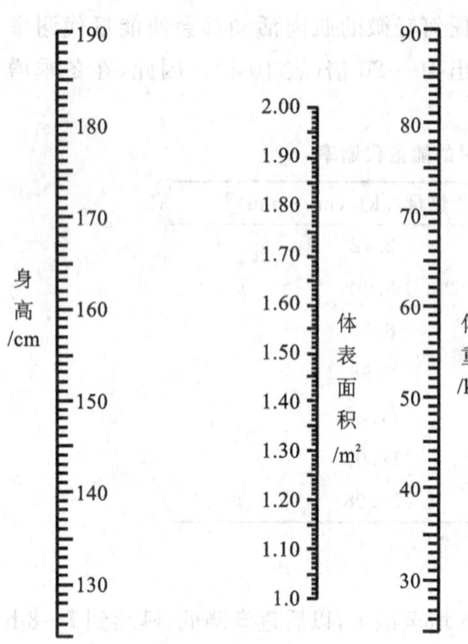

图 10-1 体表面积测算图

基础代谢率与年龄、性别、生长、妊娠、哺乳、疾病等均有关系。基础代谢率正常与否常与同性别同年龄组的平均值进行比较。一般男性高于女性,儿童高于成人,老年人较低。基础代谢率的正常变动范围在 10%～15%。如果相差超过±20%,有可能是病理情况。在各种疾病中,甲状腺功能改变对基础代谢率的影响最为显著,如甲状腺功能减退时,基础代谢率将比正常值低 20%～40%;甲状腺功能亢进时,基础代谢率可比正常值高 25%～80%。当人体发热时,基础代谢率将升高,一般说来,体温每升高 1 ℃,基础代谢率可升高 13%。

第二节　体温及其正常变动

生理概念的体温是指机体深部的平均温度,即体核温度。人和高等动物的体核温度是相对稳定的,故称恒温动物。人体体温的相对恒定,是内环境稳态的重要内容,是机体新陈代谢和一切生命活动正常进行的必要条件。新陈代谢和生命活动都是以体内复杂的生物化学反应即酶促反应为基础的,而酶类必须在适宜的温度条件下才能充分有效地发挥作用。体温过高或过低,都会降低酶的活性,影响机体代谢和功能,甚至危及生命。

(一)正常体温

1. 体表温度和体核温度　人体可分为核心与外壳两个层次。前者的温度称为体核温度,后者的温度称体表温度。体核温度相对稳定,各部位之间差异小;体表温度不稳定,各部位之间差异大(图 10-2)。体核温度虽然相对稳定,但由于代谢水平不同,各内脏器官的温度也略有差异,肝温度为 38 ℃左右,在全身中最高;脑产热较多,温度也接近 38 ℃;肾、胰腺及十二指肠等温度略低;直肠温度则更低。血液循环是体内传递热量的重要途径。由于血液不断循环,使深部各个器官的温度趋于一致。因此,机体深部的血液温度可以代表内脏器官温度的平均值。

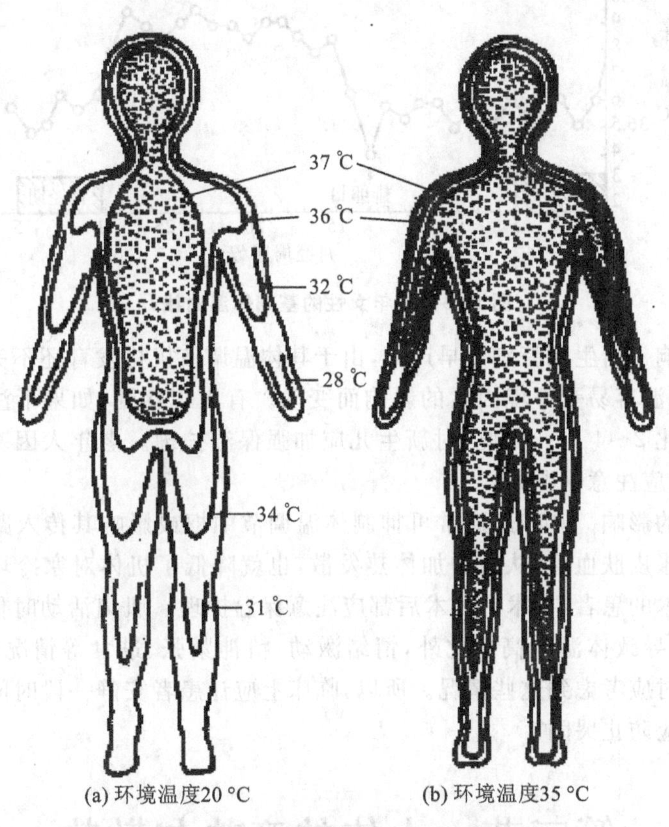

(a) 环境温度20 °C　(b) 环境温度35 °C

图 10-2　在不同环境温度下人体体温分布图

2. 体温的正常值　由于体核温度特别是血液温度不易测试,所以临床上通常用直肠、口腔和腋窝等处的温度来代表体温,其中以直肠温度最接近深部温度。测直肠温度时,如果将温度计插入直肠 6 cm 以上,所测得的温度值就接近体核温度。口腔(舌下部)是广泛采用的测温部位。其优点是所测温度值比较准确,测量也比较方便。腋窝皮肤表面温度较低,测定腋窝温度时,时间需要 10 min 左右,而且腋窝处在测温时还应保持干燥。正常人口腔温度为 36.7～37.7 ℃,腋窝温度较口腔温度低 0.2～0.4 ℃,直肠温度较口腔温度高 0.2～0.5 ℃。

(二)体温的正常变动

1. 体温的昼夜周期性变化　体温在一昼夜之间常做周期性波动:一般清晨 2—6 时体温最低,午后 1—6 时最高。但波动幅度一般不超过 1 ℃。这种昼夜周期性波动称为昼夜节律。体温的昼夜节律与肌肉活动状态及耗氧量等没有因果关系,而是由一种内存的生物节律所决定的。

2. 性别的影响　成年女子的体温平均比男子的高约 0.3 ℃,而且成年女子的基础体温随月经周期而发生变动:月经期至排卵期这段时间体温较低,排卵日最低,排卵后体温回升

至月经前水平(图 10-3)。因此，测定成年女性的基础体温有助于了解有无排卵和排卵日期。一般认为排卵后的体温升高，很可能是孕激素作用的结果。

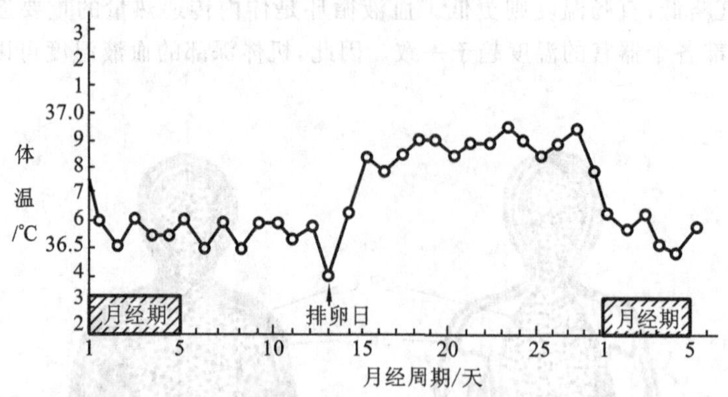

图 10-3　成年女性的基础体温曲线

3. 年龄的影响　新生儿特别是早产儿，由于其体温调节机构发育还不完善，调节体温的能力差，他们的体温容易受环境因素的影响而变动。有人观察到，如果不注意保温，洗澡时婴儿的体温可变化 2～4 ℃。因此，对新生儿应加强保温护理。老年人因基础代谢率低，体温也偏低，因而也应注意保温。

4. 其他因素的影响　麻醉药通常可抑制体温调节中枢或影响其传入路径的活动，特别是此类药物能扩张皮肤血管，从而增加体热发散，也就降低了机体对寒冷环境的适应能力。所以对于麻醉手术的患者，在术中和术后都应注意保温护理。肌肉活动时代谢增强，产热量因而增加，结果可导致体温升高。此外，情绪激动、精神紧张、进食等情况对体温都会有影响。在测定体温时应考虑到这些情况。所以，临床上应让患者安静一段时间以后再测体温，测定小儿体温时应防止哭闹。

第三节　人体的产热与散热

人体在代谢过程中不断地产热，同时又不断地将热量向外界散发。人体之所以能维持体温的相对恒定，主要依靠体温调节，使机体的产热和散热两个生理过程取得动态平衡(图 10-4)。

(一) 产热

机体所有组织、器官均处在合成和分解代谢过程中，因而都产生热量。但各组织器官的产热量有所不同，安静时以内脏器官产生热量最多，其中以肝脏代谢最为旺盛，产热量较多。劳动或运动时，产热的主要器官是骨骼肌。骨骼肌的产热潜力最大，剧烈运动情况下，其产热可占全身总产热的 90%(表 10-2)。当机体处于寒冷环境中时，产热显著增加，机体通过战栗产热和非战栗产热两种形式来产生热量，以维持体温。

1. 战栗产热　战栗是骨骼肌发生不随意的节律性收缩，其节律为 9～11 次/分。其特点是屈肌和伸肌同时收缩，所以基本不做外功，但产热量很高，可使代谢率提高 4～5 倍，以维持机体在寒冷环境中的体热平衡。

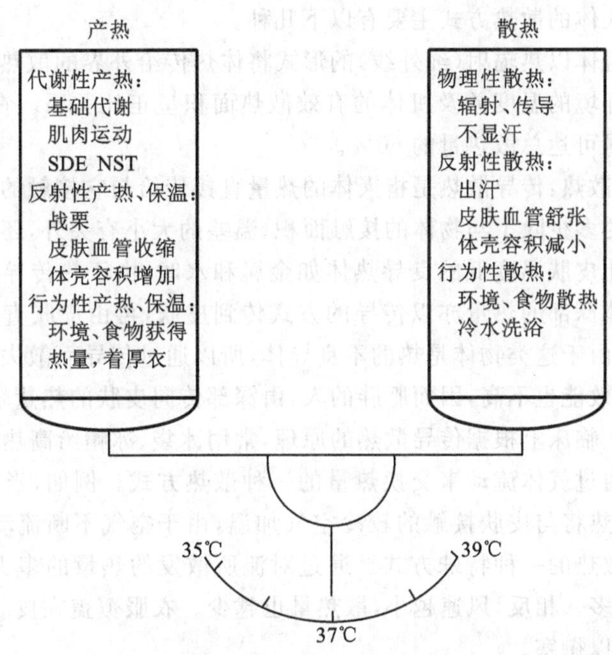

图 10-4 人体热平衡示意图

注:SDE—食物的特殊动力;NST—非战栗产热。

2. 非战栗产热 非战栗产热又称代谢产热,是指机体受到冷刺激时最初只表现出骨骼肌紧张性增加,不发生肌肉寒战也使产热增加的现象;其中以褐色脂肪组织的产热量最大,占非战栗产热量的70%。由于新生儿不发生战栗,所以非战栗产热对新生儿来说尤为重要。

表 10-2 几种组织、器官的产热百分比

器官、组织	占体重百分比/(%)	产热量/(%)	
		安静状态	劳动或运动
脑	2.5	16	1
内脏	34.0	56	8
骨骼肌	56.0	18	90
其他	7.5	10	1

参与产热活动调节的既有体液因素也有神经因素。甲状腺激素是调节产热活动的最重要的体液因素,机体在寒冷环境中度过几周后,甲状腺激素分泌可增加2倍左右,代谢率可增加20%~30%;肾上腺素和去甲肾上腺素以及生长激素等也可刺激产热;寒冷刺激可通过兴奋机体的交感神经系统,引起肾上腺髓质活动增强,最终导致肾上腺素和去甲肾上腺素释放增多,产热增加。

(二)人体的散热过程

人体的主要散热部位是皮肤。当环境温度低于人的体表温度时,大部分体热通过皮肤的辐射、传导和对流等方式向外界发散,一小部分则随呼出气体及尿液、粪便等排泄物散发到外界。

1. 散热方式 人体的散热方式主要有以下几种。

(1)辐射散热:机体以热辐射(红外线)的形式将体热传给外界的散热方式。辐射散热的多少和皮肤与周围环境的温度差及机体的有效散热面积呈正比关系。在温和气候条件下,安静时的辐射散热量可达总散热量的60%。

(2)传导和对流散热:传导散热是指人体的热量直接传给与它接触的较冷物体的一种散热方式。其散热量的多少除了与物体的接触面积、温差的大小有关外,还和物体的导热性能有关。当机体接触比皮肤温度低的良导热体如金属和水时,由于热传导迅速,体热散发快,体表温度下降。机体深部的热量亦以传导的方式传到皮肤,再由皮肤直接传给与它接触的物体,如衣物等。但由于这类物体是热的不良导体,所以通过传导而散失的体热并不多。另外,人体脂肪的导热效能也不高,因而肥胖的人,由深部传向皮肤的热量较少,所以在炎热的夏天特别容易出汗。临床上根据传导散热的原理,常用冰袋、冰帽给高热患者降温。

对流散热是指通过气体流动来交换热量的一种散热方式。例如,当人体周围空气温度低于体表温度时,体热将与皮肤接触的较冷空气加温,由于空气不断流动,便将体热散发到空间。对流是传导散热的一种特殊方式。通过对流所散发的热量的多少,受风速影响。风速越大,散热量也越多。相反,风速越小,散热量也越少。衣服覆盖在皮肤表层,不易实现对流,因而增加衣着可以御寒。

以上几种直接散热方式只有在体表温度高于外界气温的前提下才能进行。当外界气温升高到接近或高于体表温度时,蒸发便成为体表散热的唯一有效方式。

(3)蒸发散热:利用水分从体表汽化时吸收体热的一种散热方式。体表每蒸发1 g水,可带走2.43 kJ的热量。人体蒸发散热的形式分为不感蒸发和发汗两种。不感蒸发是指水分直接透出皮肤和黏膜表面,在未聚成明显水滴之前便被蒸发掉的一种形式。它在身体表面上弥漫性地持续进行,即使处在低温环境中,皮肤和呼吸道黏膜也不断有水分渗出而被蒸发掉。这种水分蒸发不为人们所察觉,与汗腺的活动无关。人体24 h的不感蒸发量一般为1000 mL左右,其中通过皮肤蒸发的为600~800 mL。在活动或发热状态下,不显汗可以增加。发汗是指通过汗腺主动分泌,在皮肤表面有明显汗滴存在而被蒸发的方式,也可称为可感蒸发。汗液蒸发可有效地带走热量。汗液分泌量差异很大,在冬天或低温环境中,无汗液分泌或分泌量少不形成汗滴,一般计入不感蒸发;在高温环境或剧烈运动及劳动时,汗液分泌量可达每小时1.5 L或更多。通过汗液蒸发散发大量体热,使体热不至于淤积在体内而导致体温骤升。

2. 散热过程的调节

(1)汗腺活动及其调节:发汗是汗腺分泌汗液的活动,其分泌量与体热散发的需要相适应。由温热刺激引起的发汗称为温热性发汗,主要参与体温调节。发汗速度取决于参与活动的汗腺数量及其活动强度。影响发汗的因素包括劳动强度、环境温度、湿度、风速等。劳动强度越大,环境温度越高,发汗量越多;环境湿度大,汗液蒸发困难,体热不易散发,导致发汗增多;风速大时,汗液易于蒸发,体热易于散发,发汗量则少。人在高温、高湿、小风速(或无风)环境中,不但辐射、传导、对流散热停止,蒸发散热也很困难,造成体热淤积,容易发生中暑。

正常情况下,汗液中水分占99%以上,固体成分不到1%。固体成分中,大部分为NaCl,也有少量的KCl、尿素、乳酸、丙酮酸、葡萄糖等,但汗液中的NaCl浓度一般低于血浆。

因此，汗液是低渗液。如果大量发汗，可造成机体高渗性脱水。

此外，情绪激动和精神紧张也可引起发汗，称为精神性发汗，与体温调节关系不大。精神性发汗主要见于手掌、足跖、腋窝等处，对体温调节的意义不大。

发汗是一种反射性活动。在下丘脑有发汗中枢。人体汗腺主要受交感胆碱能纤维的支配，乙酰胆碱有促进汗腺分泌的作用。手、足及前额等处的汗腺部分是受肾上腺素能纤维支配的。

(2)皮肤血流量的调节：通过辐射、传导和对流等直接散热方式所散失热量的多少，取决于皮肤与环境之间的温度差，而皮肤温度由皮肤血流量所控制。所以，机体可以通过改变皮肤血管的功能状态来调节体热的散失量。人体皮肤血管受交感神经控制。在炎热环境中，交感神经兴奋性降低，皮肤小动脉舒张，动-静脉吻合支开放，皮肤血流量增加，有大量热量从机体深部被血流带到体表，使皮肤温度增高，散热增加，以防体温升高；在寒冷环境中，交感神经活动增强，皮肤血管收缩，血流量减少，皮肤表层温度降低，散热量下降，以防止体热散失；环境温度适中或机体处于安静状态，产热量没有大幅度改变时，机体既不出汗，也无寒战，仅靠调节皮肤血管口径，改变皮肤血流量，通过皮肤温度调控散热量，就能使体热的产生和发散达到平衡。

第四节 体温调节

机体主要通过神经和内分泌系统调节产热和散热过程，使两者在外界环境和机体代谢水平经常变化的情况下保持相对平衡，实现体温的相对平衡。

(一)温度感受器

温度感受器可分为外周温度感受器和中枢温度感受器两类，前者为游离的神经末梢，后者为神经元。温度感受器又分为冷感受器和热感受器两种。

1. 外周温度感受器 此种感受器存在于皮肤、黏膜和内脏中。当局部温度升高时，热感受器兴奋，反之，冷感受器兴奋。它们的传入冲动频率在一定范围内能反映温度的变化，对机体外周部位的温度起监测作用，其传入冲动到达中枢后，除产生温度感觉外，还能引起温度调节反应。

2. 中枢温度感受器 存在于中枢神经系统内的对温度变化敏感的神经元称为中枢温度感受器。脊髓、脑干网状结构以及下丘脑等处都含有这样的温度敏感神经元。其中有些神经元在局部组织温度升高时冲动的发放频率增加，称为热敏神经元；有些神经元则在温度降低时冲动的发放频率增加，称为冷敏神经元。在脑干网状结构和下丘脑的弓状核中以冷敏神经元居多，而在视前区-下丘脑前部(PO/AH)，热敏神经元较多。

PO/AH 中的某些温度敏感神经元除能感受局部脑温的变化外，还能对下丘脑以外的部位，如中脑、延髓、脊髓，以及皮肤、内脏等处的温度变化的传入信息发生反应。这表明来自中枢和外周的温度信息可会聚于这类神经元。此外，致热源或 5-HT、去甲肾上腺素以及多种肽类物质可直接使这类神经元发生反应，并导致体温的改变。

(二)体温调节中枢

中枢神经系统各级部位广泛地存在着具有体温调节作用的中枢结构。体温调节的基本中枢在下丘脑。PO/AH 温度敏感神经元，既能感受局部组织温度变化的刺激，又能对由其他途径传入的温度变化信息做整合处理。因此，PO/AH 被认为是体温调节中枢整合机构的中心部位。

下丘脑体温调节中枢的传出指令，控制着产热装置（如肝、骨骼肌）和散热装置（如皮肤血管、汗腺）的活动，使机体深部的温度得以维持恒定。体内外温度变动引起体温发生变化时，通过外周温度感受器和中枢温度敏感神经元，将体温变化的信息，由相应的传入途径传入中枢，PO/AH 汇集各路信息整合处理，再由广泛的传出途径，包括自主神经系统（支配汗腺、皮肤血管）、躯体神经（支配骨骼肌等）、内分泌腺（分泌肾上腺素等），调节人体的产热过程和散热过程，结果使变化的体温再恢复到原来的水平。

（三）体温调节的调定点学说

PO/AH 热敏神经元起着调定点（set point，SP）的作用。调定点的高低决定着体温的水平，当中枢温度升高并超出某界限时热敏神经元冲动发放的频率增加，散热过程兴奋而产热过程受到抑制，体温因而不会过高；反之，当中枢温度降低并低于某界限时，则冲动发放较少，产热增加，散热过程则受到抑制，因此，体温不会过低。这些神经元对温热的感受阈值（如人体核温度为 38 ℃左右），就是体温稳定的调定点。机体的产热和散热过程依调定点的温度指令活动，使体温保持稳定。

（龙香娥）

第十一章 感觉器官

感觉器官由特殊感受器及其附属结构组成,感受器大多由感觉神经末梢及其周围的组织构成,附属结构是为感受刺激功能服务的辅助装置。

感觉是客观事物经感受器或感觉器官作用以后在人脑中的主观反映。例如,当柠檬作用于我们的感觉器官时,视觉可以反映它的色彩,味觉可以反映它的味道,嗅觉可以反映它的气味,触觉可以反映它的粗糙程度等。内、外环境因素的刺激通过机体的感受器或感觉器官感受后,转变为神经冲动,沿一定的神经传导通路到达大脑皮质的一定区域,经脑的分析综合,产生相应的感觉。

感觉器官的种类很多,本章叙述视器、前庭蜗器以及具有多种功能的皮肤。

第一节 概 述

一、感受器和感觉器官

人体内有很多感受内、外环境各种变化的装置,称为感受器。感受器可分为感受体内各种变化的内感受器和感受外环境中各种变化的外感受器。有些感受器在进化过程中产生了各种有利于感受刺激的非神经性附属装置,称为感觉器官,如眼、耳等。

二、感受器的一般生理特性

各种感受器的结构和功能虽然各有其特殊性,但是它们的活动又具有某些共同的生理特性。

(一)适宜刺激

一种感受器通常只对某种特定形式的刺激敏感,这种形式的刺激称为该感受器的适宜刺激(adequate stimulus)。例如,视网膜感光细胞的适宜刺激是380～760 nm的电磁波,耳蜗听毛细胞的适宜刺激是20～20000 Hz的振动,主动脉弓压力感受器的适宜刺激是机械牵张等。适宜刺激的特点是较小的强度就可引起相应感觉,即感觉阈值较低。感受器对于一些非适宜刺激也可起反应,但所需的刺激强度要比适宜刺激大得多。

(二)换能作用

中枢神经系统只能接受生物电信号,而不能直接接受光、声等形式的信息。感受器的生理本质就是生物换能器,各种各样能量形式的刺激首先在感受器转换为神经冲动才能向中枢传递。这种能量形式的转换作用称为感受器的换能(transduction)作用。

（三）编码作用

感受器的作用不仅能将刺激转换成可以传向中枢的神经冲动，更重要的是可以把刺激所包含的环境变化的信息，转化为动作电位的各种序列传入中枢，这就是感受器的编码(coding)作用。如在声音的产生过程中，耳蜗的传入信息里就已经包含对音量、音调、音色等的区分。

（四）适应现象

当某种刺激持续作用于感受器时，如果刺激强度不变，经过一段时间后，感受器会渐渐变得不敏感，这种现象称为感受器的适应(adaptation)现象。不同感受器都有适应现象，但适应的快慢相差很大。适应过程发展很快的，称为快适应感受器，如触觉感受器和嗅觉感受器等。这些感受器在刺激变化时往往又比较敏感，其生理意义可能是有利于机体感受新的刺激。适应过程发展较慢的感受器，称为慢适应感受器，如肌梭和颈动脉窦压力感受器等。慢适应现象则有利于机体对一些功能进行持续性的调节。

第二节　视觉器官——眼

据估计，人脑从外界获得的所有信息中，绝大多数来自于视觉系统。视觉由眼、视神经和视觉中枢三部分共同形成。眼由眼球（图 11-1）和眼副器构成，人类的眼球从母亲怀孕的第 1 天就开始了生长发育的过程，并且一直持续到生后 6 岁，结构和功能的发育才趋于完成。在母亲妊娠期间（尤其是前 3 个月），眼睛受伤害的机会较多，如母亲患病、营养不良、接触有害射线和有毒物质等，均可影响到胎儿眼的正常生长发育，引起先天性眼病。

视觉形成的大致过程：外界物体发出的光经眼球内一些结构折光后，在视网膜上形成一

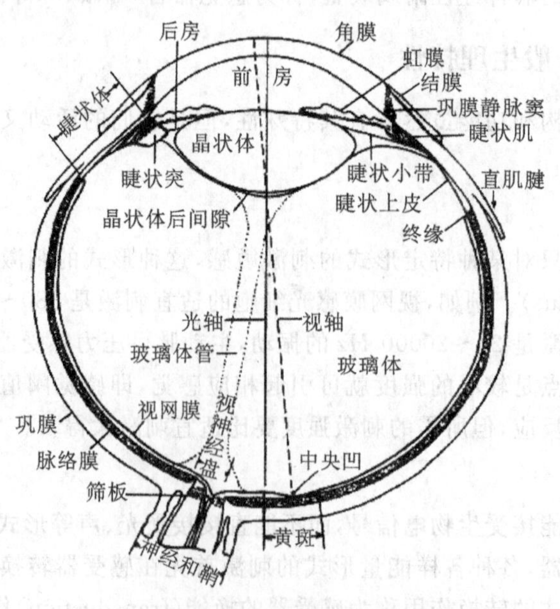

图 11-1　右侧眼球水平切面

个清晰、倒立的实像;实像(光)刺激视网膜上的感光细胞,使其产生电位变化,经双极细胞传递,可在神经节细胞上形成动作电位;动作电位沿视神经向中枢传递,经过一些神经元的接替,最终传至大脑皮质的视觉中枢;大脑皮质对传入的信息进行分析综合后形成视觉。由此可见,作为视觉的外周器官,眼球在视觉形成中的主要作用是折光成像和感光换能。另外,亮度、色彩等信息的初步分析编码也在眼球完成,而距离感等空间视觉信息的分析编码则可能比较复杂。

一、眼的结构

(一)眼球

眼球(图 11-2)位于眶内,略呈球形,其后面借视神经与脑相连,具有屈光成像和感受光刺激产生神经冲动的功能,是眼的主要部分。眼球由眼球壁和眼球内容物构成。

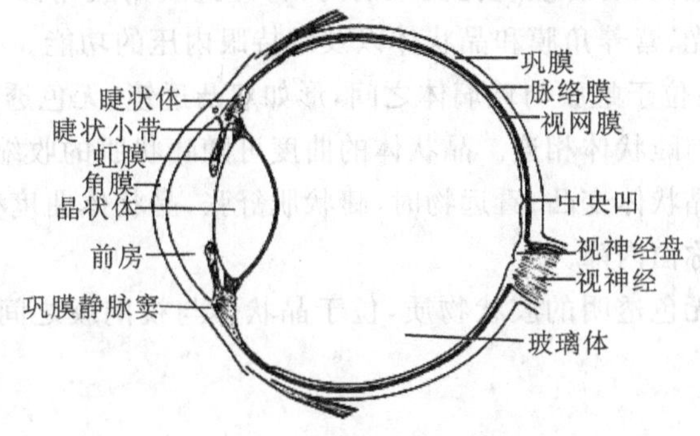

图 11-2 眼球的结构模式图

1. 眼球壁 眼球壁由外向内依次分为纤维膜、血管膜和视网膜三层。

(1)纤维膜:眼球壁的外层,厚而坚韧,具有维持眼球形态和保护眼球内容物的作用。前 1/6 称角膜,无色透明,无血管,但有丰富的神经末梢,具有折光作用;后 5/6 称巩膜,呈乳白色。巩膜与角膜交界处的深部有一环行小管,称巩膜静脉窦。

(2)血管膜:眼球壁的中层,含有丰富的血管和色素细胞,它由前向后分为虹膜、睫状体和脉络膜三部分。

虹膜:位于角膜的后方,呈圆盘状,中央的圆孔称瞳孔。虹膜内含有两种排列方向不同的平滑肌:一种称瞳孔括约肌,收缩时,可使瞳孔缩小;另一种称瞳孔开大肌,收缩时,可使瞳孔开大。瞳孔是判断中枢神经系统功能的窗口。

睫状体:位于虹膜后方的增厚部分,其内含有的平滑肌,称睫状肌。

脉络膜:占血管膜的后 2/3,薄而柔软,具有营养眼球壁和吸收眼内散射光线的作用。

(3)视网膜:位于眼球最内面,有感光和辨色功能,视网膜后部中央稍偏鼻侧有一白色圆盘状隆起称视神经盘(视神经乳头),无感光作用称生理性盲点。在视神经盘的颞侧稍下方约 3.5 mm 处有一黄色小区,称黄斑,其中央的凹陷处称中央凹,是感光和辨色最敏锐的部位。

2. 眼球内容物 眼球内容物包括房水、晶状体和玻璃体(图 11-3)。它们都具有折光作用,与角膜共同组成眼球的折光系统,也称屈光物质。

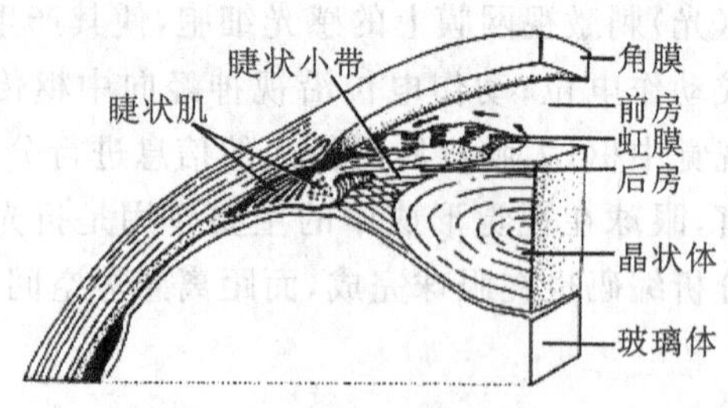

图 11-3 晶状体与睫状体

(1)房水:无色透明的液体,充满于眼球的前房和后房内。前房是角膜与虹膜之间的间隙,后房是虹膜与晶状体之间的间隙,两者经瞳孔相通。前房的边缘部,虹膜与角膜所构成的夹角,称虹膜角膜角。若房水循环阻塞,眼压增高,易发生青光眼。

房水由睫状体产生,从后房经瞳孔流入前房,再经虹膜角膜角渗入巩膜静脉窦,最后汇入眼静脉。房水有折光、营养角膜和晶状体以及维持眼内压的功能。

(2)晶状体(lens):位于虹膜与玻璃体之间,形如双凸透镜,无色透明,具有弹性。晶状体的周缘部借睫状小带与睫状体相连。晶状体的曲度可随睫状肌的收缩和舒张而改变。当看近物时,睫状肌收缩,晶状体变凸;看远物时,睫状肌舒张,晶状体曲度变小。若晶状体混浊,影响视力,甚至失明,称白内障。

(3)玻璃体:一种无色透明的胶状物质,位于晶状体与视网膜之间。玻璃体具有折光和支持视网膜的作用。

(二)眼副器

眼副器包括眼睑、结膜、泪器和眼球外肌等。

1. 眼睑 眼睑俗称眼皮,分上睑和下睑。眼睑的游离缘称睑缘。睑缘上长有睫毛。睑裂的内、外侧角分别称内眦和外眦。睑缘内侧上下各有一小孔称泪点,它是泪小管的入口。

2. 结膜 结膜是一层很薄的透明黏膜,衬贴在眼睑内面的部分称睑结膜,覆盖于巩膜前部表面的称球结膜。上、下睑结膜与球结膜互相移行,其反折处分别形成结膜上穹和结膜下穹。闭眼时全部结膜共同围成一个囊状腔隙称结膜囊。

3. 泪器 泪器包括泪腺和泪道。泪腺位于眼眶外上方的泪腺窝内,其排泄管开口于结膜上穹的外上部。泪道包括泪小管、泪囊和鼻泪管。鼻泪管的下端开口于下鼻道。

4. 眼球外肌 眼球外肌共有 7 块,分布于眼球的周围。其中 1 块是提上睑的上睑提肌,其他 6 块是运动眼球的肌,它们分别称上直肌、下直肌、内直肌、外直肌、上斜肌和下斜肌(图 11-4)。

内直肌和外直肌分别使眼球转向内和转向外,上直肌使眼球转向上内,下直肌使眼球转向下内,上斜肌使眼球转向下外,下斜肌使眼球转向上外。两眼球的正常转动,是两侧眼肌共同协同运动的结果(图 11-5)。

(三)眼的血管

1. 动脉 眼的动脉血供应来自眼动脉。眼动脉起于颈内动脉,经视神经管入眶,分支营养眼球和眼副器等处。其中最重要的分支是视网膜中央动脉。

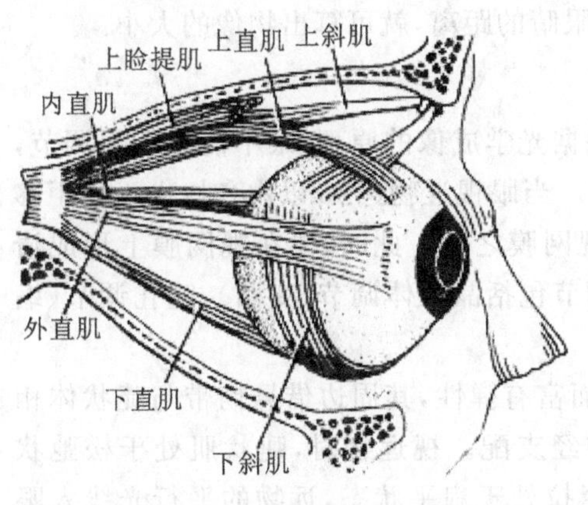

图 11-4　眼球外肌(右眼)

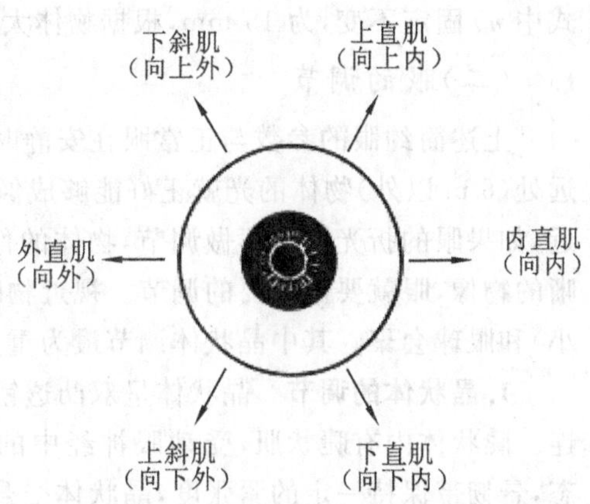

图 11-5　眼球外肌的作用(右眼)

2. 静脉　眼静脉收集眼球及眶内其他结构的静脉血,向后注入海绵窦,向前与面静脉的终支吻合。

二、眼的折光功能

(一)眼的折光系统与成像

眼的折光系统由角膜、房水、晶状体和玻璃体构成。其主要作用是对入射光线进行折射,使物体在视网膜上形成清晰的物像。对于正常成人的眼,来自 6 m 以外的物体各发光点的光线都可以在视网膜上形成清晰的物像。

眼的折光系统是一个复杂的光学系统。每个折光结构的折光率和曲率半径都不相同,光线要经过这些折光结构的多次折射才能到达视网膜。这个复杂的折光系统在光学效果上近似于一个凸透镜。人们根据眼的光学特性设计了一个模型,其各种光学参数以及折光成像效果与人眼相近,这个模型称为简约眼(reduced eye)(图 11-6)。

简约眼设定眼球的前后径为 20 mm,节点(n)距前表面 5 mm,后主焦点在节点后方 15 mm 处,正好处在视网膜的位置。

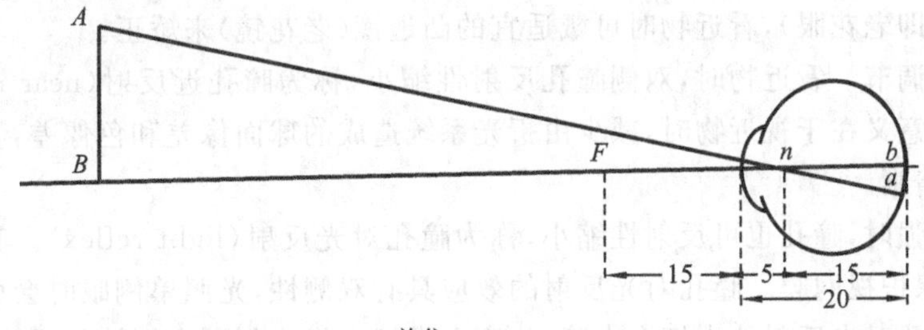

单位:mm

图 11-6　简约眼成像示意图

利用简约眼可以方便地计算出不同远近的物体在视网膜上成像的大小。根据相似三角形原理,其计算公式为

$$\frac{AB(\text{物体的大小})}{Bn(\text{物体至节点的距离})}=\frac{ab(\text{物像的大小})}{nb(\text{节点至视网膜的距离})}$$

式中 nb 固定不变，为 15 mm，根据物体大小和它与眼睛的距离，就可算出物像的大小。

（二）眼的调节

上述简约眼的参数与正常眼在安静时相近。根据光学成像的原理，眼不需做任何调节，远处（6 m 以外）物体的光就正好能够成像于视网膜。当眼视近物（6 m 以内）时，由于物距移近，如果眼的折光能力不做调节，物体的像将成于视网膜之后。此时，要在视网膜上形成清晰的物像，眼就要做必要的调节。视近物时，眼的调节包括晶状体调节（变凸）、瞳孔调节（缩小）和眼球会聚。其中晶状体调节最为重要。

1. 晶状体的调节 晶状体呈双凸透镜形，透明而富有弹性，其周边借悬韧带与睫状体相连。睫状体内有睫状肌，受动眼神经中的副交感神经支配。视远物时，睫状肌处于松弛状态，悬韧带保持一定的紧张度，晶状体受悬韧带的牵拉处于扁平状态，远物的平行光线入眼经折光后正好成像在视网膜上。视近物时，模糊的视像信息到达大脑皮质后，反射性地引起动眼神经中副交感神经纤维的兴奋，使睫状肌收缩，睫状体前移，悬韧带松弛，晶状体由于自身的弹性而凸起，眼的总折光能力增大，从而可使原本成于视网膜后的像前移到视网膜上（图 11-7）。所以，长时间地看近物，眼睛会感到疲劳，易产生近视。

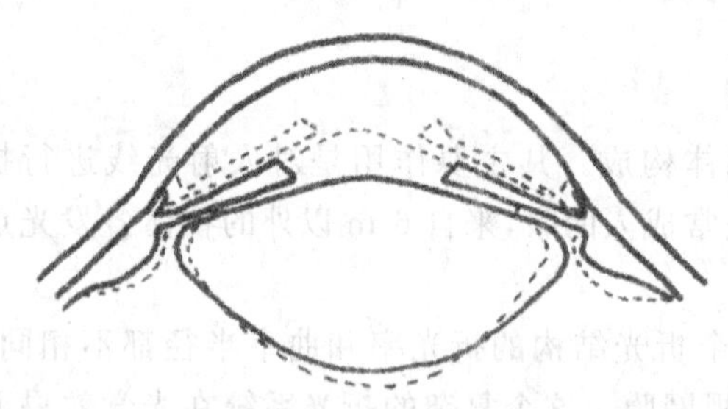

图 11-7 眼调节前后晶状体和睫状体位置的改变

注：虚线示视近物调节后。

晶状体的调节能力有一定的限度。视物越近，晶状体凸起越多。当悬韧带完全松弛，晶状体由于本身弹性的凸起达到最大，其折光能力也就不能进一步增强，再近的物体都不能看清。晶状体的最大调节能力可用近点来表示。近点是指眼做最大能力调节时所能看清物体的最近距离。近点越近，表明晶状体的弹性越好，调节能力越强。由于随年龄增长晶状体的弹性逐渐变差，因此近点也越来越远。如 8 岁左右的儿童近点平均为 8.6 cm，20 岁左右时平均为 10.4 cm。一般人在 40 岁以后调节能力显著减退，近点明显变远，60 岁时近点可至 83.3 cm。由于年龄的增长造成晶状体的弹性明显减弱，近点远移而难以看清近处物体，称为老视（即老花眼），看近物时可戴适宜的凸透镜（老花镜）来矫正。

2. 瞳孔的调节 看近物时，双侧瞳孔反射性缩小，称为瞳孔近反射（near reflex）或瞳孔调节反射。其意义在于视近物时，减少由折光系统造成的球面像差和色像差，及限制入眼的光线，使成像清晰。

在光照增强时，瞳孔也可反射性缩小，称为瞳孔对光反射（light reflex）。其意义在于调节进光量，以保护视网膜。瞳孔对光反射的效应具有双侧性，光照单侧眼时会引起双眼瞳孔同时缩小。瞳孔对光反射的中枢在中脑，临床上常把它作为判断中枢神经系统病变部位、全身麻醉的深度和病情危重程度的重要指标。

3. 眼球会聚 视近物时，两眼球内直肌同时内收，视轴向鼻侧聚拢，称为眼球会聚或辐辏反射。其意义在于使物像对称成于两侧视网膜感光最敏锐的部位，从而产生清晰的视觉，避免复视。

(三)眼的折光异常

由于眼球的形态异常或折光能力异常,致使平行光线不能在视网膜上聚集成像,称为眼的折光异常或称屈光不正,包括近视、远视和散光。

1. 近视 近视(myopia)是由于眼球的前后径过长(轴性近视),或者折光力过强(屈光性近视),致使平行光线聚焦在视网膜之前,故视远物模糊不清。视近物时,由于近物发出的光线呈辐射状,成像位置比较靠后,物像便可以落在视网膜上,所以能看清近处物体。近视眼的形成,部分是由于先天遗传引起的,部分是由于后天用眼不当造成的,如阅读姿势不正、照明不足、阅读距离过近或持续时间过长、字号过小、字迹不清等。因此,纠正不良的阅读习惯、注意用眼卫生是预防近视眼的有效方法。佩戴合适的凹透镜可以矫正近视(图 11-8)。

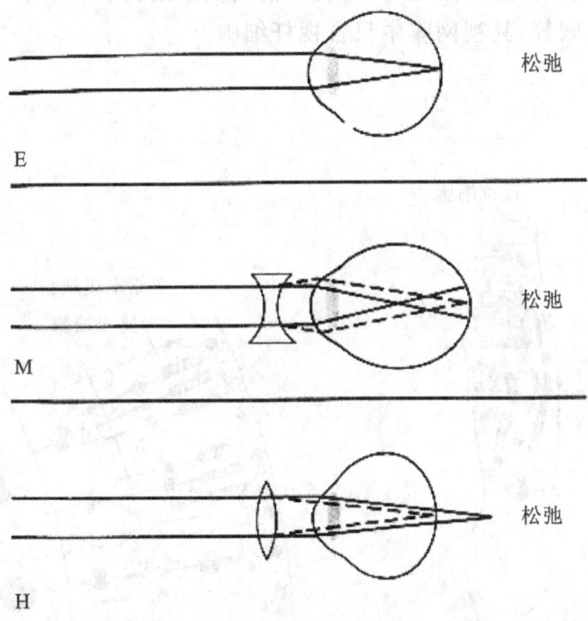

图 11-8 眼的折光异常及其矫正

注:实线为矫正前折射情况,虚线为矫正后折射情况。

E—正常眼;M—近视眼;H—远视眼。

2. 远视 远视(hypometropia)是由眼球前后径过短(轴性远视),或折光能力过弱引起。远视眼在未做调节时看远物,所形成的物像落在视网膜之后,若要看清物体,也需调节晶状体。由于近点远移,远视眼看近物时,即使晶状体尽力调节,也难以看清。远视眼无论看近物还是看远物,都需要调节,因此容易产生疲劳。矫正的办法是佩戴合适的凸透镜(图 11-8)。

远视眼与老花眼虽然均用凸透镜,但两者的形成机制不同。老花眼是由于晶状体的弹性减退引起的,而远视眼的晶状体弹性是正常的,因此,老花眼只是在视近物时用凸透镜矫正,而远视眼无论视近物还是远物,均需用凸透镜矫正。

3. 散光 散光(astigmatism)是由于眼的折光结构在不同方位的曲率半径不相等、折光能力不一致,经折射后的光线不能在视网膜聚集成单一的焦点,导致视像模糊、歪斜。矫正的办法是佩戴合适的柱面镜。

三、眼的感光换能功能

眼球中感受光刺激的细胞是视网膜上的感光细胞，其功能是感光换能。当来自外界物体的光线，通过折光系统进入眼内并在视网膜上形成物像，该物像（本质是光）被感光细胞感受后才能转变成生物电信号传入中枢，再经视觉中枢分析处理后形成主观视觉。

视网膜结构复杂，细胞种类繁多，但具有感光换能作用的是视杆细胞（rods）和视锥细胞（cones）（图 11-9），细胞内都含有感光色素，能感受光刺激。

视杆细胞主要分布在视网膜（图 11-10）的周边部位。视杆系统又称为暗视觉系统，对光的敏感度较高，可在弱光刺激时引起视觉，但无色觉，只能区别明暗，视物精确性差。暗视觉状态下，人眼只能看到物体的粗大轮廓，而看不清其微细结构和色彩。一些只在夜间活动的动物如地松鼠和猫头鹰等，其视网膜中只含视杆细胞。

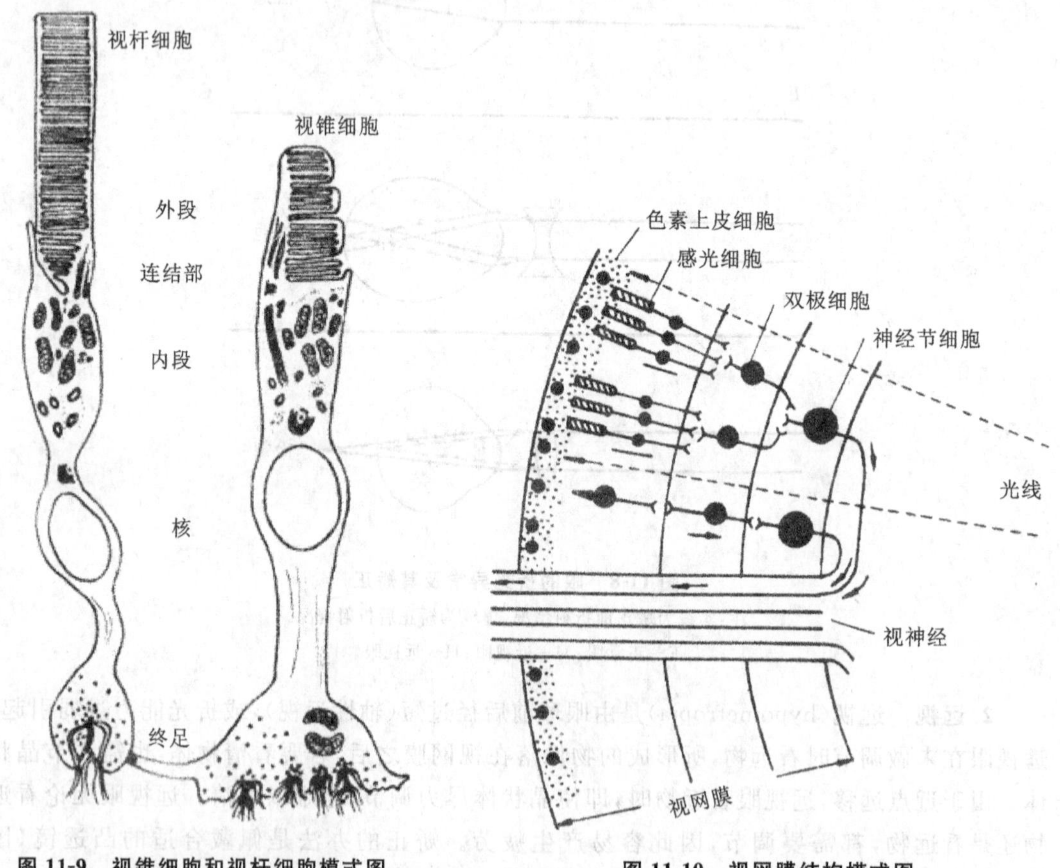

图 11-9　视锥细胞和视杆细胞模式图

图 11-10　视网膜结构模式图

视锥细胞主要分布在视网膜的中心部位，在中央凹的感光细胞几乎全部为视锥细胞。视锥系统又称明视觉系统，对光的敏感度较低，只在强光时起作用；能分辨颜色，并能辨别物体的微细结构，其主要功能是维持昼光下的视觉。某些动物如爬虫类、鸡和麻雀等，其视网膜中只有视锥细胞。

（一）视杆细胞的感光换能

视杆细胞内的感光色素是一种结合蛋白质，称视紫红质（rhodopsin）。光照时，视紫红质可迅速分解为视蛋白和视黄醛，其颜色褪变为白色。在暗处，视蛋白和视黄醛又重新合成为视紫红质。视紫红质的合成和分解不断同时进行，在一定光照条件下维持动态平衡。光线越暗，视紫红质的合成越大于分解，在视杆细胞中的浓度越高，视网膜对弱光的敏感度越高。反之，在光照变强时视紫红质的分解大于合成，就会引起视网膜对弱光的敏感度大幅度降低。视紫红质在光照下发生光化学反应，通过复杂的信号传递系统影响到视杆细胞膜对 Na^+ 的通透性，从而引起视杆细胞产生超极化的感受器电位。感受器电位以电紧张的形式扩布，将光刺激的信息传递给双极细胞和水平细胞，最后诱发神经节细胞产生动作电位传给视觉中枢。

视黄醛由维生素 A 转变而成。在视紫红质分解和合成的过程中，一部分视黄醛会被消耗，需要体内的维生素 A 衍变为视黄醛而得到补充。长期维生素 A 摄入不足，视紫红质必将合成不足，会影响人在暗光时的视力，引起夜盲症。

(二)视锥细胞的感光换能与色觉

视锥细胞功能的重要特点是它具有分辨颜色的能力，产生颜色视觉。正常人的视网膜可分辨波长在 380～760 nm 的 150 余种颜色，但主要是光谱上的红、橙、黄、绿、青、蓝、紫 7 种颜色。关于色觉的形成机制以三原色学说最受认可。三原色学说认为视锥细胞内存在三种感光色素，分别对蓝光、绿光和红光敏感。不同颜色波长的光刺激视网膜时，三种视锥细胞以一定的比例兴奋，这样的信息传入中枢就形成了不同颜色感觉。如：红、绿、蓝三种视锥细胞兴奋程度的比例为 4∶1∶0 时，产生红色的感觉；比例为 2∶8∶1 时产生绿色的感觉；而三种视锥细胞兴奋程度相同时则产生白色的感觉。

色觉障碍有色盲和色弱两种情况，色盲又分全色盲和部分色盲。全色盲较少见，一般都为部分色盲，即不能分辨某些颜色。常见的有红绿色盲，即不能分辨红色和绿色。色盲患者绝大多数与遗传有关，可能是由于某种色蛋白的合成障碍，因而缺乏某种视锥细胞的缘故，多见于男性。色弱是指辨别某种颜色的能力较差，多由健康和营养等后天因素引起。

四、与视觉有关的几种生理现象

(一)视力

视力也称视敏度(visual acuity)，是指眼对一定距离物体细微结构的分辨能力，即分辨两点间最小距离的能力，通常以视角(visual angle)的大小作为衡量标准。所谓视角，是指物体上两点发出的光线射入眼球后，在节点交叉时所形成的夹角(图 11-11)。眼能辨别两点所构成的视角越小，表示视力越好。视网膜的不同部位视力不同，中央凹处视力最高，国际标

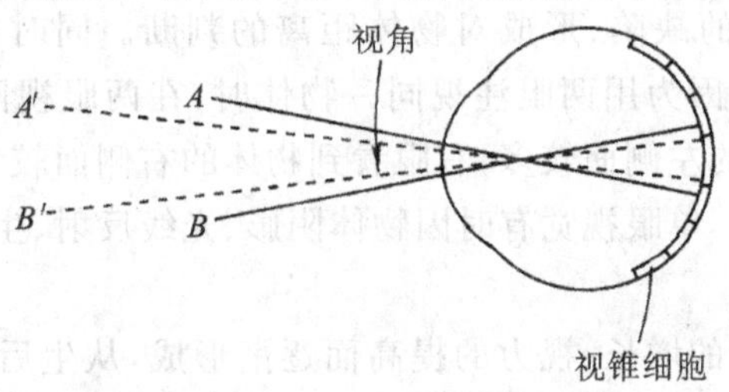

图 11-11　视力与视角示意图

准视力表的1.0相当于视角为1分角时的分辨力。

人类视力的发育主要在出生后,并依托视觉经历逐渐完成。3岁前是人体器官发育最快的时期,也是正常视力发育的关键期。刚出生的婴儿,视力很差,只有光感,半岁儿童视力约为0.1,一般6岁以后与成年人相等。在此期间,任何干扰视觉通路的因素都可能影响视力发育,如果没有得到及时矫治将导致不可逆转的视觉损害。如:先天性白内障的患儿,若不及时手术,可因视觉剥夺造成永久性的视力残疾;儿童屈光不正未得到及时发现和矫治可能会形成斜视、弱视,导致永久性单眼或双眼视力低下,没有立体视觉功能。

(二)视野

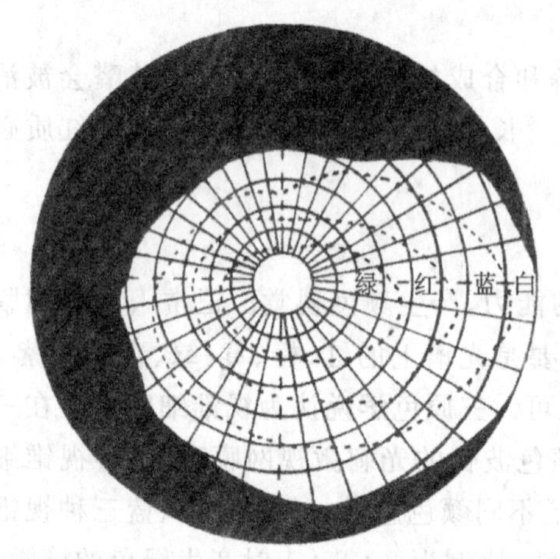

图11-12　人右眼视野图

单眼固定注视前方一点时,眼的余光所能看到的最大空间范围,称为视野(visual field)。不同颜色的视野不同,其中白色视野最大,其次为黄色、蓝色,再次为红色,绿色视野最小(图11-12)。另外,由于面部结构的影响,颞侧与下方视野大,鼻侧与上方视野小。临床上检查视野,有助于诊断视神经、视觉传导通路和视网膜的病变。

(三)暗适应和明适应

人从亮处进入暗室时,最初看不清楚任何物体,经过一定时间,视觉敏感度才逐渐增加,恢复了在暗处的视力,这称为暗适应(dark adaptation)。相反,人从暗处突然来到明亮处,最初感到一片耀眼的光亮,不能看清物体,瞬间后恢复视觉,这称为明适应(light adaptation)。

暗适应过程产生的机制:人原先处于亮处,视杆细胞中的视紫红质大量分解,储存量极少,突然到暗处后视杆细胞感光能力不足,而视锥细胞又不感受弱光,所以开始阶段什么也看不清。在暗处过一段时间后,随视紫红质合成增多,视杆细胞感光能力逐步恢复,视觉也就逐步恢复。

明适应过程产生的机制:人原先在暗处,视杆细胞内蓄积了大量视紫红质,到亮处时遇强光迅速分解,强大的传入信息掩盖了视锥细胞的作用,因而产生耀眼的光感而不能视物。待视紫红质瞬间大量分解,储存量变少后,视锥细胞发挥作用,维持明视觉。

(四)双眼视觉和立体视觉

两眼同时观看同一物体时所产生的视觉称为双眼视觉(binocular vision)。双眼视觉可扩大视野、弥补生理盲点的缺陷、形成对物体距离的判断。同时还能感知物体的深度(厚度),产生立体视觉。这是因为用两眼注视同一物体时,在两眼视网膜上所形成的物像并不完全相同,左眼看到物体的左侧面较多,右眼看到物体的右侧面较多。这些信息经过高级中枢处理后,形成立体感觉。单眼视觉有时因物体阴影、光线反射、生活经验等原因,也可产生立体感,但不够精确。

双眼视觉随儿童年龄的增长、视力的提高而逐渐形成,从生后6～8个月开始双眼联合运动及立体视觉的发育,1～1.5岁能正常聚合,6岁左右发育成熟,8岁左右才得以巩固。双眼视觉的正常发育取决于先天基础和后天的视觉环境,易受内、外环境因素的影响而发生紊乱。例如，斜视的本质就是双眼视觉的紊乱，屈光参差影响融合，屈光度高的眼被抑制导致弱视。倘若双眼视觉发生障碍，将引起单眼视觉所没有的症状，如复视、混淆、异常视网膜对应、弱视、立体视觉丧失以及视疲劳等。

第三节 前庭蜗器

前庭蜗器又称耳，包括感受声波的听器和感受头部位置变化的位觉器。二者在功能上截然不同，但在结构上紧密相连。

一、耳的结构

耳按部位分为外耳、中耳和内耳三部分(图 11-13)。

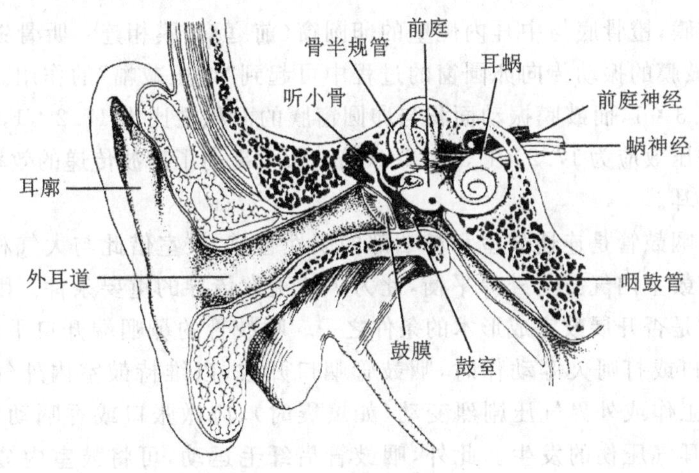

图 11-13 前庭蜗器(耳)

(一)外耳

外耳包括耳廓、外耳道和鼓膜。

1. 耳廓 耳廓主要由皮肤和弹性软骨构成，血管、神经丰富。耳廓下方无软骨的部分称耳垂，耳廓外侧面有外耳门。外耳门前方的突起，称耳屏。耳廓有利于收集声波，并有助于确定声源的方向。

2. 外耳道 外耳道为自外耳门至鼓膜间的弯曲管道，其一端开口于耳廓，另一端终止于鼓膜，长 2～2.5 cm，其外侧 1/3 为软骨性外耳道，内侧 2/3 位于颞骨内。外耳道略呈"S"形，因此，检查鼓膜时，应将耳廓拉向后上方，使外耳道变直，方能看到鼓膜。儿童的外耳道较短且平直，观察鼓膜时，须将耳廓拉向后下方。外耳道能对声波产生共振作用，当声波从外耳道口传至鼓膜时声强可以增加 10 dB。

3. 鼓膜 鼓膜位于外耳道底与中耳的鼓室之间，为浅漏斗状半透明薄膜，鼓膜的中心凹陷称鼓膜脐。鼓膜的前上方 1/4 部薄而松弛称松弛部，后下方 3/4 部较坚实紧张称紧张部。观察活体鼓膜时，可见其前下部有一个三角形的反光区，称光锥。鼓膜如同电话机受话器中的振膜，具有优良的频率响应及低的失真度，可与声波同步振动，有利于把声波振动如实地传给听骨链。

（二）中耳

中耳包括鼓室、咽鼓管、乳突窦和乳突小房。

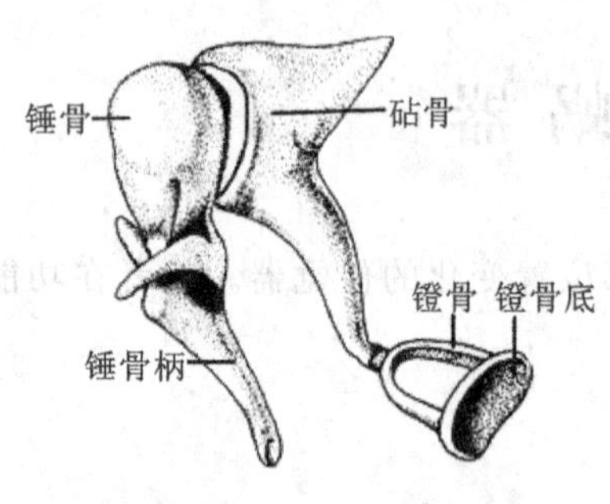

图 11-14　听小骨

1. 鼓室　位于鼓膜与内耳之间，是颞骨岩部内的不规则小腔，室腔内面衬有黏膜。鼓室的黏膜与乳突小房和咽鼓管的黏膜相延续。鼓室内有听小骨肌、血管和神经等。鼓室上壁与颅中窝相邻；下壁与颈内静脉相邻；前壁有咽鼓管开口，与鼻咽相通；后壁有乳突窦的开口，通乳突小房；外侧壁为鼓膜；内侧壁有前庭窗；后下部有蜗窗。鼓室每侧有3块听小骨，仅米粒大，即锤骨、砧骨和镫骨（图11-14）。三骨依次借关节相连，构成一条听骨链。锤骨柄附着于鼓膜，镫骨底与中耳内侧壁的卵圆窗（前庭窗）膜相连。听骨链构成一个省力杠杆系统，在将鼓膜的振动传向卵圆窗的过程中可起到“增压减幅”的作用。杠杆的长臂与短臂之比约为1.3∶1，而鼓膜振动面积与卵圆窗膜的面积之比为17.2∶1，因此，整个中耳传递过程中的增压效应为17.2×1.3≈22.4（倍），大大提高了声波传递的效率。同时振幅减小有利于保护内耳。

2. 咽鼓管　咽鼓管是连通鼓室和鼻咽部的肌性管道，鼓室借此与大气相通。咽鼓管的主要功能为调节鼓室内气压与外界平衡，此为声波正常传导的重要条件。因此咽鼓管功能是否正常是决定是否开展鼓室成形术的条件之一。咽鼓管的鼻咽端开口平时呈闭合状态，当发生吞咽、张口或打呵欠等动作时，咽鼓管咽口开放，以维持鼓室内外气压的平衡。如飞机下降，潜水工作或外界气压剧烈变动（如爆震时），应做张口或吞咽动作，使咽鼓管咽口开放，减少中耳气压伤的发生。此外，咽鼓管借纤毛运动，可将鼓室内分泌物排至鼻咽部。

婴幼儿的咽鼓管较软且短，管腔较宽，位置较为水平，鼻咽部开口与鼓室开口几乎在同一水平面，如果躺着喂奶，乳汁就很容易通过咽鼓管流到中耳，造成感染，从而引起中耳炎。儿童鼻窦炎也可通过直接或间接波及的双重途径影响咽鼓管功能，从而引起中耳传音功能障碍，若不及时治疗，除影响听力外，还可引起语言障碍。

3. 乳突窦和乳突小房　乳突小房为颞骨乳突内的许多含气小腔，它们互相连通。乳突小房的壁衬有黏膜，与乳突窦的黏膜相延续。

（三）内耳

内耳由颞骨岩部内的骨性隧道及其内的膜性小管和小囊构成。内耳因管道弯曲盘旋，结构复杂，所以又称迷路。迷路分骨迷路和膜迷路（图11-15、图11-16）：骨性隧道称骨迷路，骨迷路内的膜性小管和小囊称膜迷路。骨迷路与膜迷路之间的腔隙内充满着外淋巴液，膜迷路内充满着内淋巴液，内、外淋巴液互不相通。

由后向前，骨迷路可分为骨半规管、前庭和耳蜗；膜迷路可分为膜半规管、椭圆囊与球囊和蜗管。

1. 骨半规管和膜半规管　骨半规管是3个互相垂直的半环形骨性小管，称前骨半规管、

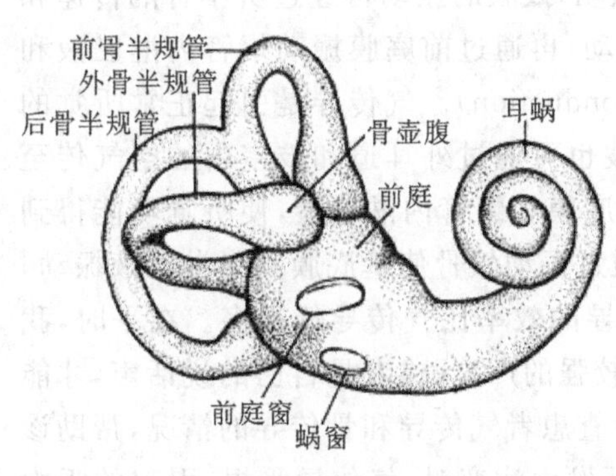

图 11-15 骨迷路(右侧)

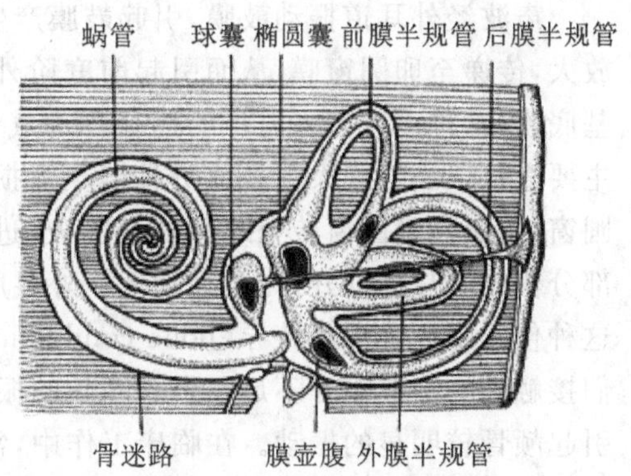

图 11-16 膜迷路与骨迷路

后骨半规管和外骨半规管。膜半规管是套在骨半规管内的膜性小管，与骨半规管的形态相似，每个膜半规管有膨大的壶腹。每个膜壶腹的壁内有隆起的壶腹嵴，壶腹嵴能感受头部旋转变速运动的刺激。

2. 前庭和椭圆囊、球囊 前庭是内耳中部略膨大的骨性小腔。椭圆囊和球囊是两个相连通的膜性小囊。两囊壁内面有椭圆囊斑和球囊斑，两囊斑均为位觉感受器，能感受静止状态下头部位置觉和直线变速运动的刺激。

3. 耳蜗和蜗管 耳蜗外形似蜗牛壳，由骨性的蜗螺旋管环绕蜗轴旋转约两周半构成。蜗螺旋管的管腔内套有膜性的蜗管，蜗管上方为前庭阶，下方为鼓阶(图 11-17)。前庭阶和鼓阶在耳蜗顶部相通，蜗管是蜗螺旋管内的一条膜性小管，小管下壁为基底膜，膜上有螺旋器。螺旋器又称柯蒂器(organ of Corti)，是声音感受器。螺旋器由内、外毛细胞及支持细胞等组成。每一个毛细胞的顶部表面都有上百条整齐排列的纤毛，称听毛。外毛细胞中较长的一些听毛埋植于盖膜的胶冻状物质中。毛细胞的底部有丰富的听神经末梢。

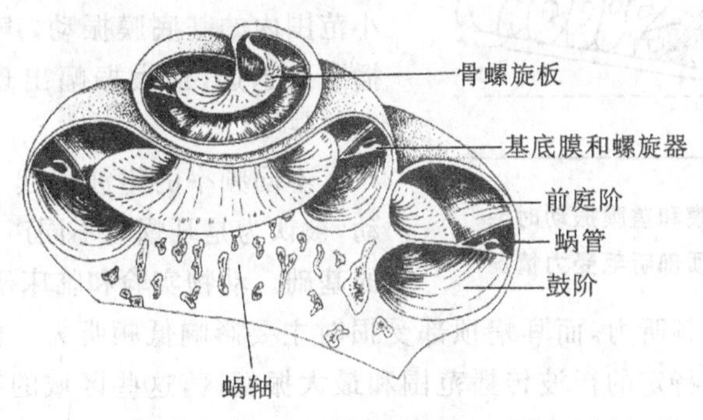

图 11-17 耳蜗及螺旋器

二、听觉生理

听觉的感觉器官是耳，由外耳、中耳和内耳的耳蜗组成。听觉感受器是位于内耳耳蜗的螺旋器。人耳的适宜刺激是频率范围为 20～20000 Hz 的声波，正常人在声音频率为 1000～3000 Hz 时听觉最敏感。听觉是人类语言上互通信息、交流思想的重要工具，对于人类认识自然具有重要意义。

声波经外耳道振动鼓膜，引起鼓膜产生相应的振动，鼓膜的振动再经过听小骨的传递和放大，传递至卵圆窗膜，从而引起前庭阶外淋巴液振动，再通过前庭膜振动蜗管内淋巴液和基底膜，这种声波传入内耳的途径称为气传导(air conduction)。气传导是引起正常听觉的主要途径。当鼓膜大穿孔或听骨链严重损坏时，声波也可通过外耳道和鼓室内的空气传至圆窗(蜗窗)，经圆窗传至鼓阶外淋巴液，进而振动基底膜和蜗管内淋巴液，使听觉功能得到部分代偿，但这时的听力大为降低。外界声波也可通过振动颅骨使基底膜和内淋巴液振动，这种传导途径称为骨传导(bone conduction)。骨传导的效率比气传导低得多。在平时，我们接触到的一般声音不足以引起颅骨的振动。只有较强的声波，或者是自己的说话声，才能引起颅骨较明显的振动。在临床工作中，常用音叉检查患者气传导和骨传导的情况，帮助诊断听觉障碍的病变部位和性质。例如，外耳道或中耳发生病变时，气传导受损，引起的听力障碍称为传音性耳聋，此时患侧气传导明显受损而骨传导则可以加强；耳蜗损伤引起的听力障碍称为感音性耳聋；听觉传导通路或听觉中枢病变时所引起的听力障碍称为中枢性耳聋，此时患侧气传导和骨传导作用都减弱。

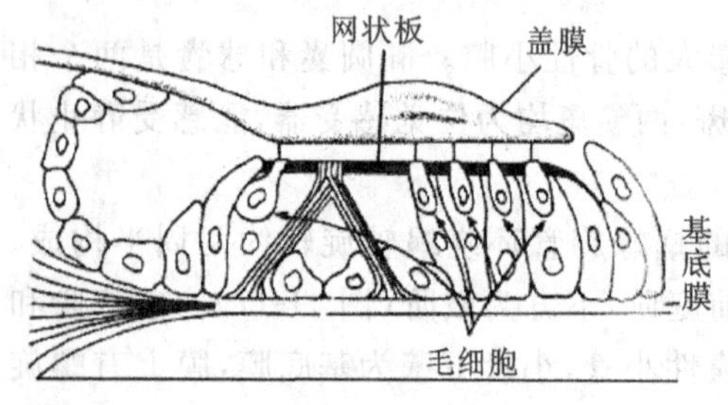

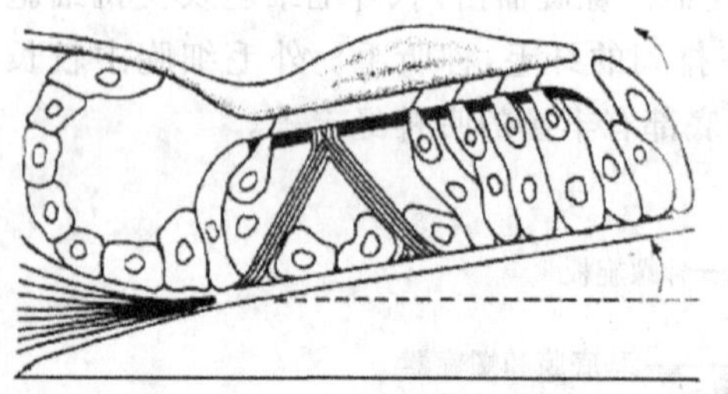

图 11-18　基底膜和盖膜振动时毛细胞顶部听毛受力情况

声波传入内耳卵圆窗后，引起基底膜的振动，振动最先发生在靠近卵圆窗处的基底膜，随后以行波的方式沿基底膜向耳蜗顶部传播，引起基底膜螺旋器上的毛细胞与其上方相接触的盖膜发生来回剪切位移运动，使毛细胞顶部的听毛位移、变形，导致毛细胞产生微音器电位(图11-18)；最终引起耳蜗听神经纤维产生动作电位，信息最后到达大脑皮层颞叶听觉中枢产生听觉。声波频率不同，行波传播距离和最大振幅出现的部位也不同。高频声波只能推动耳蜗底部小范围内的基底膜振动，声波频率越低，行波传播距离越远，最大振幅出现在越近蜗顶的部位(图11-19)。

不同频率的声波引起不同形式的基底膜振动，被认为是耳蜗对不同声波频率进行初步分析的基础。动物实验和临床研究也证实，如耳蜗底部受损时主要影响高频听力，而耳蜗顶部受损时主要影响低频听力。由于每一种振动频率在基底膜上都有一个特定的行波传播范围和最大振幅区，这些区域的毛细胞和听神经纤维就会受到最大刺激，这样，不同来源和组合的听神经纤维的冲动传到听觉中枢的不同部位，就可引起不同音调的感觉。

三、平衡觉功能

前庭器官是人体平衡系统的主要感受器官，它藏在颞骨内的内耳迷路之中，结构非常小而且复杂，可分为半规管和前庭两部分。前庭器官能感受人体自身的运动状态和空间位置，在调节姿势和维持身体平衡中起重要作用。

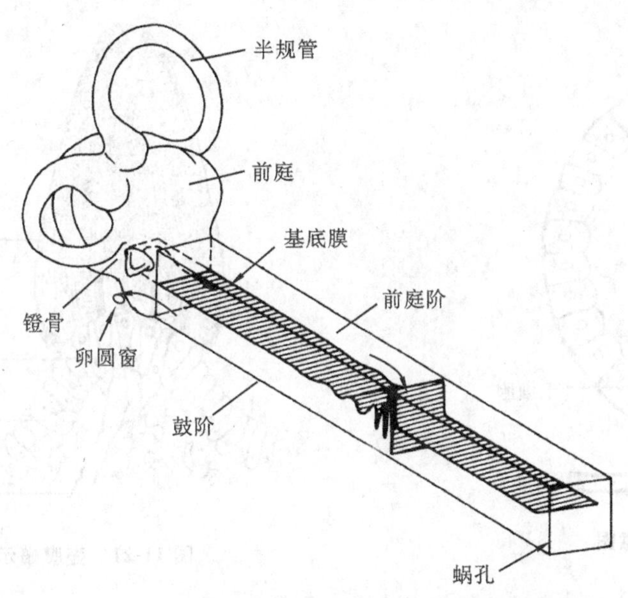

图 11-19 基底膜对声波频率共振示意图

(一)前庭的功能

前庭内含有前庭囊,分为球囊、椭圆囊两部分。椭圆囊和球囊是头部空间位置和直线变速运动的感受器。椭圆囊和球囊内部充满内淋巴液,囊内分别有椭圆囊斑和球囊斑,囊斑中均有毛细胞。毛细胞顶部的纤毛插入耳石膜的胶质中(图 11-20),耳石膜内含有许多微细的耳石,主要成分为碳酸钙,其比重大于内淋巴液。毛细胞的基底部有前庭神经的末梢分布。人体直立时,椭圆囊斑呈水平位,毛细胞呈垂直位,耳石膜在纤毛的上方;而此时球囊斑则处于垂直位,毛细胞呈水平位,耳石膜悬在纤毛的外侧。当头部方位变化或身体做变速运动时,毛细胞与耳石的相对位置将改变,引起纤毛的弯曲。纤毛弯曲会触发毛细胞产生感受器电位,通过一些传递过程,最终在前庭神经形成动作电位传向中枢,从而引起相应的感觉,并引发相应反射调整骨骼肌运动以维持身体平衡。

(二)半规管的功能

人体每侧内耳有三个两两相互垂直的半规管。半规管根部均膨大,称为壶腹。膜性壶腹内各有一个隆起,称为壶腹嵴,壶腹嵴内有毛细胞,毛细胞顶部的纤毛埋在胶状物的终帽内(图 11-21)。半规管能感受旋转变速运动,当身体绕不同方位的轴做旋转变速运动时,均有相应半规管内毛细胞上的纤毛因内淋巴液的惯性运动而弯曲。纤毛的弯曲可使毛细胞产生电位变化,最终引发动作电位沿前庭神经传入中枢。人脑可根据来自两侧半规管传入信息的不同,来判定是否开始旋转和旋转方向,引起骨骼肌紧张的改变,以调整姿势,保持平衡,同时冲动上传到大脑皮质,引起旋转的感觉。

(三)前庭反应

前庭器官的传入冲动,除引起运动和位置觉外,还能引起各种骨骼肌反射和自主神经功能的改变,这些现象称前庭反应。

1. 前庭器官的姿势反射 当进行直线变速运动或旋转变速运动时,可刺激椭圆囊和球

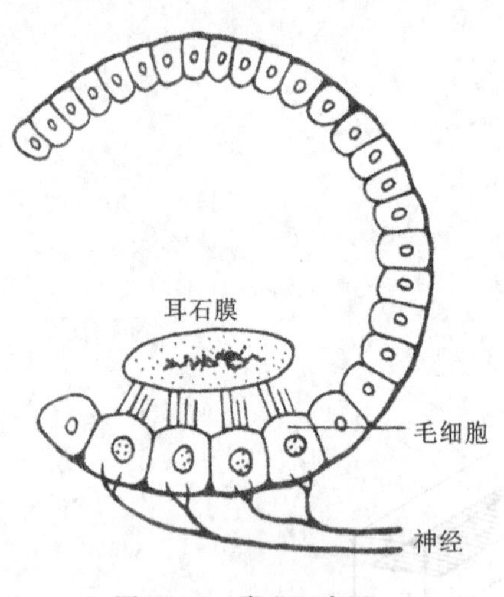

图 11-20 囊斑示意图

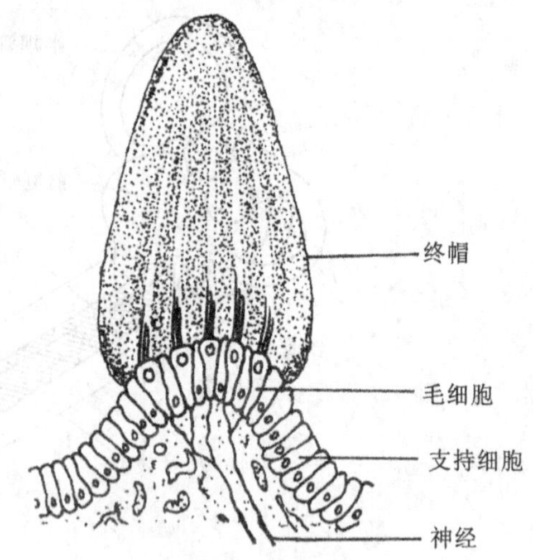

图 11-21 壶腹嵴示意图

囊或半规管,反射性地改变颈部和四肢肌紧张的强度,以保持姿势和平衡。人在乘车突然加速、减速时,或者被动旋转时,骨骼肌的一些维持姿势的反射就是由前庭器官传入信息引起的。

2. 前庭活动的内脏反应 人类前庭器官受到过强或过久的刺激,常可引起自主神经系统活动的改变,从而表现出一系列相应的内脏反应,如恶心、呕吐、眩晕、皮肤苍白、心率加快和血压下降等。有些人容易晕船、晕车或有航空病,可能是因为其前庭器官过于敏感的缘故。

3. 前庭活动的眼震颤反应 躯体做旋转运动时,会引起眼球发生特殊的不随意往返运动,称为眼震颤(nystagmus)。眼震颤主要是由于半规管受刺激,反射性地引起某些眼外肌兴奋和另一些眼外肌抑制所致。临床上通过检查眼震颤以判断前庭器官功能状态,震颤时间过长或过短,或者出现自发性眼球震颤,均提示前庭功能可能异常。

第四节 皮　　肤

皮肤覆盖身体表面,由表皮和真皮组成,平均面积约 1.7 m^2,借皮下组织与深部组织相连,具有保护深部组织、感受刺激、调节体温、排泄和吸收等作用。

一、皮肤的微细结构

皮肤分为浅层的表皮和深层的真皮(图 11-22)。

(一)表皮

表皮为角化的复层扁平上皮(又称鳞状上皮),表皮厚薄不等,根据细胞的形态特点和位置,一般可分 5 层,由深至浅依次为基底层、棘层、颗粒层、透明层和角质层。

1. 基底层 附着于基膜上,是一层低柱状细胞,较幼稚,具有较强的分裂增殖能力,新生

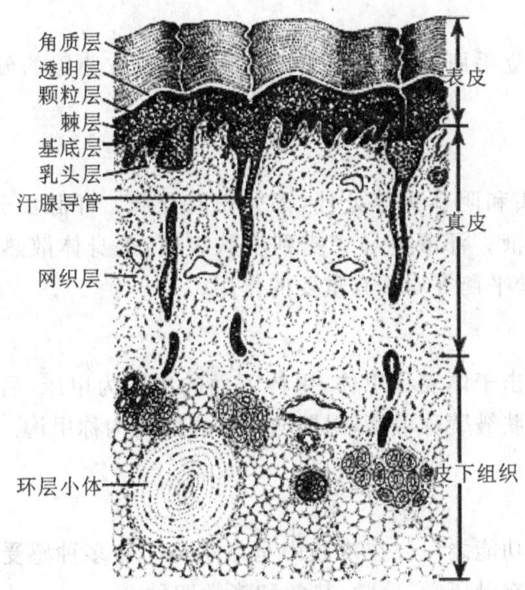

图 11-22 手指皮肤的微细结构

的细胞逐渐向表层推移，分化为其余各层细胞。

2. 棘层 由数层多边形细胞组成，细胞较大，表面伸出许多短小的棘状突起。

3. 颗粒层 由 3～5 层梭形细胞组成，细胞已开始向角质细胞转化。

4. 透明层 由数层扁平的细胞组成，细胞核和细胞器退化消失，细胞质呈均质透明状。

5. 角质层 由多层扁平的角质细胞构成，细胞已完全角化，具有抗摩擦、阻挡有害物质侵入及防止体内物质丢失等作用。

（二）真皮

真皮由致密结缔组织构成，富有韧性和弹性。真皮内含有许多小血管、淋巴管和多种感受器（如感受触觉的触觉小体、感受痛觉的游离神经末梢、感受压觉的环层小体）以及皮脂腺、外泌汗腺等。

注：皮下组织即浅筋膜，不属于皮肤的结构，但其结缔组织纤维与真皮相连接。皮下组织由疏松结缔组织构成，内含脂肪组织、较大的血管、淋巴管和神经。脂肪组织的含量随年龄、性别和部位而异。

二、皮肤的附属器

皮肤的附属器包括体毛、皮脂腺、汗腺和指（趾）甲。

（一）体毛

人体皮肤除手掌和足底等处外，都有体毛分布，体毛露在皮肤外面的部分称毛干；埋入皮肤内的部分称毛根，毛根周围包有毛囊。毛囊和毛根下端形成膨大的毛球，是毛和毛囊的生长点。毛球基部有一深凹，结缔组织伸入其内形成毛乳头。毛乳头对体毛的生长有重要作用。毛囊的一侧附有斜行的平滑肌束，称立毛肌，收缩时，可使体毛竖立。

（二）皮脂腺

皮脂腺位于体毛与立毛肌之间，其导管开口于毛囊。皮脂腺的分泌物称皮脂，有柔润皮肤和保护体毛的作用。

（三）汗腺

全身的皮肤，除乳头和阴茎头等处外，都分布有汗腺。汗腺由分泌部和导管两部分组成。汗腺的分泌物称汗液。汗液经导管排到皮肤表面，是身体散热的重要方式，对调节体温、湿润皮肤和保持水盐平衡等均具有重要的作用。

（四）指（趾）甲

指（趾）甲的前部露出于体表称甲体，甲体下面的皮肤为甲床，后部埋入皮内称甲根，甲体两侧和甲根浅面的皮肤皱襞称甲襞，甲襞与甲体之间的沟称甲沟。

三、皮肤感觉

感觉功能是皮肤的功能之一。在皮肤中呈点状分布着多种感受器，分别接受各自的适宜刺激。皮肤感觉主要有触压觉、冷觉、热觉和痛觉四种。

轻微的机械刺激作用于皮肤浅层的触觉感受器可产生触觉，触觉的感受器是位于真皮乳头层的触觉小体。若用较强的机械刺激，导致皮肤深部组织变形则产生压觉，压觉的感受器主要是位于真皮深层的环层小体。两者性质上相似，故统称为触压觉。人体不同部位皮肤的触压觉敏感程度差别很大，尤其以口唇部、手指尖最为敏感。

冷觉和热觉都属于温度觉，其感受器是位于真皮和表皮层的游离神经末梢，因感受温度范围不同而分为两种温度感受器。冷感受器最为敏感的温度在 10～20 ℃，热感受器最为敏感的温度在 25 ℃，温度达到 45 ℃以上时有痛觉纤维参与兴奋。

痛觉的感受器是位于皮肤中的游离神经末梢。痛觉不单是由一种刺激所引起，任何理化刺激作用于机体造成伤害都产生痛觉，很难适应。痛觉刺激常常反射性地引起自主神经系统的一系列反应。

（石予白　张岳灿）

第十二章 神经系统

第一节 概 述

神经系统(nervous system)在人体功能调节中起主导作用。人体是一个复杂的有机体,不同组织、器官、系统有不同分工,在以神经系统为主的调节下,它们的活动得以相互协调和配合;人体生活在经常变化的环境中,环境变化随时影响着机体的各种功能,神经系统通过感受环境变化,进行相应调节,使机体能够适应内、外环境的变化。同时由于神经系统,特别是脑的高度进化,人类还能主动改造环境。

一、神经系统的分部

神经系统由脑(brain)、脊髓(spinal cord)、脑神经(cranial nerves)和脊神经(spinal nerves)及其遍布全身的分支组成。神经系统一般分为中枢神经系统(central nervous system)和周围神经系统(peripheral nervous system)两部分。中枢神经系统包括脑和脊髓,分别位于颅腔和椎管内;周围神经系统包括与脑相连的脑神经和与脊髓相连的脊神经以及它们的分支。周围神经系统的纤维又可以根据其末梢分布分为躯体神经纤维(somatic nerve fiber)和内脏神经纤维(visceral nerve fiber),根据兴奋传递方向分为感觉(传入)神经纤维和运动(传出)神经纤维。

二、神经系统的活动方式

神经系统最基本的活动方式是反射。反射是指神经系统对内、外环境变化所作出的反应。其结构基础为反射弧,参见绪论神经调节内容。

三、神经系统的常用术语

灰质(gray mater)是中枢神经系统中神经元胞体和树突的聚集部位,富有血管,在新鲜标本中色泽灰暗,故称灰质。在大脑和小脑,集中于表层的灰质称为皮质(cortex)。

白质(white mater)由神经纤维在中枢神经系统内聚集而成,因神经纤维外面包有髓鞘,色泽亮白故称白质。大脑和小脑的白质位于皮质的深部而称为髓质(medulla)。

在中枢神经系统,形态和功能相似的神经元胞体聚集成的团块状结构,称神经核(nucleus);起止、功能和行程相同的神经纤维聚集成束,称神经纤维束(fasciculus);而灰、白质混杂交织的区域,称为网状结构(reticular formation)。

在周围神经系统,形态和功能相似的神经元胞体聚集成的团块,称神经节(ganglion),有感觉神经节和内脏运动神经节。与脑神经相连的感觉神经节称为脑神经节,与脊神经相连的称为脊神经节。内脏运动神经节又称植物神经节，分交感神经节和副交感神经节。周围神经系统的神经纤维聚集形成粗细不等的神经(nerve)。

中枢神经系统内与调节某一特定生理功能相关的神经元群称为神经中枢(nerve center)，如下丘脑体温调节中枢、延髓呼吸中枢等。参与某一反射活动的神经中枢则称为该反射的反射中枢(reflex center)，如脊髓的排尿、排便反射中枢等。

第二节　中枢神经系统

一、脊髓

(一)脊髓的位置和外形

脊髓(spinal cord)位于椎管内，上端在枕骨大孔处与延髓相连；下端在成人约平对第1腰椎体下缘，在新生儿平对第3腰椎。脊髓呈前后略扁圆柱状，并可见两处膨大，分别为颈膨大和腰骶膨大(图12-1)。从两处膨大处发出的神经分别支配上肢和下肢。在腰骶膨大以下脊髓变细呈圆锥状称脊髓圆锥。脊髓圆锥向下延伸为无神经组织的结缔组织状的细丝称终丝。终丝附着于尾骨背面，有固定脊髓的作用。脊髓与附着的每一对脊神经前、后根的根丝相对应的范围为1个节段。脊髓有31个节段，即8个颈节、12个胸节、5个腰节、5个骶节和1个尾节。

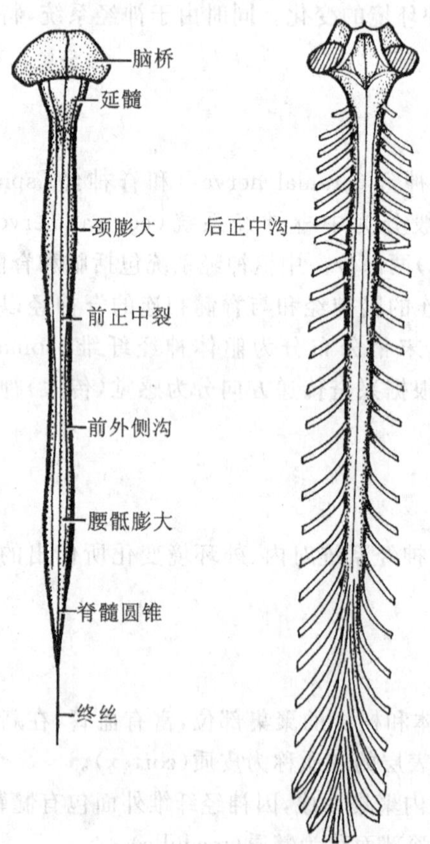

图12-1　脊髓的外形

脊髓表面有6条纵沟，前面正中纵行的深沟称为前正中裂，后面正中纵行的浅沟称后正中沟。前正中裂两侧有2条纵行浅沟称前外侧沟，附有脊神经前根。后正中沟的两侧也有2条纵行浅沟称后外侧沟，附有脊神经的后根。前、后根在椎间孔处合成脊神经(图12-2)。

(二)脊髓的内部结构

脊髓由灰质、白质和中央管构成。在脊髓横切面上，灰质呈“H”形；白质位于灰质的周围。中央管位于灰质的中央，纵贯脊髓的全长，向上连通第四脑室(图12-3)。

1. 灰质　脊髓每一侧灰质向前伸出前角(前柱)和向后伸出后角(后柱)，在脊髓 $T_1 \sim L_3$ 节段的前角和后角之间还有向外侧突出的侧角(侧柱)。

(1)前角：主要由运动神经元胞体组成。神经元的轴突参与组成脊神经的前根，支配骨

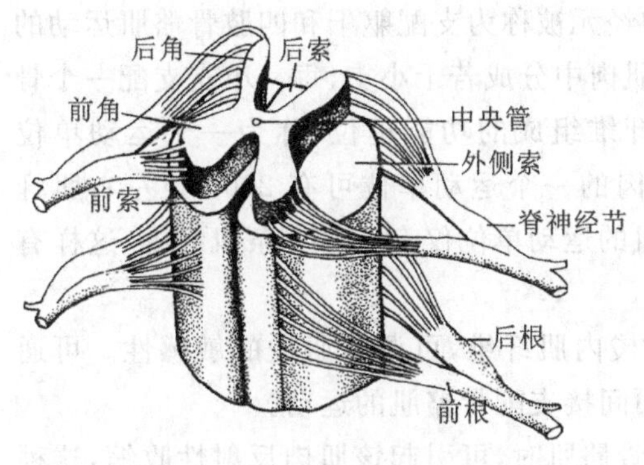

图 12-2 脊髓与脊神经

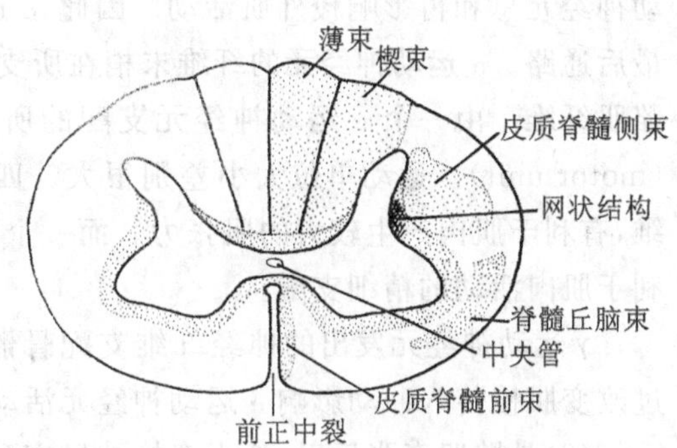

图 12-3 脊髓的灰质和白质

骼肌的运动。

(2)后角:主要由中间(联络)神经元组成,接受后根的传入纤维。

(3)侧角:仅见于脊髓 $T_1 \sim L_3$ 节段,是交感神经的低级中枢。而在脊髓 $S_2 \sim S_4$ 节段,相当于侧角位置的部位,称骶副交感核,是副交感神经在脊髓的低级中枢。脊髓灰质 $T_1 \sim L_3$ 节段侧角及骶副交感核发出的纤维在相应脊神经的前根走行。

2. 白质 位于灰质周围,主要由上行(感觉)纤维束和下行(运动)纤维束组成。每侧白质以前外侧沟和后外侧沟为界分为 3 个索。前正中裂和前外侧沟之间的白质称前索,后正中沟和后外侧沟之间的白质称后索,前外侧沟和后外侧沟之间的白质称外侧索。

(1)上行(感觉)纤维束:①薄束(fasciculus gracilis)和楔束(fasciculus cuneatus):位于后索。薄束位于内侧,由来自 T_5 节段以下的脊神经节细胞的中枢突组成;楔束位于外侧,由来自 T_4 节段以上的脊神经节细胞的中枢突组成。这些脊神经节细胞的周围突分布于躯干、四肢的肌、肌腱、关节和皮肤的感受器中;中枢突则经脊神经后根进入脊髓后索上行至延髓内的薄束核和楔束核,传导意识性本体感觉(深感觉)和精细触觉。②脊髓丘脑束(spinothalamic tract):位于外侧索和前索。在外侧索上行的纤维束称脊髓丘脑侧束,在前索上行的纤维束称脊髓丘脑前束。脊髓丘脑侧束传导痛觉和温度觉的冲动,脊髓丘脑前束传导粗触觉和压觉的冲动(图 12-3)。

(2)下行(运动)纤维束:皮质脊髓束(corticospinal tract)是脊髓中最大的下行纤维束。大脑皮质运动区发出的下行纤维,大部分在延髓的锥体交叉处交叉到对侧,并在脊髓外侧索中下行,称皮质脊髓侧束;小部分不交叉的纤维于同侧脊髓前索中下行,称皮质脊髓前束(图 12-3)。皮质脊髓束的纤维支配脊髓灰质前角运动神经元的活动。

(三)脊髓的功能

1. 反射功能 脊髓是调节躯体运动的最基本中枢,如骨骼肌牵张反射等,同时脊髓也可以完成一些简单的内脏反射。

(1)脊髓前角运动神经元和运动单位:在脊髓灰质的前角中存在大量躯体运动神经元,分为 α 和 γ 两类。它们发出的神经纤维末梢均释放乙酰胆碱,通过神经肌肉接头的传递支配骨骼肌细胞活动。

α 运动神经元的神经纤维支配梭外肌纤维,引起骨骼肌兴奋和收缩。α 运动神经元既接受外周感受器的传入信息,又接受大脑皮质、脑干等高位中枢的下行信息。各种信息在 α 运动神经元总和再影响梭外肌活动。因此,α运动神经元被称为支配躯干和四肢骨骼肌运动的最后通路。α运动神经元的纤维末梢在所支配的肌肉中分成若干小支,每一小支支配一个骨骼肌纤维。由一个α运动神经元支配的所有肌纤维组成的功能单位,称为一个运动单位(motor unit)。运动单位大小差别很大。四肢肌肉的一个运动单位可有2000条左右肌纤维,有利于肌肉产生较大的肌张力。而一个眼外肌的运动单位仅有6～12条肌纤维,这样有利于肌肉活动的精细支配。

γ运动神经元发出的神经纤维支配骨骼肌的梭内肌纤维,可调节肌梭的敏感性。可通过改变肌梭传入冲动影响α运动神经元活动,从而间接支配骨骼肌的运动。

(2)骨骼肌牵张反射:外力牵拉神经支配完整骨骼肌时,可引起该肌肉反射性收缩,这种反射称为骨骼肌牵张反射(stretch reflex)。其特点是感受器与效应器在同一块肌肉内。牵张反射可分为腱反射(tendon reflex)和肌紧张(muscle tonus)两种类型。缓慢持久牵拉刺激会引起骨骼肌张力增加,但肌肉无明显缩短,该类型反射称为肌紧张。肌紧张是姿势反射的基础,在维持躯体姿势中起重要作用。快速牵拉肌腱时会引起受牵拉肌肉迅速明显的缩短,称为腱反射,又称位相性牵张反射。如:叩击股四头肌肌腱可引起股四头肌收缩,称为膝跳反射(图12-4);叩击跟腱引起腓肠肌收缩称为跟腱反射;叩击肱二头肌肌腱或肱三头肌肌腱引起相应肌肉收缩,分别称肱二头肌反射(屈肘反射)或肱三头肌反射(伸肘反射)。腱反射为单突触反射,潜伏期很短。临床上常用腱反射了解神经系统的功能状态。脊髓的反射中枢部位比较局限,腱反射的减弱或消失,常提示反射弧的传入、传出通路或脊髓特定部位的损伤;在整体情况下,牵张反射是受高位中枢调节的,腱反射的亢进,常提示高位中枢的病变。常用的腱反射见表12-1。

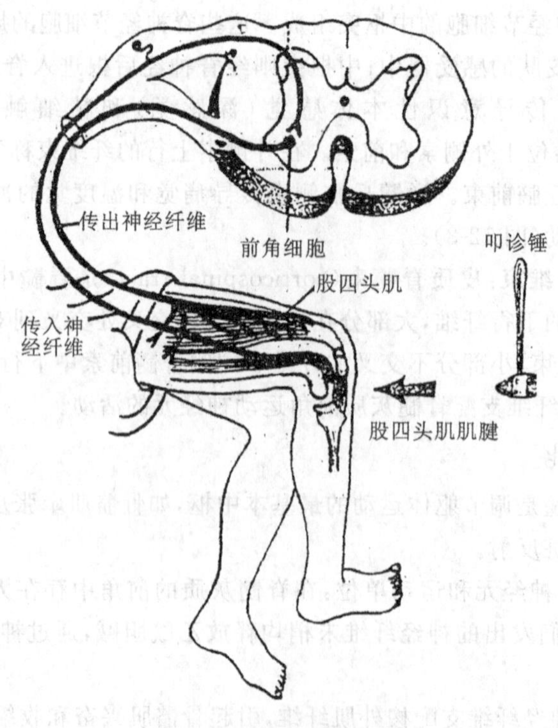

图 12-4　膝跳反射示意图

表 12-1 常用的腱反射

名称	检查方法	中枢部位	效应
屈肘反射	叩击肱二头肌肌腱	$C_5 \sim C_7$	肘部屈曲
膝跳反射	叩击股四头肌肌腱	$L_2 \sim L_4$	小腿伸直
跟腱反射	叩击跟腱	$L_5 \sim S_2$	踝关节跖屈

(3)内脏反射:脊髓是内脏反射的低级中枢,可完成发汗、血管运动、排尿、排便等内脏反射。

2. 传导功能 脊髓内的纤维束是联络脑与身体各部的传导通路。

脊髓与高位中枢离断后,会暂时丧失所有反射活动的能力,这种现象称为脊休克(spinal shock)。脊休克的主要表现:横断面以下脊髓所支配的骨骼肌紧张减低甚至消失,外周血管扩张,血压下降,发汗反射丧失,粪尿潴留等。人类外伤引起的脊休克,需数周以至数月才能恢复部分脊髓反射。动物越高等,其脊髓功能对高位中枢的依赖程度越高。脊休克恢复过程中,首先恢复的是一些比较简单、比较原始的反射,如屈肌反射、腱反射等;然后是比较复杂的反射,如对侧伸肌反射、搔扒反射等。反射恢复后动物的血压可逐渐上升到一定水平。自主排便与排尿反射也逐渐恢复。屈肌反射、发汗反射等一些反射甚至比正常时增强和范围更广泛。脊休克及部分脊反射的恢复现象说明脊髓可以独立完成一些简单的反射,同时也说明正常脊髓的功能受高位中枢的调节。

由于离断脊髓内的上、下行纤维束难以重新接通,脊髓与高位中枢的联系中断,因此脊髓离断水平以下的各种感觉丧失,随意运动消失。

二、脑

脑(brain)位于颅腔内,可分端脑、间脑、脑干和小脑四部分(图 12-5)。

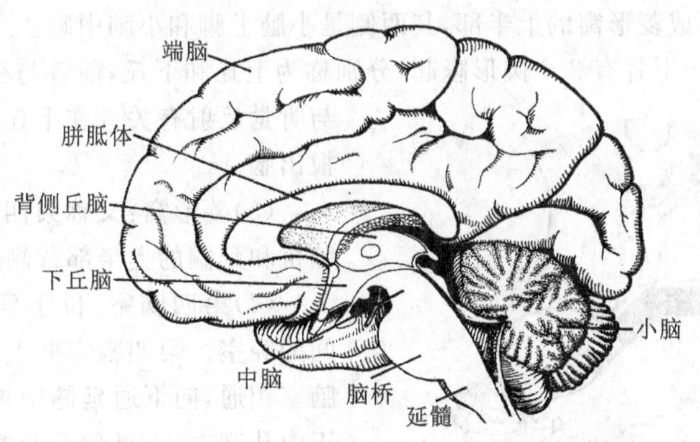

图 12-5 脑的正中矢状切面

(一)脑干

脑干(brain stem)自下而上由延髓、脑桥和中脑三部分组成。延髓在枕骨大孔处下接脊髓,中脑上连间脑,延髓和脑桥的背面与小脑相连(图 12-6、图 12-7)。

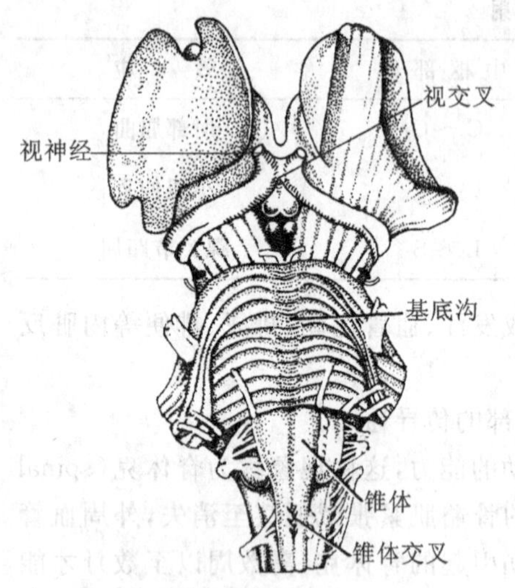

图 12-6　脑干的外形(腹侧面)

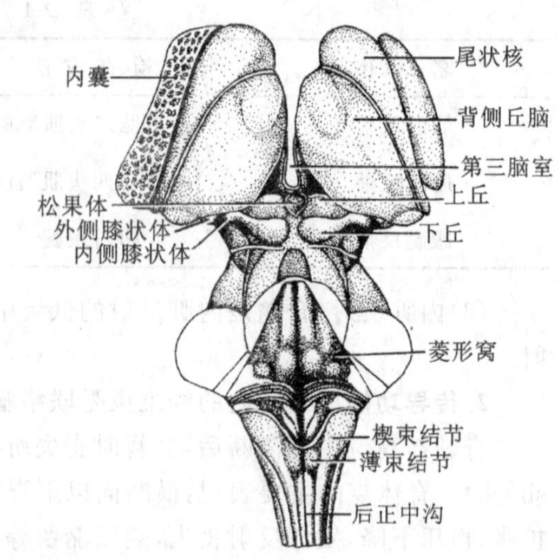

图 12-7　脑干的外形(背面)

1. 脑干的外形

(1)腹侧面:延髓(medulla oblongata)在腹侧面上有与脊髓相续的沟和裂。位于前正中裂两侧的纵行隆起,称为锥体(pyramid),其内有皮质脊髓束通过;该纤维束的大部分纤维在延髓腹侧的下部交叉到对侧,形成锥体交叉(decussation of pyramid)。

脑桥(pons)位于脑干中部,其腹侧面宽阔膨大,称脑桥基底部。基底部正中的纵行浅沟,称基底沟,容纳基底动脉。基底部向后外逐渐变窄,移行为小脑中脚。

中脑(midbrain)腹侧面一对粗大的柱状隆起,称大脑脚,主要由大量来自大脑皮质发出的下行纤维束构成,两脚之间的凹陷为脚间窝。大脑脚的内侧有动眼神经根出脑。

(2)背侧面:延髓背侧面下份有后正中沟,其两侧各有 2 个较小的隆起,内侧的称薄束结节,内有薄束核;外侧的称楔束结节,内含楔束核。

脑桥背侧面形成菱形窝的上半部,其两侧是小脑上脚和小脑中脚。

中脑背侧面上、下各有 2 个圆形隆起,分别称为上丘和下丘,前者与视觉反射有关;后者与听觉反射有关。在下丘的下部有滑车神经根出脑。

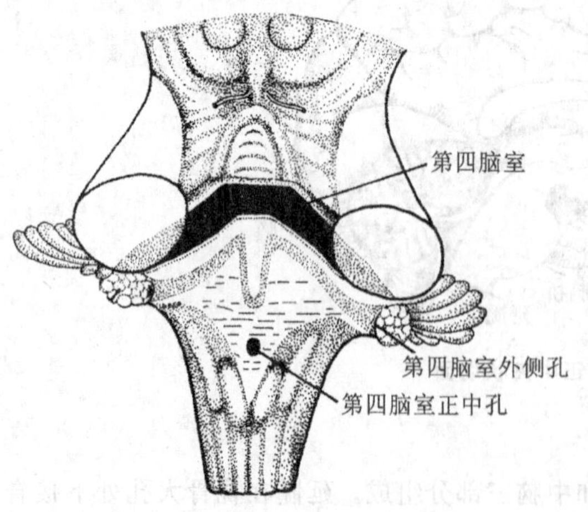

图 12-8　第四脑室

(3)菱形窝:又称第四脑室底,呈菱形,由脑桥和延髓的上半部背侧面构成。

(4)第四脑室:位于延髓、脑桥和小脑之间的腔室。第四脑室向上经中脑水管与第三脑室相通,向下通延髓中央管,并借第四脑室正中孔和左、右外侧孔与蛛网膜下隙相通(图 12-8)。

2. 脑干内部结构　主要包括三部分:灰质内的脑神经核和非脑神经核,白质内的纤维束,灰、白质交织而成的网状结构。

(1)脑神经核:脑干内直接与脑神经(第

3～12对)相连的神经核。脑神经核可分为躯体运动核、躯体感觉核、内脏运动核和内脏感觉核4种,并与脑神经的纤维成分相对应。

(2)非脑神经核:脑干的低级中枢或上、下行传导通路的中继核,如薄束核和楔束核、红核和黑质等。①薄束核和楔束核:躯干和四肢意识性本体感觉传导通路中的中继核,位于薄束结节和楔束结节的深面。两核发出的纤维,在中央管腹侧的中线左右交叉,称内侧丘系交叉。交叉后的纤维在中线两侧转折上行,称内侧丘系。②红核:小脑和大脑至脊髓的下行的中继核,主要位于中脑上丘平面。③黑质:大脑至间脑以及脑干网状结构的下行中继核,又是多巴胺的来源,位于红核的腹外侧。

(3)纤维束:上行纤维束(内侧丘系、脊髓丘系等)和下行纤维束(锥体系等)。

①上行纤维束:a. 内侧丘系(medial lemniscus):由对侧薄束核和楔束核发出,上行至间脑和背侧丘脑。传导来自对侧躯干和四肢的意识性本体觉和精细触觉冲动。b. 脊髓丘系(spinal lemniscus):来自脊髓丘脑束,上行至背侧丘脑。传导对侧躯干、四肢的温、痛、触压觉冲动。c. 三叉丘系(trigeminal lemniscus):由三叉神经脊束核和脑桥核发出,上行至背侧丘脑。传导对侧头面部温、痛、触压觉等感觉冲动。d. 外侧丘系(lateral lemniscus):由蜗神经核发出,止于下丘,传导听觉信息。

②下行纤维束:主要是锥体系,包括大脑皮质中央前回和中央旁小叶前部发出下行止于脊髓前角的皮质脊髓束(corticospinal tract)及止于脑干躯体运动神经核的皮质核束(corticonuclear tract)。

(4)脑干网状结构:在脑干中央部的腹内侧,神经纤维纵横交织成网,网中散在有大小不等的神经细胞,称为网状结构。脑干网状结构与端脑、间脑、小脑和脊髓都有联系,具有调节躯体运动(如延髓的抑制区和易化区)、内脏活动(如呼吸中枢和心血管运动中枢)和影响大脑皮质(如上行网状激动系统)等作用。

3. 脑干的主要功能

(1)反射活动的重要中枢:延髓可视为人体基本的生命活动中枢,维持着生命必需的心血管活动、呼吸运动等(详见脉管系统和呼吸系统)。脑桥有角膜反射中枢,瞳孔对光反射中枢位于中脑。

(2)传导功能:四大丘系与锥体系司感觉与运动的传导。

(3)脑干网状结构:上行网状结构激动作用可使大脑皮层处于觉醒状态,还通过下行系统对伸肌(抗重力肌)肌紧张发挥调节作用。

(二)小脑

小脑(cerebellum)位于颅后窝,延髓和脑桥的后方,通过小脑上脚、中脚和下脚与脑干相连。

1. 小脑的外形 小脑中间比较狭窄的部位,称小脑蚓,两侧膨大部分,称小脑半球。小脑半球上面前1/3和后2/3交界处的深沟,称原裂。在小脑蚓下部两旁,部分靠近延髓背面的小脑半球向下膨隆,称小脑扁桃体(tonsil of cerebellum)。当颅内高压时,小脑扁桃体向下嵌入枕骨大孔,形成小脑扁桃体疝,从而压迫延髓,危及生命(图12-9、图12-10)。

2. 小脑的分叶

(1)绒球小结叶:位于小脑下面的最前部。因其种系发生上最古老,称原小脑。

(2)前叶:位于小脑上部原裂以前的部分,因其在种系发生上较晚,称旧小脑。

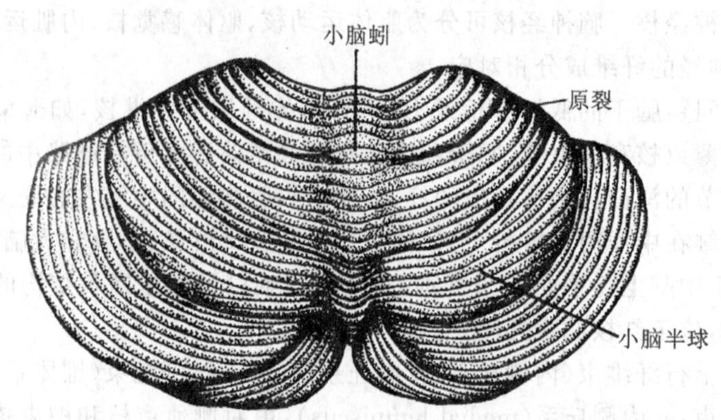

图 12-9 小脑的外形(上面)

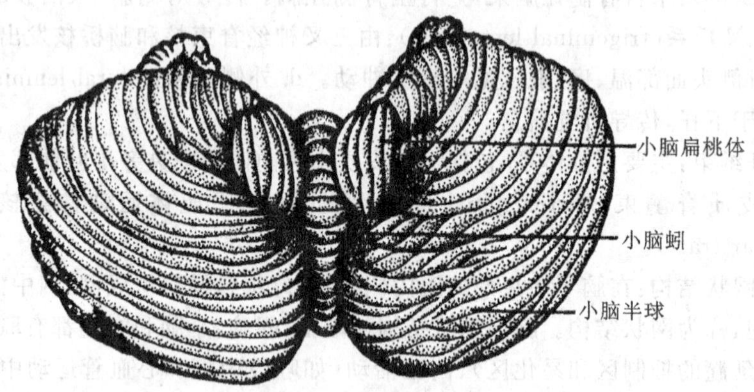

图 12-10 小脑的外形(下面)

(3)后叶:原裂以后的部分,因其在进化过程中是新发生的结构,称新小脑。

3. 小脑的功能 参与维持身体平衡,调节肌紧张,协调随意运动。

(三)间脑

间脑(diencephalon)位于中脑与端脑之间,大部分被大脑半球掩盖,仅有部分露于脑底。间脑中间的窄腔为第三脑室。间脑由背侧丘脑、后丘脑、下丘脑、上丘脑和底丘脑 5 个部分组成。

1. 背侧丘脑(dorsal thalamus) 背侧丘脑简称丘脑,由 1 对卵圆形灰质团块组成。

2. 后丘脑(metathalamus) 后丘脑位于脑的后下方,包括内侧膝状体和外侧膝状体(图 12-7)。前者接受听觉传入纤维,后者接受视束的传入纤维。

3. 下丘脑(hypothalamus) 下丘脑位于背侧丘脑的下方,下丘脑的下面,是间脑唯一露于脑底的部分,由前向后依次为视交叉、灰结节、乳头体。灰结节向下延续为漏斗,漏斗下端连接垂体。下丘脑内有许多神经核,其中视上核和室旁核分别分泌抗利尿激素和催产素(图 12-11)。

下丘脑是调节内脏活动的较高级中枢,下丘脑内存在有摄食、饮水、情绪反应、体温调节等重要中枢,并可通过下丘脑调节性肽对垂体的内分泌活动进行调节。

4. 第三脑室 第三脑室是位于左、右背侧丘脑和下丘脑之间的矢状间隙,其前方借左、右室间孔与左、右侧脑室相通，后方借中脑水管与第四脑室相通(图 12-12)。

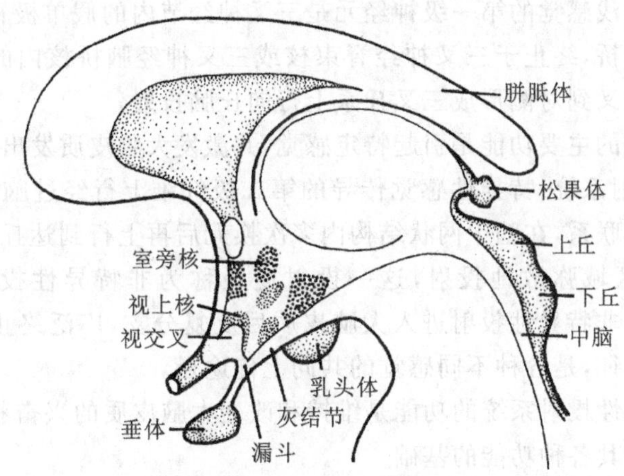

图 12-11 下丘脑的主要核团

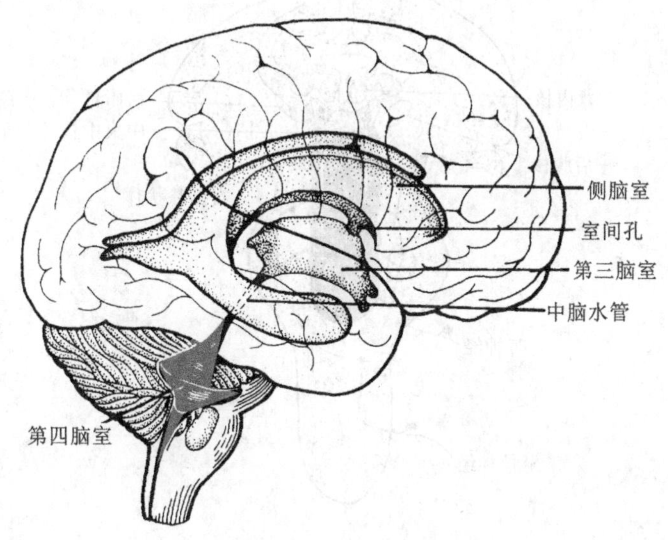

图 12-12 脑室的投影

5. 丘脑的感觉投射 丘脑由近 40 个神经核组成。除嗅觉外的各种上行(感觉)纤维均终止于丘脑，再由丘脑核团内的神经元发出纤维向大脑皮质投射。因此，丘脑被称为感觉投射的中继站、换元站或接替站。

(1)特异性投射系统：各种躯体感觉冲动(视觉、听觉、嗅觉、味觉除外)基本可通过三级神经元的传递到达大脑皮质相应区域(图 12-13)。

传导躯干和四肢浅感觉(痛觉、温度觉、轻触觉)的第一级神经元是位于脊神经节内的假单极神经元，其周围突深入组织形成感受器，其中枢突与脊髓灰质后角的第二级神经元联系；第二级神经纤维交叉到对侧形成脊髓丘脑束上行，再向丘脑投射。

传导躯干和四肢深感觉(精细触觉、肌肉本体觉和关节的位置觉、振动觉)的第一级神经元也是位于脊神经节内的假单极神经元，其中枢突在同侧脊髓白质上行形成薄束或楔束，分别终止于薄束核或楔束核。薄束核、楔束核的神经元为第二级，其发出神经纤维交叉到对侧形成内侧丘系再向丘脑投射。

传导头面部躯体浅感觉的第一级神经元是三叉神经节内的假单极神经元。其中枢突组成三叉神经根进入脑桥，终止于三叉神经脊束核或三叉神经脑桥核内的第二级神经元。第二级神经元的纤维交叉到对侧形成三叉丘系上行向丘脑投射。

特异性投射系统的主要功能是引起特定感觉，并激发大脑皮质发出传出神经冲动。

(2)非特异性投射系统：特异性感觉传导的第二级纤维上行经过脑干时，发出侧支与脑干网状结构的神经元联系，在脑干网状结构内多次换元后再上行到达丘脑髓板内核群，然后向大脑皮质的广泛区域弥散地投射，这一投射途径称为非特异性投射系统(nonspecific projection system)。非特异性投射进入大脑皮质后反复分支，广泛终止于各层细胞。它不具有点对点的投射特征，是各种不同感觉的共同上传途径。

一般认为非特异性投射系统的功能是维持和改变大脑皮质的兴奋状态。而大脑皮质保持一定的兴奋状态是其各种功能的基础。

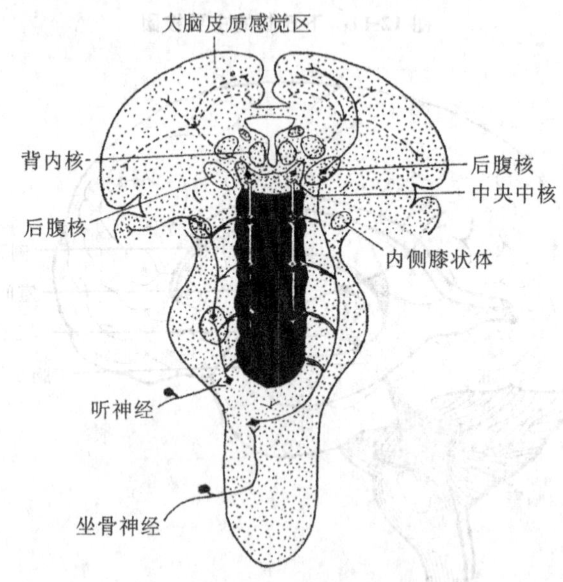

图 12-13　感觉投射系统示意图

注：实线代表特异性投射系统，虚线代表非特异性投射系统。

(四)端脑

端脑(telencephalon)由两侧大脑半球借胼胝体连接而成。左右两侧大脑半球由大脑纵裂将其分开。大脑纵裂底部有连接两侧大脑半球的横行纤维，称胼胝体。大脑半球表面的一层灰质，称大脑皮质。皮质深面是髓质(白质)。深埋在髓质内的一些灰质核团，称基底核。大脑半球内部的腔隙，称侧脑室。

1. 大脑半球的外形　大脑半球表面凹凸不平，凹处为脑沟，凸处为脑回。大脑半球借中央沟、外侧沟和顶枕沟，分为 5 叶：额叶、顶叶、颞叶、枕叶和岛叶。中央沟前方的部分是额叶(frontal lobe)，中央沟后方、外侧沟上方的部分是顶叶(parietal lobe)，外侧沟下方的部分是颞叶(temporal lobe)，顶枕沟后方较小的部分是枕叶(occipital lobe)，岛叶(insula)则藏于外侧沟的深部。每侧大脑半球有 3 个面：上外侧面、内侧面和底面。

(1)大脑半球上外侧面(图 12-14):①额叶:在中央沟前方有与之平行的中央前沟,两沟间的部分称中央前回。②顶叶:在中央沟后方有与之平行的中央后沟,两沟间的部分称中央后回。③颞叶:紧靠外侧沟的是颞上回,颞上回后部有几条短的颞横回。④枕叶:在外侧面上有恒定的沟和回。⑤岛叶:藏于外侧沟的深部,周围有环状的沟围绕,其表面有长短不等的脑回。

(2)大脑半球内侧面(图 12-15):额叶、顶叶、枕叶、颞叶 4 叶都有部分扩展到大脑半球内侧面。中央前、后回延伸至大脑半球内侧面的部分称中央旁小叶。距状沟位于枕叶,从后端的下方起,呈弓形向后至枕叶后端。间脑上方有联络两侧大脑半球的胼胝体。在胼胝体上方的沟称胼胝体沟。扣带沟位于胼胝体沟的上方,与之平行,二者间的脑回是扣带回。

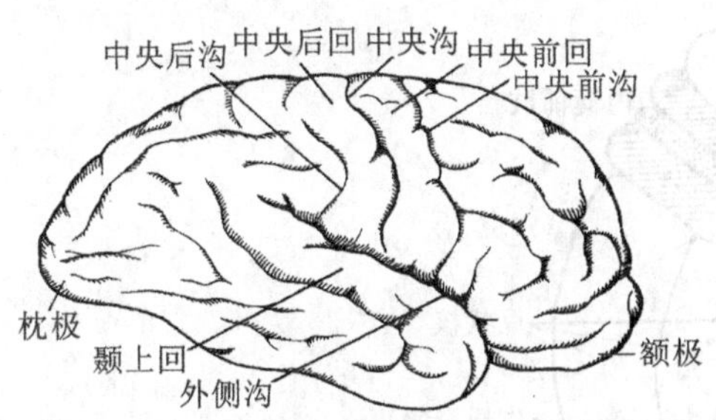

图 12-14　大脑半球的外形(上外侧面)

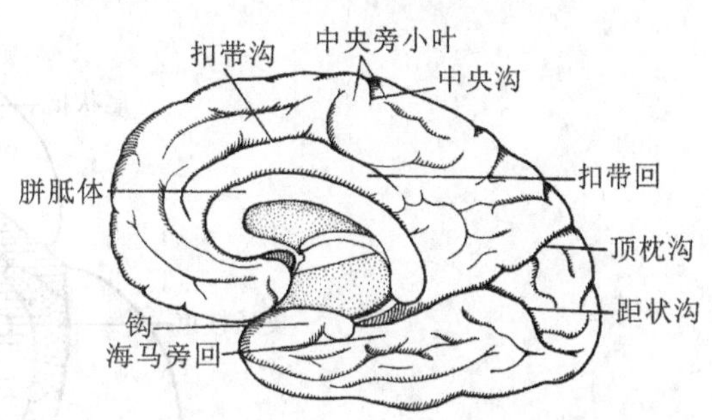

图 12-15　大脑半球的外形(内侧面)

(3)大脑半球底面:由额叶、枕叶、颞叶组成。颞叶下方有海马旁回,其前端弯成钩形的部分,称钩。

2. 大脑半球的内部结构

(1)大脑皮质:高级神经活动的物质基础,含有约 140 亿个神经元。机体各种功能的最高级中枢在大脑皮质上都有特定的功能区。

(2)基底核(basal nuclei):又称基底神经节,是位于大脑半球白质内的灰质团块,位置在背侧丘脑的外上方,靠近脑底,包括尾状核、豆状核、杏仁体(图 12-16)。

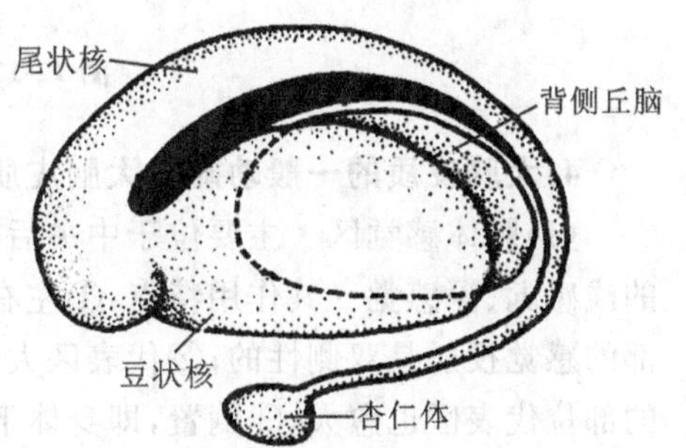

图 12-16　基底核与背侧丘脑的位置关系(左侧)

①纹状体:由尾状核和豆状核组成。豆状核又是由外周的壳和内部的苍白球所组成。尾状核与豆状核的壳在种系上发生较晚,合称新纹状体。苍白球较为古老,称旧纹状体。纹状体是锥体外系的重要组成部分,具有维持肌张力、协调肌群运动的功能。②杏仁体:靠近大脑半球的底面。位于海马旁回的深面。其功能与内脏活动、行为和内分泌有关。

人类基底神经节损伤的主要临床表现有两类:一类表现为肌紧张过强而随意运动过少,如帕金森病(Parkinson disease);另一类表现为肌紧张减退,非随意运动过多,如亨廷顿病(Huntington disease)和手足徐动症(athetosis)等。

(3)大脑髓质:由大量的神经纤维组成,可分为 3 类。①连合纤维:连接左右大脑半球皮质的纤维,如胼胝体等。②联络纤维:联系同侧大脑半球各部之间的纤维。③投射纤维:由联系大脑皮质与皮质下中枢之间的上、下行纤维组成。这些纤维大部分经过内囊。

内囊(internal capsule)位于背侧丘脑、尾状核和豆状核之间(图 12-17)。在内囊水平面上,左右略呈“＞＜”。内囊分三部分:内囊前肢位于尾状核与豆状核之间;内囊后肢位于背侧丘脑与豆状核之间;内囊膝为前肢和后肢的相交处。内囊是上、下行纤维束聚集的区域,因此当营养内囊的小动脉破裂(脑出血)或栓塞时,可导致内囊膝和内囊后肢的受损,引起偏身感觉丧失、对侧偏瘫和双眼对侧视野偏盲,即“三偏”症状。

3. 边缘系统 边缘系统(limbic system)由边缘叶(limbic lobe)和与其相联系的皮质下结构所组成。在大脑半球的内侧面,由扣带回、海马旁回等结构围绕胼胝体形成的一环状结构,称边缘叶。边缘系统参与觅食、生殖、内脏和情绪调节等功能。

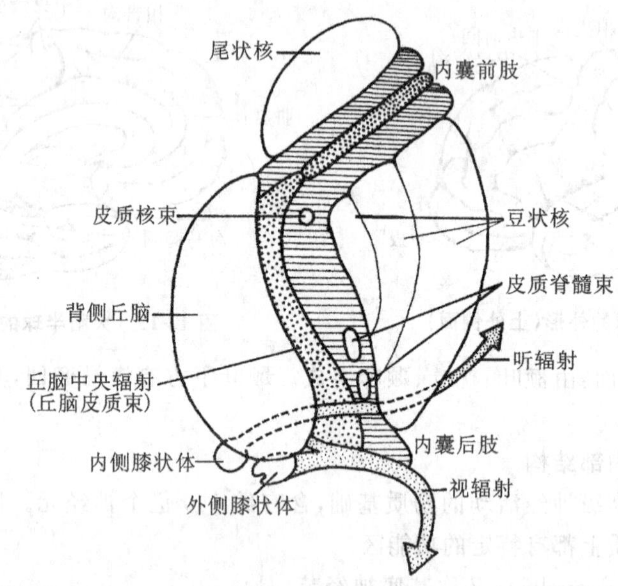

图 12-17 右侧内囊的水平切面

4. 大脑皮质的一般功能 大脑皮质是感觉与运动的最高级中枢。

(1)躯体感觉区 主要位于中央后回和中央旁小叶后部(图 12-18、图 12-19),管理全身的浅感觉、深感觉。其作用特点:①左右交叉,即身体一侧传入冲动向对侧皮质投射,但头面部的感觉投射是双侧性的;②代表区大小与体表部位的感觉分辨精细程度有关,分辨愈精细的部位代表区也愈大;③倒置,即身体下部的感觉投射到中央后回的顶部和中央旁小叶的后部,身体上部的感觉投射到中央后回的中间部位,头面部感觉投射到中央后回的底部,但头面部代表区的内部安排仍为正立。

(2)视区 位于枕叶内侧面距状沟两侧及枕极的皮质。

(3)听区 位于颞叶的颞横回。听觉投射是双侧性的。

(4)躯体运动区 主要位于中央前回和中央旁小叶的前部(图 12-18、图 12-19),管理全身骨骼肌的运动。其对躯体运动的控制有以下特征(图 12-20):①交叉支配:一侧大脑皮质运动区支配对侧躯体的骨骼肌运动。但在头面部,仅有面神经下核支配的眼裂以下表情肌和舌下神经核支配的舌肌接受对侧半球运动区控制。多数骨骼肌,如咀嚼肌、喉肌及眼裂以

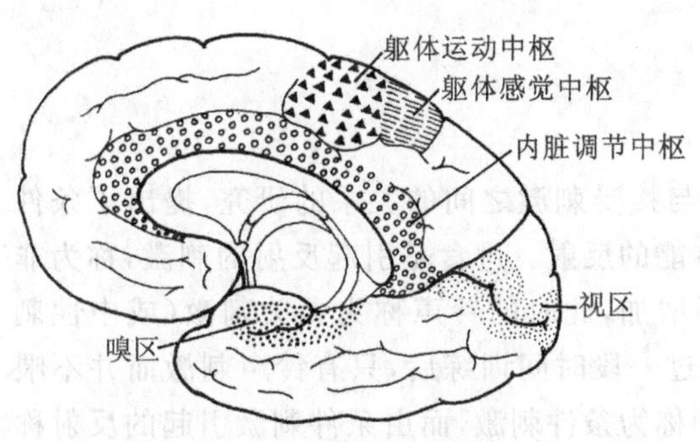

图 12-18 大脑皮质的主要功能区(内侧面)

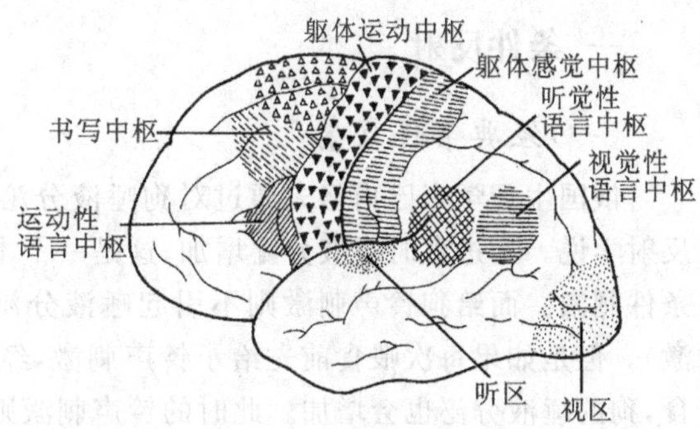

图 12-19 大脑皮质的主要功能区(外侧面)

上表情肌受双侧皮质运动区控制。所以,当一侧内囊损伤时,将引起对侧躯体肌肉瘫痪,而在头面部仅引起对侧眼裂以下表情肌和舌肌瘫痪。②倒置分布:与体表感觉区相似,运动区对骨骼肌的支配在空间安排上分工明确而有序,总体呈倒置分布,但头面部代表区内部的安排仍是正立的。③代表区大小与运动精细程度成正比。如手、头面部、舌等运动灵活精巧的部位,在皮质运动区中的代表区较大,而躯干等在皮质运动区中的代表区却小得多。

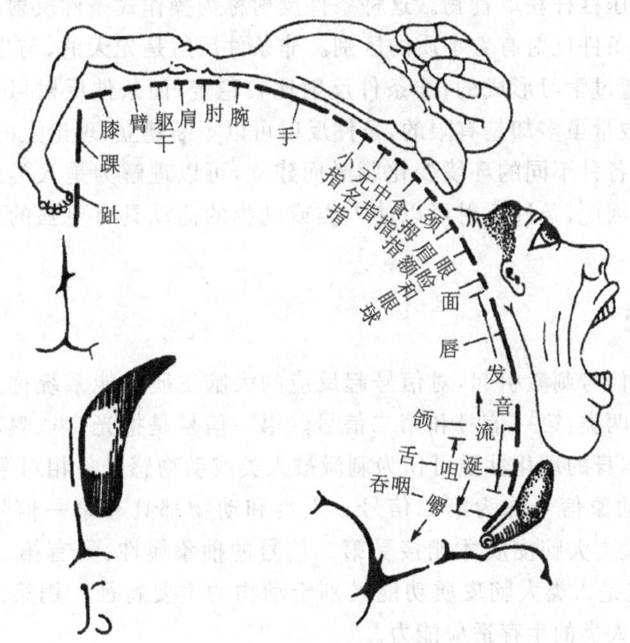

图 12-20 大脑皮质运动区

第三节 脑的高级功能

学习、记忆、语言、思维和意识的形成等活动称为脑的高级功能,这些高级功能往往和大脑新皮质有关。一般认为条件反射是脑的多种高级功能的基础。

一、条件反射

（一）经典条件反射

俄国生理学家巴甫洛夫通过对狗唾液分泌与接受刺激之间的关系的研究，提出了条件反射学说。狗进食时唾液分泌增加，这是一个本能的反射。进食是引起反射的刺激，称为非条件刺激。而给狗铃声刺激则不引起唾液分泌增加，此时的铃声称为无关刺激（或中性刺激）。但是如果每次喂食前先给予铃声刺激，经过一段时间训练后，只有铃声刺激而并不喂食，狗的唾液分泌也会增加。此时的铃声刺激则称为条件刺激，而由条件刺激引起的反射称为条件反射（conditional reflex）。形成条件反射的条件是将无关刺激与非条件刺激在时间上反复结合，这个过程称为强化。理论上，只要是能被动物感知的刺激，都可用来强化建立条件反射。

（二）操作式条件反射

操作式条件反射是更为复杂的条件反射，要求动物完成一定的操作才能建立。例如，先训练猴子压杠杆来获取食物，然后用灯光、铃声等信号刺激强化建立条件反射。猴子在这些信号出现时就会去压杠杆获取食物。这种条件反射称为操作式条件反射。

条件反射与非条件反射有着本质的区别。非条件反射是先天的、与生俱来的，而条件反射是后天建立的、通过学习形成的；非条件反射比较稳定，而条件反射可建立、消退、分化和泛化；非条件反射数量虽多却是有限的，条件反射可以不断建立，理论上的数量是无限的。

条件反射可因各种不同的环境变化刺激而建立，可以理解为是人类或动物通过学习对先天能力的扩增。因此，条件反射可以使人类或动物的活动具有更强的预见性和更广泛的适应性。

二、信号系统

条件反射是由信号刺激引起，对信号起反应的大脑皮质功能系统称为信号系统。信号通常根据属性分为两类：第一信号和第二信号。第一信号是指光、声、嗅、味、触等现实具体的信号，这些信号本身的理化性质可作为刺激被人类或动物感受。相对第一信号，人们将语言、文字和符号等抽象信号称为第二信号。人类和动物都具有第一信号系统（first signal system）。而只有人类大脑皮质才能接受第二信号的抽象属性，具有第二信号系统（second signal system）。这是人类大脑皮质功能区别于动物的主要特征。用第二信号建立条件反射可以进一步提高人类的生存适应能力。

三、大脑皮质的语言中枢和优势半球概念

（一）大脑皮质的语言中枢

语言通常被分为听、说、读、写四种技能，实际上这些技能在大脑皮质有着不同的代表区。临床发现，大脑皮质不同区域的损伤，可引起不同的语言活动功能障碍。如，若中央前回底部前方的 Broca 三角区受损，患者可以看懂文字，也能听懂别人的谈话，发声功能并不丧失却不会说话，称为运动性失语症，Broca 三角区则是运动性语言中枢（图 12-19）所在；若损伤额中回后部接近中央前回手部代表区的部位，患者可以听懂别人说话，看懂文字，自己

也会说话，手的功能也正常，但却不会写字，称为失写症，大脑皮质相关区域则称为书写中枢（图 12-19）；若颞上回后部损伤，患者能讲话及书写，也能看懂文字，听力正常但却听不懂别人说话的含义，称感觉性失语症，该语言中枢称为听觉性语言中枢（图 12-19）；若角回受损，患者视觉和其他语言功能（包括书写、说话和听懂别人谈话等）正常，但看不懂文字的含义，称失读症；还有一些大脑皮质局部区域损伤导致其他语言功能障碍的临床报道。由此可见，语言活动的完整功能与大脑皮质多个区域的活动有关。各区域的功能是密切相关的，严重的失语症可同时出现上述四种语言活动功能的障碍。

（二）大脑皮质功能的一侧优势

对于主要使用右手的成年人，当左侧大脑半球受损时，会产生上述各种语言功能障碍，而右侧大脑皮质的损伤对语言功能影响较小。这说明与语言有关的中枢主要集中在左侧大脑皮质，称为大脑皮质语言功能的一侧优势。这种现象有一定的遗传因素，但主要是在后天生活实践中逐步形成的，与人类习惯使用右手有密切关系。大脑皮质语言功能的一侧优势一般在 10 至 12 岁时就逐步建立。成人之前，当左侧大脑半球受损害后，还可能在右侧大脑皮质建立语言活动中枢。但成年之后，左侧语言优势已经形成，如果左侧大脑半球损伤，就很难在右侧大脑皮质建立起语言活动中枢。部分主要使用左手及左右手混用的人，他们的语言优势半球可位于右半球。也有人双侧大脑皮质均存在语言中枢。

大脑皮质语言功能一侧优势的现象，说明了人类两侧大脑半球的功能是不对等的。左侧大脑半球在语言功能上占优势，而右侧大脑半球则在非语词性的认识功能上占优势，如对空间的辨认、深度知觉、触觉认识、音乐欣赏等。但这种一侧优势也是相对的，左侧大脑半球也有一定的非语词性的认识功能，而右侧大脑半球也有一定的简单的语词功能。

第四节　脑的电活动与睡眠觉醒

一、脑电图和皮质诱发电位

将记录电极置于头皮的一定部位可记录到一些有规律的电位变化，这些电位变化图形称为脑电图（electroencephalogram，EEG）。脑电图是大脑皮质神经细胞的生物电活动的反映。将电极直接置于大脑皮质表面，记录到的电位变化图形则称为皮质电图。

大脑皮质在无特殊外界刺激的情况下自发产生的节律性电位变化，称为自发脑电活动。此时的脑电图称自发脑电图。当外加某种刺激时，在皮质某一局限区域可引导出与刺激在时间上相关的电位变化，称为皮质诱发电位（evoked cortical potential）。常见的有体感诱发电位、视觉诱发电位和听觉诱发电位等。

人类的自发脑电图波形不规则。根据频率与振幅的不同，正常脑电图的基本波形可分为α、β、θ、δ 四种（图 12-21）。

1. α 波　频率为每秒 8～13 次，波幅为 20～100 μV，主要在成人清醒、安静且闭眼时出现。当睁开眼睛或受到其他刺激时 α 波立即消失而呈现 β 波，这一现象称为 α 波阻断。再次安静闭眼时，α 波又会重新出现。

2. β 波　频率最快，为每秒 14～30 次。波幅最小，为 5～20 μV。当受试者睁眼或受到

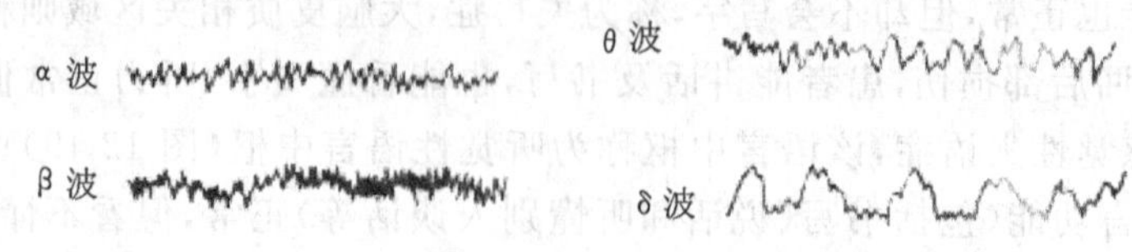

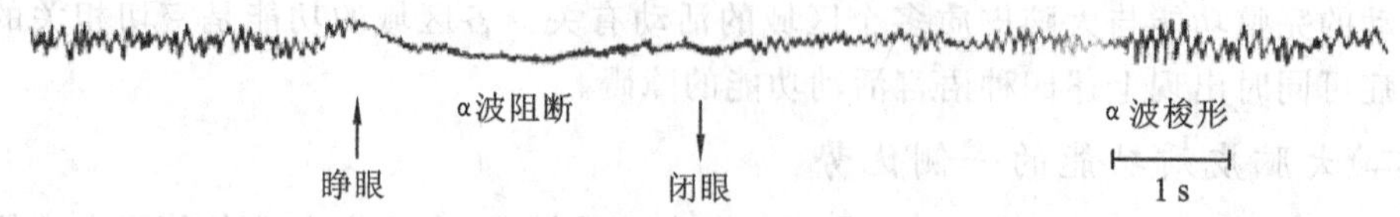

图 12-21　正常人脑电图的几种基本波形

其他刺激时，出现β波。一般认为出现β波反映大脑皮质处于紧张活动状态。

3. θ 波　频率为每秒 4～7 次，波幅为 100～150 μV，一般在成人困倦时出现。

4. δ 波　频率最慢，为每秒 0.5～3 次，波幅最大，为 20～200 μV。成人在睡眠、极度疲劳或大脑器质性病变等时可出现此波。婴儿常可记录到此波。

低频率、高振幅的脑电波称为同步化脑电波，一般认为同步化脑电波反映大脑皮质处于抑制状态；脑电波转化为低振幅、高频率称为去同步化，表示大脑皮质兴奋的增强。

癫痫、脑炎和脑肿瘤等疾病时，会出现明显异常的脑电波，因此脑电图在临床上可用于辅助诊断。

二、觉醒与睡眠

人体觉醒和睡眠两种生理活动状态交替出现。在觉醒状态下，人可以进行学习和其他活动；通过睡眠，人体的精力和体力可以得到恢复。

（一）觉醒状态

觉醒可有脑电觉醒和行为觉醒两种状态。在行为觉醒状态时，人或动物出现各种觉醒时的行为表现。而脑电觉醒状态是指人或动物的脑电图呈现去同步化快波，但不表现出觉醒行为。研究表明，产生这两种觉醒状态的机制可能是不同的。中脑黑质的多巴胺递质系统可能参与行为觉醒状态的维持，而蓝斑上部的去甲肾上腺素递质系统可能与脑电觉醒有关。脑干网状结构上行激动系统（乙酰胆碱递质系统）可调制上述作用。

（二）睡眠状态

睡眠可分为两种不同的时相状态，分别称为慢波睡眠（slow wave sleep，SWS）和快波睡眠（fast wave sleep，FWS）。快波睡眠又称异相睡眠（paradoxical sleep，PS）或快速动眼（rapid eye movement，REM）睡眠。

在慢波睡眠时相，脑电图呈现同步化的慢波。此时相内人主要的生理表现如下：听、嗅、视、触等感觉功能暂时减退；骨骼肌反射活动和肌紧张减弱；呼吸变慢、心率减慢、血压下降、瞳孔缩小、尿量减少、代谢降低、体温下降、胃液分泌可增多而唾液分泌减少和发汗功能增强等。生长激素的分泌在此时相明显增多。一般认为，慢波睡眠有利于恢复体力和促进生长。

在快波睡眠时相，脑电图呈现去同步化的快波。在此时相，人各种感觉功能进一步减退，唤醒阈提高；骨骼肌反射活动和肌紧张进一步减弱，肌肉几乎完全松弛；此外，还会有一些阵发性表现如眼球出现快速运动、部分肢体抽动、心率加快、血压升高和呼吸加深而不规则等。一般认为快波睡眠有利于促进精力的恢复。通过动物脑灌流实验，观察到快波睡眠期间脑内蛋白质合成加快。因此快波睡眠被认为与幼儿神经系统的成熟有密切关系，并认为此时相的睡眠有助于建立新的突触联系而促进学习记忆活动。快波睡眠期间自主神经系统的一些阵发性表现如呼吸加快、心率变快和血压升高等，又可能成为心绞痛、哮喘、阻塞性肺气肿等一些疾病发作的诱因。快波睡眠时将受试者唤醒，80%的人报告说正在做梦，而在慢波睡眠期间此比例不足 10%，所以做梦也被认为是快波睡眠的一个特征。

在完整的睡眠过程中以上两种睡眠时相交替出现。成人睡眠开始于慢波睡眠，持续 80～120 min后转入快波睡眠，再持续 20～30 min 又转入慢波睡眠。如此交替反复 4～5 次即完成睡眠过程。两种时相的睡眠都可以直接转为觉醒状态。

对于恢复体力和精力而言，高质量的睡眠至少有两个要素。一是合理的时间，一般来说，成人每天睡眠需 7～9 h，老人略少，儿童需要的睡眠时间较长；另一是睡眠状态的质量，特别是睡眠过程的完整。

第五节　周围神经系统

一、脊神经

脊神经（spinal nerve）共有 31 对，从上到下分为颈神经（cervical nerve）8 对、胸神经（thoracic nerve）12 对、腰神经（lumbar nerve）5 对、骶神经（sacral nerve）5 对和尾神经（coccygeal nerve）1 对。每对脊神经通过前根和后根与相应的脊髓节段相连（图 12-22）。

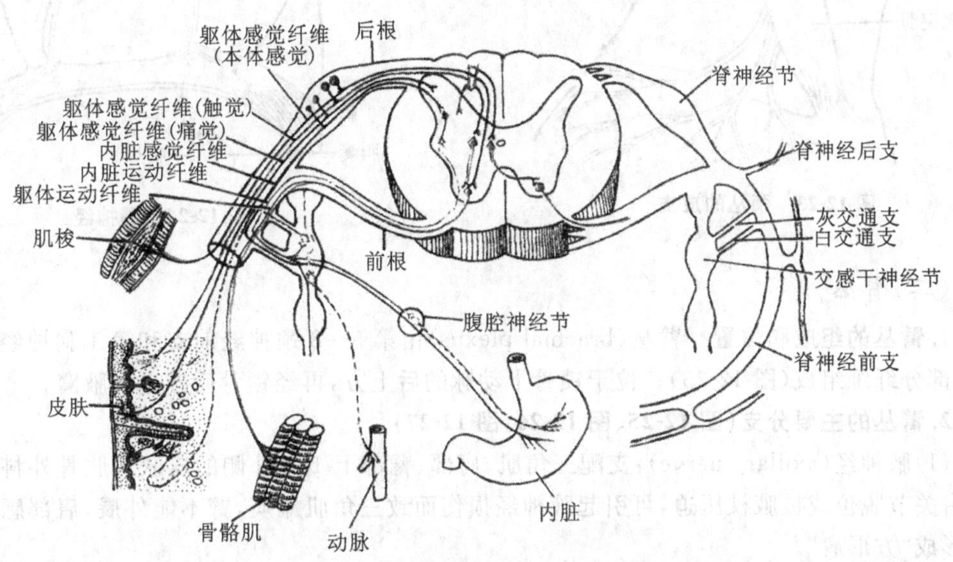

图 12-22　脊神经的组成及分布模式图

前根和后根在椎间孔处合成一条粗短的脊神经，脊神经为混合性神经，前根内含有运动纤维（躯体运动和内脏运动纤维），后根内含有感觉纤维（躯体感觉和内脏感觉纤维）。

脊神经出椎间孔后立即分为脊神经前支和脊神经后支等 4 支。脊神经前支粗而长，为混合性神经，分布于躯干前外侧、四肢的肌、关节、骨和皮肤。胸神经前支保持节段性走行和分布，其余脊神经前支则交织形成神经丛，即颈丛、臂丛、腰丛和骶丛，再由各神经丛发出分支分布。脊神经后支细而短，为混合性神经，节段性地分布于项、背、腰、骶部的深层肌和皮肤。

（一）颈丛

1. 颈丛的组成和位置 颈丛（cervical plexus）由第 1～4 颈神经前支交织而成（图 12-23），位于胸锁乳突肌中上部的深面。

2. 颈丛的分支 颈丛的分支包括皮支和肌支。皮支分布于枕部、耳廓、颈部及肩部，肌支分布于颈深部的肌群、舌骨下肌群及膈肌。

膈神经（phrenic nerve）（图 12-24）为混合性神经，是颈丛中最重要的分支，其运动纤维支配膈肌；感觉纤维分布于心包、胸膜及膈下部分腹膜。膈神经损伤的主要表现为同侧膈肌瘫痪、呼吸困难。膈神经受刺激时可产生呃逆。

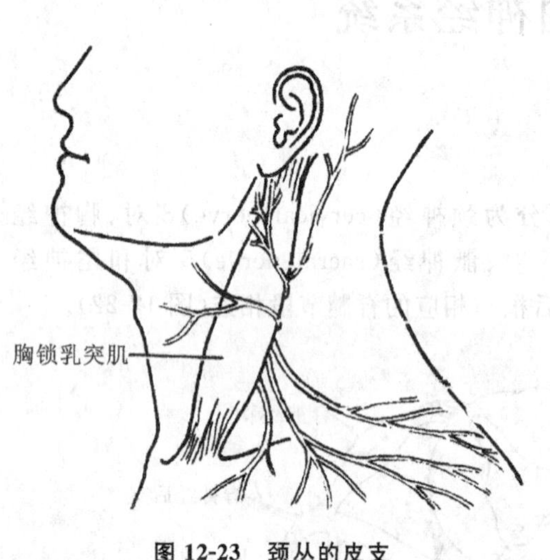

图 12-23 颈丛的皮支

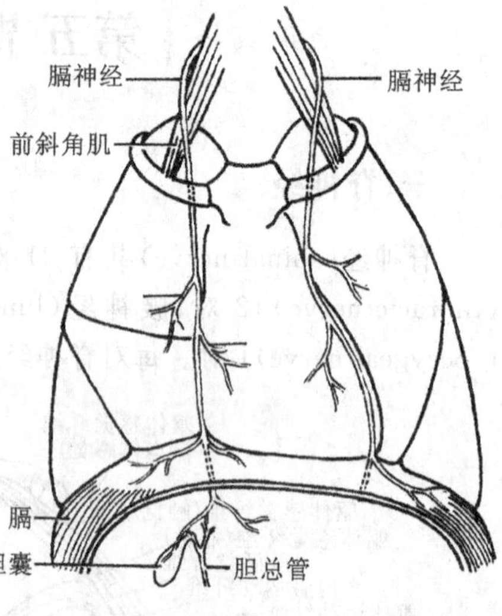

图 12-24 膈神经

（二）臂丛

1. 臂丛的组成和位置 臂丛（brachial plexus）由第 5～8 颈神经前支和第 1 胸神经前支的大部分纤维组成（图 12-25）。位于锁骨下动脉的后上方，再经锁骨后方进入腋窝。

2. 臂丛的主要分支（图 12-25、图 12-26、图 12-27）

（1）腋神经（axillary nerve）：支配三角肌、肩部、臂部上 1/3 外侧的皮肤。肱骨外科颈骨折、肩关节脱位或被腋杖压迫，可引起腋神经损伤而致三角肌瘫痪，臂不能外展，肩部感觉障碍，形成“方形肩”。

（2）肌皮神经（musculocutaneous nerve）：支配上臂前群肌及前臂外侧皮肤。

（3）正中神经（median nerve）：主要支配前臂屈肌、大鱼际肌。皮支分布于手掌桡侧 2/3 的皮肤、桡侧 3 个半手指掌面以及其背面中节和远节的皮肤。正中神经损伤表现为屈指、屈

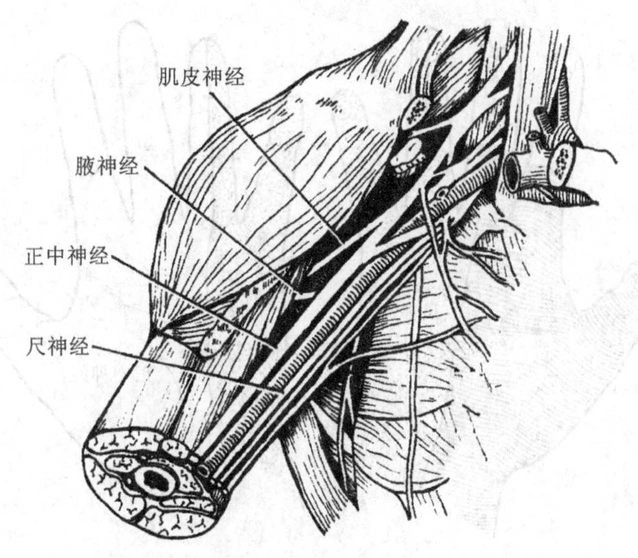

图 12-25 臂丛及其分支

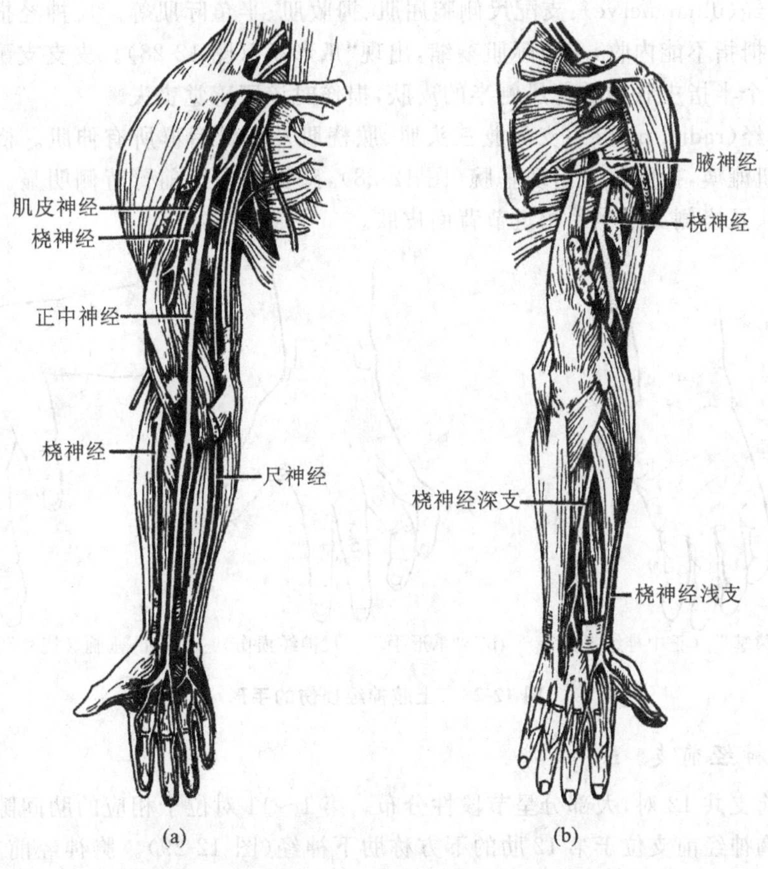

图 12-26 上肢的神经(右侧)

腕、屈肘能力减弱,以桡侧明显;拇指不能对掌;感觉丧失以大鱼际肌明显。大鱼际肌萎缩,手掌平坦,也称“猿掌”(图 12-28)。

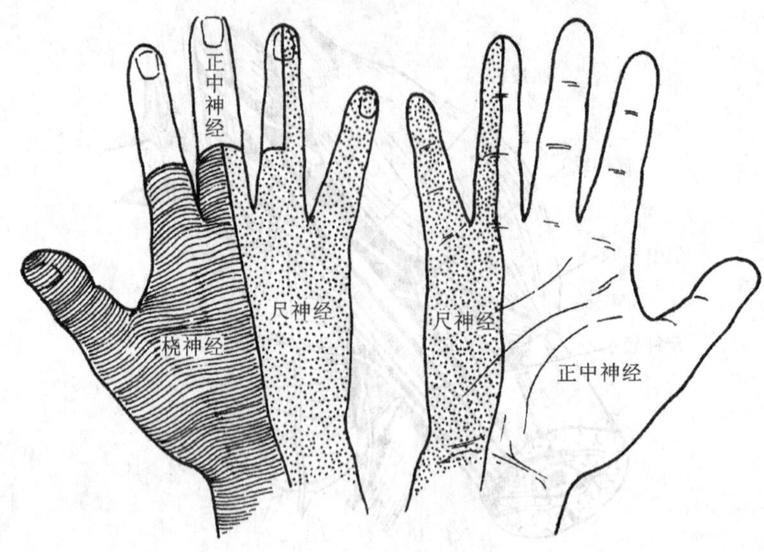

图 12-27　手皮肤的神经分布

(4)尺神经(ulnar nerve):支配尺侧腕屈肌、拇收肌、半鱼际肌等。尺神经损伤表现为屈腕能力减弱,拇指不能内收,小鱼际肌萎缩,出现"爪形手"(图 12-28)。皮支支配小鱼际肌的皮肤、尺侧 1 个半指皮肤和手背尺侧半的皮肤,损伤时该区感觉丧失。

(5)桡神经(radial nerve):支配肱三头肌、肱桡肌及前臂后群所有伸肌。桡神经损伤表现为前臂伸肌瘫痪,抬前臂时出现垂腕(图 12-28),感觉丧失以前臂背侧明显。皮支支配手背桡侧半皮肤及桡侧 2 个半手指近节背面皮肤。

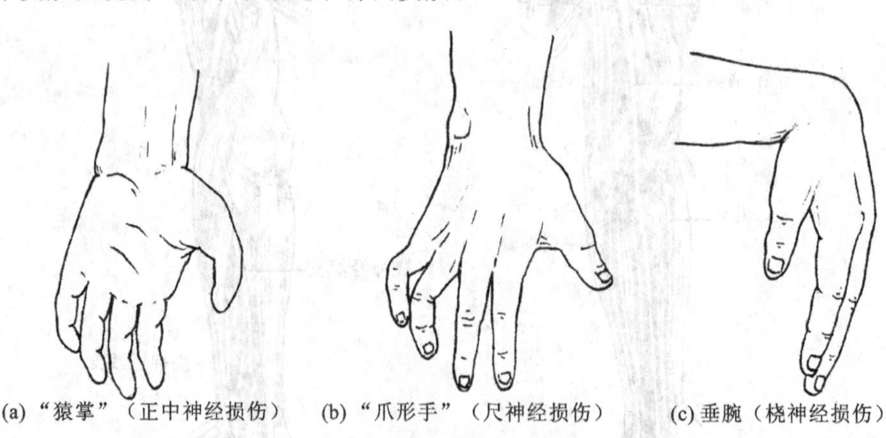

(a)"猿掌"(正中神经损伤)　(b)"爪形手"(尺神经损伤)　(c)垂腕(桡神经损伤)

图 12-28　上肢神经损伤的手形

(三)胸神经前支

胸神经前支共 12 对,大部分呈节段性分布。第 1～11 对位于相应的肋间隙内称肋间神经,第 12 对胸神经前支位于第 12 肋的下方称肋下神经(图 12-29)。胸神经前支在胸、腹壁皮肤的节段性分布最为明显,临床上据此来检查感觉障碍的节段。

(四)腰丛

1. 腰丛的组成和位置　腰丛(lumbar plexus)由第 12 胸神经前支一部分及第 1～3 腰神

经前支和第4腰神经前支一部分组成(图12-30)。腰丛位于腰大肌的深面。

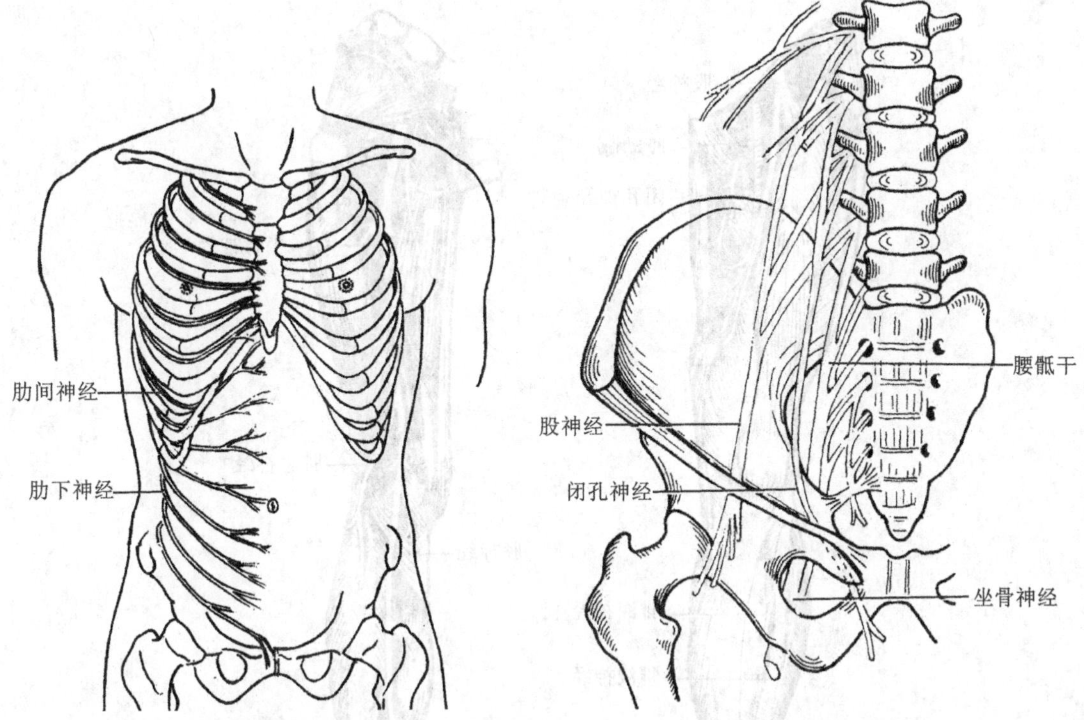

图12-29 肋间神经在胸腹壁的分布

图12-30 腰丛、骶丛组成模式图

2. 腰丛的主要分支 包括股神经、闭孔神经等。

(1)股神经(femoral nerve):腰丛中最大的分支,经腹股沟韧带中点进入大腿前方,肌支分布于股前部肌群;皮支分布于股前皮肤、小腿及足内侧皮肤。股神经损伤表现:屈髋无力,坐位时不能伸膝,行走困难,膝跳反射消失,大腿前面及小腿内侧面皮肤感觉障碍。

(2)闭孔神经(obturator nerve):位于大腿内侧,支配大腿内侧肌群和皮肤。

(五)骶丛

1. 骶丛的组成和位置 骶丛(sacral plexus)由第4腰神经前支一部分和第5腰神经前支合成的腰骶干及全部骶神经和尾神经前支组成。骶丛位于骶骨及梨状肌的前方。

2. 骶丛的主要分支(图12-31) 坐骨神经(sciatic nerve)是全身最粗大的神经,经梨状肌下孔出盆腔后,经坐骨结节与大转子之间下行达股后区,下降至腘窝上方分为胫神经和腓总神经。①胫神经(tibial nerve):在腘窝下行至小腿后部,经内踝后方至足底。分布于膝关节、小腿后群肌和皮肤、足底肌和皮肤。胫神经损伤的主要表现为足背屈伴外翻(钩形足),足底感觉丧失。②腓总神经(common peroneal nerve):在腘窝处绕至小腿前方,分为腓浅神经和腓深神经。腓总神经分布于小腿前群肌、足背肌及相应部位的皮肤。腓深神经损伤的典型表现为足跖屈伴内翻(马蹄内翻足),同时伴有小腿前、外侧面及足背的感觉丧失。

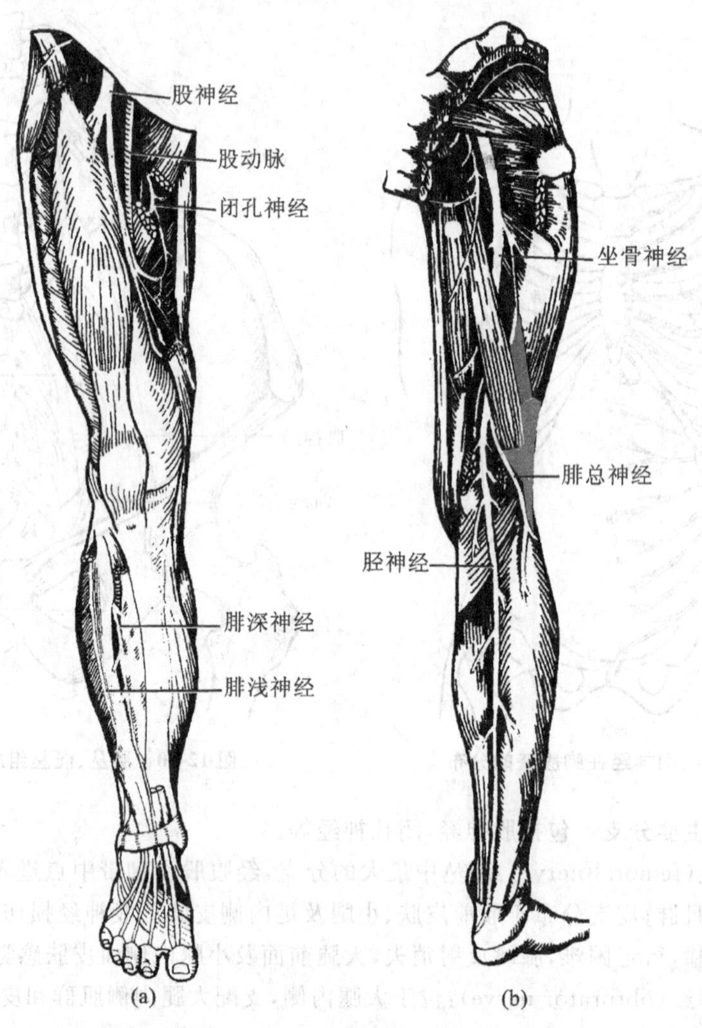

图 12-31　下肢的神经(右侧)

二、脑神经

脑神经(cranial nerve)是与脑相连的周围神经，共 12 对(图 12-32)，其排列顺序一般用罗马数字表示：Ⅰ嗅神经、Ⅱ视神经、Ⅲ动眼神经、Ⅳ滑车神经、Ⅴ三叉神经、Ⅵ展神经、Ⅶ面神经、Ⅷ前庭蜗神经、Ⅸ舌咽神经、Ⅹ迷走神经、Ⅺ副神经、Ⅻ舌下神经。脑神经中的神经纤维有躯体感觉纤维、内脏感觉纤维、躯体运动纤维和内脏运动纤维。

每对脑神经内所含神经纤维的种类不同。根据脑神经所含神经纤维不同，将脑神经分为感觉性神经(Ⅰ、Ⅱ、Ⅷ对脑神经)、运动性神经(Ⅲ、Ⅳ、Ⅵ、Ⅺ、Ⅻ对脑神经)和混合性神经(Ⅴ、Ⅶ、Ⅸ、Ⅹ对脑神经)(表 12-2、表 12-3)。

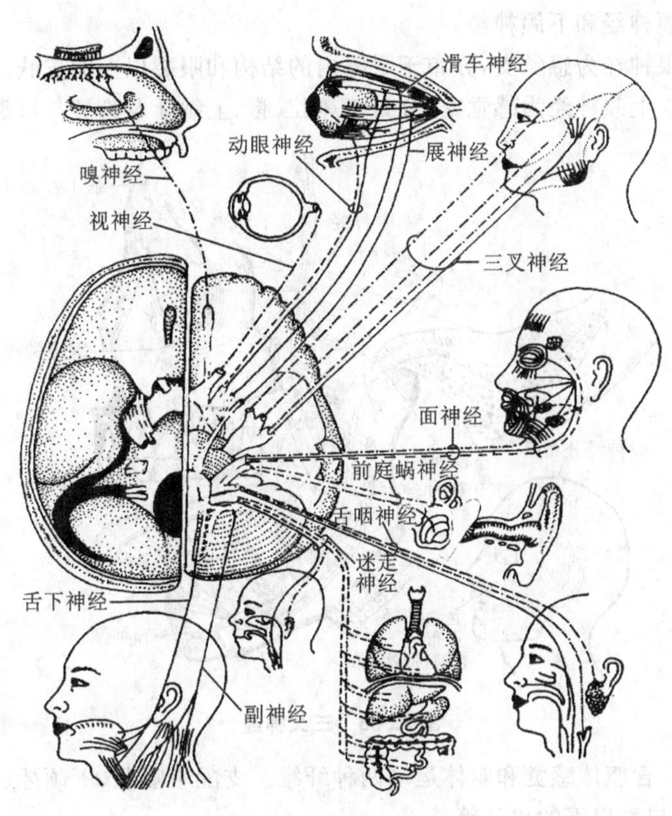

图 12-32　脑神经概况

表 12-2　脑神经的性质及连接脑部

顺序及名称	性　质	连接脑部
Ⅰ 嗅神经	感觉性	端脑
Ⅱ 视神经	感觉性	间脑
Ⅲ 动眼神经	运动性	中脑
Ⅳ 滑车神经	运动性	中脑
Ⅴ 三叉神经	混合性	脑桥
Ⅵ 展神经	运动性	脑桥
Ⅶ 面神经	混合性	脑桥
Ⅷ 前庭蜗神经	感觉性	脑桥
Ⅸ 舌咽神经	混合性	延髓
Ⅹ 迷走神经	混合性	延髓
Ⅺ 副神经	运动性	延髓
Ⅻ 舌下神经	运动性	延髓

(一)三叉神经

三叉神经(trigeminal nerve)(图 12-33)含躯体运动和躯体感觉两种纤维。发出 3 条神经，即眼神经、上颌神经和下颌神经。

1. 眼神经　眼神经为感觉支，分布于眼眶内的结构和眼裂以上的皮肤。

2. 上颌神经　上颌神经为感觉支，分布于鼻腔、腭、上颌牙及睑裂与口裂之间的皮肤。

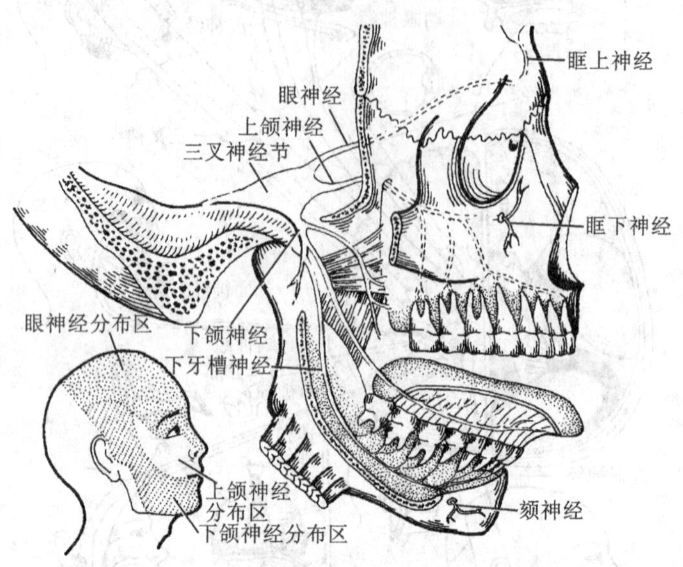

图 12-33　三叉神经

3. 下颌神经　含躯体感觉和躯体运动两种纤维。支配咀嚼肌、下颌牙、舌前 2/3 及口腔底黏膜、耳颞区及口裂以下的皮肤等。

三叉神经在头、面部皮肤的分布范围，以睑裂和口裂为界。眼神经分布于睑裂以上的皮肤；上颌神经分布于睑裂与口裂之间的皮肤；下颌神经分布于口裂以下的皮肤。

（二）面神经

面神经(facial nerve)(图 12-34)含有内脏运动、内脏感觉和躯体运动三种纤维。

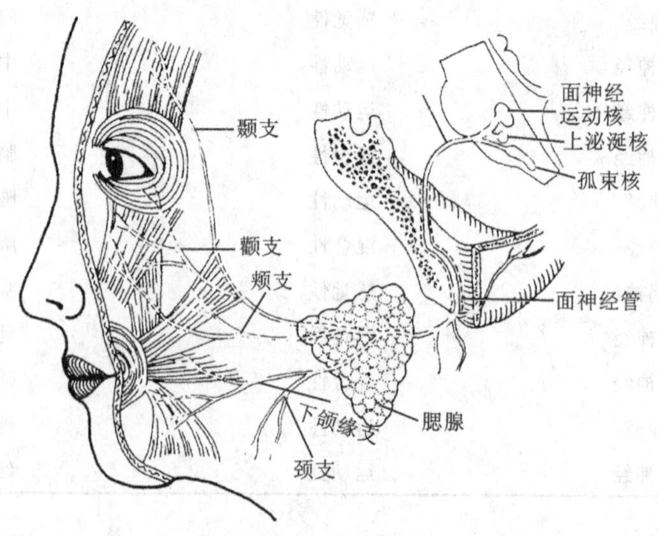

图 12-34　面神经

内脏运动纤维分布于下颌下腺和舌下腺，支配其分泌活动；内脏感觉纤维分布于舌前2/3的味蕾，司味觉；躯体运动纤维支配面部表情肌及颈阔肌。

(三)迷走神经

迷走神经(vagus nerve)(图 12-35、图 12-36)在脑神经中行程最长，分布最广。迷走神经含有躯体运动、躯体感觉、内脏运动和内脏感觉四种纤维，其中内脏运动纤维是迷走神经的主要纤维成分。

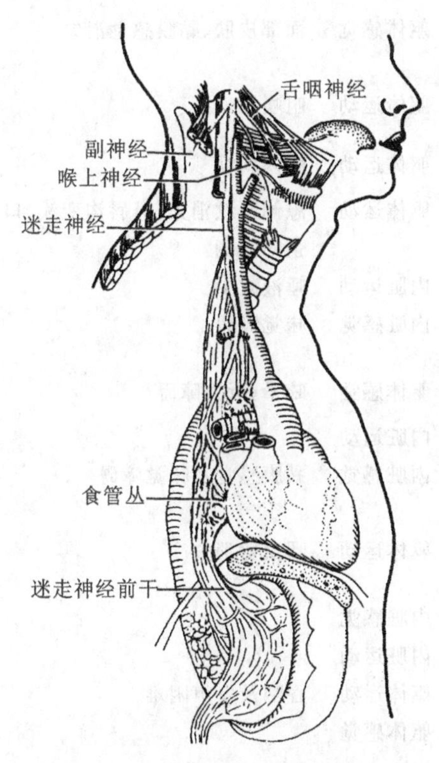

图 12-35 舌咽神经、迷走神经及副神经

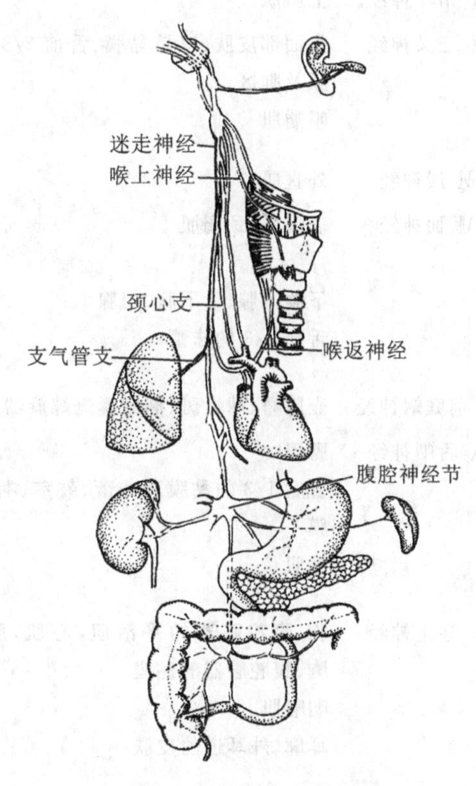

图 12-36 迷走神经分布示意图

迷走神经在颈部、胸部和腹部的主要分支如下。

1. 喉上神经 分布于声门裂以上的喉黏膜，支配环甲肌。

2. 喉返神经 喉返神经为混合性神经。其感觉支分布于声门裂以下的喉黏膜，肌支支配除环甲肌以外的喉肌。喉返神经单侧损害可致声音嘶哑或发音困难，双侧损害则引起呼吸困难，甚至窒息。

3. 胃前支和肝支 胃前支分布于胃和幽门部前壁、十二指肠上部和胰头，肝支分布于肝、胆囊及胆道。

4. 胃后支和腹腔支 胃后支分布于胃和幽门部后壁，腹腔支分布于肝、胆、脾、胰、肾、肾上腺以及结肠左曲之前的消化管。

脑神经分布如表 12-3 所示。

表 12-3 脑神经分布简表

顺序及名称	分布	纤维成分	损伤后的主要症状
Ⅰ 嗅神经	鼻腔黏膜嗅区	内脏感觉	嗅觉障碍
Ⅱ 视神经	眼球视网膜	躯体感觉	视觉障碍
Ⅲ 动眼神经	上、下、内直肌，下斜肌，上睑提肌	躯体运动	眼外斜视、上睑下垂
	瞳孔括约肌、睫状肌	内脏运动	瞳孔散大、对光反射消失
Ⅳ 滑车神经	上斜肌	躯体运动	瞳孔不能斜向外下
Ⅴ 三叉神经	头面部皮肤、口鼻黏膜、舌前 2/3 的黏膜及眶区	躯体感觉	面部皮肤、黏膜感觉消失
	咀嚼肌	躯体运动	咀嚼肌瘫痪
Ⅵ 展神经	外直肌	躯体运动	眼内斜视
Ⅶ 面神经	表情肌、颈阔肌	躯体运动	患侧额纹消失、鼻唇沟变浅、口角歪向健侧
	下颌下腺、舌下腺、泪腺	内脏运动	唾液减少
	舌前 2/3 的味蕾	内脏感觉	味觉障碍
Ⅷ 前庭蜗神经	壶腹嵴、球囊斑、椭圆囊斑螺旋器	躯体感觉	眩晕、听力障碍
Ⅸ 舌咽神经	腮腺	内脏运动	
	舌后 1/3 的黏膜和味蕾、鼓室、咽的黏膜	内脏感觉	黏膜感觉及味觉障碍
	咽肌	躯体运动	咽反射消失
Ⅹ 迷走神经	胸、腹腔脏器的平滑肌，心肌，腺体，	内脏感觉	
	胸、腹腔脏器的黏膜	内脏运动	
	咽喉肌	躯体运动	吞咽及发声困难
	耳廓、外耳道的皮肤	躯体感觉	
Ⅺ 副神经	胸锁乳突肌、斜方肌、咽喉肌	躯体运动	颜面不能转向对侧、耸肩无力
Ⅻ 舌下神经	舌内肌、舌外肌	躯体运动	舌尖偏向患侧

第六节 脑和脊髓的被膜、血管及脑脊液

一、脑和脊髓的被膜

脑和脊髓的被膜，由外向内分为硬膜、蛛网膜和软膜三层（图 12-37），对脑和脊髓起保护、支持和营养的作用。

（一）硬膜

硬膜是由厚而坚韧的致密结缔组织构成。包裹脊髓的为硬脊膜，包裹脑表面的是硬脑膜。

1. 硬脊膜(spinal dura mater) 硬脊膜附着于枕骨大孔边缘，与硬脑膜相延续；下端达第2骶椎平面，并逐渐变细，包裹终丝，其末端附着于尾骨。硬膜外隙(epidural space)是指硬脊膜与椎管内面的骨膜之间的窄隙，其内呈负压，含有脊神经根、疏松结缔组织、脂肪组织、淋巴管和椎内静脉丛等(图12-38)。临床上进行的硬膜外麻醉，就是将药物注入此隙。

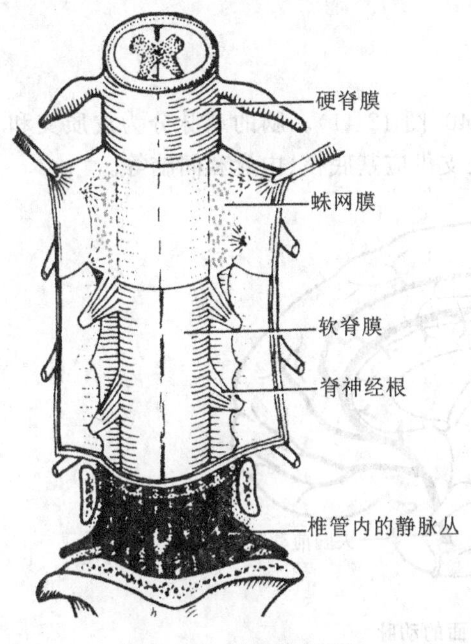

图 12-37 脊髓的被膜

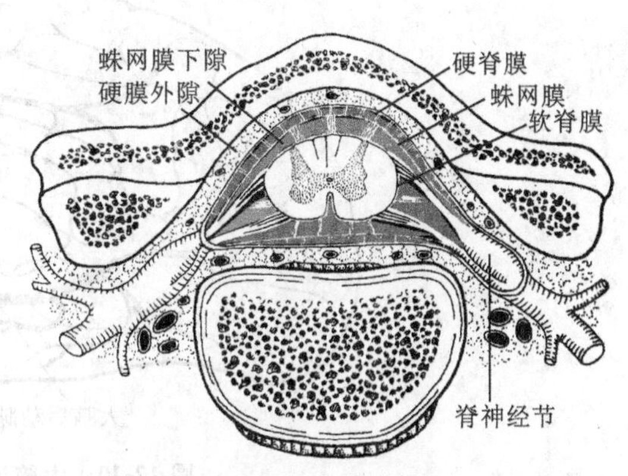

图 12-38 脊髓的被膜及其周围的间隙

2. 硬脑膜(cerebral dura mater) 硬脑膜为双层膜，由外层的颅内骨膜和内层的硬膜组成。其外层与颅顶骨结合较颅底疏松，故颅顶骨骨折易形成硬膜外血肿，而颅底骨折则易撕裂硬脑膜和蛛网膜(两者紧密相贴)，造成脑脊液外漏。硬脑膜还形成某些特殊的结构：形似镰刀，以矢状位伸入大脑半球之间的称为大脑镰，位于大脑与小脑之间的称为小脑幕。

(二)蛛网膜

蛛网膜(arachnoid mater)为一层无血管、神经的透明结缔组织薄膜，与其外面的硬膜相贴。蛛网膜与软膜之间的窄隙，称蛛网膜下隙，隙内充满脑脊液(图12-39)。

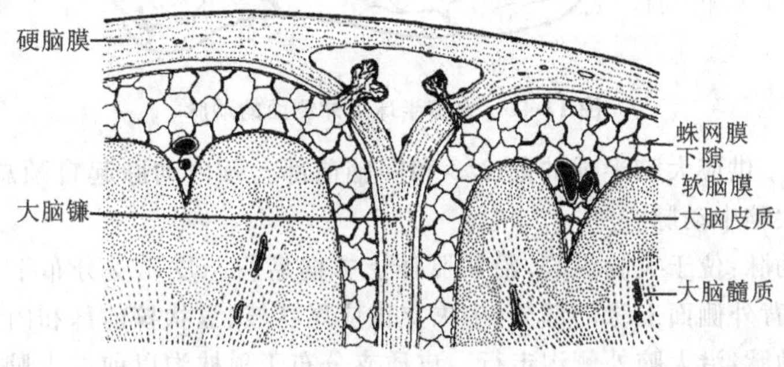

图 12-39 蛛网膜

(三)软膜

软膜(pia mater)为一层含有丰富血管的透明结缔组织膜。紧贴脊髓表面的称软脊膜,紧贴脑表面的称软脑膜。

二、脑的血管

(一)脑的动脉

脑的动脉主要来源于颈内动脉和椎动脉(图 12-40、图 12-41)。脑的动脉分为皮质支和中央支,皮质支供应大脑、小脑皮质及附近髓质,中央支供应基底核、内囊和间脑等。

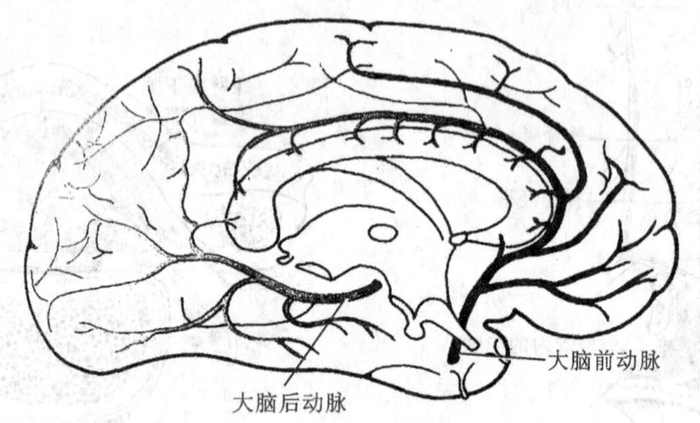

图 12-40 大脑半球内侧面的动脉

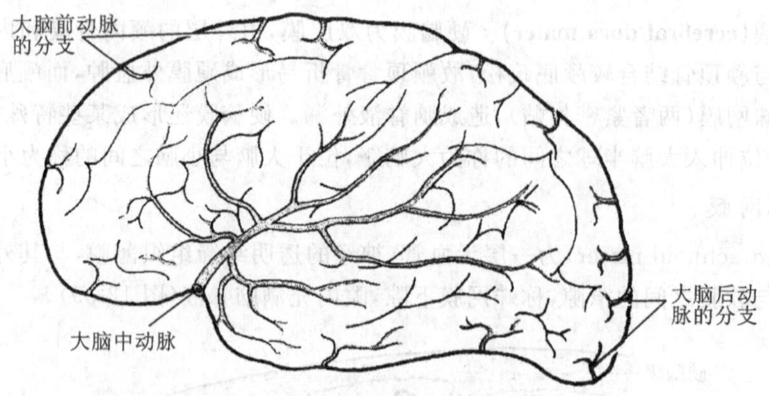

图 12-41 大脑半球上外侧面的动脉

1. 颈内动脉 供应大脑半球的前 2/3 和间脑前部。颈内动脉起自颈总动脉,主要分支为大脑前动脉、大脑中动脉。

(1)大脑前动脉:位于大脑纵裂,沿胼胝体上方向后行。皮质支分布于顶枕沟以前的大脑半球内侧面和背外侧面上缘的部分;中央支供应尾状核、豆状核前部和内囊前肢。

(2)大脑中动脉:沿大脑外侧沟走行。皮质支分布于顶枕沟以前的大脑半球背外侧面大部分;中央支供应纹状体、背侧丘脑、内囊膝和后肢(图 12-42)。大脑中动脉还沿途发出一些垂直向上的细小分支,称豆纹动脉,营养尾状核、豆状核和内囊,在高血压动脉硬化时易破裂而导致脑出血，出现“三偏”症状。

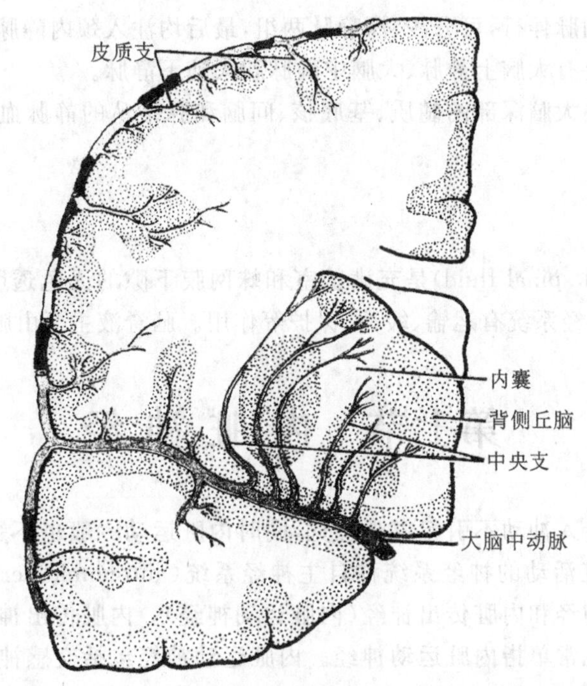

图 12-42 大脑中动脉的皮质支和中央支

2. 椎动脉 供应大脑半球后 1/3、间脑后部、小脑和脑干。起自锁骨下动脉，左、右椎动脉汇合成基底动脉，再沿脑桥基底沟上行至脑桥上缘分出左、右大脑后动脉。基底动脉尚发出分支供应小脑、脑干等。

大脑后动脉行向颞叶下面和枕叶内侧面。皮质支分布于颞叶底面、内侧面及枕叶，中央支供应背侧丘脑、下丘脑和内、外侧膝状体等(图 12-43)。

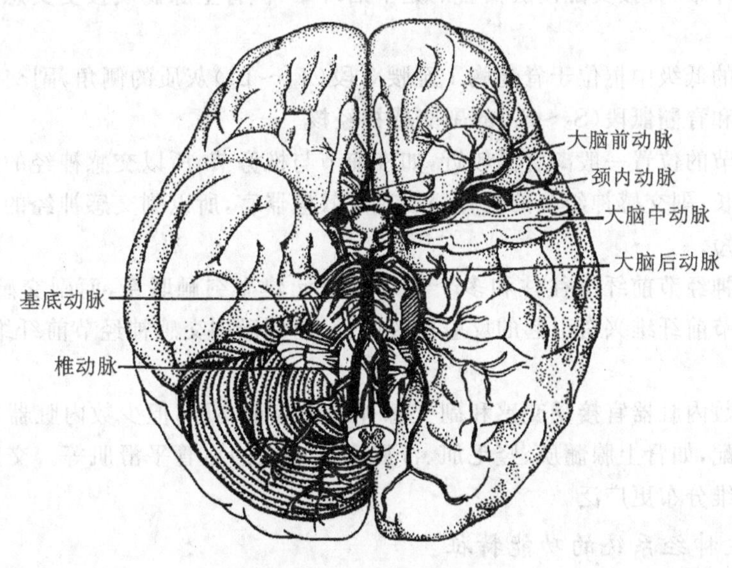

图 12-43 脑底面的动脉

(二)脑的静脉

脑的静脉不与动脉伴行,可分浅、深静脉两组,最后均注入颈内静脉。

(1)浅静脉:主要有大脑上静脉、大脑中静脉和大脑下静脉。

(2)深静脉:收集大脑深部的髓质、基底核、间脑和脉络丛的静脉血,经大脑大静脉再注入硬脑膜窦(直窦)。

三、脑脊液

脑脊液(cerebral spinal fluid)是充满脑室和蛛网膜下隙的无色透明液体。成人总量约150 mL,其对中枢神经系统有运输、缓冲、保护等作用。脑脊液主要由脑室的脉络丛产生。

第七节　内脏神经

由于多数内脏传入冲动不引起主观感觉,同时内脏运动一般也不受意识支配,具有“自主性”,因而调节内脏活动的神经系统称自主神经系统(autonomic nervous system)。自主神经包括内脏传入神经和内脏传出神经(内脏运动神经)。内脏传出神经则称为植物神经,但习惯上自主神经也常单指内脏运动神经。内脏运动神经包括交感神经和副交感神经(图12-44)。

一、自主神经系统的结构和功能特征

(一)自主神经系统的结构特征

内脏运动神经纤维离开中枢到达所支配器官前,需在自主神经节(有交感神经节和副交感神经节两类)内更换神经元。由自主神经节发出的神经纤维称节后纤维,由中枢发出的神经纤维称节前纤维,直接支配内脏器官的是节后纤维,但肾上腺髓质接受交感神经节前纤维的直接支配。

交感神经的低级中枢位于脊髓胸1至腰3段($T_1 \sim L_3$)灰质的侧角,副交感神经的低级中枢位于脑干和脊髓骶段($S_2 \sim S_4$)的副交感神经核。

交感神经节的位置一般离脊髓较近,如椎前节与椎旁节,所以交感神经的节前纤维较短而节后纤维较长;副交感神经节的位置一般靠近效应器官,所以副交感神经的节前纤维较长而节后纤维较短。

一根交感神经节前纤维往往和多个节后神经元建立突触联系,而副交感神经则不同。因此交感神经节前纤维兴奋引起的反应比较广泛;而刺激副交感神经节前纤维,引起的反应则比较局限。

人体大多数内脏器官接受交感和副交感神经的双重支配,但少数内脏器官只接收交感神经的单一支配,如肾上腺髓质、竖毛肌、汗腺和大多数的血管平滑肌等。交感神经纤维比副交感神经纤维分布更广泛。

(二)自主神经系统的功能特征

(1)交感神经和副交感神经对同一器官的支配作用往往相互拮抗。如心交感神经兴奋

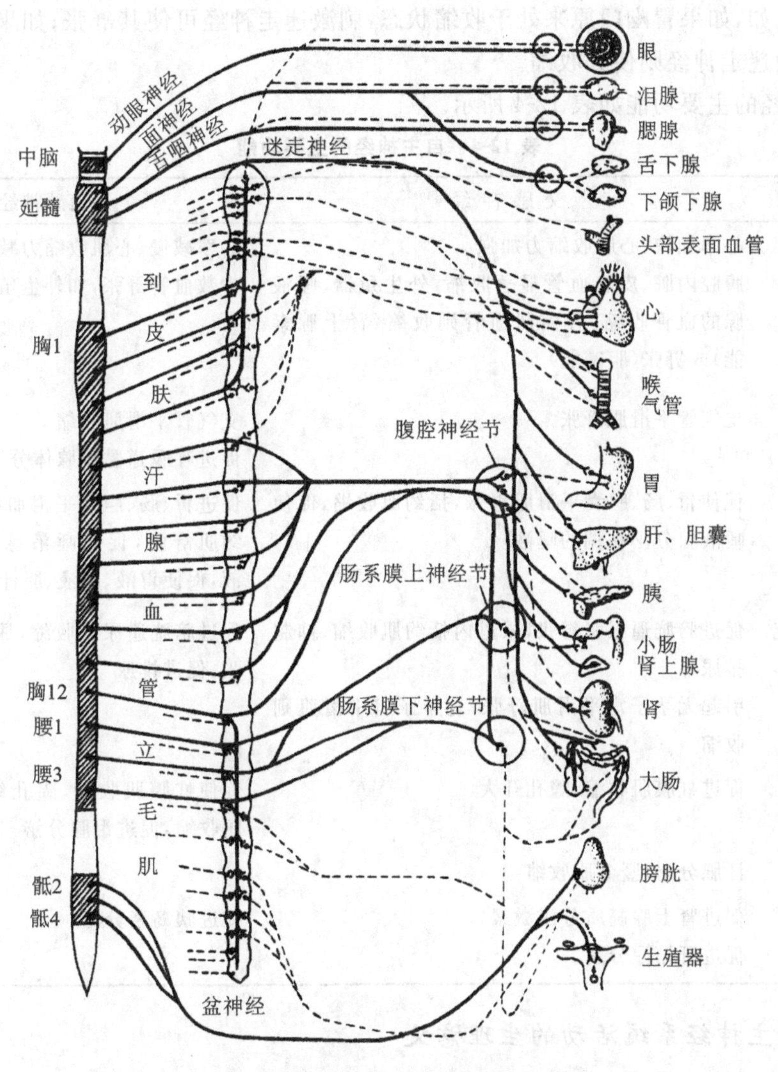

图 12-44 自主神经系统分布示意图

——节前纤维 ----节后纤维

心肌而心迷走神经(纤维成分为副交感神经纤维)抑制心肌,交感神经抑制消化活动而副交感神经促进消化活动等。但交感神经和副交感神经均可促进唾液分泌,只是前者引起的唾液分泌量少而黏稠,后者引起的则量多而稀薄。

(2)自主神经对效应器的支配具有持久的紧张性作用。例如:切断支配心肌的迷走神经可引起心率增加,说明心迷走神经平时有紧张性冲动传出以持续抑制心脏;切断心交感神经则引起心率变慢,说明心交感神经平时也有紧张性冲动传出。自主神经纤维的紧张性来源于自主神经中枢的紧张性活动。引起这种紧张性的原因是多方面的,有反射性原因,也有体液性原因。例如主动脉弓和颈动脉窦区域的压力和化学感受器的传入冲动,对维持延髓心血管中枢的紧张性活动有重要作用。

(3)自主神经对效应器的支配作用与效应器本身的功能状态有关。例如,交感神经兴奋可抑制动物无孕子宫的运动,而加强有孕子宫的运动(因为无孕与有孕时子宫平滑肌的受体不一样)。又如,如果胃幽门原来处于收缩状态,刺激迷走神经可使其舒张;如果原来处于舒张状态,刺激迷走神经则使其收缩。

自主神经的主要功能如表 12-4 所示。

表 12-4　自主神经的主要功能

项　目	交感神经	副交感神经
循环系统	心率加快、心肌收缩力加强 腹腔内脏、皮肤血管显著收缩,外生殖器、唾液腺的血管收缩,骨骼肌血管则收缩(肾上腺素能)或舒张(胆碱能)	心率减慢、心肌收缩力减弱 少数血管舒张,如外生殖器血管
呼吸系统	支气管平滑肌舒张	支气管平滑肌收缩 促进呼吸道黏膜腺体分泌
消化系统	促使胃、肠、胆囊平滑肌舒张,括约肌收缩,促使唾液腺分泌黏稠的唾液	促进胃、肠、胆囊平滑肌收缩,促使括约肌舒张,促进唾液腺分泌稀薄唾液,促使胃液、胰液、胆汁的分泌增多
泌尿生殖系统	促进膀胱逼尿肌舒张,尿道内括约肌收缩,抑制排尿 引起无孕子宫平滑肌舒张,有孕子宫平滑肌则收缩	促进膀胱逼尿肌收缩,尿道括约肌舒张,促进排尿
眼	促进虹膜肌收缩,瞳孔开大	促使虹膜肌收缩,瞳孔缩小,使睫状肌收缩,促进泪腺分泌
皮肤	汗腺分泌,竖毛肌收缩	
内分泌腺和新陈代谢	促进肾上腺髓质分泌激素 促进肝糖原分解	促进胰岛素分泌

(三)自主神经系统活动的生理意义

交感神经系统的活动一般影响比较广泛,且常以整个系统参与反应。例如刺激引起交感神经活动增强时,除心肌兴奋外,同时还出现多数血管收缩、瞳孔放大、胃肠活动抑制等反应。内、外环境急剧变化时,交感神经系统的紧张性增强超过副交感神经系统。如在紧张、兴奋、剧烈运动、恐惧、窒息、失血或突然寒冷等情况下,交感神经系统立即兴奋起来,同时肾上腺髓质功能增强。机体出现心肌收缩力增强、心率加快、血压升高,皮肤、肾脏与胃肠等的血管收缩,呼吸运动加强、支气管扩张、通气量明显增加,肝糖原分解加速、血糖浓度上升等现象,称为应急反应(emergency reaction)。一般认为,交感神经系统作为一个整体活动时,其主要作用是调动机体的各种潜能,以适应内、外环境的急剧变化。

与交感神经相比,副交感神经作用范围较局限。机体处于安静状态时,副交感神经系统的紧张性相对较高,其意义主要在于机体的休整恢复、促进消化、积蓄能量、加强排泄和生殖功能等方面。

(四)内脏痛与牵涉痛

1. 内脏痛　内脏痛是内脏器官受到伤害性刺激时产生的疼痛感觉。由于内脏感觉纤维数量少,多为无髓纤维,传导速度慢且传入途径分散,因此内脏痛具有以下特征。

(1)缓慢、持续、定位模糊。

(2)对切割、烧灼不敏感,而对缺氧、缺血、牵拉、痉挛和炎症等刺激十分敏感。

(3)可引起牵涉痛。

2. 牵涉痛 一些内脏器官疾病可在体表特定部位引起痛觉或痛觉过敏,这种现象称为牵涉痛(referred pain)。如心肌梗死时,心前区、左肩和左上臂尺侧可出现疼痛或痛觉过敏;胆囊病变时,会引起右肩胛等部位疼痛(表 12-5)。

表 12-5 常见内脏疾病牵涉痛部位和压痛区

患病器官	心	胃、胰	肝、胆囊	肾	阑尾
压痛区	心前区	左上腹	右上腹	腹股沟区	上腹部
牵涉痛部位	左臂尺侧	肩胛间	右肩胛		脐区

(五)自主神经系统的递质和受体

1. 植物神经的外周递质 交感和副交感神经纤维的递质主要有乙酰胆碱和去甲肾上腺素。释放乙酰胆碱作为递质的神经纤维,称为胆碱能纤维;释放去甲肾上腺素作为递质的神经纤维,称为肾上腺素能纤维。

交感神经和副交感神经的节前纤维、副交感神经的节后纤维、支配汗腺的交感神经节后纤维、支配骨骼肌血管的交感舒血管纤维和躯体运动神经纤维都属于胆碱能纤维;大部分交感神经节后纤维属于肾上腺素能纤维。

2. 植物神经的外周受体 交感和副交感神经纤维的递质通过激动分布于效应细胞膜的相应受体发挥作用。受体(receptor)是指细胞膜或细胞内能与某些化学物质(如递质、调质、激素等)发生特异性结合并引起生物效应的特殊蛋白质。能与受体发生特异性结合并产生生物效应的化学物质称为激动剂,只特异性结合而不产生生物效应的化学物质则称为拮抗剂(又称受体阻断剂)。激动剂和阻断剂统称为配体。

(1)胆碱能受体 以乙酰胆碱为配体的受体称为胆碱能受体。胆碱能受体可分为毒蕈碱型受体(muscarinic receptor,M 受体)和烟碱型受体(nicotinic receptor,N 受体)两种(表 12-6)。

毒蕈碱型受体(M 受体):主要分布在副交感神经节后纤维和胆碱能交感神经节后纤维所支配的效应器细胞膜上。激动 M 受体所产生的效应,称为毒蕈碱样作用(M 样作用)。M 样作用包括心脏活动抑制,支气管平滑肌、胃肠平滑肌、膀胱逼尿肌、虹膜括约肌收缩,消化腺分泌增加(副交感作用),以及汗腺分泌增加和骨骼肌血管舒张(胆碱能交感神经作用)等。阿托品(atropine)能阻断 M 受体而拮抗 M 样作用。

烟碱型受体(N 受体):分布于所有植物神经节神经元的细胞膜(N_1)和神经-肌肉接头的终板膜(N_2)上。N 受体被激动后可兴奋植物神经节后神经元和骨骼肌细胞。这些效应被称为烟碱样作用(N 样作用)。筒箭毒是 N 受体的阻断剂,六烃季胺是 N_1 受体的阻断剂,十烃季胺是 N_2 受体的阻断剂。

表 12-6 胆碱能受体、肾上腺素能受体及效应

受体	主要作用	阻断剂
胆碱能受体		
M受体	心脏活动抑制，支气管平滑肌、胃肠平滑肌、膀胱逼尿肌、虹膜括约肌收缩，消化腺分泌增加，以及汗腺分泌增加和骨骼肌血管舒张等	阿托品
N受体		筒箭毒
N_1受体	植物神经节神经元兴奋	六烃季胺
N_2受体	神经-肌肉接头的终板膜兴奋	十烃季胺
肾上腺素能受体		
α受体	血管平滑肌、子宫平滑肌、虹膜辐射状肌收缩，小肠平滑肌舒张	酚妥拉明
β受体		普萘洛尔
$β_1$受体	心肌兴奋	阿替洛尔
$β_2$受体	支气管、胃、肠、子宫及许多血管平滑肌舒张	丁氧胺

(2)肾上腺素能受体　能与肾上腺素和去甲肾上腺素特异性结合的受体称为肾上腺素能受体(adrenergic receptor)。肾上腺能受体分为α受体和β受体两类(表 12-6)。

α受体：儿茶酚胺与α受体结合后产生的平滑肌效应以兴奋为主，包括血管平滑肌收缩、子宫平滑肌收缩和虹膜辐射状肌收缩等。但也有抑制性的，如小肠平滑肌舒张等。酚妥拉明(phentolamine)为α受体的阻断剂。

β受体：可分为$β_1$和$β_2$等亚型。$β_1$受体主要分布于心脏组织，促使心率加快、心肌收缩力加强。$β_2$受体分布于胃、肠、支气管、子宫及许多血管的平滑肌细胞上，促使这些平滑肌舒张。普萘洛尔(propranolol，心得安)是重要的β受体阻断剂。阿替洛尔(atenolol，心得宁)对$β_1$受体阻断作用强而对$β_2$受体阻断作用弱；丁氧胺(butoxamine)对$β_2$受体阻断作用很强而对$β_1$受体阻断作用小。因此应根据病情选择恰当的受体阻断剂治疗。例如，普萘洛尔可以降低心绞痛患者的心肌代谢，但普萘洛尔可同时致支气管收缩，因此在伴有呼吸系统疾病的患者，应使用阿替洛尔以免发生支气管痉挛。

（李伟东　万　勇）

第十三章 内分泌系统

内分泌系统(endocrine system)由全身各部的内分泌腺、内分泌组织和内分泌细胞构成。内分泌腺在结构上是独立的器官,主要包括垂体、甲状腺、甲状旁腺、肾上腺等(图13-1);内分泌组织是指分散在其他组织器官内的内分泌细胞团,如胰腺内的胰岛、睾丸内的间质细胞、卵巢内的卵泡和黄体等。此外,还有分散在胃肠道、前列腺、胎盘、心、肝、肺、肾、脑等器官内的内分泌细胞。

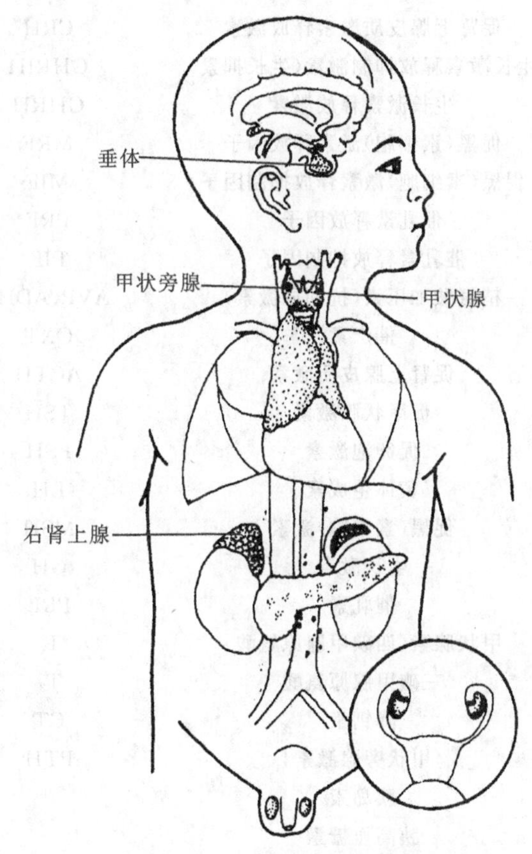

图 13-1　人体内分泌腺概况

内分泌腺的组织结构有以下特点:①无导管,又称无管腺;②腺细胞常排列成索状、团块状或囊泡状;③腺组织内有丰富的毛细血管和毛细淋巴管。

内分泌腺、组织、细胞的分泌物称激素(hormone),激素通过毛细血管或毛细淋巴管进入血液或淋巴液,作用于其他部位的器官、组织或细胞。对某种激素产生特定效应的器官、组织和细胞,称为该激素的靶器官、靶组织和靶细胞。

第一节　概　述

一、激素的分类

激素按其来源、作用与化学性质，可分为两大类，含氮类激素和类固醇（甾体）激素（表13-1）。

表 13-1　主要激素及其化学性质

主要来源	激素	英文缩写	化学性质
下丘脑	促甲状腺激素释放激素	TRH	3 肽类
	促性腺激素释放激素	GnRH	10 肽类
	促肾上腺皮质激素释放激素	CRH	41 肽类
	生长激素释放抑制激素（生长抑素）	GHRIH	14 肽类
	生长激素释放激素	GHRH	44 肽类
	促黑（素细胞）激素释放因子	MRF	肽类
	促黑（素细胞）激素释放抑制因子	MIF	肽类
	催乳素释放因子	PRF	肽类
	催乳素释放抑制因子	PIF	多巴胺（肽类）
	精氨酸加压素（抗利尿激素）	AVP（ADH）	9 肽类
	催产素	OXT	9 肽类
腺垂体	促肾上腺皮质激素	ACTH	39 肽类
	促甲状腺激素	TSH	糖蛋白
	促卵泡激素	FSH	糖蛋白
	黄体生成素	LH	糖蛋白
	促黑（素细胞）激素	MSH	18 肽类
	生长激素	GH	蛋白质
	催乳素	PRL	蛋白质
甲状腺	甲状腺素（四碘甲腺原氨酸）	T_4	胺类
	三碘甲腺原氨酸	T_3	胺类
甲状腺 C 细胞	降钙素	CT	32 肽类
甲状旁腺	甲状旁腺激素	PTH	蛋白质
胰岛	胰岛素		蛋白质
	胰高血糖素		29 肽类
肾上腺　皮质	糖皮质激素（如皮质醇）		类固醇
	盐皮质激素（如醛固酮）		类固醇
肾上腺　髓质	肾上腺素	E	胺类
	去甲肾上腺素	NE	胺类
睾丸　间质细胞	睾酮	T	类固醇
睾丸　支持细胞	抑制素（卵巢也可产生）		糖蛋白

续表

主要来源	激素	英文缩写	化学性质
卵巢及胎盘	雌二醇	E_2	类固醇
	雌三醇	E_3	类固醇
	孕酮	P	类固醇
	人绒毛膜促性腺激素	HCG	糖蛋白

(一)含氮类激素

(1)蛋白质激素:如胰岛素、甲状旁腺激素和腺垂体分泌的多种激素。

(2)肽类激素:如下丘脑调节性多肽、神经垂体释放的激素、降钙素和胃肠道激素等。

(3)胺类激素:如去甲肾上腺素、肾上腺素、甲状腺素等。

含氮类激素易被胃肠道消化液分解而破坏,不宜口服,一般须用注射。

(二)类固醇激素

类固醇激素是由肾上腺皮质和性腺分泌的激素,如皮质醇、醛固酮、雌激素、孕激素以及雄激素等。这类激素可以口服。

此外,1,25-$(OH)_2$-D_3属于类固醇激素,前列腺素则属脂肪酸衍生物。

二、激素作用的一般特性

激素种类很多,其化学结构也各不相同,但它们的作用具有某些共同特征。

(一)相对特异性

激素的作用具有较高的组织特异性与效应特异性。激素具有选择性地作用于靶细胞的特性,称为激素作用的特异性。

靶细胞能识别特异激素信号,是因为靶细胞膜、胞质或胞核内存在着与该激素发生特异性结合的受体。

(二)高效能生物放大作用

各种激素在血液中的含量均极微,一般在 nmol/L,甚至在 pmol/L 数量级。但微量激素却具有显著作用,因为激素作用于受体后,在细胞内发生一系列酶促放大作用。例如 0.1 μg 促肾上腺皮质激素释放激素可引起腺垂体释放 1 μg 促肾上腺皮质激素,再引起肾上腺皮质分泌 40 μg 糖皮质激素,放大了 400 倍。

(三)激素间的相互作用

内分泌系统可看做是一个整合系统,激素之间互相影响,表现为竞争作用、协同作用、拮抗作用和允许作用。

1. 竞争作用 化学结构相似的激素可竞争同一受体位点,它取决于激素与受体的亲和性和激素的浓度。如孕酮与醛固酮受体亲和性很小,但当孕酮浓度升高时则可与醛固酮竞争同一受体而减弱醛固酮的生理作用。

2. 协同作用 如胰高血糖素与糖皮质激素等,虽然作用于代谢的不同环节,但都可升高血糖。

3. 拮抗作用 甲状旁腺激素和降钙素共同参与调节体内钙的稳态,甲状旁腺激素可使血钙升高,降钙素的主要作用则是降低血钙和血磷,两者表现出一定程度的拮抗作用。

4.允许作用 有些激素对某一生理反应虽不起直接作用,但它为另一种激素起作用提供了条件,称为激素的允许作用。如糖皮质激素本身并没有缩血管作用,但如果缺乏,则去甲肾上腺素就难以发挥其缩血管作用。

第二节 垂 体

一、垂体的形态和位置

垂体(hypophysis)呈椭圆形,位于颅底的垂体窝内,重约 0.5 g,女性略大于男性,在妊娠时可达 1 g。它是机体最重要的内分泌腺(图 13-1、图 13-2)。

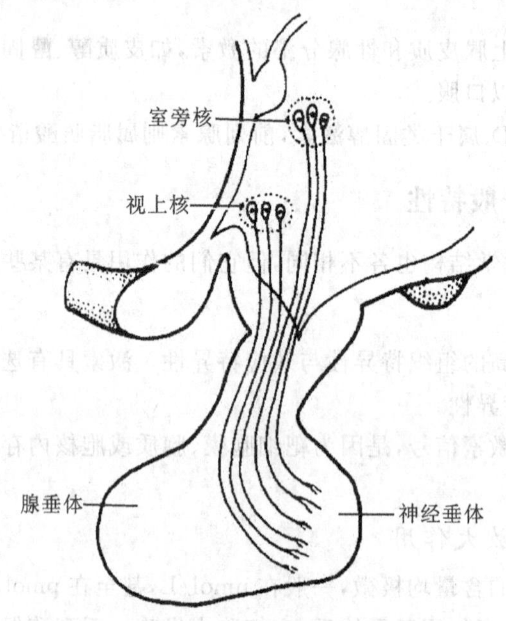

图 13-2 垂体(矢状切面)

二、垂体的微细结构

垂体由腺垂体和神经垂体两部分组成(图 13-2)。腺垂体分为远侧部、结节部和中间部,神经垂体分为神经部和漏斗。远侧部称垂体前叶,中间部和神经部称垂体后叶。如下所示:

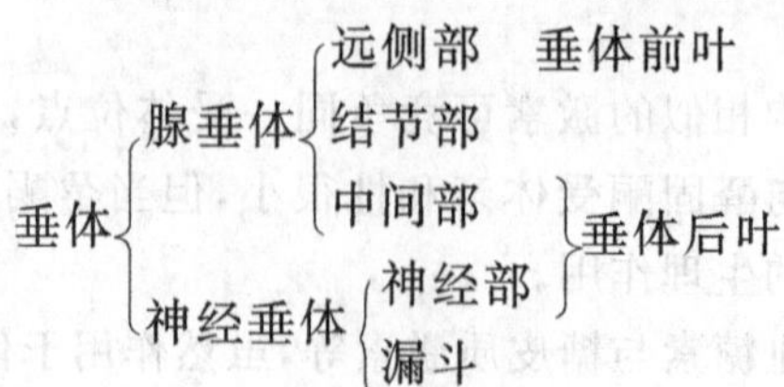

（一）腺垂体

腺垂体（adenohypophysis）主要是远侧部和结节部的结构，约占垂体体积的 75%，由腺上皮构成，细胞排列成索状或团状，细胞索之间有丰富的窦状毛细血管。根据 HE 染色性质分为嗜酸性细胞、嗜碱性细胞和嫌色细胞三种。

1. 嗜酸性细胞 数量较多，约占远侧部腺细胞总数的 40%，胞体大，圆形或多边形，胞质内充满着粗大的嗜酸性颗粒，分为两种细胞。

(1)生长激素细胞：数量较多，分泌生长激素（growth hormone，GH）。

(2)催乳素细胞：男、女性均有此种细胞，此细胞分泌催乳素（prolactin，PRL），能促进乳腺发育和乳汁分泌，但女性较多，在分娩前期和哺乳期功能旺盛。

2. 嗜碱性细胞 数量较少，胞体大小不一，呈椭圆形或多边形，胞质内充满嗜碱性颗粒，分为三种细胞。

(1)促甲状腺激素细胞：分泌促甲状腺激素（thyroid-stimulating hormone，TSH），促进甲状腺腺泡上皮细胞合成、分泌甲状腺素。

(2)促肾上腺皮质激素细胞：分泌促肾上腺皮质激素（adrenocorticotropic hormone，ACTH）和促脂素（lipotrophic hormone，LPH），前者促进肾上腺皮质束状带细胞分泌糖皮质激素，后者作用于脂肪细胞，使其产生脂肪酸。

(3)促性腺激素细胞：分泌促卵泡激素（follicle stimulating hormone，FSH）和黄体生成素（luteinizing hormone，LH）。男、女性均有，卵泡刺激素在女性促进卵泡发育，在男性则刺激生精小管的支持细胞合成雄激素结合蛋白，以促进精子发生；黄体生成素在女性促进排卵和黄体形成，在男性则刺激睾丸间质细胞分泌雄激素，故又称间质细胞刺激素。

3. 嫌色细胞（chromophobe cell） 数量最多，约占远侧部腺细胞总数的 50%，胞体较小，可能是脱颗粒的嗜酸性细胞、嗜碱性细胞，或是未分化的储备细胞，能分化成其他腺细胞。

（二）神经垂体

神经垂体（neurohypophysis）由大量无髓神经纤维、垂体细胞和丰富的有孔毛细血管构成。无髓神经纤维是下丘脑视上核和室旁核的神经内分泌细胞的轴突，形成神经束，经漏斗进入神经部。视上核和室旁核内的神经内分泌细胞胞质内有颗粒，该颗粒沿轴突运输至神经部，在神经部颗粒聚集成团，光镜下呈均质状嗜酸性小体，称为赫令体（Herring body）。颗粒内的激素以胞吐方式释放入毛细血管，可见神经垂体本身无内分泌功能，只是储存和释放视上核和室旁核所分泌的激素。视上核和室旁核的神经内分泌细胞合成抗利尿激素（antidiuretic hormone，ADH）和催产素（oxytocin，OXT）。

三、下丘脑-腺垂体系统

下丘脑基底部存在一个“促垂体区”，包括多个神经核团。这些核团的神经元能合成和分泌至少 9 种具有活性的多肽，经垂体门脉系统运送至腺垂体，调节腺垂体功能，构成了下丘脑-腺垂体系统（图 13-3）。下丘脑“促垂体区”肽能神经元分泌的肽类激素主要作用是调节腺垂体的活动，因此称为下丘脑调节肽（hypothalamic regulating-peptide）。下丘脑调节肽的生理作用是刺激或抑制腺垂体激素的分泌。此外，由于“促垂体区”的神经元还接受来自中脑、边缘系统及大脑皮质等处的神经纤维，因此能将来自大脑皮质等处的神经信息转变为激素信息，具有重要生理意义。

下丘脑调节肽对腺垂体的分泌具有重要的调节作用，其化学结构已确定的称为释放激素，化学结构尚未确定的称为释放因子。对腺垂体分泌具有抑制作用的叫释放抑制激素，或释放抑制因子。下丘脑调节肽的名称、化学性质见表 13-1。

如前所述，腺垂体可分泌 7 种不同的激素：生长激素（GH）、促甲状腺激素（TSH）、促肾上腺皮质激素（ACTH）、促卵泡激素（FSH）、黄体生成素（LH）、催乳素（PRL）和促黑（素细胞）激素（melanocyte stimulating hormone，MSH）。其中 TSH、ACTH、FSH 和 LH 均有各自的靶腺，通过靶腺发挥作用，形成下丘脑-腺垂体-甲状腺轴、下丘脑-腺垂体-肾上腺皮质轴和下丘脑-腺垂体-性腺轴，它们的生理作用及其调节将在本章相关部分详细阐述。GH、RPL 和 MSH 不通过靶腺，分别调节个体生长、乳腺发育与黑素细胞等活动。

下丘脑与垂体功能联系见图 13-3。

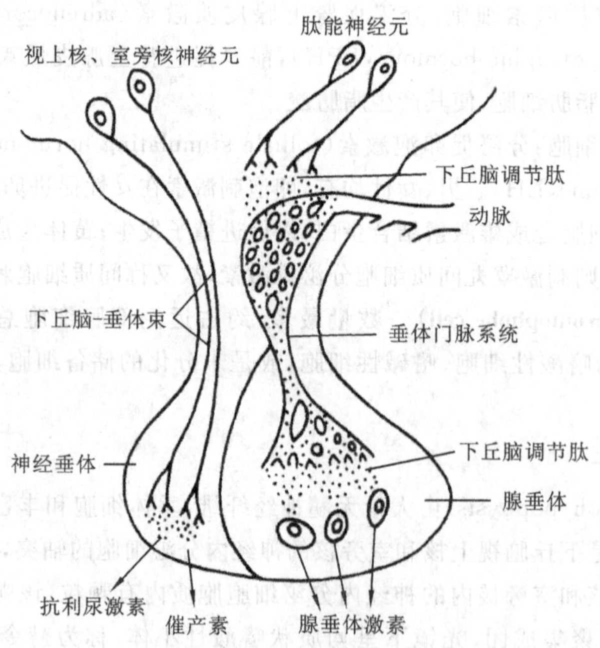

图 13-3 下丘脑与垂体功能联系示意图

（一）生长激素（GH）

GH 是腺垂体含量较多的激素，人的 GH 是由 191 个氨基酸组成的蛋白质激素。在腺垂体，GH 的含量无明显的年龄差别。GH 有显著的种属差异。近年来利用 DNA 重组技术可以大量生产人 GH(hGH)，供临床应用。

1. GH 的生理作用

(1)促进机体生长发育：机体生长发育受多种激素的影响，GH 是起关键作用的激素。幼年动物切除垂体后，生长立即停滞，如及时补充 GH，可使其恢复生长发育。人幼年期若

GH分泌不足，将出现生长停滞，身材矮小，称侏儒症，其智力正常；若幼年期GH分泌过多可引起巨人症。若在成年时，GH分泌过多，此时由于骨骺已闭合，只能使软骨成分较多的手足、肢端短骨、面骨及其软组织生长异常，以致形成手足粗大、鼻大唇厚、下颌突出，内脏器官也产生肥大现象，称肢端肥大症。

GH促进生长发育，主要是由于它能促进组织的生长，特别是骨骼和肌肉的生长。GH对骨的作用是通过生长素介质(somatomedin，SM)的间接作用造成的。GH能刺激肝、肾及肌肉组织产生SM，SM是一种多肽，因其化学结构与胰岛素相似，所以又称为胰岛素样生长因子(IGF)。SM的主要作用是促进软骨生长。它除了可促进硫酸盐进入软骨组织外，还促进氨基酸进入软骨细胞，增强DNA、RNA和蛋白质的合成，促进软骨组织增殖与骨化，使长骨加长。

(2)对代谢的作用：GH对代谢过程有广泛影响，总的来说，促进蛋白质的合成，促进脂肪分解和抑制糖代谢。GH可促进氨基酸从细胞外转入细胞内，加速DNA和RNA的合成，促进蛋白质合成；促进脂肪分解，增强脂肪酸氧化；抑制外周组织摄取与利用葡萄糖，减少葡萄糖的消耗，提高血糖水平。

2. GH分泌的调节

(1)下丘脑对GH分泌的调节：GH分泌受下丘脑调节肽GHRH和GHRIH的双重调节，前者促进GH的分泌，后者则抑制GH的分泌，通常情况下，GHRH占优势。

(2)代谢因素的影响：在能量供应缺乏时，如低血糖、饥饿、运动及应激性刺激等都可引起GH分泌。其中，低血糖是最有效的刺激。血中氨基酸与脂肪酸增多，也可引起GH分泌增多。

(3)睡眠的影响：人进入慢波睡眠后，GH分泌增加，60 min左右达高峰。转入快波睡眠后，GH分泌减少。

(二)催乳素(PRL)

1. PRL的生理作用

(1)对乳腺与泌乳的作用：PRL促进乳腺发育，引起并维持泌乳。女性青春期乳腺的发育主要由雌激素刺激，糖皮质激素、GH、孕激素及甲状腺激素也起一定的协同作用，在妊娠期，PRL、雌激素和孕激素使乳腺进一步发育、具备泌乳能力，但不泌乳。分娩后，血中雌激素、孕激素明显降低后，PRL才能与乳腺细胞受体结合，发挥始动和维持泌乳作用。

(2)对性腺的作用：PRL对卵巢黄体功能与性甾体激素合成有一定作用。小剂量PRL能促进排卵和黄体生长，并刺激雌激素、孕激素分泌。在男性，PRL可促进前列腺和精囊腺的生长，促进睾酮合成。

(3)在应激反应中的作用：在应激状态下，血中PRL浓度升高，与ACTH和GH的浓度增加一同出现，是应激反应中腺垂体分泌的激素之一。

2. PRL分泌的调节 PRL的分泌受下丘脑PRF与PIF的双重控制。PRF促进PRL的分泌，PIF则抑制PRL的分泌。婴儿吸吮乳头的刺激，通过传入神经到达下丘脑，可使PRF释放，引起PRL分泌增多。血中PRL水平升高可反馈作用于下丘脑，使PIF分泌增加，从而使PRL分泌减少或停止。

(三)促黑(素细胞)激素(MSH)

1. MSH 的作用　MSH 作用的靶细胞为黑素细胞。在人体黑素细胞主要分布于三处：皮肤与毛发、眼虹膜和视网膜的色素层、软脑膜。MSH 的主要作用是促进黑素细胞中的酪氨酸酶的合成和激活，从而促进酪氨酸转变为黑素，使皮肤与毛发等的颜色加深。

2. MSH 分泌的调节　MSH 的分泌受下丘脑 MRF 和 MIF 的双重调节。前者促进其分泌，后者抑制其分泌。

四、下丘脑-神经垂体系统

下丘脑前部的一组肽能神经元轴突延伸终止于神经垂体，形成了下丘脑-垂体束，构成下丘脑-神经垂体系统(图 13-3)。这一系统所产生、释放的激素称神经垂体激素，包括催产素(OXT)和抗利尿激素(ADH)(又称血管升压素)。

抗利尿激素和催产素由下丘脑视上核和室旁核合成分泌，但视上核以合成分泌抗利尿激素为主，室旁核以产生催产素为主。它们在下丘脑合成后沿下丘脑-垂体束的轴浆流动运送并储存于神经垂体的神经末梢处，在适宜的刺激作用下，由神经垂体释放进入血液循环，神经垂体本身无合成神经垂体激素的能力。

(一)抗利尿激素

生理剂量的血管升压素并没有升压作用，只有抗利尿作用，因此，血管升压素称为抗利尿激素较为恰当，但在大失血的情况下，血中抗利尿激素浓度明显升高时，才表现出缩血管作用，对维持血压有一定的意义。

抗利尿激素的生理作用及分泌调节见泌尿系统相关部分。

(二)催产素

1. 生理作用　催产素具有促进乳汁排出和刺激子宫收缩的作用，以前者为主。

(1)对乳腺的作用：催产素可使乳腺周围肌上皮细胞收缩，使具有泌乳功能的乳腺排乳。此外，还有维持哺乳期乳腺不萎缩的作用。

(2)对子宫的作用：对非孕子宫作用较弱。对妊娠子宫，尤其是妊娠末期子宫作用较强，使之强烈收缩，发挥催产作用。雌激素增加子宫对催产素的敏感性，而孕激素的作用则相反。

2. 分泌调节

(1)吸吮乳头反射性引起下丘脑-神经垂体系统催产素的分泌与释放，导致乳汁排出，称射乳反射。射乳反射可建立条件反射。焦虑、烦恼、恐惧、不安都可抑制乳母排乳。

(2)在临产或分娩时，子宫和阴道受到压迫和牵拉可反射性引起催产素的分泌与释放，使子宫收缩越来越强。催产素在临床上的应用，主要是诱导分娩，及防止或制止产后出血。

第三节　甲状腺

一、甲状腺的形态和位置

甲状腺(thyroid gland)(图 13-4、图 13-5)呈“H”形，分为左、右两个侧叶，连接两侧叶的中间部称甲状腺峡。有的在甲状腺峡上缘向上延伸一个锥状叶。侧叶分别贴于喉下部和气管上部的两侧,甲状腺峡一般位于第2～4气管软骨环的前方。颈筋膜包绕甲状腺并将其固定于喉软骨上,因此甲状腺可随吞咽而上、下移动。

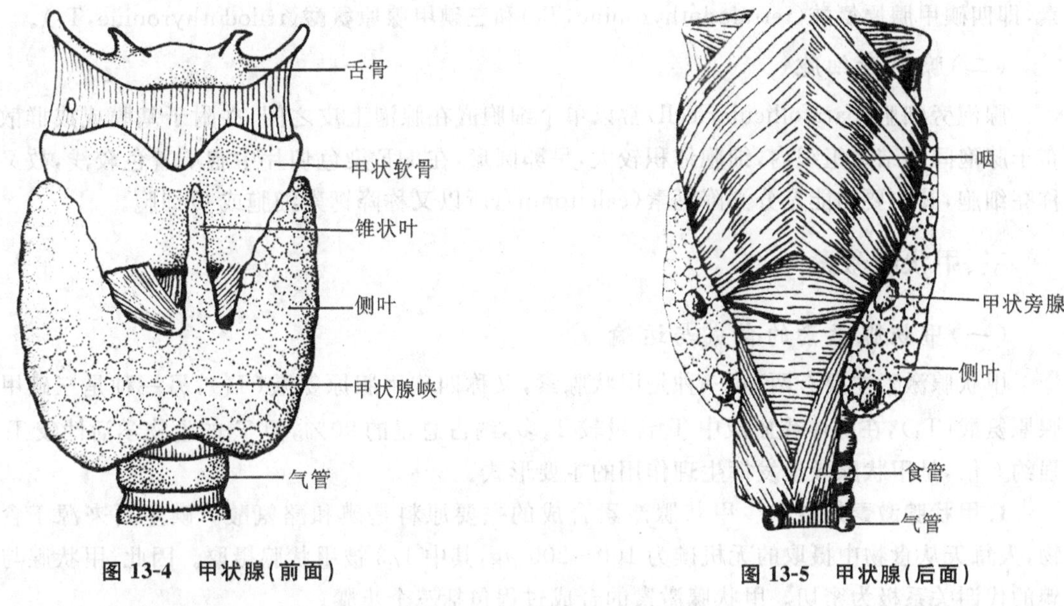

图 13-4 甲状腺(前面)　　图 13-5 甲状腺(后面)

二、甲状腺的微细结构

甲状腺表面覆有薄层结缔组织被膜,被膜发出小梁伸入实质内,将腺体分成不完全的小叶,每个小叶内含有20～40个腺泡。腺泡是由腺泡上皮细胞围成的囊泡状结构。腺泡间有丰富的毛细血管和腺泡旁细胞(图13-6)。

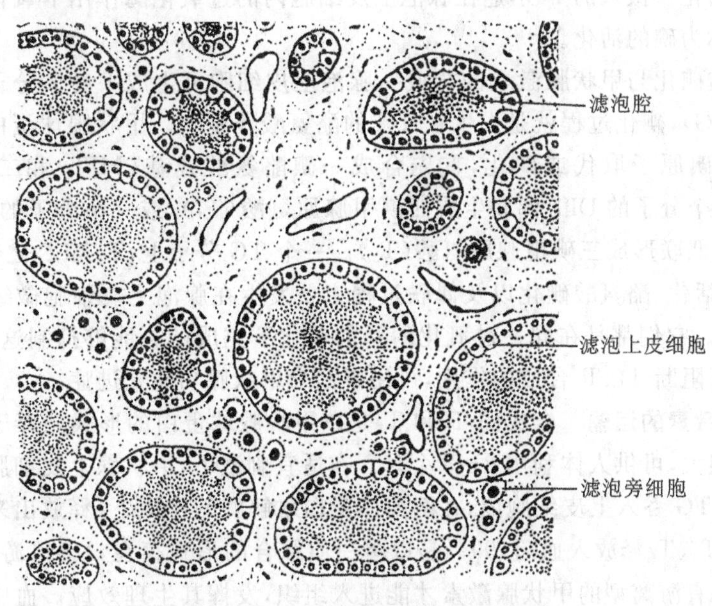

图 13-6 甲状腺的微细结构(高倍)

（一）腺泡上皮细胞

腺泡上皮细胞（follicular epithelial cell）通常为单层立方上皮细胞，细胞核为圆形，位于中央，电镜下，具有典型的分泌含氮类激素细胞的结构特点。腺泡上皮细胞分泌甲状腺激素，即四碘甲腺原氨酸（tetraiodothyronine，T_4）和三碘甲腺原氨酸（triiodothyronine，T_3）。

（二）腺泡旁细胞

腺泡旁细胞（parafollicular cell）常以单个细胞嵌在腺泡上皮之间，并附于基膜或成群散布于腺泡间的结缔组织内，细胞体积较大，呈卵圆形，在HE染色切片中胞质着色较浅，故又称亮细胞，其主要功能是分泌降钙素（calcitonin），所以又称降钙素细胞或C细胞。

三、甲状腺激素

（一）甲状腺激素的合成与运输

甲状腺激素主要有两种，一种是甲状腺素，又称四碘甲腺原氨酸（T_4），另一种是三碘甲腺原氨酸（T_3），在腺体或血液中T_4含量较T_3多，约占总量的90%，但T_3的生物学活性较T_4强约5倍，是甲状腺激素发挥生理作用的主要形式。

1. 甲状腺激素的合成　甲状腺激素合成的主要原料是碘和酪氨酸。碘主要来源于食物，人每天从食物中摄取的无机碘为100～200 μg，其中1/3被甲状腺摄取。因此，甲状腺与碘的代谢关系极为密切。甲状腺激素的合成过程包括三个步骤。

（1）甲状腺腺泡聚碘　由肠吸收的碘，以I^-的形式存在于血液中，浓度约为250 μg/L，而甲状腺内I^-浓度比血液的高20～25倍。甲状腺对碘的摄取是逆电化学梯度的主动转运过程。一般认为，I^-的转运是与Na^+耦联的继发性主动转运过程。甲状腺的强大聚碘能力已成为临床上应用放射性碘来测定甲状腺功能和治疗甲状腺功能亢进症的依据。

（2）碘的活化　摄入的I^-迅速在腺泡上皮细胞内的过氧化酶作用下氧化成具有活性的碘，这一过程称为碘的活化。

（3）酪氨酸碘化与甲状腺激素的合成　腺泡上皮细胞可生成一种大分子糖蛋白——甲状腺球蛋白（TG），碘化过程就是发生在TG的酪氨酸残基上。甲状腺球蛋白的酪氨酸残基上的氢原子被碘原子取代或碘化，首先合成一碘酪氨酸残基（MIT）和二碘酪氨酸残基（DIT），然后两个分子的DIT偶联生成四碘甲腺原氨酸（T_4），或一个分子的MIT与一个分子的DIT发生偶联形成三碘甲腺原氨酸（T_3）。一个TG分子上，T_4与T_3之比为20∶1。

以上碘的活化、酪氨酸碘化以及偶联过程主要发生在腺泡上皮细胞微绒毛与腺泡腔交界处（图13-7）。它们都是在同一过氧化酶系的催化下完成的。能够抑制这一酶系的药物，如硫脲嘧啶，有阻断T_4、T_3合成的作用，可用于治疗甲状腺功能亢进症。

2. 甲状腺激素的运输　合成的T_4和T_3是以甲状腺球蛋白的形式储存于腺泡腔的胶质中，其储存量很大，可供人体利用2～3个月。在适宜刺激下，甲状腺上皮细胞通过胞饮作用将腺泡腔中的TG吞入上皮细胞内，在溶酶体蛋白水解酶的作用下，释放出来的T_3、T_4由腺泡转入血液。T_3、T_4释放入血后，99%是以蛋白质结合的形式存在，1%以游离形式存在，且主要为T_3。只有游离型的甲状腺激素才能进入组织，发挥其生理效应。血中游离的和结合的甲状腺激素保持动态平衡。临床上可通过测定血液中T_3、T_4的含量了解甲状腺的功能。

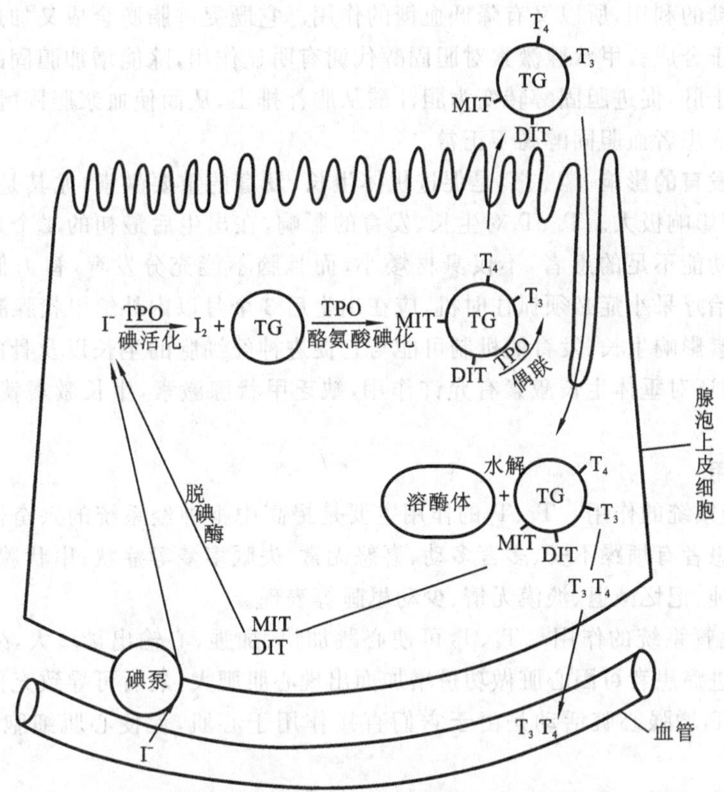

图 13-7 甲状腺激素合成、储存和分泌示意图

TPO-过氧化酶;TG-甲状腺球蛋白

(二)甲状腺激素的生物学作用

甲状腺激素作用广泛,几乎对各组织细胞均有影响,其主要作用是促进人体代谢和生长发育。

1. 对代谢的影响

(1)产热效应 甲状腺激素能增加体内绝大多数组织细胞(除了性腺、淋巴结、肺、皮肤、脾和脑之外)的耗氧量,增加产热,使基础代谢率增高。研究表明,T_4、T_3和靶细胞的核受体结合可刺激 mRNA 的形成,从而诱导 Na^+-K^+-ATP 酶活性,促进 Na^+、K^+主动转运消耗 ATP,增加产热。T_4、T_3又促进线粒体中生物氧化过程,提高氧化量。据估计,1 mg T_4可使人体产热增加 4184 kJ。故甲状腺功能亢进症患者产热增多,食欲增加,怕热多汗,基础代谢率可较正常人高 50%～100%。反之,甲状腺功能减退症患者产热减少、怕冷、食欲不佳,基础代谢率可较正常人低 30%～45%。

(2)对蛋白质、糖、脂肪代谢的影响 生理水平的甲状腺激素对营养物质的合成代谢及分解代谢均有促进作用,生理浓度的甲状腺激素可以促进蛋白质合成,因此,甲状腺激素与人体的生长发育密切相关。但剂量过大则促使蛋白质分解。甲状腺功能亢进症患者骨骼肌中的蛋白质大量分解,由于肌组织消耗,患者常感疲乏无力,而甲状腺功能减退症患者皮下组织中黏蛋白增多,引起黏液性水肿。甲状腺激素促进糖的吸收,增加糖原分解和糖异生作用,故甲状腺功能亢进症患者的血糖常升高,甚至出现糖尿。但由于它又促进糖的分解,加速外周组织对糖的利用，所以又有降低血糖的作用。它既促进脂肪合成又加速动员分解，总效果是分解大于合成。甲状腺激素对胆固醇代谢有明显作用，除能增加胆固醇合成外，更为重要的是作用于肝，促进胆固醇转变为胆汁酸从胆汁排出，从而使血浆胆固醇水平降低。甲状腺功能减退症患者血胆固醇高于正常。

2. 对生长发育的影响 T_4、T_3是促进机体生长、发育的重要激素，尤其是对婴儿脑和长骨的生长、发育影响极大。T_4、T_3对生长、发育的影响，在出生后最初的4个月内最为明显。先天性甲状腺功能不足的患者，不仅身材矮小，而且脑不能充分发育，智力低下，称呆小症（克汀病）。故治疗呆小症必须抓住时机，应在出生后3个月以内补给甲状腺激素。

甲状腺激素影响生长、发育的机制可能与它促进神经细胞的生长以及骨的生长有关，此外，甲状腺激素还对垂体生长激素有允许作用，缺乏甲状腺激素，生长激素就不能很好地发挥作用。

3. 其他作用

(1)对神经系统的作用 T_4、T_3的作用主要是提高中枢神经系统的兴奋性。因此，甲状腺功能亢进症患者有烦躁不安、多言多动、喜怒无常、失眠多梦等症状；甲状腺功能减退症患者则有言行迟钝、记忆减退、淡漠无情、少动思睡等表现。

(2)对心血管系统的作用 T_4、T_3可使心跳加快、加强，心输出量增大，外周血管扩张。甲状腺功能亢进症患者可因心脏做功量增加而出现心肌肥大，最后可导致充血性心力衰竭。研究表明，T_4、T_3增强心脏活动是由于它们直接作用于心肌，促使心肌细胞的肌质网释放Ca^{2+}。

另外，T_4、T_3能增加食欲，并对男性生殖和女性生殖均有作用，甲状腺激素分泌过高或过低，均能导致生殖功能的紊乱。

(三)甲状腺激素分泌的调节

甲状腺机能活动主要受下丘脑-腺垂体-甲状腺轴的调节。此外，还可进行一定程度的自身调节和神经调节(图13-8)。

1. 下丘脑-腺垂体-甲状腺轴 下丘脑分泌的促甲状腺激素释放激素(TRH)经垂体门脉系统至腺垂体，有促进促甲状腺激素(TSH)合成和释放的作用。TSH促进甲状腺激素合成、释放的每个环节。TSH还能刺激甲状腺腺泡细胞核酸与蛋白质的合成，使腺泡细胞增生、腺体增大，因此TSH对甲状腺具有全面的促进作用。血液中甲状腺激素浓度升高时，可反馈抑制腺垂体TSH的合成与分泌，甲状腺激素的释放也随之减少；反之则增多。这种负反馈作用是体内T_4、T_3浓度维持生理水平的重要机制。例如，当饮食中缺碘造成甲状腺激素合成减少时，甲状腺激素对腺垂体的负反馈作用减弱，TSH的分泌量增多，从而刺激腺泡细胞增生，甲状腺肿大，临床上称为单纯性甲状腺肿。

2. 自身调节 甲状腺能根据碘供应的情况，调整自身对碘的摄取和利用以及甲状腺激素的合成与释放，这种调节完全不受TSH影响，故称自身调节。

外源碘量增加时，最初甲状腺激素合成增加，但超过一定限度后，甲状腺激素合成速度不再增加，反而明显下降。过量的碘产生的抗甲状腺效应称Wolff-Chaikoff效应。自身调节作用使甲状腺机能适应食物中碘供应量的变化，从而保证腺体内合成激素量的相对稳定。利用过量碘产生的抗甲状腺效应，临床上常用大剂量碘处理甲状腺危象和做手术前准备。

3. 自主神经对甲状腺活动的影响 甲状腺受自主神经的支配。甲状腺腺泡细胞膜上存

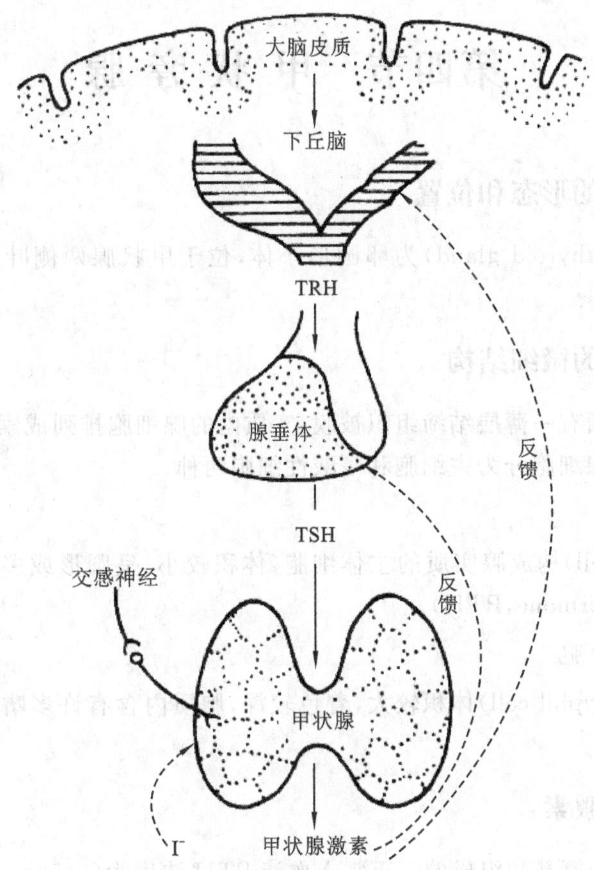

图 13-8 甲状腺激素分泌调节示意图

——→表示促进 ----→表示抑制

在 α 受体、β 受体和 M 受体。刺激交感神经可使甲状腺激素合成、分泌增加；刺激支配甲状腺的副交感神经乙酰胆碱纤维则使甲状腺激素合成、分泌减少。

四、降钙素

降钙素(CT)主要是甲状腺腺泡旁细胞(或称 C 细胞)合成和分泌的肽类激素，胸腺也有分泌 CT 的功能。

(一)生理作用

1. 对骨的作用 CT 抑制破骨细胞活动，使成骨细胞活动增强。由于溶骨过程减弱和成骨过程加速，骨盐沉积，使血钙、血磷浓度下降。

2. 对肾脏的作用 抑制肾小管对钙、磷、钠、氯等的重吸收，增加它们在尿中的排出量，此外，还可抑制小肠吸收钙和磷。

(二)分泌调节

降钙素的分泌主要受血钙浓度的调节，血钙浓度增加时分泌增加，反之，分泌减少。

此外，胰高血糖素和某些胃肠道激素，如促胃液素、缩胆囊素也可促进 CT 分泌。

第四节　甲状旁腺

一、甲状旁腺的形态和位置

甲状旁腺(parathyroid gland)为卵圆形小体,位于甲状腺两侧叶后方,上、下两对(图13-5)。

二、甲状旁腺的微细结构

甲状旁腺的表面有一薄层结缔组织被膜,实质内的腺细胞排列成索状或团块状,其间有丰富的毛细血管。腺细胞分为主细胞和嗜酸性细胞两种。

(一)主细胞

主细胞(chief cell)构成腺实质的主体细胞,体积较小,呈圆形或多边形,分泌甲状旁腺激素(parathyroid hormone,PTH)。

(二)嗜酸性细胞

嗜酸性细胞(oxyphil cell)体积较大,着色较深,胞质内含有许多嗜酸性颗粒,其功能尚不清楚。

三、甲状旁腺激素

PTH是由84个氨基酸组成的。正常人血清PTH浓度为(0.56±0.17) ng/ mL。

(一)生理作用

PTH的生理作用主要是升高血钙。动物甲状旁腺摘除后,血钙水平逐渐下降,出现低血钙表现,如抽搐、死亡。而血磷水平则往往呈相反变化,逐渐升高。在人类甲状腺手术时,误将甲状旁腺去除,可造成严重的低血钙。可见PTH是生命必要激素。

1. 对骨的作用　PTH动员骨钙入血,使血钙浓度升高。其作用分为以下两个时相。

(1)快速效应:在PTH作用几分钟即可出现,这是通过对骨细胞膜系统的作用实现的。骨细胞膜上的钙泵,可将骨液中的钙转运至细胞外液中,当钙泵活动增强时,骨液中的钙浓度下降,便从骨中吸收磷酸钙,使骨盐溶解。PTH可提高这些细胞的细胞膜对钙的通透性,使骨液中的钙进入细胞内,促进钙泵活动,将钙转运至细胞外液中,使血钙升高。

(2)延缓效应:在PTH作用后12～14 h才能表现出来,经数天甚至数周才达高峰。这一效应是通过激活破骨细胞的活动而实现的。PTH使骨钙溶解加速、钙大量入血,血钙长期升高。

PTH的上述两种效应相互配合,既能对血钙的急切需要作出迅速反应,又能保证有较长时间的持续效应。

2. 对肾脏的作用　PTH抑制近球小管对磷酸盐的重吸收,增加尿磷排出,使血磷下降。同时,PTH促进远球小管对钙的重吸收,减少尿钙排出,使血钙升高。

3. 对肠道的作用　PTH能促进肠道吸收钙,产生这种现象的原因是PTH能增加肾内

α-羟化酶的活性，从而促进 $1,25\text{-}(OH)_2\text{—}D_3$ 的生成，然后它使细胞合成一种与钙有高度亲和力的钙结合蛋白，参与钙的化学键转运而促进肠吸收钙。所以，PTH 是通过间接影响钙在肠内的吸收而升高血钙的。

（二）PTH 的分泌调节

血钙浓度是调节 PTH 分泌的最重要的因素。血钙浓度降低可直接刺激甲状旁腺细胞分泌 PTH。血钙浓度是以负反馈形式调节 PTH 分泌的，当血钙浓度升高时，甲状旁腺活动减弱，PTH 分泌减少。当血钙浓度降低时，PTH 分泌增多，在 PTH 作用下，促进肾脏重吸收钙增多，并促使骨内钙的释放，结果使已降低了的血钙浓度迅速回升。较长时间的低血钙，可刺激甲状旁腺增生。此外，血磷升高也可引起 PTH 的分泌，这是由于血磷升高可使血钙降低，间接地引起了 PTH 的释放。降钙素也能促进 PTH 的分泌。

第五节 肾 上 腺

一、肾上腺的形态和位置

肾上腺（adrenal gland）左、右各一，左侧近似半月形，右侧呈三角形，分别位于左、右肾上端的内上方，与肾共同被包在肾筋膜和脂肪囊内。

二、肾上腺的微细结构

肾上腺实质可分为皮质和髓质（图 13-9）。

（一）皮质

肾上腺皮质位于腺实质外周部分，占肾上腺的 80%～90%，由于细胞排列的形式不同，将皮质由外向内分为三个带，依次为球状带、束状带和网状带。

1. 球状带（zona glomerulosa） 较薄，位于皮质浅层。细胞较小，呈矮柱状或多边形，排列成球状细胞团，细胞团之间有窦状毛细血管。球状带细胞分泌盐皮质激素，如醛固酮等，其生理作用及调节见泌尿系统部分。

2. 束状带（zona fasciculata） 位于球状带深面，最厚，细胞体积较大，呈多边形，常由 1～2行细胞排列成索。索间有纵行血窦。束状带分泌糖皮质激素，如氢化可的松等。

3. 网状带（zona reticularis） 位于皮质与髓质交界处，细胞呈多边形，细胞索相互吻合成网，细胞较小，形状不规则，界限不清。网状带分泌性激素，以雄激素为主，也有少量雌激素。性激素的生理作用及其调节详见生殖系统部分。

（二）髓质

肾上腺髓质位于肾上腺的中央，占肾上腺的 10%～20%，主要由髓质细胞构成，髓质细胞体积较大，呈圆形或多边形，胞质染色淡，若用铬盐处理，胞质内可见黄褐色的嗜铬颗粒，故髓质细胞又称嗜铬细胞（chromaffin cell）。嗜铬细胞分为以下两种。

1. 肾上腺素细胞 约占嗜铬细胞的 80%，肾上腺素细胞分泌肾上腺素（adrenaline）。

2. 去甲肾上腺素细胞 约占嗜铬细胞的 20%，分泌去甲肾上腺素（noradrenaline）。

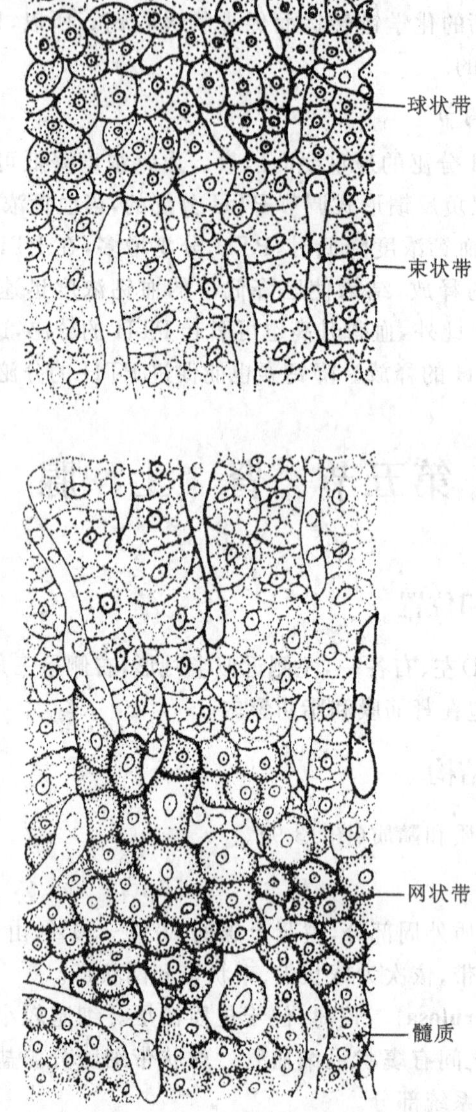

图 13-9　肾上腺的微细结构(高倍)

三、糖皮质激素

糖皮质激素的作用广泛而复杂,是维持生命所必需的激素。

(一)糖皮质激素的生理作用

1. 对物质代谢的作用

(1)糖代谢:糖皮质激素是调节机体糖代谢的重要激素之一,它促进糖异生,升高血糖,这是由于它促进蛋白质分解,有较多的氨基酸进入肝,同时增强肝脏内与糖异生有关的酶的活性,致使糖异生过程大大加强。此外,糖皮质激素又有抗胰岛素作用,降低肌肉与脂肪等组织细胞对胰岛素的反应性,以致外周组织对葡萄糖的利用减少,促使血糖升高。如果糖皮质激素分泌过多(或服用此类激素药物过多),可使血糖升高,甚至出现糖尿。

(2)蛋白质代谢:糖皮质激素促进肝外组织,特别是肌肉组织蛋白质分解,加速氨基酸转移至肝,生成肝糖原。库欣综合征患者可出现肌肉消瘦、骨质疏松、皮肤变薄,以致可见皮下血管分布而呈现紫纹,伤口亦可因大量使用糖皮质激素而不易愈合。

(3)脂肪代谢:糖皮质激素促进脂肪分解,增强脂肪酸在肝内的氧化过程,有利于糖异生作用。但全身不同部位的脂肪组织对糖皮质激素的敏感性不同,四肢敏感性较高,面部、肩、颈、躯干部位敏感性较低,却对胰岛素(它可促进脂肪合成)的敏感性较高,因此,库欣综合征患者,体内脂肪重新分布,面部和肩颈部脂肪多而呈现"满月脸""水牛背",四肢脂肪相对减少,形成特殊的向心性肥胖。

(4)水盐代谢:糖皮质激素有较弱的储钠排钾的作用,即对肾远球小管和集合管重吸收 Na^+ 和排出 K^+ 有轻微的促进作用。肾上腺皮质功能低下的患者,水代谢可发生明显障碍,甚至出现"水中毒"。

2. 参与应激反应 当机体遇到感染、缺氧、饥饿、创伤、疼痛、手术、寒冷及精神紧张等刺激时,ACTH 分泌增加,导致血中糖皮质激素浓度升高,并产生一系列的非特异性反应,称之为应激反应。引起应激反应的刺激称应激刺激。

在应激反应中,下丘脑-腺垂体-肾上腺皮质轴功能增强,提高机体对应激刺激的耐受能力和生存能力。实验表明,动物切除肾上腺皮质后,给予维持量的糖皮质激素,虽然可以生存,但遇到应激刺激动物则难免死亡。由此可见糖皮质激素在应激反应中的重要作用。

3. 对其他器官组织的作用

(1)血细胞:糖皮质激素使血液中红细胞和血小板的数量增多。同时它能促使附着在小血管壁边缘的粒细胞进入血液循环,使血液中中性粒细胞增多。糖皮质激素还能抑制淋巴细胞 DNA 的合成过程,因而使淋巴细胞数量减少。此外,它对巨噬细胞系统吞噬和分解嗜酸性粒细胞的活动有增强作用,使血中嗜酸性粒细胞的数量减少。

(2)心血管系统:糖皮质激素对血管没有直接的收缩效应,但它能提高血管平滑肌对去甲肾上腺素和肾上腺素的敏感性,这就是糖皮质激素的允许作用。另外,糖皮质激素可降低毛细血管壁的通透性,减少血浆的滤出,有利于维持血容量。

(3)消化系统:糖皮质激素能增加胃酸分泌和胃蛋白酶的生成,因而有加剧和诱发溃疡的可能。因此,溃疡患者应用糖皮质激素时应加以注意。

(4)神经系统:糖皮质激素有提高中枢神经系统兴奋性的作用。小剂量可引起欣快感,大剂量则引起思维不能集中、烦躁不安和失眠等现象。

(二)糖皮质激素分泌的调节

糖皮质激素主要受下丘脑-腺垂体-肾上腺皮质轴的调节,以维持血中糖皮质激素的相对稳定和在不同状态下的生理需要。

下丘脑促垂体区神经细胞合成释放的促肾上腺皮质激素释放激素(CRH)是一种小分子肽类激素,它通过垂体门脉系统被运送到腺垂体,促使腺垂体合成、分泌 ACTH,ACTH 可促进肾上腺皮质合成、分泌糖皮质激素,同时也刺激束状带和网状带的发育生长。ACTH 的分泌受体内"生物钟"节律的影响,呈日周期性分泌。一般早晨 6—8 时达最高峰,以后逐渐减少,到下午 6—11 时最低。糖皮质激素分泌也随之表现出昼夜周期变化。

在下丘脑-腺垂体-肾上腺皮质轴中,还存在着反馈调节。当垂体分泌的 ACTH 在血中

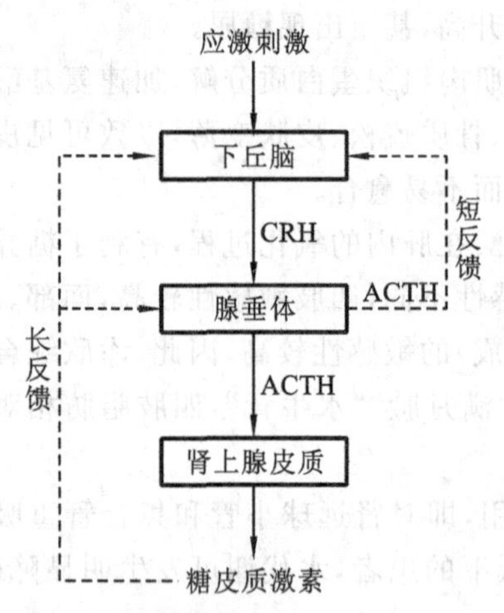

图 13-10　糖皮质激素分泌的调节示意图

——→表示促进　- - -→表示抑制

浓度达到一定水平时通过短反馈作用于下丘脑CRH神经元，抑制CRH的释放。当血液中糖皮质激素浓度升高时又可反馈作用于下丘脑和腺垂体，抑制CRH和ACTH的分泌，这种反馈即长反馈（图13-10）。但在应激状态下，可能由于下丘脑和腺垂体对反馈刺激的敏感性降低，使这些负反馈作用暂时失效，ACTH和糖皮质激素的分泌大大增加。

在医疗中长期大量使用糖皮质激素时，由于糖皮质激素对下丘脑-腺垂体的负反馈作用，可抑制腺垂体，使ACTH的分泌长期减少，因而使患者的肾上腺皮质机能减退，甚至萎缩。如果突然停用糖皮质激素制剂，则可由于患者本身肾上腺皮质机能不足以致体内糖皮质激素突然减少而引起严重后果。因此，在治疗中最好是糖皮质激素与ACTH交替使用；在停药时，要逐渐减量。

四、肾上腺髓质激素

肾上腺髓质激素包括肾上腺素和去甲肾上腺素，它们都属于儿茶酚胺类化合物。体内最重要的儿茶酚胺类化合物有肾上腺素、去甲肾上腺素和多巴胺三种，它们都是以酪氨酸为原料，在一系列酶的作用下合成的。正常情况下，肾上腺髓质释放的肾上腺素与去甲肾上腺素的比例大约为4：1。

（一）肾上腺髓质激素的生理作用

肾上腺素与去甲肾上腺素的生理作用广泛而多样。当机体内外环境急剧变化时，如运动、低血压、创伤、寒冷、恐惧等紧急情况，不仅肾上腺皮质激素大量分泌，而且交感神经系统与肾上腺髓质活动也增强。人们把交感-肾上腺髓质系统活动的加强称之为应急反应。当这一系统活动加强时，肾上腺髓质激素大量分泌，作用于中枢神经系统，提高其兴奋性，使反应灵敏；同时心率加快，心肌收缩力加强，心输出量增加，血压升高；呼吸频率增加，每分通气量增加；促进肝糖原与脂肪分解，使糖与脂肪酸增加，为骨骼肌、心肌等活动提供更多的能源。这些变化有利于随时调整机体各种机能，以应对环境急变，使机体度过紧急时刻而“脱险”。需要指出，应急与应激是两个不同但有关联的概念。引起应急反应的刺激，同样也引起应激反应，二者既有区别又相辅相成，使机体的适应能力更加完善。现在有人主张把交感-肾上腺髓质系统的反应也包括在应激反应中。

（二）肾上腺髓质激素分泌的调节

支配肾上腺髓质的神经属交感神经节前纤维，其末梢释放乙酰胆碱，通过N_1型胆碱受体引起嗜铬细胞释放肾上腺素和去甲肾上腺素。在应急情况下，可使肾上腺素和去甲肾上腺素分泌量增加到基础分泌量的1000倍，较长时间的交感神经兴奋可促进儿茶酚胺某些合成酶的数量增加和活性增强。

第六节 胰　　岛

胰岛是存在于胰腺中的内分泌组织，介于分泌胰液的腺泡组织之间，人胰岛细胞主要有A细胞、B细胞、D细胞和PP细胞。A细胞占20%，分泌胰高血糖素；B细胞占70%，分泌胰岛素；D细胞占5%，分泌生长抑素。

一、胰岛素

胰岛素(insulin)为含51个氨基酸的蛋白激素，相对分子质量为5800，由含有21个氨基酸的A链和含有30个氨基酸的B链借助2个二硫键连接而成。正常成人空腹血清胰岛素浓度为(14.0±0.87) μIU/mL。血液中胰岛素部分以游离形式存在，部分与血浆蛋白结合。只有游离型的有生物活性，半衰期为4 min，主要在肝灭活，肌肉和肾也能灭活胰岛素。

(一)胰岛素的生理作用

胰岛素是促进合成代谢、维持血糖正常水平的主要激素。

1. 对糖代谢的调节 胰岛素加速全身组织，特别是肝脏、肌肉和脂肪组织摄取和利用葡萄糖，促进肝糖原和肌糖原的合成，抑制糖异生，从而使血糖降低。胰岛素缺乏时，血糖浓度升高，如超过肾糖阈，尿中将出现糖，引起糖尿病。

2. 对脂肪代谢的调节 胰岛素可促进脂肪的合成与储存，促进葡萄糖进入脂肪细胞，合成甘油三酯和脂肪酸。胰岛素还抑制脂肪酶的活性，减少脂肪的分解。胰岛素缺乏时，糖的利用受阻，脂肪分解增强，产生大量脂肪酸，在肝内氧化生成大量酮体，引起酮血症与酸中毒。同时血脂升高易引起动脉硬化。

3. 对蛋白质代谢的调节 促进氨基酸进入细胞内，促进脱氧核糖核酸、核糖核酸和蛋白质的合成，抑制蛋白质的分解。由于能促进蛋白质合成，所以胰岛素对机体的生长有调节作用，但需与生长激素共同作用，促生长效果才显著。

(二)胰岛素分泌的调节

1. 血糖的作用 血糖是调节胰岛素分泌的最重要因素。当血糖浓度升高时，胰岛素分泌明显增加，从而促进血糖降低；血糖浓度降低至正常水平时，胰岛素的分泌回到基础水平，从而维持血糖浓度相对稳定。

此外，血中脂肪酸、酮体和氨基酸(主要为精氨酸和赖氨酸)浓度升高均可促进胰岛素分泌。

2. 激素的作用 胰高血糖素可直接作用于相邻的B细胞，刺激其分泌胰岛素。胰高血糖素又可以通过升高血糖而间接刺激胰岛素分泌。胃肠道激素如促胃液素、促胰液素、缩胆囊素和抑胃肽等都有刺激胰岛素分泌的作用，这一调节有重要的生理意义。生长激素、糖皮质激素、甲状腺激素可通过升高血糖浓度而间接促进胰岛素的分泌，肾上腺素则抑制胰岛素的分泌。

3. 神经调节 胰岛受迷走神经和交感神经支配。迷走神经兴奋时，可通过胰岛B细胞膜上的M受体，引起胰岛素的释放，也可刺激胃肠道激素的分泌而间接促进胰岛素分泌。

交感神经兴奋B细胞膜上α受体,从而抑制胰岛素的分泌。

二、胰高血糖素

胰高血糖素(glucagon)是由29个氨基酸组成的多肽,是动员体内供能物质的重要激素之一。

(一)生理作用

与胰岛素的促进合成代谢作用相反,胰高血糖素是体内促进分解代谢、促进能量动员的激素。胰高血糖素最重要的作用是升高血糖。它能促进肝糖原分解,促进糖异生,使血糖浓度升高,并能使氨基酸加快进入细胞转化为葡萄糖。胰高血糖素还能促进脂肪分解,生成酮体增多。

(二)分泌调节

血糖浓度是最重要的调节因素。血糖升高抑制胰高血糖素的分泌,下降则起促进作用。饥饿可促进胰高血糖素的分泌,比正常时高3倍。这对于维持血糖水平、保证脑的代谢和能量供应具有重要作用。氨基酸可促进胰高血糖素的分泌。

胰岛素可直接作用于A细胞,抑制胰高血糖素的分泌,也可通过降低血糖间接刺激胰高血糖素的分泌。

交感神经通过β受体促进胰高血糖素的分泌,迷走神经则通过M受体抑制其分泌。

血糖浓度相对稳定是机体内环境稳态的内容之一。血糖浓度主要受胰岛素和胰高血糖素调节,而血糖浓度对它们的分泌又有调节作用。这就构成一个闭合的自动反馈调节系统,使血糖浓度稳定于正常水平。

(于纪棉　张　玲)

第十四章　人体胚胎学概论

人体胚胎学(embryology)是研究个体发生和生长及其发育机理的学科，其内容包括生殖细胞形成、受精、胚胎发育、胚胎与母体的关系、先天性畸形等。机体出生后，许多器官的结构和功能远未发育完善，尚需经历相当长时期的生长、发育方能成熟，然后逐渐老化、衰退。这一过程可分为婴儿期、儿童期、少年期、青年期、成年期和老年期。

人胚胎在母体子宫中发育经历 38 周(约 266 天)，可分为三个时期：①从受精到第 2 周末二胚层为胚前期；②从第 3 周至第 8 周末为胚期，于此期末，胚(embryo)的各器官、系统与外形发育初具雏形；③从第 9 周至出生为胎期，此期内的胎儿逐渐长大，各器官、系统继续发育成形，部分器官出现一定的功能活动。此外，从第 26 周胎儿至出生后 4 周的新生儿发育阶段被称为围生期(perinatal stage)。此时期的母体与胎儿及新生儿的保健医学称围生医学。它是近年兴起的一门应用学科。

第一节　人体早期发生

人体胚胎学概论或称人体早期发生，是指从受精至第 8 周末的发育时期，即胚前期和胚期。此时期的胚胎发育变化甚大，并易受内、外环境因素的影响。内容包括：生殖细胞和受精，卵裂和胚泡形成，植入和胚层形成，胚体形成和胚层分化，胎膜和胎盘。

一、生殖细胞

生殖细胞(germ cell)，包括精子和卵子，均为单倍体细胞，即仅有 23 条染色体，其中 1 条是性染色体。

(一)精子的获能

精子虽有运动能力，却无穿过卵子周围放射冠和透明带的能力。这是由于精子头的外表有一层能阻止顶体酶释放的糖蛋白。精子在子宫和输卵管中运行过程中，该糖蛋白被女性生殖管道分泌物中的酶降解，从而获得受精能力，此现象称获能。精子在女性生殖管道内的受精能力一般可维持 1 天。

(二)卵子的成熟

从卵巢排出的卵子处于第二次成熟分裂的中期，并随输卵管伞的运动进入输卵管，在受精时才完成第二次成熟分裂。若未受精，于排卵后 12～24 h 退化。

二、受精

受精(fertilization)是精子穿入卵子形成受精卵的过程，它始于精子细胞膜与卵子细胞膜的接触,终于两者细胞核的融合(图 14-1)。受精一般发生在输卵管壶腹部。应用避孕套、输卵管粘堵或输精管结扎等措施,可以阻止精子与卵子相遇,从而阻止受精。

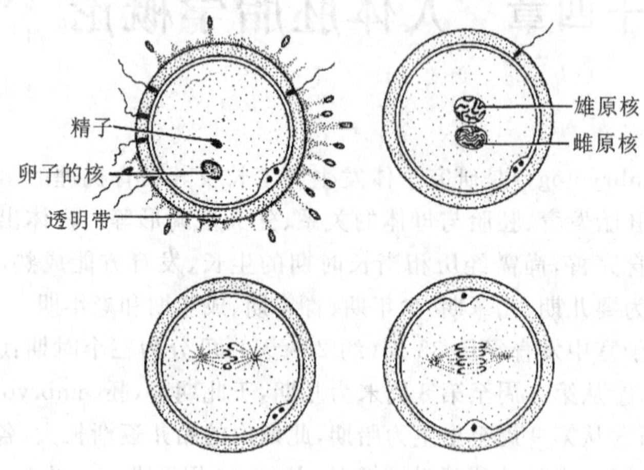

图 14-1　受精

受精的意义在于:①受精使卵子的缓慢代谢转入旺盛代谢,从而使细胞不断地分裂;②精子与卵子的结合,恢复了二倍体,维持物种的稳定性;③受精决定性别,带有 Y 染色体的精子与卵子结合发育为男性,带有 X 染色体的精子与卵子结合则发育为女性;④受精卵的染色体来自父母双方,加之生殖细胞在成熟分裂时曾发生染色体联合和片断交换,使遗传物质重新组合,使新个体具有与亲代不完全相同的性状。

三、卵裂和胚泡形成

受精卵由输卵管向子宫运行中,不断进行细胞分裂,此过程称卵裂(cleavage)。卵裂产生的细胞称卵裂球(blastomere)。随着卵裂球数目的增加,细胞逐渐变小,到第 3 天时形成 1 个由 12～16 个卵裂球组成的实心胚,称桑椹胚(morula)(图 14-2)。

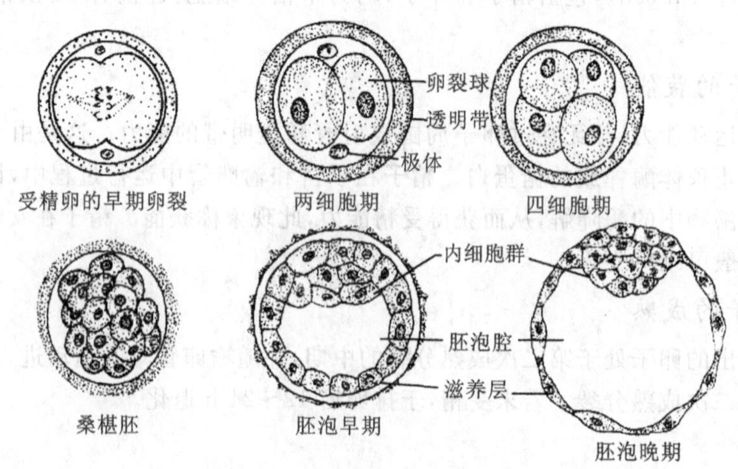

图 14-2　卵裂和胚泡形成示意图

桑椹胚的细胞继续分裂，细胞间逐渐出现小的腔隙，它们最后汇合成一个大腔，桑椹胚转变为中空的胚泡。胚泡(blastocyst)又称囊胚，于受精的第 4 天形成并进入子宫腔。胚泡外表为一层扁平细胞，称滋养层，中心的腔称胚泡腔，腔内一侧的一群细胞，称内细胞群(inner cell mass)。胚泡逐渐长大，透明带变薄而消失，胚泡得以与子宫内膜接触，植入开始(图 14-3)。

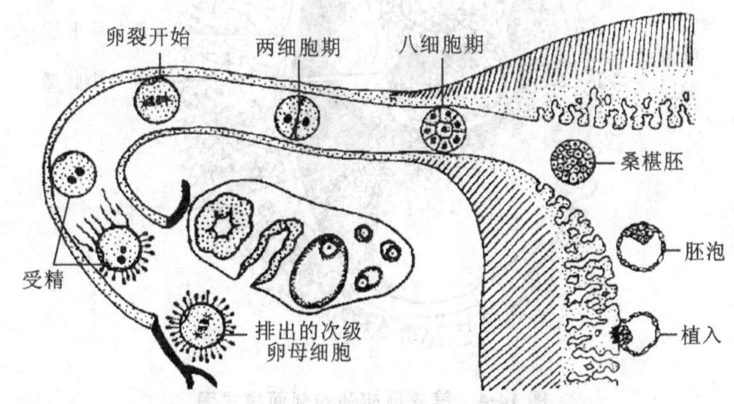

图 14-3 排卵、受精、卵裂和植入示意图

四、植入和胚层形成

此阶段的主要变化：胚泡植入子宫内膜，获得进一步发育的适宜环境和充足的营养供应；内细胞群分化为由内、中、外 3 个胚层构成的胚盘，它是人体各器官和组织的原基；胎膜与胎盘也逐渐形成和发育。

(一)植入

胚泡逐渐埋入子宫内膜的过程称植入(implantation)，又称着床(imbed)。植入于受精后第 5～6 天开始，第 11～12 天完成。

植入时的子宫内膜处于分泌期，植入后血液供应更丰富，腺体分泌更旺盛，基质细胞变肥大，富含糖原和脂滴，内膜进一步增厚。子宫内膜的这些变化称蜕膜反应，此时的子宫内膜称蜕膜，包括基蜕膜、包蜕膜、壁蜕膜。

胚泡的植入部位通常在子宫体和底部，最多见于后壁。若植入位于近子宫颈处，在此形成胎盘，称前置胎盘(placenta previa)，分娩时胎盘可堵塞产道，导致胎儿娩出困难。若植入在子宫以外部位，称宫外孕(ectopic pregnancy)，常发生在输卵管，偶见于子宫阔韧带、肠系膜，甚至卵巢表面等处。宫外孕胚胎多早期死亡。

(二)三胚层的形成

在第 2 周胚泡植入时，内细胞群的细胞也增殖分化，逐渐形成一个圆盘状的胚盘(embryonic disc)，此时的胚盘有内、外两个胚层。在外胚层的近滋养层侧出现一个腔，为羊膜腔，腔壁为羊膜。羊膜与外胚层的周缘续连，故外胚层构成羊膜腔的底。内胚层的周缘向下延伸形成另一个囊，即卵黄囊，故内胚层构成卵黄囊的顶。羊膜腔的底(外胚层)和卵黄囊的顶(内胚层)紧紧相贴构成的胚盘是人体的原基。至第 3 周初(图 14-4)，胚盘外层细胞增殖，在胚盘外胚层尾侧正中线上形成一条增厚区，称原条(图 14-5)。原条(primitive streak)

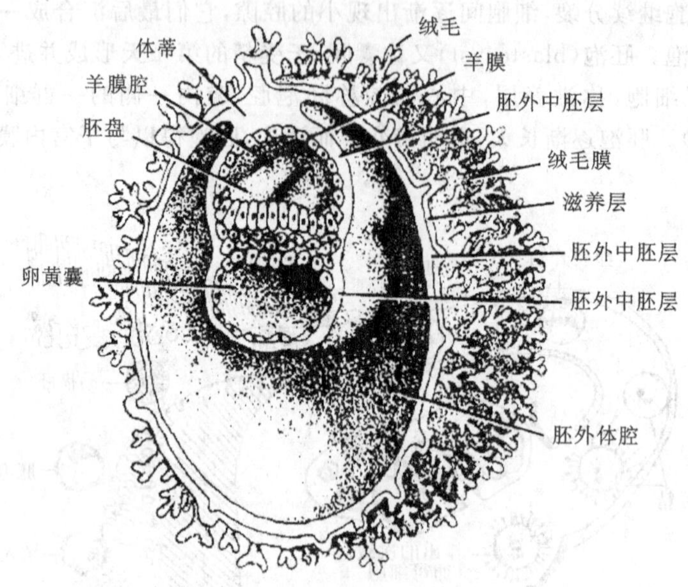

图 14-4　第 3 周初胚的剖面模式图

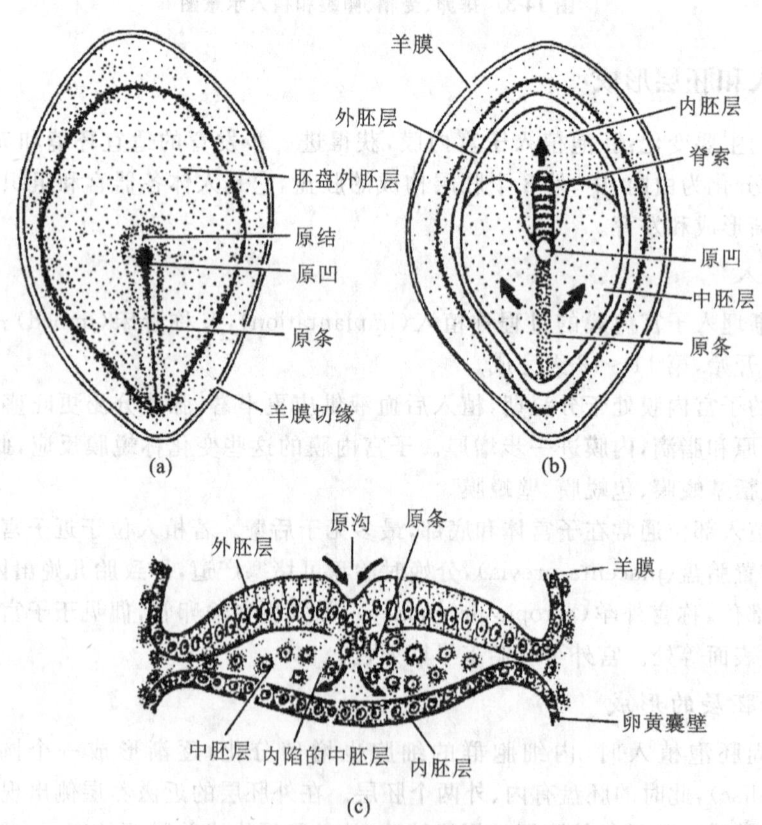

图 14-5　原条、中胚层和脊索的形成

的头端略膨大，为原结(primitive node)。原条的出现，胚盘即可区分出头尾端和左右侧。原条两侧的间充质细胞继续向侧方扩展，形成胚内中胚层(intraembryonic mesoderm)，它在胚盘边缘与胚外中胚层续连。从原结向头侧迁移的间充质细胞，形成一条单独的细胞索，称脊索(notochord)。

(三)三胚层早期分化

外胚层主要分化形成神经管，神经管的前端发育成脑，后端形成脊髓；中胚层主要分化为脊柱骨等骨骼、肌肉和皮肤的真皮，泌尿、生殖系统，胸膜腔、腹膜腔和心包膜腔；内胚层主要分化为消化管等。

第二节 胎膜和胎盘

胎膜和胎盘是对胚胎起保护、营养、呼吸和排泄等作用的附属结构，有的还有一定的内分泌功能。胎儿娩出后，胎膜、胎盘与子宫蜕膜一并排出，总称衣胞。

一、胎膜

胎膜(fetal membrane)包括绒毛膜、羊膜、卵黄囊、尿囊和脐带。绒毛膜(chorion)由滋养层和衬于其内面的胚外中胚层组成。羊膜(amnion)为半透明薄膜，羊膜腔内充满羊水。羊膜和羊水在胚胎发育中起重要的保护作用。卵黄囊(yolk sac)位于原始消化管腹侧。人类的造血干细胞和原始生殖细胞分别来自卵黄囊的胚外中胚层和内胚层。尿囊(allantois)随着胚体的形成而开口于原始消化管尾段的腹侧，即与后来的膀胱连通。人胚胎的气体交换和废物排泄由胎盘完成，尿囊仅为遗迹性器官，但其壁的胚外中胚层形成脐血管。脐带(umbilical cord)是连于胚胎脐部与胎盘间的索状结构。脐带外被羊膜，结缔组织内除有闭锁的卵黄蒂和尿囊外，还有脐动脉和脐静脉。脐动脉有两条，将胚胎血液运送至胎盘绒毛内，在此，绒毛毛细血管内的胚胎血与绒毛间隙内的母血进行物质交换。脐静脉仅有一条，将胎盘绒毛汇集的血液送回胚胎。

二、胎盘

胎盘(placenta)是由胎儿的丛密绒毛膜与母体的基蜕膜共同组成的圆盘形结构。胎盘有物质交换和内分泌功能。胎儿通过胎盘从母血中获得营养和O_2，排出代谢产物和CO_2。胎盘的合体滋养层早期能分泌绒毛膜促性腺激素，后期分泌绒毛膜促乳腺生长激素、孕激素和雌激素。

第三节 双胎、多胎和联体双胎

双胎又称孪生(twin)，可分为单卵双胎和双卵双胎。一次娩出两个以上新生儿称多胎(multiple birth)。多胎的原因可能是单卵性、多卵性和混合性的。三胎以上的多胎很少见。在单卵孪生中，一个胚盘出现两个原条并发育成两个胚胎时，如胚胎分离不完全，两个胚胎发生局部的联结，称联胎(conjoined twins)。根据胎儿联结的部位不同，可分为头联胎、臀联胎和腹联胎等。如联胎中一个胎儿大一个胎儿小，小者发育不良，可形成寄生胎，或胎内胎。

第四节 先天畸形与致畸因素

在胚胎发育过程中出现的外形和内部结构的异常，称先天畸形(congenital malformation)。凡是能干扰胚胎正常发育过程、诱发胎儿出现畸形的因素，称致畸因素。近年来，随着工业的发展和环境污染日趋严重，先天畸形的发生率有逐渐上升的趋势。在人类的各种先天畸形中，发现约25%主要由遗传因素导致，10%由环境因素引起，遗传因素与环境因素相互作用和原因不明者占65%。受致畸因素作用后最易发生畸形的阶段称致畸敏感期。一般受精后2周内正值卵裂或胚泡植入，此时致畸因素可损伤整个胚胎或大部分细胞，造成胚胎死亡流产。孕第3~8周为各器官原基分化时期，最易受致畸因素的干扰而产生器官形态异常，属于致畸高度敏感期。第9周以后，胎儿生长发育快，各器官进行组织分化和功能分化，受致畸因素影响减少，一般不会出现器官形态畸形。

第五节 胎 盘

胎盘是妊娠期间一个重要的内分泌器官。人类胎盘可以产生多种激素。主要有人绒毛膜促性腺激素、雌激素、孕激素和人绒毛膜生长素等。

一、人绒毛膜促性腺激素

人绒毛膜促性腺激素(human chorionic gonadotrophin，HCG)是一种糖蛋白，其生理作用主要有：

(1)在妊娠早期刺激母体的月经黄体转变为妊娠黄体，并使其继续分泌大量雌激素和孕激素，以维持妊娠的顺利进行。

(2)抑制淋巴细胞的活性，防止母体产生对胎儿的排斥反应，具有“安胎”的效应。

HCG在受精后第8~10天就出现在母体血中，随后其浓度迅速升高，至妊娠第8周左右达到顶峰，然后又迅速下降，在妊娠20周左右降至较低水平，并一直维持至分娩(图14-6)。由于HCG在妊娠早期即可出现在母血中，并由尿排出，因此，测定血或尿中的HCG，可作为诊断早期妊娠的指标。

二、雌激素和孕激素

在妊娠第8周后，随着HCG分泌的减少，妊娠黄体逐渐萎缩，由它分泌的雌激素和孕激素也减少。此时胎盘分泌雌激素和孕激素逐渐增加，可接替黄体的功能以维持妊娠，直到分娩(图14-6)。

在整个妊娠期，孕妇血中雌激素和孕激素都保持在高水平，对下丘脑-腺垂体系统起着负反馈作用。因此，卵巢内没有卵泡发育和排卵，故妊娠期无月经。胎盘分泌的雌激素，主要为雌三醇，其前体主要来自胎儿。如果在妊娠期间胎儿死于子宫内，孕妇的血和尿中雌三醇会突然减少，因此，检验孕妇血或尿中雌三醇的水平，有助于判断是否发生死胎。

三、人绒毛膜生长素

人绒毛膜生长素(human chorionic somatomammotropin)是一种多肽。最初的动物实验表明，它具有催乳作用，所以曾被称为人胎盘催乳素，但后来的研究发现，它的化学结构、生理作用、生物活性以及免疫特性均与生长激素相似，故在国际会议上被定名为人绒毛膜生长素。它的主要作用是调节母体与胎儿的糖、脂肪及蛋白质代谢，促进胎儿生长。

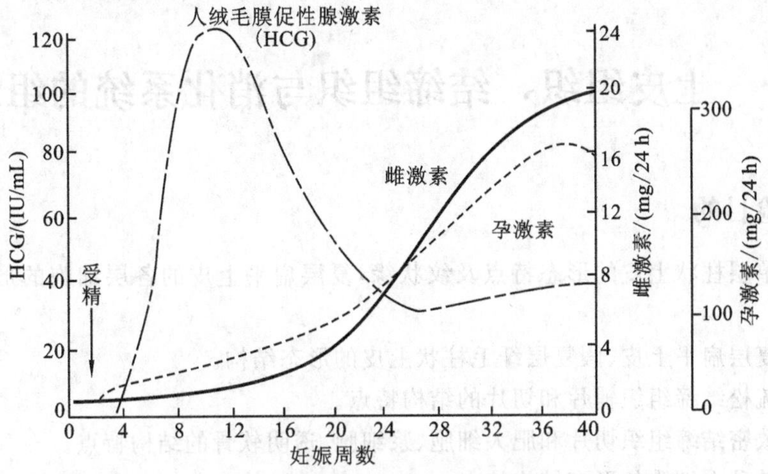

图 14-6　妊娠期 HCG、雌激素和孕激素分泌的变化

（孟香红　陶冬英）

第十五章 实验部分

实验一 上皮组织、结缔组织与消化系统的组织结构

一、实验目的

1. 掌握单层柱状上皮的形态特点及纹状缘，复层扁平上皮的各层细胞的形状和排列规律。
2. 了解复层扁平上皮、假复层纤毛柱状上皮的形态结构。
3. 掌握疏松结缔组织铺片和切片的结构特点。
4. 了解致密结缔组织切片和肥大细胞、浆细胞、透明软骨的结构特点。
5. 熟悉各种血细胞的形态结构特点。
6. 了解消化管的微细结构。
7. 掌握胃和小肠黏膜的微细结构特点。
8. 掌握肝小叶和肝门管区的微细结构。
9. 了解胰的外分泌部和内分泌部的微细结构。

二、实验材料

1. 单层扁平上皮。
2. 单层立方上皮。
3. 单层柱状上皮。
4. 假复层纤毛柱状上皮。
5. 复层扁平上皮。
6. 变移上皮。
7. 血涂片。
8. 脂肪组织切片。
9. 胃底切片。
10. 空肠或回肠的切片。
11. 结肠切片。
12. 肝切片。
13. 胰切片。

三、实验内容

(一)单层柱状上皮

片号:No. 46(人的小肠,HE 染色)。

苏木精-伊红染色法(hematoxylin-eosin staining),简称 HE 染色法,石蜡切片技术里常用的染色法之一。苏木精染液为碱性,主要使细胞核内的染色质与胞质内的核糖体着紫蓝色;伊红为酸性染料,主要使胞质和细胞外基质中的成分着红色。HE 染色法是组织学、胚胎学、病理学教学与科研中最基本、使用最广泛的技术方法。

1. 肉眼观察 标本为长条形,一面较平整,染成红色;另一面凹凸不平,染成紫红色,此面就是要观察的上皮组织所在处。

2. 低倍镜观察 找到许多高低不平的皱襞,表面被覆单层柱状上皮。选择结构清晰的垂直切面,移至视野中央,转高倍镜观察。

3. 高倍镜观察 上皮细胞呈高柱状,排列紧密而整齐。核呈椭圆形,染成紫蓝色,位于近细胞的基底部;胞质染成粉红色。上皮的基底面与结缔组织相连。在典型的垂直切面上,可见相邻柱状细胞的细胞核位置高低基本一致,整个上皮的细胞核呈单行排列。在上皮游离面可见一条折光性强、均质、红线状的纹状缘。在柱状细胞之间可见散在分布的杯状细胞(形态描述参照气管上皮中的描述)。

(二)复层扁平上皮

片号:No. 44(人的食管,HE 染色)。

1. 肉眼观察 标本为食管横切面,管腔呈不规则形,靠近腔面呈紫蓝色的部位为复层扁平上皮。

2. 低倍镜观察 在食管横切面上所观察到的是复层扁平上皮的垂直切面。可见复层鳞状上皮和下方的部分组织向管腔形成突起(实为立体结构下的纵形皱襞)。复层扁平上皮由多层细胞构成,各层细胞形状不一。上皮与深面结缔组织的交界起伏不平,两者之间隔以基膜。

3. 高倍镜观察 从上皮的基底面向腔面观察各层细胞的形态。①基底层:位于基膜上,是一层矮柱状或立方形细胞。细胞核染色较深,呈卵圆形,胞质少,细胞界限不清楚。②中间层:位于基底层之上,由数层多边形细胞组成。细胞核较大,呈圆形。③表层:位于上皮的浅面,由数层扁平细胞组成。细胞核小,呈梭形,着色深。

(三)疏松结缔组织

片号:No. 46(人的小肠,HE 染色)。

1. 肉眼观察 染成紫蓝色的为腔面的黏膜层,另一面染成红色的是肌层,两层之间着色浅的区域即疏松结缔组织。

2. 低倍镜观察 纤维排列疏松,细胞核散在分布,它们之间有较多的空隙,为基质所在。

3. 高倍镜观察 胶原纤维染成红色,粗细、长短不等,断面不同,量多,其间夹有弹性纤维,不易分辨。细胞分散于纤维之间,数量多,成纤维细胞核较大,椭圆形,色紫,其他细胞类型难以区分。

（四）血细胞

片号：No. 38（人的血涂片）。

1. 红细胞 圆形，无核，呈红色，中央着色较边缘浅（何故?）。

2. 中性粒细胞 圆形，比红细胞大，胞质呈淡红色，内含淡紫红色的细小颗粒，分布均匀。核分叶，2～5叶不等，大多为2～3叶。叶间有染色质丝相连，染成紫蓝色，也有不分叶的杆状核。

3. 嗜酸性粒细胞 数量较少，较中性粒细胞大，胞质呈淡红色，内含大量粗大的橘红色颗粒，分布均匀而密集。核多为2叶，染成紫蓝色。

4. 嗜碱性粒细胞 数量极少，很难找到。胞质内含大小不等的紫蓝色颗粒，分布不均，常遮盖核。核分叶、S形或不规则形，着色浅。

5. 淋巴细胞 大小不一，以小淋巴细胞居多，其直径似红细胞。核呈圆形，占细胞的大部，一侧稍有凹陷。染色质致密呈块状，染成深蓝色。胞质少，呈一窄带围绕核，染成蔚蓝色，有时含少量紫红色的嗞天青颗粒。大的淋巴细胞胞质较多，核染色浅。

6. 单核细胞 体积最大，数量较少。核呈肾形与马蹄铁形，染色质颗粒细而松散，故染色较浅；胞质较多，染成灰蓝色，内含较多细小的嗜天青颗粒。

7. 血小板 体积最小，直径约为红细胞的1/3，成群分布在血细胞之间，呈不规则形，胞质染成浅灰蓝色，中央含紫色的颗粒。

（五）示教

1. 变移上皮 人膀胱切片，HE染色。

观察：

(1)变移上皮由多层细胞构成，各层细胞形态不一。上皮游离面与基底面基本平行，基膜不明显。

(2)从深面向浅层观察各层细胞的形态。① 基底层：一层矮柱状细胞。② 中层细胞：位于基底层之上，有数层不规则的多边形细胞。③ 表层细胞：位于上皮表面，为一层长方形或立方形细胞，细胞大，有时细胞内有两个核。靠近表面的胞质染成深红色。

2. 假复层纤毛柱状上皮 人的气管，HE染色。

观察：

(1)假复层纤毛柱状上皮的细胞高矮不等，故相应的细胞核高低错落、形似复层。此种上皮的基膜较明显。

(2)辨认该上皮的各种细胞。①柱状细胞：此种上皮的主要细胞，数量多，游离端较宽，达到腔面，细胞表面具有一排微细而整齐的纤毛。核呈卵圆形，位于细胞较宽的部分。②杯状细胞：数量较少，分散存在于其他细胞之间。形似高脚酒杯，游离面达到腔面，细胞顶部较大，被染成淡蓝色或空泡状（粘原颗粒被溶解所致）；底部细窄，其内有着色深、呈三角形的细胞核。③锥形细胞：位于上皮细胞基部，细胞呈锥体形，界限不清楚。核呈圆形，较小。④梭形细胞：两端尖、中间较粗，核呈卵圆形，但较柱状细胞的核窄小。细胞界限不清楚，不易分辨。

3. 致密结缔组织 人的掌皮，HE染色。

观察：

(1)纤维被染成红色,排列紧密,细胞少,纤维与细胞之间的空隙也少。

(2)大量的胶原纤维,粗而密,排列方向不一,故有横切、纵切和斜切等断面,其间弹性纤维不易区分。细胞少,散在于纤维之间,核染色深,胞质甚少,细胞类型难以分辨。

4. 肥大细胞 观察:细胞成群分布于小血管附近,呈圆形或卵圆形,核圆且小,着色浅,细胞中含大量粗大的紫红色颗粒。

5. 浆细胞 观察:细胞呈卵圆形,胞质嗜碱性强,染成蓝紫色,近核处有一着色浅的亮区;核常位于细胞的一端,染色质致密呈块状,多位于核膜内面,呈辐射状(或称钟面状)排列。

6. 透明软骨 观察:找到染成紫蓝色的透明软骨,逐项观察如下结构。

(1)软骨膜:位于透明软骨表面(注意是在整个软骨组织的周围),由致密结缔组织构成,外层纤维较内层多。

(2)透明软骨组织:基质染成紫蓝色,但着色深浅不一,靠近软骨细胞的部位着色深。软骨细胞形态不一致,靠近软骨膜的细胞较小,呈椭圆形,单个分布,与软骨膜平行排列。在软骨深部,细胞较大,呈圆形或椭圆形,成对或成群分布(即同源细胞群)。

消化系统组织

(一)学生自己观察

1. 胃底切片(HE 染色)

(1)肉眼观察:近管腔面染成紫蓝色的部分为黏膜,黏膜的深面依次是黏膜下层、肌层和外膜。

(2)低倍镜观察:分辨胃的黏膜、黏膜下层、肌层和外膜,重点观察黏膜。①黏膜的上皮为单层柱状上皮,上皮细胞界限清楚,胞质染色较淡,细胞核卵圆形,位于细胞基底部。上皮内陷处为胃小凹。固有层内含有大量的胃底腺,胃底腺之间有少量结缔组织,固有层的深面有平滑肌细胞构成的黏膜肌层。②黏膜下层为疏松结缔组织。③肌层为较厚的平滑肌,其层次不易分清。④外膜为浆膜。

(3)高倍镜观察:胃底腺主要由主细胞和壁细胞构成。①主细胞:数量最多,分布在胃底腺的中、下部,细胞呈柱状,胞质嗜碱性,呈淡蓝色;细胞核圆形,位于细胞基底部。②壁细胞:多分布在胃底腺的中、上部。细胞较大,呈圆锥形或圆形;胞质嗜酸性,呈红色;细胞核圆形,位于细胞的中央。

2. 空肠或回肠横切片(HE 染色)

(1)肉眼观察:近管腔面染成淡紫红色的部分为黏膜,其深面依次为黏膜下层、肌层和外膜。黏膜层与黏膜下层向管腔突出形成皱襞。

(2)低倍镜观察:①黏膜:游离面有许多肠绒毛,为黏膜的上皮和固有层呈指状突入肠腔而形成。在切片中肠绒毛可呈纵切、横切或斜切面。肠绒毛为单层柱状上皮,上皮细胞之间夹有杯状细胞。杯状细胞呈空泡状。上皮的深面为固有层,主要由结缔组织构成,内有切成不同断面的肠腺。肠腺由单层柱状上皮构成,与肠绒毛的上皮相延续。在肠绒毛基底部之间为肠腺开口处。在回肠的固有层内可见集合淋巴滤泡。②黏膜下层:疏松结缔组织,含有小血管、神经等。③肌层:平滑肌,分两层,内层环形,外层纵行。④外膜:浆膜。

(3)高倍镜观察:选择一条清晰、典型的肠绒毛纵切面,观察绒毛表面的单层柱状上皮、杯状细胞，绒毛中轴内的固有层、中央乳糜管以及毛细血管和平滑肌纤维。

3. 肝切片(HE 染色)，绘图

(1)低倍镜观察：组织被结缔组织分隔成许多多边形的肝小叶，肝小叶间的结缔组织少，界限不清楚。小叶中央的圆形管腔是中央静脉，中央静脉周围肝细胞呈放射状排列，肝板的断面，称肝索。肝索之间的腔隙为肝血窦。在几个肝小叶邻接处，有较多的结缔组织，其内可见三种结构不同的管腔，为小叶间动脉、小叶间静脉和小叶间胆管，此处为门管区。

(2)高倍镜观察：选择典型的肝小叶和门管区观察。

①肝小叶：a. 中央静脉：位于肝小叶中央，管壁不完整，周围与肝血窦相通。b. 肝索：由肝细胞排列成索条状。肝细胞体积较大，呈多边形，胞质呈红色，细胞核圆形，居细胞中央，核仁明显，有的肝细胞有双核。c. 肝血窦：位于肝板之间。肝血窦的壁由不连续的内皮细胞组成，内皮细胞的核扁而小，染色深。在血窦腔内有时可见肝巨噬细胞。②门管区：a. 小叶间动脉：管壁厚，管腔圆而小，由一层内皮细胞和少量环形平滑肌构成，染成红色。b. 小叶间静脉：管壁薄，管腔较大，形状不规则，染成红色。c. 小叶间胆管：由单层立方上皮构成，胞质染色淡，细胞核大而圆，染成紫蓝色。

(二)显微电镜观看

胃底切片、空肠或回肠切片、结肠切片、肝切片、胰切片。

(三)示教

(1)结肠黏膜。

(2)胰岛和胰腺泡。

实验二　血液系统实验

一、红细胞渗透脆性

目的　学习测定红细胞渗透脆性的方法，了解细胞外液的渗透压对维持细胞正常形态和功能的重要性。

原理　在临床或生理实验中使用的各种溶液，其渗透压与血浆渗透压相等的称为等渗溶液(iso-osmotic solution)，如 0.9% NaCl 溶液；其渗透压高于或低于血浆渗透压的溶液称为高渗溶液或低渗溶液。若将红细胞置于渗透压递减的一系列低渗盐溶液中，红细胞逐渐涨大甚至破裂而发生溶血(hemolysis)。正常红细胞膜对低渗盐溶液具有一定的抵抗力，这种抵抗力的大小可作为红细胞渗透脆性(osmotic fragility)的指标。对低渗盐溶液抵抗力小，表示渗透脆性高，红细胞容易破裂；反之，表示渗透脆性低。正常人的红细胞一般在 0.45%NaCl 溶液中开始溶血，在 0.35%NaCl 溶液中完全溶血。

材料　人或家兔；试管架、小试管 10 支、2 mL 吸管 3 支、已消毒的 2 mL 注射器及 8 号针头、棉签；1%NaCl 溶液、蒸馏水、75%酒精、4%碘酒等。

方法

1. 制备不同浓度的低渗盐溶液　取干燥洁净的小试管 10 支，编号排列在试管架上，按表 15-1 所示，分别向试管内加入 1%NaCl 溶液和蒸馏水并混匀，配制成 0.7%～0.25% 10 种不同浓度的 NaCl 低渗溶液。

表 15-1　NaCl 低渗溶液的配制及浓度

试管号 / 试剂	1	2	3	4	5	6	7	8	9	10
1% NaCl 溶液/mL	1.40	1.30	1.20	1.10	1.00	0.90	0.80	0.70	0.60	0.50
蒸馏水/mL	0.60	0.70	0.80	0.9	1.00	1.10	1.20	1.30	1.40	1.50
NaCl 浓度/(%)	0.70	0.65	0.60	0.55	0.50	0.45	0.40	0.35	0.30	0.25

2. 采血与加血　用干燥的 2 mL 注射器从兔耳缘静脉取血 1 mL(如采人血则须严格消毒，从肘正中静脉取血 1 mL)，立即依次向 10 支试管内各加 1 滴血液，轻轻颠倒混匀，切勿用力振荡，静置室温下半小时，然后根据混合液的色调进行观察，作出合理的判断。

观察项目

1. 如果试管内液体下层为混浊红色，上层为无色透明，说明红细胞完全没有溶解。

2. 如果试管内液体下层为混浊红色，而上层出现透明红色，表示部分红细胞破裂，称为不完全溶血。

3. 如果试管内液体完全变成透明红色，说明红细胞全部破裂，称为完全溶血。此时该溶液浓度即为红细胞最大抵抗力。

4. 记录红细胞脆性范围，即最小抵抗力时的溶液浓度和最大抵抗力时的溶液浓度。

注意事项

1. 不同浓度的 NaCl 低渗溶液的配制应准确。

2. 小试管必须清洁、干燥。

3. 在光线明亮处进行观察。

4. 各管加血量应相同，加血时持针角度应一致。

5. 血液滴入试管后，立即轻轻混匀，避免血液凝固和假象溶血。

6. 每只试管血液只加 1 滴。

结果及分析

1. 为什么同一个体不同红细胞的渗透脆性不同？

2. 测定红细胞渗透脆性有何临床意义？

3. 输液时为何要输等渗溶液？

二、血液凝固

目的　观察血液凝固及所需时间，观察促凝和抗凝因素对血液凝固的影响。

原理　血液由流动的溶胶状态变成不能流动的凝胶状态，这一过程称血液凝固(blood coagulation)。此过程受许多理化因素和生物因素的影响。当控制这些因素时，便能加速、延缓，甚至阻止血液凝固。

材料　抗凝血浆、血清；小试管、滴管、0.9% NaCl 溶液、3% $CaCl_2$溶液、肝素等。

方法

1.实验室制备抗凝血浆和血清。

2.观察促凝和抗凝因素对血液凝固的影响：取小试管5支并编号1、2、3、4、5，分别按表15-2中的实验条件进行操作，比较血液凝固时间。

表15-2 血液凝固的影响因素

试管编号	实验条件						凝固时间
	抗凝血浆	血清	0.9%NaCl	组织浸出液	肝素	3%$CaCl_2$	
1	8滴		2滴			2滴	
2	8滴			2滴		2滴	
3	8滴		2滴	2滴			
4		8滴		2滴		2滴	
5	8滴				2滴	2滴	

注：每隔20 s慢慢倾斜试管，液体不流动时即为凝固。

注意事项

1.准确记录凝血时间。

2.不应过于频繁摇动试管；每隔20 s将试管倾斜，试管内血浆表面随同倾斜为已凝固的标准。

3.每管滴加试剂的量要一致。

4.试管口径大小应尽量一致，在血量相同时，口径大凝血慢，口径小凝血快。

结果及分析

1.简述体外抗凝的机制。

2.肝素如何影响血液凝固？

三、ABO血型鉴定

目的 了解ABO血型系统的分型依据及血型鉴定方法。

原理 血型(blood group)是指血细胞膜上特异的凝集原(agglutinogen，或称抗原)类型。ABO血型系统的分型是以红细胞膜所含的凝集原种类为依据的，红细胞膜上含A凝集原称为A型，其血清中含B凝集素(agglutinin，或称抗体)；红细胞膜上含B凝集原称为B型，其血清中含有抗A凝集素；红细胞膜上含A、B两种凝集原称为AB型，其血清中不含抗A、抗B凝集素；红细胞膜上既不含A凝集原，也不含B凝集原称为O型，其血清中既含抗A凝集素也含抗B凝集素，因此不会发生红细胞的凝集(agglutination of erythrocyte)反应。ABO血型鉴定原理就是根据抗原抗体是否发生凝集反应。鉴定方法是用已知的标准A、B血清与被鉴定人的血液相混合，依其发生凝集反应的结果来判断被鉴定人红细胞表面所含的抗原种类。

对象 人。

材料 采血针、消毒牙签、酒精棉球、消毒干棉球；人类标准A、B型血清，玻片等。

方法

1.取一玻片，用笔在玻片上分别标上A型(抗B)、B型(抗A)标记。

2.分别将标准抗B血清与标准抗A血清各1滴滴在已做好标号的玻片上。

3.75%酒精棉球消毒左手无名指端或耳垂，用消毒采血针刺破皮肤，消毒牙签一端采一滴血，与玻片的一侧标准血清混匀；再挤一滴血，用牙签的另一端采集，与玻片的另一侧标准血清混匀。

4.数分钟后用肉眼观察红细胞有无凝集现象，如无凝集现象，可再静置 15 min，再观察，必要时可借助显微镜观察。根据图 15-1，可判定被鉴定人血型。

5.区分红细胞凝集与红细胞叠连。轻轻晃动玻片，若红细胞可散开表明是叠连现象；若红细胞不能散开并有凝血块或凝集颗粒，表明是凝集现象。

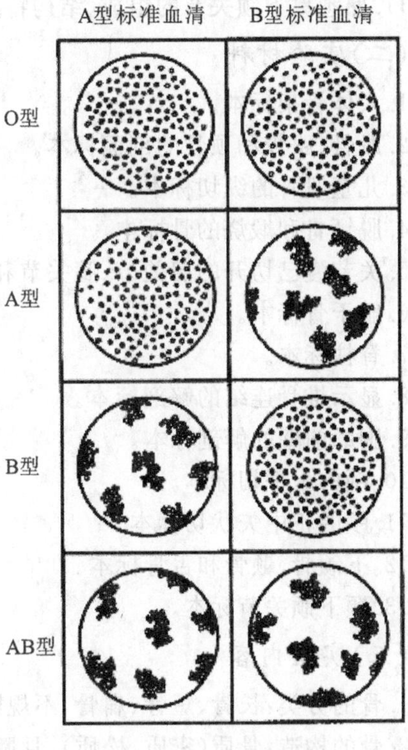

图 15-1　血型鉴定

注意事项

1.用牙签将血液与标准血清混匀时，谨防两种血清接触。

2.血清必须新鲜，污染后可产生假凝集。

3.肉眼看不清凝集现象时，应在显微镜下观察。

结果及分析

1.你的血型是何型，可给哪些血型的人输血，是大量还是少量？为什么？

2.你可接受哪些血型的血，是大量还是少量？为什么？

实验三　运动系统

一、躯干骨及颅骨

(一)实验目的

1.熟悉骨的形态、分类和构造。

2.了解不同年龄骨的理化特征。

3.了解骨连结的分类：骨的直接连结。

4.掌握关节的基本结构和辅助结构。

5.掌握椎骨的数目、名称。

6.熟悉椎骨的连结和脊柱的整体观、椎骨的一般形态。

7.熟悉胸骨的位置、形态结构。

8.熟悉肋骨的数目、形态结构。

9.熟悉胸廓的组成、形态。

10.了解脑颅、面颅诸骨的名称、位置、形态结构。

11.熟悉颞下颌关节的组成、结构特点。

（二）实验材料

1.人体骨架标本。

2.股骨、跟骨和顶骨的剖面标本。

3.儿童股骨的纵切标本。

4.脱钙骨和煅烧的骨标本。

5.关节囊已切开的肩关节、膝关节和颞下颌关节标本。

6.躯干骨标本。

7.脊柱标本。

8.显示椎骨连结的解剖标本。

9.胸廓前壁的解剖标本。

10.颅的水平切标本。

11.颅的正中矢状切标本。

12.下颌骨、颞骨和舌骨标本。

13.颞下颌关节标本。

（三）实验内容

1.骨的分类：长骨、短骨、扁骨、不规则骨。

2.骨的构造：骨质（密质、松质）、骨髓（红骨髓、黄骨髓）、骨膜。

3.椎骨：

一般形态：椎体、椎弓、椎孔、椎管、椎弓根、椎弓板、棘突、横突、上关节突、下关节突。

4.胸骨：胸骨柄、胸骨体、剑突、胸骨角。

5.关节：关节面、关节囊、关节腔、韧带、关节盘、关节唇、滑膜囊。

6.椎骨的连结：

椎间盘：纤维环、髓核。

7.脊柱的整体观：颈曲、胸曲、腰曲、骶曲。

8.脑颅骨：顶骨、颞骨、额骨、枕骨、蝶骨、筛骨。

9.面颅骨：上颌骨、颧骨、下鼻甲、腭骨；泪骨、鼻骨、下颌骨、舌骨、犁骨。

10.颞下颌关节。

二、四肢骨及其连结、骨骼肌

（一）实验目的

1.熟悉锁骨、肩胛骨、肱骨、桡骨、尺骨、髋骨、股骨、腓骨的位置、形态。

2.掌握肩关节、肘关节、桡腕关节、髋关节、膝关节、踝关节的组成、结构特点和运动形式。

3.了解前臂骨的连结、小腿骨的连结、足弓。

4.熟悉斜方肌、背阔肌、竖脊肌、胸大肌、前锯肌、肋间肌、胸锁乳突肌的位置和作用；膈的位置、形态和作用以及三个裂孔和通过的结构；腹直肌、腹外斜肌、腹内斜肌、腹横肌的位置及形成结构。

5.熟悉面肌、咀嚼肌的名称、位置、作用;三角肌、肱二头肌、肱三头肌、臀大肌、股四头肌、缝匠肌、股二头肌、小腿三头肌的位置和作用。

(二)实验材料

1.四肢骨标本。

2.四肢的骨连结标本。

3.全身肌的解剖标本。

4.躯干肌标本。

5.膈标本。

6.上、下肢肌标本。

(三)实验内容

1.锁骨。

2.肩胛骨:喙突、上角、下角、外侧角、关节盂、肩胛下窝、肩胛冈、冈上窝、冈下窝、肩峰。

3.肱骨:肱骨头、大结节、小结节、外科颈、三角肌粗隆、桡神经沟、肱骨小头、肱骨滑车、鹰嘴窝、内上髁、外上髁。

4.桡骨:桡骨头、环状关节面、茎突、腕关节面。

5.尺骨:滑车切迹、鹰嘴、冠突、尺骨头、茎突。

6.手骨:腕骨、掌骨、指骨。

7.髋骨:髋臼、闭孔。

8.股骨:股骨头、股骨颈、大转子、小转子、内侧髁、外侧髁、内上髁、外上髁。

9.髌骨。

10.胫骨:内侧髁、外侧髁、胫骨粗隆、内踝。

11.腓骨:腓骨头、腓骨颈、外踝。

12.足骨:跗骨、跖骨、趾骨。

13.肩关节:关节盂、关节唇、肱二头肌长头腱。

14.肘关节:肱尺关节、肱桡关节、桡尺近侧关节。

15.髋关节:髋臼、髋臼唇、髂股韧带、股骨头韧带。

16.膝关节:胫侧副韧带、腓侧副韧带、前交叉韧带、后交叉韧带、内侧半月板、外侧半月板。

17.活体触摸:肩胛骨下角、肩峰、锁骨、肱骨内外上髁、桡骨茎突、尺骨鹰嘴、髂嵴、髂前上棘、耻骨结节、坐骨结节、股骨大转子、髌骨、胫骨粗隆、内踝、外踝、腓骨头。

18.躯干肌:斜方肌、背阔肌、竖脊肌、胸锁乳突肌、胸大肌、胸小肌、前锯肌、肋间内肌、肋间外肌、膈(中心腱、食管裂孔、主动脉裂孔、腔静脉孔)、腹直肌、腹外斜肌、腹内斜肌、腹横肌。

19.头肌:

(1)面肌:枕额肌(帽状腱膜)、眼轮匝肌、口轮匝肌。

(2)咀嚼肌:咬肌、颞肌。

20.四肢肌:三角肌、肱二头肌、肱肌、肱三头肌、前臂肌(前群、后群)、臀大肌、臀中肌、臀小肌、缝匠肌、股四头肌、长收肌、大收肌、股二头肌、小腿肌前群、小腿肌外侧群、小腿肌后群

(小腿二头肌)、小腿三头肌、足肌。

21.活体触摸:咬肌、颞肌、胸锁乳突肌、胸大肌、斜方肌、背阔肌、竖脊肌、腹直肌、三角肌、肱二头肌、臀大肌、股四头肌、髌韧带、小腿三头肌、跟腱等肌性标志。

实验四　人体动脉血压的测量

目的和原理　动脉血压是指流动的血液对血管壁所施加的侧压力。人体动脉血压测定的最常用方法是袖带法。它是利用袖带压迫动脉造成血管瘪陷,并通过听诊器听取由此产生的“血管音”(Korotkoff sounds)来测量血压的。测量部位一般多在肱动脉。血液在血管内顺畅地流动时通常并没有声音,但当血管受压变狭窄或时断时通,血液发生湍流时,则可发生所谓的“血管音”。用充气袖带缚于上臂加压,使动脉被压迫关闭,然后放气,逐步降低袖带内的压力。当袖带内压力超过动脉收缩压时,血管受压,血流阻断。此时,听不到“血管音”,也触不到远端的桡动脉搏动。当袖带内压力等于或略低于动脉内最高压力时,有少量血液通过压闭区,在其远侧血管内引起湍流,于此处用听诊器可听到管壁震颤音,并能触及脉搏,此时袖带内的压力即为收缩压,其数值可由压力表水银柱读出。在血液间歇地通过压闭区的过程中一直能听到声音。当袖带内压力等于或稍低于舒张压时,血管处于通畅状态,失去了造成湍流的因素而无声响,此时袖带内压力为舒张压,数值亦可由压力表水银柱读出。

机体在运动状态下血压升高,且以收缩压升高为主。运动时动脉血压的变化是许多因素影响的综合结果。

本实验目的是学习袖带法测定动脉血压的原理和方法,测定人体肱动脉的收缩压与舒张压及观察运动对人体血压的影响。

器械　袖带式血压计,听诊器,计时工具。

对象　人。

方法

1.袖带式血压计测定动脉血压

(1)血压计包括三部分:袖带、橡皮球和测压计(图15-2)。袖带式血压计在使用时先驱净袖带内的空气,打开水银柱根部的开关。

(2)受试者取端坐位,脱去一侧衣袖,静坐5 min。

(3)受试者前臂伸平,置于桌上,令上臂中段与心脏处于同一水平。将袖带卷缠在距离肘窝上方2 cm处,松紧度适宜,以能插入两指为宜。

(4)于肘窝处靠近内侧触及动脉脉搏,将听诊器胸件放于上面。

(5)一手轻压听诊器胸件,一手紧握橡皮球向袖带内充气使水银柱上升到听不到“血管音”时,继续打气使水银柱继续上升2.6 kPa(20 mmHg),一般达24 kPa(180 mmHg)。随即松开气球螺帽,徐徐放气,以降低袖带内压,在水银柱缓慢下降的同时仔细听诊。当突然出现“崩崩”样的“血管音”时,血压计上所示水银柱刻度即代表收缩压。

(6)继续缓慢放气,这时声音发生一系列的变化,先由低而高,而后由高突然变低钝,最后则完全消失。在声音由强突然变弱这一瞬间,血压表上所示水银柱刻度即代表舒张压。

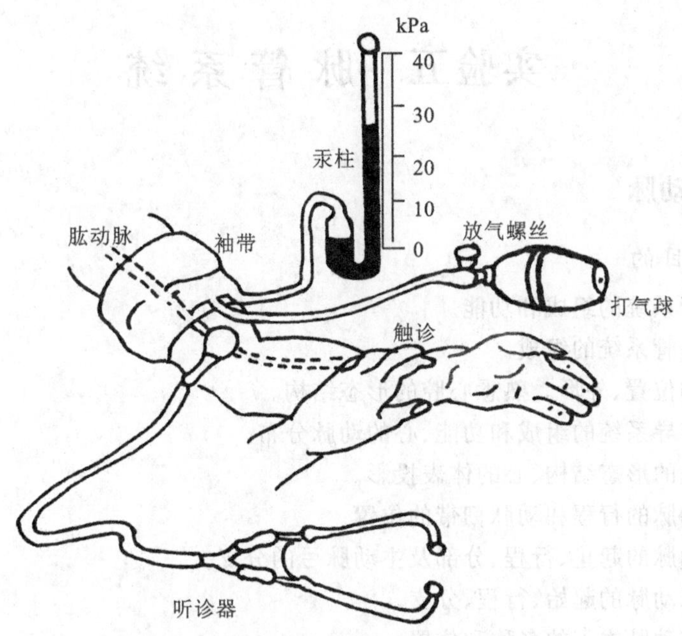

图 15-2 血压计测量人体动脉血压方法示意图

2. 观察运动对血压和心率的影响

(1)测定安静坐位状态下的心率、血压。

(2)做快速下蹲运动 1 min,速度可控制在 60 次/分。

(3)测定运动后即刻、3 min、5 min 及 10 min 的心率和血压。

注意事项

1. 室内须保持安静,以利于听诊。袖带不宜绕得太松或太紧。

2. 动脉血压通常连续测 2～3 次,每次间隔 2～3 min。重复测定时袖带内的压力须降到零位后方可再次打气。一般取 2 次较为接近的数值为准。

3. 上臂位置应与右心房同高,袖带应缚于肘窝以上。听诊器胸件放在肱动脉位置上时不要压得过重或压在袖带下测量,也不能接触过松以致听不到声音。

4. 如血压超出正常范围,让受试者休息 10 min 后再做测量。受试者休息期间,可将袖带解下。

5. 注意正确使用血压计,开始充气时打开水银柱根部的开关,使用完毕后应关上开关,以免水银溢出。

结果及分析

1. 你所测得的收缩压和舒张压正常吗？正常血压值应该是多少？

2. 如何测定收缩压和舒张压？其原理是什么？

3. 测量血压时,为什么听诊器胸件不能压在袖带底下？

4. 运动前后血压有何不同？收缩压与舒张压变化有何特点？其机制是什么？

实验五　脉管系统

一、心脏、动脉

（一）实验目的

1. 了解脉管系统的组成和功能。
2. 掌握心血管系统的组成。
3. 掌握心的位置、外形。熟悉心腔的形态结构。
4. 了解心传导系统的组成和功能、心的动脉分布。
5. 熟悉心包的形态结构、心的体表投影。
6. 熟悉肺动脉的行程和动脉韧带的位置。
7. 掌握主动脉的起止、行程、分部及主动脉弓的分支。
8. 熟悉颈总动脉的起始、行程、分支。
9. 掌握上肢动脉主干的名称和位置。
10. 了解胸主动脉的主要分支及分布，腹主动脉的位置、主要分支及分布。
11. 掌握下肢动脉主干的名称和位置。

（二）实验材料

1. 胸腔解剖标本。
2. 离体心的解剖标本。
3. 牛心或羊心的传导系统标本。
4. 躯干后壁的动脉、静脉标本。
5. 头颈部和上肢的动脉标本。
6. 腹腔脏器的动脉标本。
7. 盆部和下肢的动脉标本。

（三）实验内容

心和血管概述

1. 在胸腔解剖标本上，观察心的位置，心包和心包腔，肺动脉干及左、右肺动脉的行程，肺静脉的注入部位。

2. 在离体心的解剖标本上，观察下列内容：心的外形；心腔的结构（右心房、右心室、左心房、左心室、左右房室瓣、腱索、乳头肌、肺动脉瓣、主动脉瓣）；左、右冠状动脉的行程、分支和分布；冠状窦的位置和注入部位。

3. 在牛心或羊心的传导系统标本上，观察房室结、房室束及左右束支。

4. 在活体上画出心在胸前壁的体表投影。

动　脉

1. 在躯干后壁的动脉、静脉标本上，观察主动脉的行程、分段，主动脉弓的三大分支，肋间后动脉和肋下动脉的行程。

2.在头颈部和上肢的动脉标本上,观察下列内容:①左右颈总动脉、颈动脉窦、颈动脉小球、颈内动脉、颈外动脉。②颈外动脉的分支:甲状腺下动脉、面动脉、颞浅动脉和上颌动脉。③锁骨下动脉及分支:椎动脉、胸廓内动脉和甲状颈干。④腋动脉、肱动脉、肱深动脉、桡动脉、尺动脉、掌浅弓、掌深弓、指掌侧固有动脉。

3.在腹腔脏器的动脉标本上,观察下列内容:①腹腔干及分支:胃左动脉、肝总动脉(肝固有动脉、胃十二指肠动脉、胃右动脉、肝固有动脉左支和右支、胆囊动脉、胃网膜右动脉)、脾动脉(胃短动脉、胃网膜左动脉)。②肠系膜上动脉及分支:空肠动脉、回肠动脉、回结肠动脉、右结肠动脉、中结肠动脉。③肠系膜下动脉及分支:左结肠动脉、乙状结肠动脉、直肠上动脉。④腰动脉、肾动脉、睾丸动脉、卵巢动脉。

4.在盆部和下肢的动脉标本上,观察下列内容:①髂总动脉、髂内动脉、髂外动脉。②髂内动脉的分支:直肠下动脉、阴部内动脉、子宫动脉、闭孔动脉、臀上动脉和臀下动脉;腹壁下动脉的行程。③股动脉、股深动脉、腘动脉、胫前动脉、胫后动脉、足背动脉、足底内侧动脉、足底外侧动脉。

5.在活体上,进行下列触摸或操作:①画出心在胸前壁的体表投影。②找出面动脉和颞浅动脉的压迫止血点。③触摸肱动脉的搏动,找出肱动脉的压迫止血点和测听血压的部位。④触摸桡动脉、股动脉和足背动脉的搏动。

二、静脉和淋巴系统

(一)实验目的

1.熟悉静脉系的组成和静脉分布特点。

2.掌握上腔静脉的组成、位置、属支、收集范围。

3.熟悉颈内静脉的起止、位置,属支的颅内、外静脉的交通。

4.熟悉锁骨下静脉的起止、位置,颈外静脉的位置及注入部位,上、下肢浅静脉的位置与走行。

5.熟悉下腔静脉的组成、位置和收集范围。

6.熟悉肝门静脉的合成、行程,主要属支和收集范围。

7.熟悉肝门静脉和上、下腔静脉系的吻合途径及临床意义。

(二)实验材料

1.胸腔解剖标本。

2.头颈部和上肢的静脉标本。

3.躯干后壁的动、静脉标本。

4.盆部和下肢的静脉标本。

5.腹部的静脉标本。

6.肝门静脉系与上、下腔静脉系的吻合模型。

7.全身浅淋巴结的标本。

8.头颈部、胸腔、腹腔和骨盆腔的淋巴结标本。

9.腹腔解剖标本。

10.离体的脾标本。

11.小儿胸腺的解剖标本。

（三）实验内容

1.在胸腔解剖标本上，观察上腔静脉的合成、行程和注入部位，头臂静脉的合成（静脉角）。

2.在头颈部和上肢的静脉标本上，观察下列内容：①颈内静脉的行程，面静脉的行程和汇入部位；②颈外静脉的行程和汇入部位；③锁骨下静脉的行程；④头静脉和贵要静脉的起始、行程、汇入部位，肘正中静脉的位置。

3.在躯干后壁的动、静脉标本上，观察奇静脉的行程和汇入部位；下腔静脉的合成、行程和注入部位。

4.在盆部和下肢的静脉标本上，观察下列内容：①髂总静脉的合成，髂内静脉和髂外静脉的位置；②股静脉的位置；③大隐静脉和小隐静脉的起始、行程和汇入部位。

5.在腹部的静脉标本上，观察下列内容：①肾静脉和睾丸静脉（卵巢静脉）的位置和汇入部位。②肝门静脉的合成、行程和分支，肠系膜上静脉、脾静脉、肠系膜下静脉、胃左静脉的位置和汇入部位。

6.在肝门静脉系与上腔静脉系的吻合模型上，观察肝门静脉、附脐静脉、食管静脉丛、直肠静脉丛和脐周静脉网。

7.在活体上，观察肘部浅静脉（头静脉、贵要静脉和肘正中静脉）的位置，行经内踝前方的大隐静脉的位置。

8.在躯干后壁的动、静脉标本上，观察胸导管的起始、行程和汇入部位。

9.在全身浅淋巴结的标本上以及头颈部、胸腔、腹腔和胃盆腔的淋巴结标本上，观察下颌下淋巴结、颈外侧浅淋巴结、颈外侧深淋巴结、腋淋巴结、腹股沟浅淋巴结、腹股沟深淋巴结以及胸骨旁淋巴结、支气管肺门淋巴结、腰淋巴结、肠系膜上淋巴结、肠系膜下淋巴结、髂总淋巴结、髂内淋巴结和髂外淋巴结的位置。

10.在腹腔解剖标本上和离体脾标本上，观察脾的位置和形态。

11.小儿胸腺的解剖标本上，观察胸腺的位置和形态。

实验六　离子和药物对离体心脏活动的影响

目的　利用计算机模拟平台观察高钾、高钙、低钙、肾上腺素、乙酰胆碱等因素对离体心脏活动的影响。

原理　作为蛙心起搏点的静脉窦能按一定节律自动产生兴奋。因此，只要将离体的蛙心保持在适宜的环境中，在一定时间内仍能产生节律性兴奋和收缩活动，因而可将其作为实验对象进行处理和观察。另外，心脏正常的节律性活动有赖于内环境理化因素的相对稳定，并受多种神经、体液因素的调控，离体心脏一样，当改变灌流液的成分或给予某些活性物质刺激，可以引起心脏活动的改变。高钾可引起心肌细胞自律性、兴奋性、传导性和收缩性都降低，心脏收缩力减弱、心跳减慢，严重可至心脏停搏于舒张状态；高钙可使心肌收缩力增强，钙浓度过高时可使心肌停搏于收缩状态，而低钙使收缩力减弱；血钠的一般变化对心肌生理特性影响不大。肾上腺素对心脏具有兴奋作用，使心率加快、传导加快和心肌收缩力增强，故在临床上用作强心剂；乙酰胆碱对心脏具有抑制作用。

材料　蟾蜍或蛙；微机生物信号处理系统，张力换能器；蛙板，蛙心夹，滑轮，铁支架，双凹夹，蛙心插管，蛙类手术器械，滴管；任氏液，0.65％NaCl 溶液，3％$CaCl_2$溶液，1％KCl 溶液，1∶10000 肾上腺素溶液，1∶100000 乙酰胆碱溶液，1％普萘洛尔溶液等。

方法

1. 离体蛙心制备

(1)取蟾蜍或蛙一只，破坏脑和脊髓后，使其仰卧固定在蛙板上，从剑突下将胸部皮肤向上剪开，然后剪掉胸骨，打开心包，暴露心脏。

(2)在主动脉干下方引两根线。一根在左主动脉上端结扎作插管时牵引用，另一根则在动脉圆锥上方系一松结，用于结扎固定蛙心插管。

(3)左手持左主动脉上方的结扎线，用眼科剪在松结上方左主动脉根部剪一小 V 字形切口(切口至心室距离应与蛙心插管头部的长度相似)，右手将盛有少许任氏液的的蛙心插管由此剪口处插入动脉圆锥。当插管头到达动脉圆锥时，用镊子夹住少许动脉圆锥处组织，将插管稍稍后退，并将插管头朝向心室中央方向，镊子向插管的平行方向提拉，心室收缩期时将插管插入心室(图 15-3)。判断蛙心插管是否进入心室是根据插管内任氏液的液面是否能随心室的舒缩而上下波动。如蛙心插管已进入心室，则将预先准备好的松结扎紧，并固定在蛙心插管的侧钩上以免蛙心插管滑出。

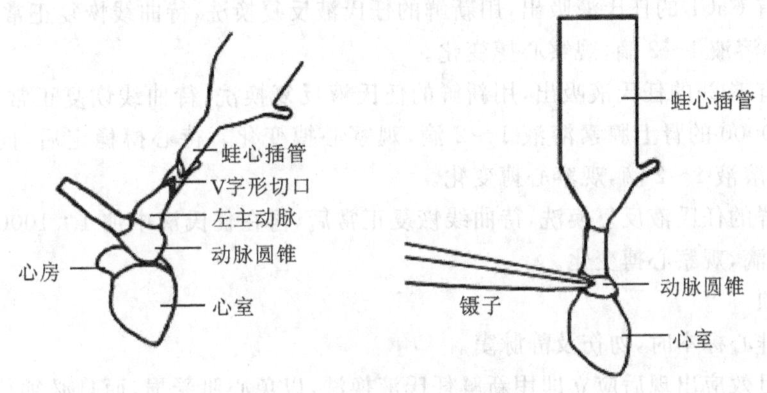

图 15-3　蛙心插管示意图

(4)剪断主动脉左右分支后，轻轻提起蛙心插管以抬高心脏，用一根线在静脉窦与腔静脉交界处做一结扎，结扎线应尽量下压，以保证静脉窦与心脏相连，在结扎线外侧剪断所有组织，将蛙心游离出来。

(5)用新鲜任氏液反复换洗蛙心插管内含血的任氏液，直至蛙心插管内无血液残留为止。此时蛙心如有规律性搏动，插管内液面可随蛙心波动而上下波动，则说明离体蛙心已制备成功，可供实验。

(6)将蛙心插管固定在铁支架上，用蛙心夹在心室舒张期夹住心尖，并将蛙心夹的线头通过滑轮连至张力换能器的应变梁上(图 15-4)，此线应有一定的紧张度。

2. 仪器连接　按图 15-4 连接装置。将张力换能器固定于铁支架上，张力换能器输出线接微机生物信号处理系统输入通道。

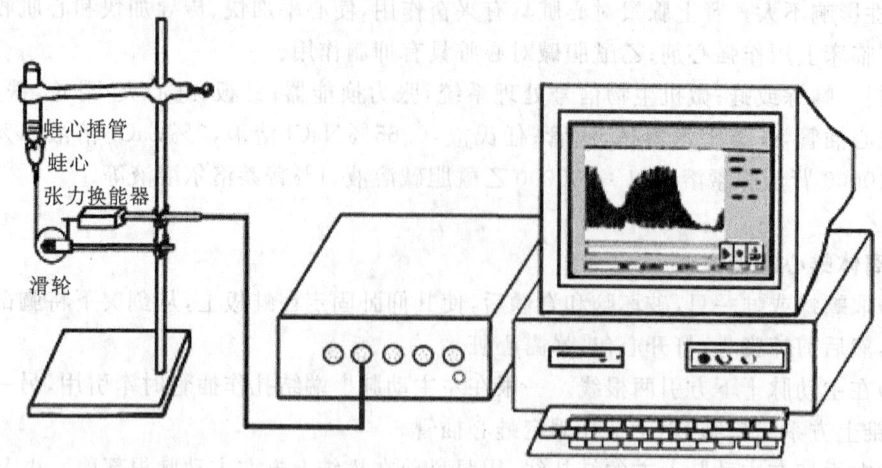

图 15-4　蛙心灌流仪器连接方法

观察项目

1.描记正常的蛙心搏动曲线，注意观察心搏频率、心室的收缩和舒张程度。

2.把蛙心插管内的任氏液全部更换为 0.65%NaCl 溶液，观察心搏变化。

3.把 0.65%NaCl 溶液吸出，用新鲜任氏液反复换洗数次，待曲线恢复正常时，再在任氏液内滴加 3%$CaCl_2$溶液 1～2 滴，观察心搏变化。

4.将含有 $CaCl_2$的任氏液吸出，用新鲜的任氏液反复换洗，待曲线恢复正常后，在任氏液中加 1%KCl 溶液 1～2 滴，观察心搏变化。

5.将含有 KCl 的任氏液吸出，用新鲜的任氏液反复换洗，待曲线恢复正常后，再在任氏液中加 1∶10000 的肾上腺素溶液 1～2 滴，观察心搏变化。待心搏稳定后，向灌流液中加 1%普萘洛尔溶液 1～2 滴，观察心搏变化。

6.用新鲜的任氏液反复换洗，待曲线恢复正常后，再在任氏液中加 1∶100000 的乙酰胆碱溶液 1～2 滴，观察心搏变化。

注意事项

1.制备蛙心标本时，勿伤及静脉窦。

2.各项目效应出现后应立即用新鲜任氏液换洗，以免心肌受损，而且必须待心搏恢复正常后方能进行下一步实验。

3.蛙心插管内液面高度应保持恒定，以免影响结果，故可在插管上用记号笔标出液面高度以作标准。

4.滴加药品和换取新鲜任氏液，须及时做好标记，以便观察分析。

5.新鲜任氏液和蛙心插管内溶液所用的吸管应区分专用，以免影响实验结果。

6.药物作用不明显时，可适量加药，但应密切观察加量后的实验结果，以防心肌损伤。

结果与分析

1.用文字和数据逐一描述正常和上述各项处理前后心脏舒缩情况和心率。

2.说出心搏曲线上升支与下降支的含义。

3.解释各项处理后心脏舒缩状态变化的原因。

实验七 消化系统

一、实验目的

1.了解胸腹部的标志线和腹部的分区。

2.了解口腔的界限和分部。

3.熟悉咽的位置、分部,各部主要结构。

4.掌握食管的位置、分部、狭窄部位及临床意义。

5.掌握胃的形态、分部、位置。

6.熟悉小肠的分部、十二指肠的位置和分部。

7.了解空、回肠位置、形态、结构的异同。

8.熟悉大肠的分部,盲肠、阑尾的位置。

9.掌握阑尾根部的体表投影。

10.掌握肝的形态、位置,肝的体表投影。

11.掌握肝外胆道的组成,胆汁的排出途径。

12.熟悉胰的位置、分部,胰管的开口部位。

二、实验材料

1.消化系统概观标本。

2.腹腔解剖标本。

3.人体半身模型。

4.消化管各段离体切开标本。

5.肝的离体标本。

6.胰及十二指肠标本。

三、实验内容

1.在消化系统概观标本、腹腔解剖标本和人体半身模型上,观察消化系统的组成及消化管各段的连续关系,食管的行程、长度及三个狭窄的部位,胃的形态、位置和毗邻,小肠各段的位置、形态,大肠各段的位置、形态。

2.胸部标志线:前正中线、胸骨线、胸骨旁线、锁骨中线、腋前线、腋中线、腋后线、肩胛线、后正中线。

3.腹部分区:①九区划分法;②四区划分法。

4.咽:鼻咽部,咽鼓管咽口;口咽部,腭扁桃体;喉咽部。

5.食管:颈部、胸部、腹部,三个狭窄。

6.胃:前壁、后壁、贲门、幽门、角切迹、胃大弯、胃小弯、贲门部、胃底、胃体、幽门部、幽门管、幽门窦。

7.小肠:十二指肠的上部、降部、水平部、升部,十二指肠球部、十二指肠大乳头、十二指

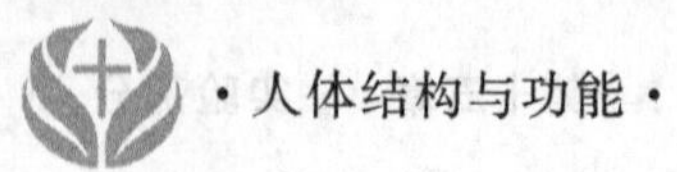

肠空肠曲、十二指肠悬肌；空肠、回肠。

8. 大肠：盲肠、回盲瓣、麦氏点。

9. 肝：膈面、脏面、肝左叶、肝右叶、裸区、肝圆韧带、胆囊窝、腔静脉沟、肝门（肝左、右管，肝门静脉，肝固有动脉）。

10. 胰：胰头、胰体、胰尾、胰管。

11. 在肝的离体标本上，观察肝的形态结构，胆囊的形态和肝外胆道的组成。

12. 在胰及十二指肠标本上，观察胰的形态，胰管的行程和开口位置。

13. 在活体上观察口腔的境界、口腔前庭、固有口腔、硬腭、软腭、腭垂、咽峡、腭扁桃体、舌黏膜及舌乳头、舌系带、舌下阜、牙的形态和排列。

14. 在活体上做腹部分区，指出胃的位置以及阑尾根部的体表投影。

15. 在标本上指出脏腹膜、壁腹膜以及腹膜形成的结构。

实验八　呼吸系统、泌尿系统与生殖系统

一、实验目的

1. 熟悉上、下呼吸道的区分。
2. 了解喉的位置。
3. 熟悉喉腔的形态结构。
4. 熟悉气管的位置、分部和形态。
5. 熟悉左、右支气管形态特点及临床意义。
6. 掌握肺的位置和形态。
7. 掌握胸膜和胸膜腔的概念。
8. 熟悉壁胸膜的分部。
9. 熟悉纵隔的概念和区分。了解纵隔的分界和内容。
10. 了解泌尿系统的组成和功能。
11. 掌握肾的位置、形态，熟悉肾的剖面结构。
12. 了解肾的被膜和固定装置。
13. 熟悉输尿管的形态、位置，膀胱三角肌的位置及临床意义。
14. 熟悉女性尿道的位置、形态特点及临床意义。
15. 熟悉男性生殖系统的组成和功能。
16. 熟悉睾丸的位置、形态和功能；输精管的行程、分部。
17. 掌握男性尿道的分部、狭窄、弯曲及临床意义。
18. 了解女性生殖系统的组成和功能。
19. 了解卵巢的位置和功能、形态，输卵管的位置、形态结构、分部。
20. 掌握子宫的形态、分部、位置和固定装置。

二、实验材料

1. 呼吸系统概观标本。

2. 胸腔解剖标本。

3. 气管和左、右支气管标本。

4. 左、右肺标本。

5. 泌尿系统的概观标本。

6. 肾剖面标本。

7. 膀胱切开标本。

8. 男、女性骨盆正中矢状面标本。

9. 男、女性生殖系统概观标本。

三、实验内容

1. 气管：气管杈、左主支气管、右主支气管。

2. 肺：肺尖、肺底、肋面、纵隔面、内侧面、肺门、肺根、前缘、心切迹、后缘、下缘、斜裂、水平裂、肺叶。

3. 胸膜：脏胸膜、壁胸膜（胸膜顶、肋胸膜、纵隔胸膜、膈胸膜）、胸膜腔、肋膈隐窝、肺和胸膜的体表投影。

4. 纵隔：上纵隔、下纵隔（前、中、后纵隔）。

5. 肾：肾门、肾蒂、肾窦、肾区、纤维囊、脂肪囊、肾筋膜、肾被膜、肾皮质、肾柱、肾髓质、肾乳头、肾大盏、肾小盏、肾盂。

6. 输尿管：三处狭窄、腹段、盆段、壁内段、输尿管口。

7. 膀胱：膀胱尖、体、颈、底；膀胱三角、尿道内口。

8. 尿道：女性尿道、尿道内口。

9. 睾丸：睾丸纵隔、睾丸小叶、生精小管、鞘膜腔。

10. 输精管：输精管壶腹、精索。

11. 男性尿道：尿道前列腺部、膜部、海绵体部及耻骨下弯、耻骨前弯、三处狭窄。

12. 输卵管：输卵管子宫部、峡、壶腹、漏斗及输卵管伞、输卵管子宫口、输卵管腹腔口。

13. 子宫：子宫底、子宫体、子宫颈、子宫峡、子宫颈阴道部、子宫颈阴道上部、子宫腔、子宫颈管、子宫口、子宫阔韧带、子宫主韧带、子宫圆韧带、骶子宫韧带。

实验九 神经系统

一、实验目的

1. 熟悉脊髓的位置、外形。

2. 熟悉脑干的组成、位置、外形。

3. 熟悉小脑的位置、外形。

4. 熟悉小脑的功能。

5. 了解脊神经的数目、纤维成分、分支及分布概况。

6. 熟悉膈神经的性质、行程和分布，臂丛的组成、位置，正中神经、尺神经、桡神经、肌皮神经和腋神经分布概况。

7.了解股神经的行程和分布，腰丛、骶丛的组成、位置、分布概况。

8.了解坐骨神经的行程、主要分支及分布概况。

9.熟悉脑神经的名称、连脑部位和分布概况。

10.熟悉内脏神经的概念和分布，内脏运动神经和躯体运动神经的区别。

二、实验材料

1.切除椎管后壁的脊髓标本。

2.包有被膜的离体脊髓标本。

3.整脑标本。

4.脑正中矢状面标本。

5.脑干和间脑标本。

6.脊神经标本。

7.迷走神经和膈神经标本。

三、实验内容

(一)脊髓

1.在切除椎管后壁的脊髓标本上，观察脊髓的位置，脊髓节段与椎管的对应关系。

2.在包有被膜的离体脊髓标本上，观察脊髓的外形和脊神经前、后根的附着部位。

(二)脑

1.在整脑标本上和脑正中矢状面标本上，观察脑的分部以及脑干、小脑、间脑和端脑的位置。

2.在脑干和间脑标本上，观察脑干的组成(延髓、脑桥和中脑)、外形，第3～12对脑神经的连脑部位。

(三)周围神经系统

1.颈丛、颈丛皮支、膈神经。

2.臂丛、正中神经、尺神经、桡神经、肌皮神经、腋神经、肋间神经、肋下神经、股神经。

3.腰丛、闭孔神经、骶丛、坐骨神经、臀上神经、臀下神经、腓总神经、胫神经。

4.脑神经：动眼神经、视神经、嗅神经、滑车神经、三叉神经、眼神经、上颌神经、下颌神经、展神经、前庭蜗神经、面神经、舌咽神经、迷走神经、喉返神经、喉上神经、舌下神经、副神经。

5.内脏神经：交感干、椎旁节、椎前节、内脏大神经、内脏小神经、腹腔神经节、内脏神经丛。

参考文献

[1] 张岳灿,应志国.人体形态学[M].北京:人民军医出版社,2010.

[2] 顾晓松.系统解剖学(案例版)[M].2版.北京:科学出版社,2012.

[3] 郭光文,王序.人体解剖彩色图谱[M].2版.北京:人民卫生出版社,2008.

[4] 刘文庆.人体解剖学[M].北京:人民卫生出版社,2004.

[5] 邹仲之,李继承.组织学与胚胎学[M].7版.北京:人民卫生出版社,2008.

[6] 贺耀德,况炜.人体机能学基础理论与实训[M].北京:人民军医出版社,2011.

[7] 姚泰.生理学[M].6版.北京:人民卫生出版社,2004.

[8] 杜友爱.生理学[M].2版.杭州:浙江科学技术出版社,2004.

[9] 陆源,况炜,张红.机能学实验教程[M].北京:科学出版社,2005.

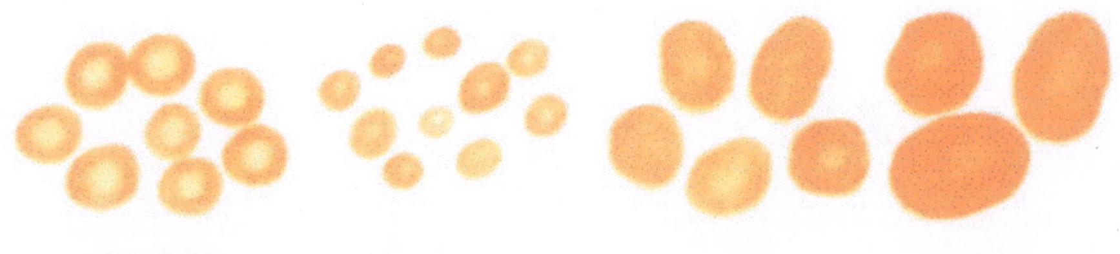

正常红细胞　小红细胞　大红细胞　巨红细胞

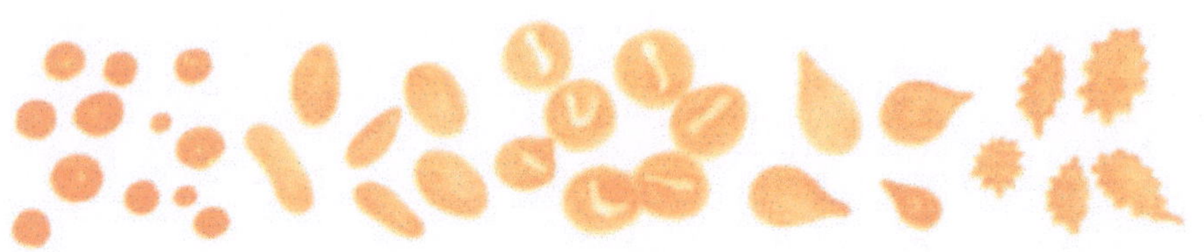

球形红细胞　椭圆形红细胞　口形红细胞　泪滴形红细胞　棘形红细胞

靶形红细胞　镰形红细胞　异形红细胞　低色素红细胞

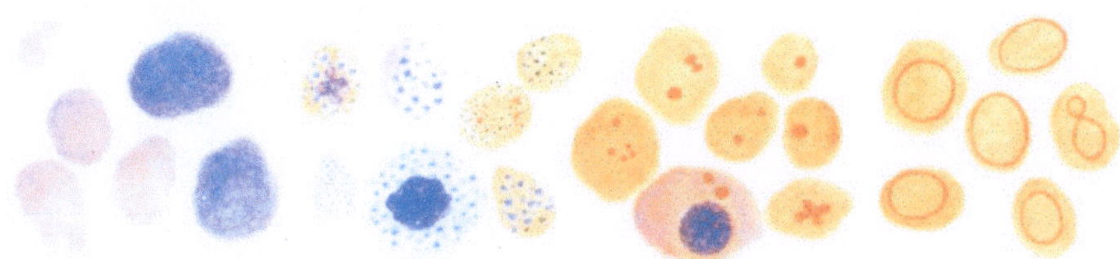

嗜多色性红细胞　嗜碱性点彩红细胞　Howell-Jolly小体　Cabot环

彩图　细胞